U0263243

场地污染土壤修复技术与原理

唐景春 吕宏虹 等 编著

科学出版社
北京

内 容 简 介

本书在借鉴国外场地污染土壤修复技术的基础上，结合我国近几年相关领域的研究进展，详细介绍了当前常用的场地污染土壤修复技术及其原理。具体包括热脱附及原位气相抽提技术与原理，化学修复技术与原理，生物修复技术与原理，场地污染土壤、地下水协同修复技术与原理，风险管控技术，以及场地污染土壤修复技术典型案例分析等内容。

本书可供高等院校环境科学相关专业的师生阅读，也可供污染土壤修复领域的科研人员和工程技术人员参考。

图书在版编目（CIP）数据

场地污染土壤修复技术与原理/唐景春等编著. —北京：科学出版社，2023.11

ISBN 978-7-03-074038-0

Ⅰ. ①场… Ⅱ. ①唐… Ⅲ. ①土壤污染–修复 Ⅳ. ①X53

中国版本图书馆 CIP 数据核字(2022)第 227414 号

责任编辑：王海光 赵小林 / 责任校对：郑金红
责任印制：赵 博 / 封面设计：北京图阅盛世文化传媒有限公司

科学出版社 出版
北京东黄城根北街 16 号
邮政编码：100717
http://www.sciencep.com

北京华宇信诺印刷有限公司印刷
科学出版社发行 各地新华书店经销
*
2023 年 11 月第 一 版 开本：787×1092 1/16
2024 年 10 月第二次印刷 印张：19
字数：446 000
定价：198.00 元
(如有印装质量问题，我社负责调换)

《场地污染土壤修复技术与原理》
编著者名单

主要编著者　唐景春　吕宏虹

其他编著者（按姓氏笔画排序）

马敬康　王　丹　王　崒　王　琳

王嘉雯　田靖雅　白　鹤　师庆英

刘　鹏　刘庆龙　宋震宇　张坤峰

陈宏坤　郑志杰　赵　倩　胡　凯

郦和生　夏纯清　郭家明　黄　耀

楚梦玮

前　言

随着 2018 年《中华人民共和国土壤污染防治法》的颁布和实施，场地污染土壤的修复治理逐渐成为我国环境科学研究热点。

国外对场地土壤和地下水污染修复的研究开展得比较早。自从 20 世纪 80 年代美国设置土壤和地下水修复"超级基金"，欧美即开启了场地土壤和地下水污染修复的研究热潮，目前已有很多成功的案例。国内的土壤修复行业起步较晚，早期的修复工程大多参考国外的技术方法。近几年，我国加强了对相关研究的支持力度，并取得了丰富的研究成果，特别是在场地土壤物理化学修复技术、微生物和植物修复技术等领域已达到世界先进水平。2020 年，我国在《中共中央关于制定国民经济和社会发展第十四个五年规划和二〇三五年远景目标的建议》中对土壤污染治理做出了新的规划，要求积极探索土壤调查评估和修复全过程咨询服务模式，这也标志着我国土壤修复工程进入了一个新阶段。

本书以作者近年来的研究成果为基础，同时借鉴了国内外相关领域的最新进展。全书分为八章。第一章介绍了场地污染土壤类型及特点、场地污染政策法规及相关管理制度、污染场地调查及风险评估、污染场地相关标准及修复效果评估；第二章至第六章详细总结了当前常用的场地污染土壤修复技术及其原理，包括热脱附及原位气相抽提技术与原理，化学修复技术与原理，生物修复技术与原理，场地污染土壤、地下水协同修复技术与原理，风险管控技术等；第七章展示了场地污染土壤修复技术的典型案例；第八章对场地污染土壤修复进行了总结和展望。

本书在编写过程中参阅了大量国内外相关文献，并得到了天津生态城环保有限公司和北京建工环境修复股份有限公司的大力支持，在此表示感谢。希望本书能对我国环境修复的理论研究及技术应用起到促进作用，推动我国土壤修复行业的快速发展。

尽管我们在编写过程中尽可能精益求精，但由于水平有限，不足之处在所难免，敬请同行和读者批评指正。

编著者

2022 年 12 月于南开园

目　　录

第一章　绪　　论

第一节　场地污染土壤类型及特点

一、土壤

1. 土壤的定义

根据《土壤环境质量　农用地土壤污染风险管控标准（试行）》（GB 15618—2018）规定，土壤（soil）是指位于陆地表层能够生长植物的疏松多孔物质层及其相关自然地理要素的综合体，也可以按照国际标准化组织（International Standards Organization，ISO）的定义表示为具有矿物质、有机质、水分、空气和生命有机体的地球表层物质。

土壤是地球表面的一层厚度为 2～3 m 的物质，处在地球十分重要的地理空间位置（花思雨，2022）。它位于大气圈、岩石圈、水圈相互接触的位置，是三者重要的缓冲地带。土壤是生物圈及人类赖以生存的物质，承接着有机层与无机层，具有生态环境调控功能。此外，在环境四大要素（水、大气、阳光和土壤）中，土壤是人类接触得最紧密的环境要素之一。

2. 土壤的形成要素

土壤形成过程是在地质大循环与生物小循环的基础上进行的土体与环境，以及土体内部物质和能量转化、交流等的一系列物理、化学和生物学综合作用的过程（张乃明，2013）。19 世纪末，俄国土壤学家道库恰耶夫在科学调查的基础上，提出土壤是在母质、气候、生物、地形和时间五种因素相互作用下所形成的一个有发展历史的独立自然体（图 1-1）。

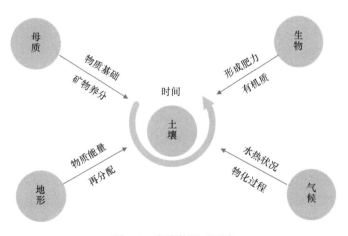

图 1-1　土壤的形成要素

（1）母质：是土壤形成的物质基础，在生物气候作用下，母质表面逐渐转变成土壤。不同母质因其矿物组成、理化性状的不同，在其他成土因素的制约下，直接影响成土过程的速度、性质和方向。

（2）气候：土壤与大气之间经常进行水分和热量的交换。气候直接影响土壤的水热状况、土壤中物质的迁移转化过程，并决定母岩风化与土壤形成过程的方向和速率。气候要素如气温、降水对土壤的形成和发育具有重要的影响。

（3）生物：土壤形成的生物因素包括植物、土壤动物和土壤微生物。生物的生命活动将太阳辐射能转变为化学能引入成土过程，并合成土壤有机质，使土壤具备肥力特征，推动土壤的形成和演化。

（4）地形：是土壤形成发育的空间条件，对成土过程的作用与母质、气候、生物等不同，它通过影响地表物质能量的再分配，从而影响成土过程。新构造运动及地形演变是影响土壤形成发育的重要因素。

（5）时间：上述的几种因素统称为土壤形成的空间因素，其中气候和生物两种因素相对时间较易改变，母质和地形则不易改变。而基于不同的空间因素，随着时间的推移，它们在土壤形成中的作用也是不断变化并且缓慢增强的。土壤发生层的形成在地球上的不同经纬度、不同的岩石地形，以及不同的地质活动中都是有差异的，在某些恶劣的环境中甚至需要上千年的时间，而从土壤发生层形成土壤更是一个缓慢的过程。

3. 土壤的组成与分层特点

土壤的组成包括固相、液相和气相物质，其中固相物质主要是指由岩石风化而成的矿物质、动植物、微生物残体腐解产生的有机质和土壤生物；液相物质即土壤水分；气相物质是存在于土壤孔隙中的空气。土壤是这三类物质互相联系、互相制约而构成的统一体，其特点是具有不断供给植物生长发育所必需的养分和水分的能力。

经过长时间的累积，土壤会形成分层。一般发育良好且未经扰动的土壤剖面大致可分为三层。

（1）最上层是表土层（淋溶层），表土层的生物积累作用较强，含有较多的腐殖质，肥力较高。耕作土壤的表土层，又可分为上表土层与下表土层。上表土层又称耕作层，为熟化程度较高的土层，其肥力、耕性和生产性能较好；下表土层包括犁底层和心土层的最上部分（又称半熟化层）。表土层的作用是为植物提供有利的生长环境，表土层有机质丰富，植物根系最密集。

（2）第二层是心土层（淀积层），心土层位于表土层与底土层之间，通常是指表土层以下至 50 cm 左右深度的土层。在耕作土壤中，心土层的结构一般较差，养分含量较低，植物根系少。但是，心土层是起保水保肥作用的重要层次，也是生长后期供应水肥的主要层次。

（3）第三层是底土层（母质层），也可为潜育层（如沼泽土、草甸土的潜育层）。底土层几乎未受耕作影响，根系极少，在耕作土壤中如果底土层质地黏重、紧实，也可起到一定保水、保肥作用。如果质地较轻、结构松散，则易于漏水、漏肥。另外，土壤在母质层之下多为母岩层。

4. 土壤的功能

土壤是人类接触最紧密的也是最重要的环境因素之一，而在不同地域的人们因为土壤质地的不同、形成地形的不同，对于土壤开发的方式也就不同，所以土壤的功能也不同。土壤的功能主要包括以下几个方面。

（1）土壤联系着大气圈、岩石圈、水圈和生物圈，是联系有机界和无机界的关键环节。

（2）土壤为植物根系生长提供了条件，为许多微生物和土壤动物如蚯蚓、鼹鼠、蚂蚁等提供了栖息地，是人类农业和林业生产的基础，是人类可以利用的珍贵的自然资源。

（3）土壤具有重要的蓄水、保水功能。在雨量较大地区的土壤中，1 m 深的范围内存储雨量超过 400 mm。

（4）土壤是有效的"清洁剂"，有助于避免水和空气中的多种污染物对环境的影响。人类的饮用水可以通过土壤过滤而来，所以人类需要呵护土壤，使有害污染物不超过土壤自净能力，否则土壤就丧失了清洁剂的功能。

二、土壤污染

1. 土壤污染的定义和危害

土壤污染不是一朝一夕形成的，而是人类长期的社会活动导致的，具体来说，土壤污染是指人为活动产生的污染物进入土壤并积累到一定程度，导致土壤中某些有害物质超出正常含量，引起土壤质量恶化，土壤结构和功能退化的现象（孙铁珩等，2005）。

当土壤中有害物质过多，超过其自净能力时，便会引发土壤组成、结构及功能上的变化，使微生物活性受到抑制，各种有害物质及其分解产物在土壤中积累，通过"土壤→植物→人体"或"土壤→水→人体"的途径被人体吸收，危害人体健康（何车轮和郭兰，2021）。

2. 土壤污染的类型

土壤污染可分为无机污染和有机污染两大类，土壤环境主要污染物种类及主要来源见表 1-1。

表 1-1 土壤环境主要污染物种类及主要来源

污染物种类			主要来源
无机污染物	重金属	汞（Hg）	制碱、汞化物生产等工业废水和污泥，含汞农药，金属汞蒸气
		镉（Cd）	冶炼、电镀、染料等工业废水、污泥和废气，肥料
		锌（Zn）	冶炼、镀锌、纺织等工业废水、污泥和废渣，含锌农药、磷肥
		铬（Cr）	冶炼、电镀、制革、印染等工业废水和污泥
		铅（Pb）	颜料、冶炼等工业废水，汽油防爆燃烧排气，农药
		镍（Ni）	冶炼、电镀、炼油、染料等工业废水和污泥

续表

	污染物种类		主要来源
无机污染物	放射性元素	铯（Cs）	原子能、核动力、同位素生产等工业废水和废渣，大气层核爆炸
		锶（Sr）	
	其他	氟（F）	冶炼、氟硅酸钠、磷酸和磷肥等工业废气，肥料
		盐碱	纸浆、纤维、化学等工业废水
		酸	硫酸、石油化工、酸洗、电镀等工业废水
		砷（As）	硫酸、化肥、农药、医药、玻璃等工业废水和废气
		硒（Se）	电子、电路、油漆、墨水等工业排放物
有机污染物	有机农药		农药生产和使用
	酚		炼油、合成苯酚、橡胶、化肥、农药等工业废水
	氰化物		电镀、冶金、印染等工业废水，肥料
	苯并芘		石油、炼焦等工业废水
	石油		石油开采、炼油、输油管道漏油
	有机洗涤剂		城市污水、机械工业
	有害微生物		污泥、垃圾渗滤液

无机污染来源从形式上主要包括工业污水、酸雨、尾气排放、堆积物和农业污染，从成分上来说主要包括酸、碱、重金属、盐类，以及放射性元素铯、锶的化合物，含砷、硒、氟的化合物等（刘培桐，1985）。

有机污染来源从形式上主要包括污水排放、废气排放、化肥残余、农药残留和固体污染，从成分上来说主要包括有机农药［六六六、滴滴涕（DDT）］、多环芳烃、酚类、氰化物、石油、合成洗涤剂，以及由城市污水、污泥及厩肥带来的有害微生物（病原菌）等（赵连仁，2013）。

土壤污染也可以细分为4类，即化学污染、物理污染、生物污染及放射性污染。

（1）化学污染包括有机污染和无机污染，有机污染物如有机农药、石油、污泥、氰化物等；无机污染物如重金属、酸、碱、盐及含砷、氟化合物等。

（2）物理污染是工矿业中产生的固体废物如尾矿、粉煤灰、工业垃圾等。

（3）生物污染是指带有病菌的垃圾、卫生设施等排出的废水、废物，如医院的医疗废物。

（4）放射性污染是指含锶、铯的放射性物质长期排放到土壤中所带来的土壤污染（刘敏，2021；张辉，2018）。

土壤污染会导致农作物减产和农产品品质降低、农作物中某些指标超过国家标准、地下水和地表水污染、大气环境质量降低，并最终危害人体健康。场地环境中土壤的污染物会不断积累，超过一定的限度会对居住在该地块的居民或是生产企业人员的健康产生危害。

3. 土壤污染的来源

随着我国人口的增加及经济的飞速发展，土壤污染及其导致的安全问题愈发严重。其中污染源包括地块内土壤和水体中遗留的污染物。例如，使土壤中的砷含量升高的各种杀虫剂及硫化矿产、厂矿冶炼排放的废水、汽车尾气等（胡明华，2021）。

在我们赖以生存的自然环境中，土壤作为与四大自然圈层之间物质和能量交换的重要构成单元，其物质组成、结构、性质和功能等体系要素在与外部环境的物质和能量交换过程中发生变化，以适应外部环境的改变，维持体系的稳定。土壤所具有的表层生态环境维持、水分输送、氧气输送、物质储存与运输、物化、生物作用等功能是维持体系稳定性的重要保障。但是人类频繁的生产、生活等活动，显著改变了土壤与外部环境物质和能量的交换过程与强度，引起了土壤特征要素的改变，造成了土壤污染，进而对外部环境产生了巨大作用与影响。土壤是一个开放体系，土壤与其他环境要素间进行着不间断的物质和能量的交换，因而造成土壤污染的物质来源是极为广泛的（Mcbride，1996）。对土壤污染源的分类可以使人们更清楚地了解和正视日常生活中可能的污染源，将预防土壤污染的理念深入人心，所以对土壤污染源的分类是十分重要的。不过角度不同，分类的标准也不尽相同。

1）按产生污染的来源分类

（1）工业污染源：在工业废水、废气和废渣中，含有多种污染物，其浓度一般都较高，一旦进入农田造成土壤污染，在短期内即可对作物造成危害。一般直接由工业"三废"引起的土壤污染仅局限于工业区周围数千米、数十千米范围内。工业"三废"引起的大面积农田土壤污染往往是间接的，是由以废渣等作为肥料施入农田或以污水灌溉等经长期作用使污染物在土壤中积累而引起的。此外，工业"三废"引起的地块本身的土壤污染问题严重，也逐渐受到了管理部门的重视。

（2）农业污染源：农业生产本身产生的土壤污染包括化学农药、化肥、除草剂等污染，这些物质的使用范围在不断扩大，数量和品种在不断增加。喷洒农药时，有相当一部分直接落于土壤表面，一部分则通过作物落叶、降雨从而进入土壤。经常且大量施用农药是土壤中污染物的一个重要来源，也是一些地块历史污染的来源之一。

（3）生活污染源：人粪尿及畜禽排出的废物长期以来被看作重要的土壤肥料来源，对农业增产起了重要作用。这些废物，除能传播疾病引起公共卫生问题外，也会产生严重的土壤和水体污染问题。含有人畜排泄物的生活污水和被污染的河水等均含有致病的各种病菌和寄生虫，将这种未经处理的肥源施于土壤会引起土壤严重的生物污染。

此外，某些自然因素有时也会造成土壤污染。例如，强烈火山喷发区的土壤、富含某些痕量金属或放射性元素的矿床附近地区的土壤，由于含矿物质岩石的风化分解和播散，可使有关元素在自然营力作用下向土壤中迁移，引起土壤污染。

2）按产生污染是否有人类参与分类

（1）天然源：自然界自行向环境排放有害物质或造成有害影响的场所，如火山喷发、海啸、地震等。

（2）人类活动所形成的污染源：如农药残留、生活垃圾、工业"三废"等。

3）按污染的种类分类

（1）农业源：如农药、化肥、禽畜排泄物。

（2）工业源：如工业废水、废渣浸出物、工业粉尘。

（3）生活源：如生活污水、生活垃圾。

4）按污染源的形式分类

（1）点源：是指工业废水、城市生活污水。

（2）面源：也称非点源污染或分散源污染，是指溶解污染物和固体污染物从非特定的地点，在降水或融雪的冲刷作用下，通过径流过程而汇入受纳水体（包括河流、湖泊、水库和海湾等）并引起有机污染、水体富营养化或有毒有害等其他形式的污染。

5）按污染物进入土壤的途径分类

（1）污水灌溉：是指利用污水、工业废水或混合污水进行农田灌溉。据统计，我国污水灌溉面积 1978 年约为 4000 km²，到 2003 年约占全国总灌溉面积的 10%。同时，全国 80%以上的城市污水未经任何处理就直接排入水体，已造成 1/3 以上的河段受到污染，进而引起农灌水水质恶化，污水灌溉也已经对我国的耕地造成了很大的威胁。

（2）固体废物的利用：含煤灰、砖瓦、陶瓷、金属、玻璃等成分的生活垃圾长期施用于农田会逐步破坏土壤的团粒结构和理化性质；含重金属的城市垃圾会使土壤中重金属含量升高。

（3）农药和化肥的施用：农药和化肥作为现代农业必不可少的两大增产手段，其不合理施用与过量施用造成的化肥污染，使土壤养分平衡失调，是造成富营养化的重要原因，而有些施用的肥料中含有有害物质。农药的残留和危害，包括生物放大、生物残留等通过食物链给人体和生态系统带来的影响已不胜枚举。

（4）大气沉降气源重金属微粒是土壤重金属污染的途径之一，酸沉降亦是对土壤-植物系统产生危害的主要途径。土壤中的各种酸浓度与当地降雨量成正比，公路两侧的重金属含量随距离的增加而减少。

（5）交通城市主干道、高速公路、铁路等交通运输线由于机动车尾气排放、大气沉降等对周边土壤造成了不同程度的污染和危害。研究结果表明，不同地区、不同交通形式及路段周边的土壤重金属污染的程度有较大差异。总体说来，距离路面 2～5 m 的土壤中重金属污染为重度污染，距离路面 30～50 m 的土壤为轻度污染，基本达到土壤背景值。

4. 土壤污染的特点

土壤是环境四大要素之一，即土壤是承担四大圈层及各类生物之间物质和能量交换的重要物质，是人类赖以生存的生活环境的基本来源。环境中的物质和能量不断地输入土壤体系，并且在土壤中迁移、转化和积累，从而影响土壤的组成、结构、性质和功能。基于土壤在构成和形式上的多样性，土壤污染相对于其他环境要素污染具有其自身的特点。

1）隐蔽性和滞后性

土壤污染不像大气、水体污染一样容易被人们发现和察觉，由于各种有害物质在土壤中与土壤相结合，部分有害物质被土壤生物所分解或吸收，从而改变了其本来的性质和特征，它们可被隐藏在土壤中或者以难于被识别、发现的形式从土壤中排出，其严重后果能通过食物链给动物和人体健康造成危害。要通过分析化验土壤样品、检测农作物残留，甚至研究人畜健康状况之后才能确定。从污染发生到产生恶果有一个相当长的逐步积累的过程，如日本的"痛痛病"经过了 10～20 年之后才逐渐被人们所认识。

2）累积性

污染物在大气和水体中，一般都比在土壤中更容易迁移。这使得污染物在土壤中并不像在大气和水体中那样容易扩散和稀释，因此容易在土壤中不断积累而超标，同时也使土壤污染具有很强的地域性。

3）不可逆转性

土壤一旦遭受污染后极难恢复，重金属对土壤的污染基本上是一个不可逆转的过程，被重金属污染的土壤可能要 100～200 年的时间才能够恢复。许多有机化学物质也需要较长的时间才能降解。

4）难治理

如果大气和水体受到污染，在切断污染源之后通过稀释作用和自净化作用也可能使污染问题得到解决，但是积累在污染土壤中的难降解污染物则很难靠稀释作用和自净化作用来去除。土壤污染一旦发生，仅仅依靠切断污染源的方法往往很难恢复，有时要靠换土、淋洗土壤等方法才能解决问题，其他治理技术通常见效较慢。因此，治理污染土壤通常成本较高、治理周期较长。鉴于土壤污染难以治理，而土壤污染问题的产生又具有明显的隐蔽性和滞后性等特点，土壤污染问题一般都不太容易受到重视。

5）间接危害性

土壤中的污染物一方面通过食物链危害动物和人体健康，另一方面还能危害自然环境。例如，一些能溶于水的污染物，可从土壤中淋洗到地下水里而使地下水受到污染；一些悬浮物及土壤所吸附的污染物，可随地表径流迁移，造成地表水污染；还有一些污染的土壤被风吹到远离污染源的地方，扩大了污染面。所以土壤污染又间接污染了水和大气，成为水和大气的污染源。

三、场地污染

1. 污染场地的定义

在了解污染场地的概念之前，首先要理解什么是场地。场地是指某一地块范围内一定深度的土壤、地下水、地表水及地块内所有构筑物、设施和生物的总和（环境保护部，2010）。

最早在 20 世纪 90 年代，美国就出现了一个与污染场地同义的词语——"棕地"（brown field）。虽然到现在"棕地"仍没有一个统一的概念，但是在污染场地（contaminated site）被提出之后美国政府将其定义为：废弃的、闲置的或没有得到充分利用的土地。在这类土地的再开发和利用过程中，往往因存在着客观上的或潜在的环境污染而比其他开发过程更为复杂。在维基百科中，对于污染场地的定义为：废弃的、闲置的，或没有充分利用的工业和商业场所，由于现实的或潜在的环境污染使其扩展和再开发变得较为复杂。总结起来，污染场地就是指因人类活动致使土壤受到污染，土壤中现实存在或潜在的有毒物质和危险物质使人类对土壤的治理和再开发变得复杂，并对公众健康和环境构成危害或者有风险的土地。

在我国，对于污染场地的定义随着对其研究的深入且逐渐与国际接轨，近年也发生了一些变化。开始我国科学家对于污染场地有很多不同的定义。例如，骆永明（2009b）将污染场地定义为，因从事生产、经营、使用、储存、堆放有毒有害物质，或者处理、处置有毒有害废物，或者因有毒有害物质迁移、突发事故，造成了土壤和地下水污染，并已产生健康、生态风险或危害的地块；李广贺（2010）将污染场地定义为，因堆积、储存、处理、处置或其他方式（如迁移）承载了有害物质的，对人体健康和环境产生危害或具有潜在风险的空间区域。后来国家在 2014 年颁布的标准《污染场地术语》中将污染场地定义为：对潜在污染场地进行调查和风险评估后，确认污染危害超过人体健康或生态环境可接受风险水平的场地，又称污染地块。具体来说，该空间区域中有害物质的承载体包括场地土壤、场地地下水、场地地表水、场地环境空气、场地残余废弃污染物如生产设备和建筑物等（环境保护部，2014a）。污染场地是工业化和城市化的产物，概念的界定对污染场地识别及其分类管理有重要意义。从经济学角度来说，修复污染场地具有高达 3.8 的总产出系数，因此对污染场地的修复工作势在必行（刘小琼，2014）。

场地污染是指场地内部环境及周边可能影响到的环境的污染问题，涉及场地内部的土壤和地下水、车间墙体和设备、各种废物，场地周边的土壤、地表水等。从用地性质来说，场地污染以工业用地居多，包括废弃的及还在利用中的旧工业区，规模大小不等；此外，还有农业用地、市政用地等存在一定程度的污染或潜在环境问题的地块污染。在监管和治理搬迁或遗留场地环境时，需要系统性和整体性，而且场地污染不仅仅是环境的问题，也是城市经济与社会发展的问题。

由于我国经济高速发展，工业和城市废水大量排放，工业废渣、生活垃圾大量堆存或填埋，以及污水灌溉等人为活动，导致我国土壤污染日趋严重，每年都有大量因各种人为活动导致的污染场地出现，土壤污染已经成为制约我国经济发展的瓶颈。虽然在国家、部门、企业等多渠道的支持下，我国已经开始了场地污染的相关研究，而且场地土壤污染的修复与治理工作也越来越受到重视，但总体上我国场地污染的管理、风险评估及修复方面的工作才刚刚起步。

2. 场地污染的形成

中国的场地污染主要是由一批老工业企业产生。由于当时缺乏必要的城市规划，很多工业企业位于城市中心区内。20 世纪 90 年代以来，中国社会经济发展迅速，城市化进程加快，产业结构调整深化，导致土地资源紧缺，许多城市开始将主城区的工业企业迁移出城，这就遗留了大量存在环境风险的场地。矿区和污染行业所在地往往是场地污染的集中分布地，如有色金属、黑色金属矿区和化工、石化、冶炼及电镀、制药、机械制造、印染等行业。其他的场地污染有填埋场、金属矿渣堆场、加油站、废旧物资回收加工区或电子垃圾处置场地等。从 2015 年 12 月开始，我国启动了历时两年的第一轮环保督察，全国有 20 多万家化工企业被依法关停，而进行整改的化工企业数量达到近百万家。这些污染场地不仅带来环境和健康风险，还阻碍了城市的建设和经济发展。

3. 场地污染的主要类型

中国有许多不同类型的污染区，它们从不同类型的采矿和工业过程中释放出各种有毒污染物，包括无机污染物、有机污染物或有机和无机复合污染物，以及通常与化学品生产或使用有关的污染物。中国受污染地区的主要污染物是重金属（如铬、镉、汞、砷[①]、铅、铜、锌、镍等）、农药（如 DDT、六氯苯、三氯杀螨醇等和其他污染物）、油类样品、持久性有机污染物（persistent organic pollutant，POP，如多氯联苯、多环芳烃等）、有机污染物（如杀虫剂等）、挥发性有机污染物或溶剂型有机污染物（如三氯乙烯、二苯基乙烷、四氯化碳、苯等）和有机金属污染物。除了以上污染物，部分场地也存在酸性或碱性污染物，因此，大多数场地是多种污染物存在的复合污染。除化学污染外，一些场地还存在病原生物污染和建筑垃圾的物理污染，这使得场地污染的清理和修复更加困难。

根据污染的类型，我国的场地污染可以分为以下几类。

（1）受重金属污染的场地。典型的污染物包括砷、铅、镉和铬，主要是钢铁厂、垃圾填埋场和化工行业的固体废物堆放地。

（2）受持久性有机污染物污染的场地。中国广泛生产和使用的 POP 农药主要有 DDT、六氯苯（hexachlorobenzene，HCB）、氯丹、灭蚁灵等。尽管它们已经被禁止使用了很多年，但一些农药仍然存在于土壤中，我国有大量场地存在 POP 农药污染。此外，还有其他被持久性有机污染物污染的场地，如含有多氯联苯的电气设备密封和拆卸的场地。

（3）石油类有机污染物、化学品、焦炉和其他污染场地。一般是由苯和卤代烃等有机溶剂造成的污染。这类场地中通常还包含其他污染物，如重金属。

（4）电子废物污染场地。电子废物的不当处置会危及公众健康。重金属和持久性有机污染物（主要是溴化阻燃剂和剧毒二噁英类物质）是这类污染的主要标志。

根据原场地用途的不同，受污染场地可分为四类：工业、市政、农业和特殊污染场

---

① 砷为非金属，鉴于其化合物具有金属性，本书将其归入重金属一并统计

地。按污染物类型划分，主要有无机物污染场地、有机物污染场地和复合污染场地，中国的主要污染场地类型及其污染主要来源如表 1-2 所示（杨再福，2017）。

表 1-2　中国主要污染场地类型及其污染主要来源

分类标准	污染场地类型	主要来源
污染物类型	无机物污染场地	氮污染、磷污染、铬污染、镉污染、砷污染等
	有机物污染场地	轻质非水相液体（LNAPL）污染场地、重质非水相液体（DNAPL）污染场地
	复合污染场地	无机与有机或几种污染物的混合污染
污染源形状	点源污染场地	垃圾填埋场渗滤液泄漏、地下储存罐及管道破裂泄漏的污染
	线源污染场地	排污渠道、污染河流两岸、地下水污染
	面源污染场地	化肥、农药及大气沉降
污染源类型	污水泄漏污染	工业污水、生活污水、污染地表水体的泄漏污染
	固体废物污染	城市固体废物、工业固体废物、危险废物
	农业灌溉污染	不适当的化肥、农药施放，污水灌溉
	矿产开采污染	石油与固体矿产开采
	地下储存罐泄漏	加油站、地下储存罐
原场地用途	工业污染场地	废水排放污染场地、固体废物填埋与堆放污染场地、地下储存罐污染场地、化学品堆放污染场地、工厂搬迁遗址污染场地、突发事故污染场地
	市政污染场地	污水处理污泥处置污染场地、垃圾填埋场污染场地
	农业污染场地	种植污染场地、养殖污染场地
	特殊污染场地	交通事故泄漏污染场地、化学武器遗弃污染场地、军事基地污染场地
污染物迁移方式	对流型	脉冲对流型、连续对流型、间歇对流型
	弥散型	连续弥散型、脉冲弥散型、间歇弥散型；机械弥散与分子弥散
污染物泄漏方式	脉冲形式	脉冲对流型、脉冲弥散型；事故泄漏
	连续泄漏	连续对流型、连续弥散型；垃圾渗漏液
	间歇性释放	间歇对流型、间歇弥散型；化肥农药，污水灌溉

四、场地污染修复的发展过程

对污染企业搬迁后遗留的污染场地进行修复和再利用，可以在一定程度上解决人口增长带来的城市空间需求问题，能够带来巨大的社会、经济和环境效益。因此，有效监管、安全处理处置污染场地并使场地污染修复工作得到重视是我国开展科技创新研究与应用实践的重要课题（贺俏毅和陈松，2009）。

中国对污染场地的修复起步较晚。2004 年北京宋家庄地铁站中毒事件，是启动中国污染场地调查和修复的关键。随后，国家环境保护总局（现为生态环境部）于 2004 年发出通知，要求各地环保部门做好企业搬迁过程中的环境污染防治工作，一旦发现土壤污染问题，要立即向总局报告，并尽快制定污染治理方案。在世博会的框架内，建立了一个特殊的土壤修复中心，以处理和处置来自世博会规划区前工业用地的污染土壤。到目前为止，中国已经成功地完成了几个场地的土壤修复工作，如北京化工三厂、红狮染料厂、北京焦化厂（南）、北京染料厂、北京化工二厂和天津某氰化物污染场地等。这些案例给中国的污染土壤带来了宝贵的技术和管理知识，为中国场地污染土壤的治理和修复提供了帮助。在修复技术方面，比较成熟的技术主要用于原位处理和处置。环境保护部制定的《污染场地修复技术应用指南》为在中国开展污染场地修复工作、提出修复技术的发展和进行项目的可行性研究提供了依据和支持（环境保护部，2014b）。2015年4月发布的《建设项目环境影响评价分类管理名录》首次将"污染场地治理修复工程"纳入"城镇基础设施及房地产"类别，明确需要开展环境影响评价，旨在通过分析污染场地修复工程实施可能对环境产生的影响，提出污染防治对策和措施（丁亮等，2016）。

五、场地污染的修复方法和治理途径

场地污染的修复，首先要根据场地调查和风险评估，确定预修复目标。确定预修复目标可达后，则应结合场地的特征条件，从修复成本、资源需求、安全健康环境、时间等方面，通过矩阵评分法详细分析备选技术的经济、技术可行性和环境可接受性，选取合适的修复技术，确定最佳修复技术路线。然后通过可行性试验确定修复技术工艺参数，制定修复技术方案。在对场地进行修复的过程中，可以根据场地调查结果和修复技术的要求制定修复监测计划。

其中针对不同的修复目标，修复的技术也不尽相同。在确定修复目标后，场地污染土壤修复工作的关键在于选择合适的修复技术。例如，由前期调查情况发现场地污染程度较重，污染分布不均匀，因此可根据污染深度将修复目标值设为两类：表层土壤修复目标值和深层土壤修复目标值。应根据土壤污染物的特点进行修复技术的排查，然后根据修复的时间要求和经济条件选择合适的技术，对其中的污染物进行转移、吸收、降解或转化，从而达到恢复场地的使用功能，达到场地二次开发利用安全的目的。随着技术的发展，各种新型、低成本、高效能、更快捷和低排放的土壤修复技术正在逐渐被研发出来，在后续的工作当中，可以根据技术的发展和社会的进步进行调整（何娟，2016）。

污染物浓度高、流动性强或位于敏感地区的污染场地应采用将污染物与土壤介质分离或分解污染物结构的修复技术。对于土壤中不同类型的污染物，可采用将污染物从土壤中分离或降解污染物结构的修复技术。

1）挥发性有机化合物污染

挥发性有机化合物毒性强、易挥发，容易释放到空气中，造成空气污染，对人体健康造成伤害。对于挥发性有机化合物，建议收集和浓缩挥发性污染物，所以根据这一原则，可选择土壤气相萃取、生物通风、填埋、热解吸、焚烧、化学氧化还原和化学萃取等技术。

2）半挥发性有机化合物污染

半挥发性有机化合物污染与挥发性有机化合物污染相似，但有些半挥发性有机污染物在土壤中的吸附性较强，使用分离方法（如生物曝气、热脱附等）成本较高，且修复效果不好，因此在分离方法之外还可以采用填埋、焚烧、化学氧化还原、固结稳定、客土等方法。

3）其他类型有机物污染物

其他类型的有机污染物可以采用填埋、植物修复、生物蒸发、化学氧化、热解吸和焚烧等方法。使用微生物方法降解原油是目前的一个热门研究课题，由于原油的某些成分闪点低，也可以使用热脱附或焚烧等修复技术进行处理。

4）无机物和重金属污染

无机物和重金属的处理方法有填埋、固化和稳定化、化学氧化还原、客土等，这些方法可以固定污染物，降低其流动性；或者改变其化学性质，使其成为无毒或低毒的化合物；或者富集和浓缩，最终降低对人体健康和环境影响的风险。

通过填埋、固化或阻隔技术来稳定污染物，属于阻断污染物途径的修复方法，不能去除污染物，只能以某种方式减少污染物的暴露途径。如果设施没有被破坏，受污染的场地对环境的影响会比较小，但如果对该类修复场地进行进一步的开发或建设，污染物可能会重新暴露在环境中。因此，这种受污染的工业用地不适合用于高密度的开发，如住宅、商业或学校用途。对于使用原位修复技术进行现场清理的场地，需要当地环境保护相关部门对工业污染场地出具验收证书。该证书可保证现场被污染的土壤和地下水已经被清理干净，不再对人体健康或生态环境构成威胁。

对于场地周边无敏感受体存在、场地中污染物浓度较低、迁移性较弱、风险较小的情况，宜由当地政府部门对该场地实施制度控制措施。

通常来说，在对进行过风险评估的合格场地进行再利用之前，应该对受污染的场地采取制度控制措施。制度控制措施在国外应用较多，大部分都有相应的法律规定，并在实施过程中作为强制性措施受到政府当局的监督。考虑到中国的国情，建议在政府或环保部门的监督下，通过通知、规定和宣传的方式告知公众，以保护受污染的场地。同时，如果现场的土壤是有害的，政府或环保部门宜委托相关部门对受污染的土壤进行监测，以此来控制风险，减少公众和生态环境对污染物的暴露。适度的制度控制措施可以保护人体健康和生态要素，也可以降低成本。现阶段制度控制措施是参考国外经验，结合中国国情采取的限制性措施。

国外普遍认为制度控制措施是整个污染治理活动中非常重要的一部分，在垃圾填埋场、大型设施、地下储存罐、资源保护和回收法等方面发挥着至关重要的作用。作为维护人类和环境安全的法律和行政手段，制度控制措施的应用有多种方式，具体措施包括限制场地使用、改变人类行为、为人们提供适当的信息以减少人类和环境与污染物的潜在接触。制度控制措施很少仅仅用于清除现场的污染物，是一种不涉及建筑或物理改变的措施。它通常作为一种行政和法律工具，作为一种基于技术和非机械措施的平衡的实用方法，并作为全面清理方案的一部分来应用。制度控制措施可以用来防止人们不安全地使用场地，或防止人们破坏清理设备，并减少人们接触污染物的可能性，以降低污染场地对人类和环境的潜在风险。对于需要进行制度控制措施的场地，我国暂时没有法律强制规定需要采取张贴通告、限制人类活动等，只能通过当地政府或环保部门进行监督管理，并将此方法贯彻执行，同时应该对保护对象进行定期监测，才能保证人体和生态环境的安全。

我国土壤修复技术研究起步较晚，加之区域发展不均衡性、土壤类型多样性、污染场地特征变异性、污染物类型复杂性、技术需求多样性等因素，目前主要以单一修复技术为主。不过，随着技术的发展，联合修复会在未来成为主要的污染场地修复方式。解决污染场地的土壤问题需要多方合力，不仅仅要依靠相关的技术开展修复工作，还需有关单位积极配合才能见效。实际场地大都存在多种污染物共存的情况，应根据实际状况选择一种或多种技术的组合进行处理，将每种污染物都降至修复标准值以下，才能较好地完成对污染场地的修复（卢再亮和席海苏，2021）。

第二节　场地污染政策法规及相关管理制度的发展历程

一、国外政策法规及相关管理制度的发展历程

由于人们对环境的忽视和工业化水平的高度发展，场地污染已经变成一个世界性的环境问题，对人类和环境产生了严重危害。目前，世界上许多国家存在大量污染场地，特别是发达国家，污染场地呈现数量多、种类全、危害严重等特点。

1. 美国污染场地相关法规及管理标准

1980 年，美国国会通过了《综合环境响应、补偿与责任法》（Comprehensive Environmental Response，Compensation and Liability Act），又称"超级基金"，填补了污染场地修复法律法规的空白。该法案通过要求土地所有者和土地使用者对土地的污染负责，并要求他们修复污染土地，特别是在无法确定责任方的情况下，让污染场地修复有法可依。因此，美国环境保护署（U.S. Environmental Protection Agency，USEPA）和美国测试与材料协会（ASTM）制定了一系列方法、技术标准和准则，用于调查和评估环境场地，进行环境调查、风险评估和修复行动，以及确定污染的责任。在美国，已经通过了一些关于超级基金场地修复的技术准则，包括超级基金场地定位指南、修复设计和修复指南及超级基金修复选择规则。2015 年，USEPA 制定的国家优先事项清单（NPL）和补充基金协议（SFA）中，共有 1439 个受污染场地，累计有 1177 个 NPL 场地完成了物理修复项目，有 93 901 个受污染场地提交了超级基金申请（USEPA，2015）。

除了建立超级基金计划，美国环境保护署通过各种资金来源支持场地修复的资金需求。超级基金，以及美国能源部、美国军方、国家清理计划、资源保护和再利用计划、地下储存设施和私营企业，是美国污染场地修复的资金来源。美国受污染场地的修复是美国能源部的主要职责之一，每年花费 20 多亿美元对受污染场地进行修复。同时，美国提出了"棕地开发"的土地管理模式：政府鼓励企业对土地进行清理和开发，并提供一系列补贴和政策优惠，防止污染场地被直接开发，从而使美国的棕地产业有了良好的发展机遇。除了在超级基金计划下建立修复技术和法规、风险管理战略和技术评估，美国还

参与制定由当地州级环境机构实施清理的法规，以改善场地清理管理，如明尼苏达州环保部的棕地风险管理决策支持系统和伊利诺伊州棕地清理技术评估矩阵（Ellis，2010）。

美国在环境案件中提倡对已存在的某些类别的污染场地进行修复，这对中国的污染场地管理也有很多启发，特别是对地下水污染的污染场地的修复。相关法律规定，排污者有责任对污染进行处理，并对环境污染造成的物质损失进行赔偿。联邦和州环境机构可以依法要求排污者停止排污并清理被污染的土壤和地下水，同时联邦和州检察官可以向法院提起诉讼，以追偿损失和加快修复；直接受害的单位和个人也可以向法院提起诉讼，以追偿损失和加快修复。

2. 其他国家和地区污染场地相关法规及管理标准

1）欧盟污染场地相关法规及管理标准

欧洲于1972年通过了《欧洲土壤宪章》（European Soil Charter，ESC），首次将土壤作为一种重要资源加以保护。2004年，欧盟制定了一项土壤保护战略，包括在欧盟建立土壤信息和监测系统的详细法律规定和未来行动的详细准则。欧洲环境署（EEA）的联合研究中心（JRC）调查了欧盟39个国家（EEA-39）中近1/3的土壤，发现每1000个居住地中有4.2个潜在污染源。初步结论是，整个欧洲约有250万个潜在的污染场地，其中约13.6%（34 000个）可能已经被污染，需要修复。在27个EEA-39成员国中，已经确定了大约117万个潜在的污染场地，约占EEA-39的污染场地总数的46.8%。在39个成员国中，估计有342 000个受污染场地，其中1/3的受污染场地已被确认，约15%已得到修复。28个国家实现了对受污染场地的全面报告，并在其报告中给出了受污染场地的完整清单，25个国家建立了受污染场地的国家中央数据库。平均而言，欧盟用于污染场地管理的总支出的42%来自国家预算，最高的是爱沙尼亚的90%，国家每年用于污染场地管理的支出约为人均10欧元（从塞尔维亚的2欧元到爱沙尼亚的30多欧元不等）。在德国，实行污染者付费原则，如果污染者自己没有能力清理污染，即使申请并获得政府批准，仍需承担10%的费用，其余90%由联邦政府和州政府分担。对于历史遗留的矿山，联邦政府成立了一个专门的矿山修复公司，修复资金由联邦政府和州政府分别按75%和25%的比例分担。面对污染场地修复的严峻形势，欧盟各国致力于相互学习，协调污染场地的风险管理模式，初步建立了包括政策、标准、市场和场地修复决策在内的污染场地共同管理体系（陈瑶和许景婷，2017）。

2）加拿大污染场地相关法规及管理标准

在加拿大，加拿大环境部长委员会（CCME）发布了《在加拿大污染场地构建特定场地土壤质量修复目标的指导手册》，加拿大污染场地管理工作组编写了《场地修复技术：参考手册》，加拿大科学应用国际公司（Science Applications International Corporation，SAIC）在其研究报告《对加拿大修复指导值、标准值和规定值的汇编和评论》中对加拿大的污染场地修复标准值、指导值和规定值进行了全面系统的总结和评述。

3）德国污染场地相关法规及管理标准

德国规范污染场地最主要的法律是1998年通过的《联邦土壤保护法》，其配套法规为1999

年发布的《联邦土壤保护和污染地块条例》，其对特定土壤值进行了明确规定，对疑似污染地块调查评价、污染场地修复、预防等措施予以细化，使其更具有可操作性（张华等，2012）。

4）荷兰污染场地相关法规及管理标准

荷兰对历史上工业活动造成的土壤污染问题的重视始于 1980 年在荷兰南部一个居民区内发现的大面积污染场地。由此，荷兰于 1983 年通过了《土壤修复（暂行）法案》[Soil Restoration (Temporary) Act]；1987 年通过了《土壤保护法案》（Soil Protection Act）；2008 年颁布了专门的《土壤修复通令》（Soil Remediation Circular），并多次更新修改，其中分门别类设置了不同情况下启动修复和修复应当达到的法定要求；2008 年通过了《土壤质量法令》，建立起了新的土壤质量标准框架（薛艳华，2014）。

5）澳大利亚污染场地相关法规及管理标准

澳大利亚非常重视对受污染场地的环境管理。最初，国家卫生与医药委员会（National Health and Medical Research Council，NHMRC）与澳大利亚-新西兰环境与保护委员会（Australian and New Zealand Environment and Conservation Council，ANZECC）合作，于 1992 年制定了《澳大利亚和新西兰污染场地评价和管理指南》，该指南被用作从技术和管理角度为污染场地的环境管理建立一个相对健全的系统。1999 年，澳大利亚环境保护委员会（National Environment Protection Council，NEPC）制定了一系列与污染场地调查（监测）和风险评估有关的指南，如《国家环境保护措施（场地污染评价）》，为澳大利亚全国范围内的场地调查和评估提供了统一要求和技术标准。澳大利亚国家标准委员会（Council of Standards Australia）也将污染场地调查技术提升到国家标准的高度，在对 1997 年发布的《场地潜在污染土壤调查与采样指南》进行修订的基础上，于 2005 年发布了该指南的修订版，大力支持澳大利亚污染场地调查技术的规范化和标准化。

二、国内政策法规及相关管理制度的发展历程

因为对于污染场地的重视程度不足，我国对于污染场地相关的政策也相对落后。但是，近年来国家已经开始意识到土壤污染问题的严重性和污染场地治理修复的重要性，2004 年以来，相关的政策、法律、法规如雨后春笋般陆续出台。

（1）2004 年，国家环境保护总局发布《关于切实做好企业搬迁过程中环境污染防治工作的通知》，要求相关责任方在搬迁地的污染治理修复和开发过程中应当做好环境污染防治工作。

（2）2005 年，国务院发布《国务院关于落实科学发展观加强环境保护的决定》，该决定规定：对污染企业搬迁后的原址进行土壤风险评估和修复，开展全国土壤污染状况调查和超标耕地综合治理，污染严重且难以修复的耕地应依法调整。

（3）2008 年，环境保护部出台《关于加强土壤污染防治工作的意见》，该意见提出了当前土壤污染防治的指导思想、基本原则和主要目标，同时还对场地污染土壤环境保护监督管理提出了一系列的制度要求。这些规定在现行场地污染土壤修复工作中起到了重要的指导作用。

（4）2011 年《国家环境保护"十二五"规划》发布，"加强土壤环境保护"被明确提及，要求今后要加强土壤环境保护制度建设、强化土壤环境监管，以及推进重点地区污染场地和土壤修复。提出了我国将启动污染场地、土壤污染治理与修复试点示范。禁止未经评估和无害化治理的污染场地进行土地流转和开发利用。

（5）2012 年，为加强污染场地土壤环境监督管理，有效控制场地污染土壤对人体健康和生态环境的风险，环境保护部发布《污染场地土壤环境管理暂行办法》。2012 年，环境保护部、工业和信息化部、国土资源部、住房和城乡建设部联合发布《关于保障工业企业场地再开发利用环境安全的通知》，对工业企业场地变更利用方式、变更土地使用权人时所要开展的环境调查、风险评估、治理修复等工作做出了规定，体现了多部门综合治理、操作性强、内容系统全面的特点。

（6）2013 年，国务院办公厅印发《近期土壤环境保护和综合治理工作安排的通知》，要求到 2015 年，全面摸清我国土壤环境状况，建立严格的耕地和集中式饮用水水源地土壤环境保护制度，初步遏制土壤污染上升势头。

（7）2014 年 5 月，环境保护部发布《关于加强工业企业关停、搬迁及原址场地再开发利用过程中污染防治工作的通知》。该通知明确提出，未明确治理修复责任主体的场地，禁止进行土地流转；污染场地未经治理修复的，禁止开工建设与治理修复无关的任何项目。搬迁关停工业企业应及时公布场地的土壤和地下水环境质量状况（张辉，2015）。

（8）2014 年，环境保护部发布了《工业企业场地环境调查评估与修复工作指南（试行）》，为开展环境调查和风险评估，以及管理受污染场地的修复提供技术指导和支持。场地污染修复不仅是确定修复技术和方案的过程，还包括初步调查、风险管理、修复评估和过程控制，以及管理污染场地的法律和法规。

（9）2016 年 5 月，国务院发布《土壤污染防治行动计划》，提出到 2020 年，受污染耕地安全利用率达到 90%左右，污染地块安全利用率达到 90%以上；到 2030 年，受污染耕地安全利用率达到 95%以上，污染地块安全利用率达到 95%以上。

（10）2017 年 7 月 1 日，发布《污染地块土壤环境管理办法（试行）》，办法将拟收回、已收回土地使用权的有色金属冶炼、石油加工、化工、焦化、电镀、制革等行业企业用地，以及土地用途拟变更为居住和商业、学校、医疗、养老机构等公共设施的上述用地作为重点监管对象。对上述疑似污染地块和拟改变土地用途为公共设施的污染地块，重点进行初步环境评估、人体健康风险评估和风险控制；对尚未确定开发用途的污染地块，进行环境风险评估和风险控制，防止和控制污染扩散。

（11）2018 年 8 月 31 日，中国第十三届全国人民代表大会常务委员会第五次会议批准了《中华人民共和国土壤污染防治法》（以下简称《土壤污染防治法》），该法于 2019 年 1 月 1 日起施行。作为中国第一部有关土壤污染防治的法律，该法的颁布完善了控制污染土壤风险的法律体系。制定《土壤污染防治法》的意义在于：①按照预防为主、保护优先、防治结合、风险控制的总体思路，根据土壤污染防治的实际需要，设计法律制度的总体框架；②根据土壤污染防治的具体性质，采取分类管理等针对性措施；③提出了有针对性的预防（从源头上减少土壤污染）、风险控制（阻止土壤污染影响公众生活）和污染者责任（谁污染，谁管理）三个主要修复措施（陈小军，2020）。

第三节 污染场地调查及风险评估

一、污染场地的调查

1. 污染场地调查的步骤与内容

长期以来，人类的工农业生产及住宅污染，不断加剧着该地区环境的恶化，造成了许多不同类型和不同程度的污染。污染场地的管理涉及处理大量的污染场地，每个污染场地的管理涉及环境评估、风险评估、处理、修复和监测等方面。有效管理和利用大量的污染场地数据，为政府机构提供有效的决策服务，已经成为限制污染场地监测的重要和紧迫的问题之一（刘丽和李宝林，2011）。

在《污染场地土壤环境管理暂行办法》中明确提到污染场地责任人应当在向有关部门提交土地利用方式变更申请材料前，按照本办法的有关规定，委托具有相应资质的机构开展污染场地土壤环境调查与评估。而且污染场地土壤环境调查应包括下列内容：①场地基本情况；②场地土地利用方式及使用权人变更情况；③场地内主要生产活动及污染源情况；④场地内建筑物和设备设施情况；⑤场地及周边地下水等环境状况和敏感目标；⑥场地及周边土壤污染程度和范围。

污染场地调查主要是为了更好更快地了解场地全面的污染情况，即采用系统的调查方法，确定场地是否被污染及污染程度和范围，场地调查的全面性和精确性决定了风险评估的准确性，一般包括三个阶段（图1-2）。

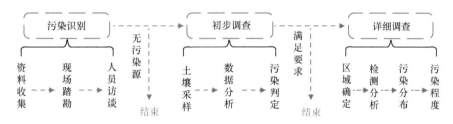

图 1-2 现场调查流程图

第一阶段是污染识别。在该阶段中以资料收集、现场踏勘和人员访谈为主，并初步判断场地内的污染物及其分布状况，收集场地历史和现状生产及场地污染相关资料，查阅有关文献，对相关人员进行访谈，了解可能存在的污染种类、污染途径、污染区域，再经过现场踏勘进行污染识别，初步划定可能污染的区域。如果第一阶段的调查确认场地和周边地区没有可能的污染源，那么场地环境调查活动就可以结束。如果第一阶段的调查表明场地或周边地区存在可能的污染源，则需要进行第二阶段的场地环境调查，以确定污染的类型、程度和范围（杨立成，2020）。

第二阶段是初步调查。根据污染确认的结果，对重点关注地块进行场地土壤采样分析，对土壤监测数据进行分析判断，之后进行污染判定。如果第二阶段采样分析的结果证明场地的环境质量现状能够满足开发建设的要求，则场地的环境评价工作在第二阶段结束（章蕾，2014）。

第三阶段是详细调查。该阶段要求调查人员根据污染识别和初步调查的结果，确定污染风险大的区域，再进行详细调查。随后根据样品的检测结果进行分析，确定污染物的空间分布和污染程度（王盾，2020）。

2. 污染场地调查的原则

污染场地环境调查具有针对性、规范性及可操作性原则。

（1）针对性：根据场地的特征，开展有针对性的调查，为场地的环境管理提供依据。

（2）规范性：采用程序化和系统化的方式规范场地环境调查的行为，保证调查过程的科学性和客观性。

（3）可操作性：结合当前科技发展和专业技术水平综合考虑调查方法、时间和经费等因素，使调查过程切实可行（莫蓁蓁和黄道建，2015）。

二、污染场地的风险评估

1. 风险评估概述

污染场地风险评估即评估场地污染土壤和浅层地下水通过不同暴露途径，对人体健康产生危害的概率。

确认受到污染的场地土壤后，应根据土地利用方式变更情况和用地规划，按照有关规定开展场地污染土壤风险评估（环境保护部，2010）。风险评估具体包括危害识别、暴露评估、毒性评估、风险表征、土壤风险控制值计算等内容。通常情况下，风险评估又可分为生态风险评估和健康风险评估两种（刘丽，2011）。

2. 风险评估的内容

风险评估流程、方法和模型与国际惯用风险评估方法一致，包括：危害识别、暴露评估、毒性评估、风险表征，以及土壤风险控制值计算五项工作内容。

（1）危害识别：污染场地风险评估首先是要进行危害识别，即根据场地环境调查和场地规划来确定污染物的空间分布和可能的敏感受体（周友亚等，2019）。

（2）暴露评估：在此基础上，根据对危害的识别，分析污染物如何进入和损害敏感受体，确定敏感人群对污染物的主要接触途径和相关的模型参数值，计算敏感人群从土壤和地下水中吸收污染物所对应的土壤和地下水接触量。

（3）毒性评估：主要是分析相关污染物对人体健康的致癌和非致癌作用，以确定与相关污染物相关的毒性参数，如参考剂量、参考浓度、致癌性斜率系数和非致癌参考剂量。这两个估计值分别用于计算敏感人群从土壤和地下水中摄入的相关污染物所对应的土壤和地下水暴露量，以及相关污染物的毒性参数。

（4）风险表征与土壤风险控制值计算：利用暴露评估和毒性评估工作来计算所有暴露途径中有关污染物的风险值，使用风险评估模型进行不确定性分析，如分析不同暴露途径中有关污染物的健康风险比例和有关参数值的敏感性,以确定风险的空间特征。确定计算出的风险值是否超过可接受的风险水平。如果污染物风险评估的结果没有超过可接受的风险水平,则风险评估完成;如果污染物风险评估的结果超过可接受的风险水平,则根据致癌风险计算有关污染物的风险控制值,或根据非致癌风险计算风险控制值。图 1-3 为污染场地风险评估的程序和内容。

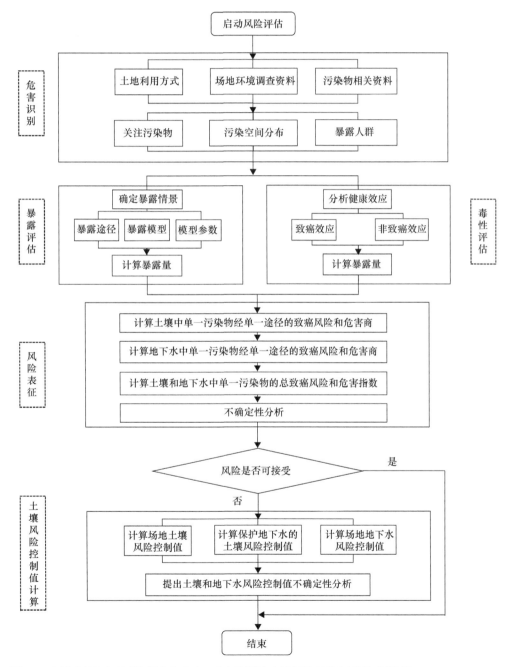

图 1-3 污染场地风险评估程序和内容(《建设用地土壤污染风险评估技术导则》,HJ 25.3—2019)

第四节 污染场地相关标准及修复效果评估

一、污染场地的相关标准

1. 国外污染场地的标准体系

本章第二节提到了美国的污染场地的政策及法规,而在污染场地环境评价标准方面,根据《综合环境响应、补偿与责任法》(Comprehensive Environmental Response, Compensation and Liability Act)的要求,美国测试与材料协会(ASTM)发布了一系列标准,通过提供方法指南和评价指标,指导污染场地的识别、分类、修复、评估和验收。这些标准在实践中不断发展和完善,其风险管理的模式已被世界上许多国家广泛采用。1996 年,美国环境保护署出台了《土壤筛选指南》(Soil Screening Guidance),其功能是得出土壤环境质量的筛选值,为保护人体健康,该指南还提供了三个级别的管理模式,以方便场地管理者或控制者进行管理评估。其中一个土壤筛选级别是一个非国家规定的修复标准,被用作下一阶段调查和评估,以及确定修复需求的建议标准。随后在修订中加入了新的污染物迁移途径和数据模型,可准确、科学地计算出土壤筛选水平值。2009 年,出于监管原因,USEPA 整合了受污染场地化学污染物的最新区域筛选值,其中包括住宅和工业环境中三个环境要素的筛选值,主要用于超级基金场地土壤污染风险的初步筛选和初步修复目标值。区域筛选值根据不同的环境功能分为六类,分别是居住用地土壤、工业用地土壤、居住用地空气、工业用地空气、饮用水、地下水等。虽然现在美国的超级基金中的修复资金存在很大缺口,但至少美国对污染场地的修复有着自己完善的体系,值得我国学习借鉴(刘瑞熙,2018)。

2. 国内污染场地的标准体系

在国内开始重视污染场地产生的影响之后,为了加强对污染场地的环境监督和管理,环境保护部发布了《场地环境调查技术导则》(HJ 25.1—2014)、《场地环境监测技术导则》(HJ 25.2—2014)、《污染场地风险评估技术导则》(HJ 25.3—2014)、《污染场地土壤修复技术导则》(HJ 25.4—2014)、《污染场地术语》(HJ 682—2014)等。这一系列文件涵盖了调查、监测、评估和修复污染场地的过程。随后,环境保护部不断提出新的标准和计划,以进一步提高场地的修复标准(姜林等,2017)。2018 年以来国家出台了针对建设用地的污染调查、风险评估及修复的一系列标准、导则和指南,如 2018 年颁布实施的《土壤环境质量 建设用地土壤污染风险管控标准(试行)》(GB 36600—2018)已成为我国场地污染调查过程中土壤污染风险筛选的主要依据,2019 年对土壤调查、风险评估和修复的相关导则进行了修订,发布了《建设用地土壤污染状况调查技术导则》(HJ 25.1—2019)等系列技术导则(表 1-3)。

表 1-3 国内部分污染场地相关标准

标准名称	标准起草或发布单位	发布时间
土壤环境质量标准（GB 15618—1995）	中华人民共和国环境保护局	1995 年
污染场地修复验收技术规范（DB 11/T 783—2011）	北京市环境保护科学研究院等	2011 年
场地环境调查技术导则（HJ 25.1—2014）	中华人民共和国环境保护部	2014 年
污染场地术语（HJ 682—2014）	中华人民共和国环境保护部	2014 年
污染场地土壤修复技术导则（HJ 25.4—2014）	中华人民共和国环境保护部	2014 年
土壤环境质量 建设用地土壤污染风险管控标准（试行）（GB 36600—2018）	中华人民共和国生态环境部	2018 年
地块土壤和地下水中挥发性有机化合物采样技术导则（HJ 1019—2019）	中华人民共和国生态环境部	2019 年
建设用地土壤污染风险管控和修复监测技术导则（HJ 25.2—2019 代替 HJ 25.2—2014）	中华人民共和国生态环境部	2019 年

在地方层面，北京和浙江等省市颁布了相关标准。北京是中国第一个颁布环境场地管理技术标准的城市，为北京的污染场地环境管理提供了重要支持，并影响到全国的污染场地环境管理。北京市先后发布了《场地环境评价导则》（DB 11/T 656—2009）、《场地土壤环境风险评价筛选值》（DB 11/T 811—2011）、《污染场地修复验收技术规范》（DB 11/T 783—2011）、《重金属污染土壤填埋场建设与运行技术规范》（DB 11/T 810—2011）、《污染场地挥发性有机化合物调查与风险评估技术导则》（DB 11/T 1278—2015）、《污染场地修复工程环境监理技术导则》（DB 11/T 1279—2015）、《污染场地修复技术方案编制指南》（DB 11/T 1280—2015）等。浙江省颁布了《污染场地风险评估技术导则》（DB 33/T 892—2013）。近年来，针对污染场地土壤的筛选标准，各地结合《土壤环境质量 建设用地土壤污染风险管控标准（试行）》进行了补充，如河北省颁布了《建设用地土壤污染风险筛选值》（DB 13/T 5216—2020），深圳市颁布了《建设用地土壤污染风险筛选值和管制值》（DB 4403/T 67—2020）。

针对场地中的地下水质量标准，一般结合地下水的用途及区域环境质量要求，按照《地下水质量标准》（GB/T 14848—2017）中的相关分类标准执行。对标准中没有的指标，可参考国内其他相关标准或是地方标准执行，如对地下水中石油烃（C10～C40）可参考《上海市建设用地土壤污染状况调查、风险评估、风险管控与修复方案编制、风险管控与修复效果评估工作的补充规定》（2020）的相应筛选值。

在现有的国家和地方标准及技术体系中，中国的污染场地标准体系的建立还处于起步阶段，公布的指南主要是一些场地调查、评估和修复的程序性标准，没有具体的修复标准。

二、污染场地修复效果评估

1. 污染场地修复效果评估的内容

我国已通过污染场地修复效果评估的相关实验开发出一系列评价固化技术修复重金属污染土壤效果的方法，具体包括无侧限抗压强度实验、耐久性实验（如冻融实验、干湿循环实验）、凝固时间实验等，其中最常见的实验是无侧限抗压强度实验、淋滤实验、耐久性实验和渗透实验。虽然我国场地修复效果评价体系已初具规模，但我国土壤类别多样且复杂，目前场地污染情况呈现出高浓度和组合污染的特点，不同土壤特点的修复效果和修复方法也不尽相同。所以要对不同的污染场地采用不同的评估标准（陈宏文，2013）。

基本的污染场地修复效果评估内容如下。

1）污染物残留分析

污染土壤经过处理后，其自身残存着的部分污染物的浓度水平可作为土壤修复效果的评估标准之一。污染物残留分析就是通过对修复后的污染土壤进行污染物成分和浓度检测，同时对照修复前的土壤数值及修复方案的目标值，判断是否达到修复目的。这种方法的优点是方法简单，且结果较为直观；缺点是在对一些复合污染的场地进行检查时容易产生拮抗反应而影响评价结果（冯全芬，2020）。

2）生态毒性分析

对修复后的土壤进行生态毒性分析，主要是通过分析生物在该土壤中生长的情况来判断土壤中污染物的浓度变化，污染物浓度越高，对生物的毒性效应越大。目前土壤生态毒性分析的方法主要为土壤酶水平检测法。

3）污染场地风险评估分析

关于风险的评估方法在本章第三节中有介绍，在此为了结构的完整简短地进行描述。相关评估人员通过对污染场地中污染物影响人类的途径与结果进行分析，评估污染物的致病力及致癌程度，计算出在该土壤场地中人体罹患癌症及污染性疾病的风险，将该数值作为恢复目标的比对值，对污染土壤处理前后的风险评估进行数值对照，判断污染场地的风险水平变化范围（董晋明，2019）。

2. 污染场地修复效果评估的标准

2011 年，在环境保护部发布指南之前，北京出台了地方标准。2014 年环境保护部发行了国家标准。2015 年，上海发布了技术规范。截至目前，评价修复场地性能的主要依据如下。

（1）2011 年 4 月 28 日北京市质量技术监督局发布《污染场地修复验收技术规范》（DB 11/T 783—2011），并于 2011 年 7 月 1 日实施。本标准规定了污染场地复垦验收的内容和技术要求。

（2）《工业企业场地环境调查评估与修复工作指南（试行）》，是环境保护部在 2014 年 11 月发布的标准。本指南适用于工业企业场地的环境调查、风险评估、治理修复、修复环境监理、修复验收和后期管理工作。但是本指南不适用于涉及放射性污染的场地。

（3）上海市于 2015 年 6 月发布了《上海市污染场地修复工程验收技术规范（试行）》。本技术规范规定了上海市污染场地修复工程验收工作的基本原则、程序、内容和技术要求，适用于上海市污染场地修复工程验收工作。本技术规范不适用于放射性污染和致病性生物污染场地修复工程验收工作。

（4）生态环境部在 2018 年颁布实施《污染地块风险管控与土壤修复效果评估技术导则》（HJ 25.5—2018），该标准对土壤是否达到修复目标、风险管控是否达到规定要求、地块风险是否达到可接受水平等情况进行科学、系统的评估，提出后期环境监管建议，为污染地块管理提供科学依据。

第二章　热脱附及原位气相抽提技术与原理

大多数场地污染均含有机污染物，而有机污染物具有水溶性差和迁移能力强等特点，使得传统的原位化学氧化/还原等修复方法很难达到修复预期。美国环境保护署（USEPA）发布的《场地清理处理技术：年度状态报告（第12版）》中，给出了1982～2005年美国超级基金所开展的场地修复项目中不同技术的采用情况，如图2-1所示。从图中可以看出，土壤蒸汽抽提（或土壤气相抽提）和热脱附技术的应用分别排名第1和第4。

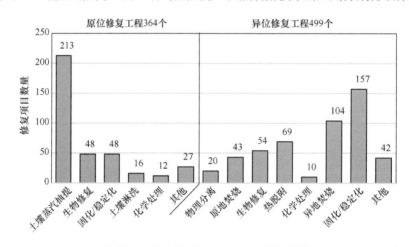

图 2-1　1982～2005年美国超级基金所开展的场地修复项目中不同技术的采用情况

土壤原位气相抽提技术主要是将新鲜空气通过注入井注入污染区域，利用真空设备产生负压，空气流经污染区域的土壤孔隙时，解吸并夹带土壤孔隙中的挥发性有机化合物（volatile organic compound，VOC），位于土壤孔隙中的空气通过抽取系统并抽提到地面，随后在地面上经过净化处理，排放到大气或重新注入地下循环使用。这种技术适用于多种有机污染物，不易产生二次污染，且不会破坏土壤的理化性质，具有易于安装、处理成本低、修复时间短等优点。

热脱附技术也在有机物污染场地中得到广泛应用。这种技术是在真空条件下或通入载气时，通过直接或间接加热，将场地污染土壤中的有机污染物加热到一定的温度，使有机污染物从污染介质上得以挥发或分离，从而进入气体处理系统，是将有机污染物从某一相转化为另一相的物理分离过程进而去除有机污染物，并且在修复过程中有机污染物不会被破坏（高国龙等，2012）。热脱附技术从形式上一般可分为原位热脱附技术和异位热脱附技术（蒋小红等，2006）。热脱附技术作为物理修复的一种方法，其具有污染物处理范围宽、设备可移动、修复后土壤可再利用、工艺相对简单、成本较低、不会产生二次污染等优点，特别对多氯联苯（polychlorinated biphenyl，PCB）这类含氯有机物，非氧化燃烧的处理方式可以显著减少二噁英生成（骆永明，2009a）。

综合来看，热脱附和原位气相抽提技术均已被广泛应用于有机污染物污染土壤的修复中，本章将重点介绍这两种处理有机物污染场地的技术。

第一节　原位热脱附技术与原理

原位热脱附技术出现于 20 世纪 30 年代，但直到 70 年代才用于污染土壤的修复。原位热脱附（*in situ* thermal desorption）是一项较为成熟有效的原位土壤修复技术方法，通过直接或间接热交换的方式，将土壤中的污染介质及其所含的污染物加热至沸点温度，以使其得以挥发、分离或裂解，产生的气态产物通过收集和捕获后再进行净化处理（Baker and Heron，2004；Biache et al.，2008；Kingston et al.，2014）。原位热脱附技术适用于重污染、含非水相液体（non-aqueous phase liquid，NAPL）污染，以及污染源区域的土壤修复治理，特别适合较难开展异位修复的污染区域（如深层土壤、居住建筑地等），对含有多氯联苯（PCB）、二噁英（PCDD/Fs）、农药（敌敌畏、六六六等）、石油及硝基苯、多环芳烃（polycyclic aromatic hydrocarbon，PAH）、多溴二苯醚（poly brominated diphenyl ether，PBDE）和呋喃（furan）等有机污染物的土壤进行原位热脱附处理后可取得较好的修复效果，一般不适宜含重金属、腐蚀性有机物、活性氧化剂和还原剂的污染染土壤，以及污泥、沉淀物、滤渣的修复（Brenner et al.，2002；Dazy et al.，2009）。

近年来，场地污染土壤修复技术中原位热脱附得到了快速的发展和应用。原位热脱附技术与原位化学氧化、异位热脱附技术相比，具有处理成本低、适应性强和处理效果好等优势。

表 2-1 为原位热脱附技术与异位热脱附和原位化学氧化修复技术主要技术指标和经济指标的对比。但修复周期具有相对的不确定性，实际的修复周期取决于以下几个方面：①场地污染物的类别及初始浓度、场地污染面积和深度、污染土壤类型等；②污染场地的水文地质条件，土壤中有机质的含量；③修复标准等。

表 2-1　场地有机物污染土壤常用的 3 种修复技术及其经济指标对比
（Gavaskar et al.，2008；Huling and Pivetz，2006）

技术名称	修复区域	成熟性	工期要求	主要优势	主要缺陷	修复效率	修复成本（美元/m³）
原位化学氧化	含水层及包气带	技术成熟，国内外均有成功工程应用	3 个月至 2 年	对污染物适用范围广，原位实施可以避免污染物的扩散及二次污染	对低渗透及均质性较差的污染区域修复效果较差，有机污染物降解过程中可能产生毒性更大的副产物，氧化药剂本身可能对环境造成污染	>90%	50～123
原位热脱附	含水层及包气带	技术成熟，国外有大量成功工程应用，国内应用案例较少	30～400 天	对污染物及地质适用范围广，能高效修复低渗透性及均质性差的污染区域	含水层修复时地下水流速较大，需要辅助设施，可能增加成本	>99.9%	38～82
异位热脱附	包气带	技术成熟，国内外均有成功工程应用	1 个月至 2 年	挥发性有机化合物/半挥发性有机化合物（VOC/SVOC）污染土壤修复通用技术，可处理不同污染程度的土壤，对土壤污染修复高效且处理彻底	清挖、运输等过程容易引起污染物的扩散，二次污染控制较难；设备占地面积较大，成本较高	>99.9%	44～252

一、原位热脱附技术系统组成

原位热脱附技术主要由土壤加热系统、气体抽提回收系统、尾气处理系统等组成（刘凯等，2017）。

1. 加热系统

加热系统主要包括供能和加热两部分。主要的加热方式包括：蒸汽加热、电阻加热和热传导加热。不同的加热方式，其供能系统也存在较大差别。蒸汽加热系统主要由燃气锅炉和蒸汽注入两部分组成。电阻加热系统包括电极系统、隔离变压器组成的电力系统、电极周围湿度和盐度保持系统等；热传导加热系统主要由加热井组成，加热井内有金属的电阻元件，采用陶瓷套防止加热元件与外面不锈钢壳之间接触。目前采用燃气加热系统较多，因为其可降低修复成本。

2. 气体抽提回收系统

气体抽提回收系统由抽提泵和气水分离设备组成。其目的是保证整个系统维持相对稳定的液压和气压。针对热脱附技术的特殊性，常采用多相抽提系统对气体中颗粒物、蒸汽及非水相液体统一收集后进行尾气处理。

3. 尾气处理系统

尾气处理系统主要是将抽提后的气体进行净化处理。常用的尾气处理方法有冷凝法、吸附法、燃烧法。

冷凝法是利用尾气中各组分饱和蒸汽压不同的特点，采用降温或升压的方法，使气态有机物发生液化作用从而与尾气分离（吴康跃等，2009）。一般情况下，冷凝法的净化效果并不能满足要求，通常与其他方法联用来实现较高的净化效率并回收有用物质。

吸附法是利用多孔性固体吸附剂（如活性炭、活性氧化铝、分子筛、硅胶或交换树脂等）比表面积大的特点，对尾气中的有机物进行吸附固定。目前，国内在常规尾气处理末端增设活性炭吸附装置后，处理效果更佳。如果污染物为非水相液态或颗粒物含量偏高，需先进行油水分离、沉淀和过滤等处理过程才可进行活性炭吸附操作。

燃烧法分为热力燃烧法和催化燃烧法。热力燃烧法是利用热脱附尾气中有机污染物的可燃性，通过将热脱附尾气加热到有机污染物的燃点以上，使其燃烧生成 H_2O 和 CO_2 等无害物质（Jabłońska et al., 2015）。此外，若有机污染物中含有 N、Cl、S 等元素，可通过增设碱性淋洗和急冷装置来去除燃烧后产生的 NO_x、SO_x 和 HCl 等有害气体。催化燃烧法是在催化剂的作用下，使尾气中的有机污染物在低温条件下氧化分解，进而达到净化的目的。表 2-2 为不同尾气处理技术的比较。

表 2-2 不同尾气处理技术的比较（王奕文等，2017a）

处理技术	优点	缺点	适用范围
冷凝法	操作简单、方便	净化效率低，冷凝废水需要进一步处理	常作为净化尾气中高浓度有机污染物的前处理技术
吸附法	去除率高、操作方便	气流阻力较大、吸附剂需再生、设备投资高、占地面积大	采用直接加热方式设备的尾气净化技术
热力燃烧法	工艺简单、净化效率高	需添加辅助燃料，处理成本高，设备结构复杂	采用间接加热方式设备的尾气净化技术
催化燃烧法	无火焰、安全性好、所需温度低、运行费用较低及去除率高	能耗大，催化剂价格昂贵，催化剂容易失活	位于尾气处理系统末端，净化低浓度尾气

新型尾气处理技术方法主要有水泥窑协同处置技术、低温等离子体技术等。

水泥窑协同处置技术是处理固体废物较为成熟的技术，世界上有 100 多家水泥厂利用固体废物作为原料或者替代燃料进行污染处理。水泥窑协同处置技术已成功用来去除含有滴滴涕、六六六和多氯联苯等多种持久性有机污染固体废物（Mejdoub et al.，1998；Sidhu et al.，2001）。水泥窑协同处置技术依据的是热力燃烧法去除有机污染物的原理，因为水泥窑本身有很高的温度环境可以有效分解有机污染物。除此之外，水泥窑内具有强碱性，有利于含氯有机物的降解，整个系统在全负压状态下运行，可有效避免有毒有害气体的外溢，因此水泥窑协同处置系统适用于原位热脱附技术中的尾气处理。水泥窑协同处置技术的工艺流程为：受污染的土壤经热处理后，产生的尾气进入水泥窑，尾气中的有机污染物在高温环境下氧化分解。热分离系统可快速有效地处理有机污染土壤，由于水泥窑可在正常生产的条件下处理热脱附尾气，因此可以大幅度降低尾气处理成本。在工程实际应用中，如果污染场地周边有水泥厂运营，水泥窑经过适当改造，即可用于处理热脱附尾气。

常用的低温等离子体发生方式包括电子束辐射、介质阻挡放电、电晕放电和滑动弧放电等（余量，2011）。低温等离子体技术有以下优点：去除率高、几乎不产生废水废渣等副产物、设备容易安装、运行费用低等。目前人们对低温等离子体技术在处理苯系物、二氯甲烷、三氯乙烯等挥发性有机化合物方面有广泛的研究。国内部分企业在处理挥发性有机废气时采用低温等离子体技术。同时在处理半挥发性有机污染物方面也有一定的实验研究。陈海红等（2013）采用介质主导放电低温等离子体处理滴滴涕污染的地块，当放电功率为 1 kW，处理时间为 20 min 时，滴滴涕的去除率高于 90%。目前我国已有采用低温等离子体技术处理热脱附尾气的专利，这些专利研究结果表明该技术具有处理效果理想、处理成本低、不会产生二次污染等优势。

二、原位热脱附修复机制

1. 原位热脱附基本原理

原位热脱附技术是对场地土壤污染区域加热，促使有机污染物加快进入气相或液相，经由收集井收集并输送到地表进行处理，从而实现对场地土壤污染区域的修复。有机污染物的去除机制主要有：促进污染物向气相分配提高污染物气相抽出效率、提高非水相液体的迁移能力、增加液相抽出效率和提高地下污染物反应速率（康绍果等，2017；刘新培，2017）。

2. 土壤中污染物的热解吸动力学

原位热脱附过程中污染物去除包括低温热脱附和高温热解两个过程（傅海辉，2012），并且高温热解过程又分为直接裂解和水解两部分。热解吸动力学不仅可以反映土壤中污染物去除效果与时间的关系，同时也反映了其去除机制。常用的解吸动力学模型为（吕正勇等，2017b）

一阶动力学模型：

$$\log X = k_1 t \tag{2-1}$$

改进的弗罗因德利希（Freundlich）模型：

$$Q = k_2 C_0 t^{\frac{1}{m}} \tag{2-2}$$

抛物线扩散模型：

$$X = D t^{\frac{1}{2}} + k_3 \tag{2-3}$$

式中，X 为土壤中吸附质量比例；k_1 为表观解吸速率系数；t 为时间；Q 为土壤中的浓度；C_0 为水相中的初始浓度；k_2 为吸附或者解吸速率系数；m 为常数；D 为总扩散系数；k_3 为抛物线扩散方程系数。式（2-2）用来模拟吸附动力学，将式（2-2）的两边同时除以 C_0 可得到解吸模型：

$$X = k t^{\frac{1}{m}} \tag{2-4}$$

3. 原位热脱附过程中热量传递

原位热脱附过程中能量的传输方式有热传导和热对流。通常来说，如砂砾石等渗透性较高的土质，其最有效的输送方式是热对流，而如泥沙和黏土等渗透性较低的土质，其最有效的输送方式是热传导。原位热脱附过程中的能量守恒方程见式（2-5）（Merino and Bucalá，2007；Merino et al.，2003；Norris et al.，1999）。

$$\frac{\partial}{\partial x}\left[\lambda \frac{\partial T}{\partial x}\right] + \frac{\partial}{\partial y}\left[\lambda \frac{\partial T}{\partial y}\right] + \frac{\partial}{\partial z}\left[\lambda \frac{\partial T}{\partial z}\right] = \rho c \frac{\partial T}{\partial t} + WA(1-X)^m e^{-E/RT} + Q(x,y,z) \tag{2-5}$$

式中，x、y、z 分别为土壤点位；λ 为土壤热传导系数，W/(m·K)；c 为土壤比热容，J/(kg·K)；ρ 为土壤密度，kg/m³；T 为电加热温度，℃；E 为活化能，kJ/mol；R 是常数，8.314 J/(mol·K)；W 为化学反应热，J/kg；Q 为源汇项，W/m³；A 为面积，m²；X 为土壤中吸附污染物的质量比例，小于 1；m 为常数，无量纲。

温度分布模型：

$$\frac{\partial T}{\partial t} = a^2 \frac{\partial^2 T}{\partial x^2} \tag{2-6}$$

边界条件：$t=0$，$T=T_0$；$x = \frac{\partial T}{\partial t} = 0$；

$$X{=}R_1, \quad -\lambda\frac{\partial T}{\partial x}=h\left(T-T_\infty\right) \tag{2-7}$$

式中，a 为热扩散率，m^2/s，$a=\dfrac{\lambda}{\rho c}$；$\lambda$ 为土壤热传导系数，$W/(m\cdot K)$；c 为土壤比热容，$J/(kg\cdot K)$；ρ 为土壤密度，kg/m^3；T 为电加热温度，℃；x 为所求位置到加热井的垂直距离，m；R_1、h 分别为温度场的模拟半径、污染土壤层厚度，m。

对于多井电加热的温度场，其在平面上任意一点的温度场等于多井在这一点的温度之和，故有多井电加热温度场的数学模型为

$$\mathrm{d}T_p{=}\mathrm{d}T_1{+}\mathrm{d}T_2{+}\cdots{+}\mathrm{d}T_n \tag{2-8}$$

此模型的计算需要用到温度叠加，但只需知道多井的数量、布井方式及井距，利用编程软件对多井的温度进行叠加即可算出多井电加热温度场分布。

三、原位热脱附过程的影响因素

1. 污染物性质

污染物性质是影响原位热脱附技术的关键因素之一。原位热脱附技术主要适用于挥发性和半挥发性有机污染物的场地修复，通常情况下挥发性较差的有机物不适合原位热脱附技术修复。需要根据污染物的性质选择原位热脱附加热技术，污染物沸点高低是选择加热技术的关键，同时也会影响去除效果。一般而言，污染物的沸点越低，所需加热温度越低，能源消耗也越低。此外，污染物的极性、辐射性、稳定性、水溶性和毒性都会影响原位热脱附技术的选择和修复效果。若污染物中卤化物含量较多，有可能造成尾气酸化，那么在尾气处理系统中需增加除酸处理。

2. 热脱附温度

温度是影响原位热脱附技术的另一个关键因素。对污染的土壤进行加热处理有利于土壤中有机污染物的清除（Falciglia et al.，2011；Flanders et al.，2016；Heron et al.，2008）。一般而言，热脱附的温度越高，越有利于有机污染物的去除。研究人员采用电加热法对含有三氯乙烯的污染土壤进行实验，结果显示在 23℃ 条件下，热脱附有机污染物的去除效果很差，需要一年多才能去除，而在 100℃ 条件下配合气相抽提技术仅需 7 天，且其去除率高达 99.8%（Heron et al.，1998）。但有机污染物去除效果与温度关系并非线性的。在采用水平管式炉修复受多氯联苯污染的土壤中，进行了热脱附实验，结果表明在 300℃ 和 500℃ 条件下，多氯联苯的去除率分别为 64.2% 和 92.2%，且水平管式炉升温区间为 300~400℃ 时，多氯联苯的去除率显著提高，当温度继续升高时，去除率没有明显的提升（祁志福，2014）。

较高的温度会对土壤中矿物的组成结构产生破坏作用。尽管高温下有机污染物去除效果较好，但土壤中的有机质、水分及矿物中的碳酸盐都会由于高温分解而挥发掉。由此看来，过高温度对于热脱附技术并不可取，可以选择较低温度，通过延长加热停留时间的方式，也可以达到较好的修复效果。较高热温度，既增加了能耗和处理成本，又可能会破坏土壤的性质，因此为了达到较为理想的处理效果，选择合适的热脱附温度尤为重要。

热脱附温度的选择还与土壤中待去除污染物的性质有关。研究显示，对于受挥发性有机化合物（如苯、三氯乙烯等）污染的场地土壤，当热脱附温度加热到100℃左右就可以将此类有机污染物彻底去除，但对于含半挥发性有机污染物（如含有多环芳烃、多氯联苯等）的土壤来说，则需要把热脱附温度升至300~500℃，甚至更高的温度。一般来说，去除浓度较高的有机污染物，需要的热脱附温度较高，相对浓度较低的有机污染物，较低的热脱附温度就可以达到理想的处理效果。因此，需要根据污染物的性质和初始浓度、去除要求及土壤性质等，选择适宜的热脱附温度和加热的时间，从而使热脱附效果达到最佳。廖志强（2013）研究发现土壤中挥发性有机污染物（苯系物）的热脱附过程中，加热温度越高，污染物去除所需要的时间越短；加热时间越长，去除效果越好；沸点高的污染物不易被去除，沸点低的污染物相对而言，较容易被去除。

3. 热脱附处理的停留时间

原位热脱附处理技术要求被处理区域的污染土壤达到指定温度后，需在指定温度下停留一段时间。停留时间是影响热脱附效果的另一个关键因素。停留时间对于热脱附效果的影响还会受温度的作用。一般情况下，温度越高，停留时间越久，热脱附的去除效果越好（傅海辉等，2012；王湘徽等，2016）。在实际应用中，停留时间因受污染的场地不同而不同，一般取决于污染物的初始浓度、污染物的目标浓度、土壤的性质和地下水位等因素。一般而言，处理挥发性有机化合物（VOC）污染土壤停留时间为2~12个月，处理半挥发性有机化合物（semi volatile organic compound，SVOC）污染土壤停留时间为6~12个月（Baker and Heron，2004）。原位热脱附技术实际应用中，由于场地污染土壤的修复工期、投资成本及能源消耗等现实因素，更加关注在缩短热脱附时间的条件下，提高污染物的去除率。因此，采用原位热脱附技术解决实际工程问题时，需将温度和停留时间这两个关键因素相结合，根据场地土壤中污染物种类和浓度，经过小规模试验得出最佳搭配条件后，再进行大面积的推广处理。

4. 土壤的含水率

土壤中所含有的水分在原位热脱附过程中的作用包括：蒸汽蒸馏、增加溶解度和促进污染物降解等。对于多环芳烃（PAH）等低挥发性有机污染物，其被溶解在水相中也是一种重要的移除方式。热脱附效率及处理成本也受含水率的影响，土壤中含水率过高或者过低均不利于污染物的去除（Silcox et al.，1995）。在原位热脱附过程中，土壤中的水分的蒸发也需要燃料，水分含量过高会增加处理成本。与此同时，土壤中水分蒸发产生的水蒸气需要同其他挥发出来的尾气一起进入尾气处理系统进行处理后排放，过多的水蒸气会对后续的处理增加困难，提高了尾气处理的成本。有研究发现采用热脱附技术修复五氯酚污染的土壤且土壤中水分含量适中时，土壤中五氯酚的去除效果理想，土壤中水分含量较低或水饱和度较高时，处理效果均较差（Kingston et al.，2014）。

对于原位热脱附修复而言，土壤中含水率较高则其热容量高，热损失较慢，但含水率较高的土壤不利于污染物的脱附，消耗的能源较大；含水率较低的土壤，热容量也低，热损失较快，所以对于采用电阻加热方式的原位热脱附修复，需要定期补水以保证电导率。

一般而言，随着土壤含水率的增加，原位热脱附所需要的热能也随之增加，因而增加了处理所需要的成本，通常认为污染场地原位热脱附理想的含水率为 8%～12%。

5. 土壤的渗透性

有机污染物的抽提受土壤渗透性的影响，原位热脱附技术可以处理渗透性较低的土壤，但如果土壤有较好的渗透性，可通过电阻加热方式或热传导加热方式，如此挥发性有机化合物和半挥发性有机化合物更容易被抽提，去除效果更好。通常来说，土壤的渗透性取决于土质类型和颗粒尺寸。砂土和粉土等渗透性较好的土壤，热脱附效率较高；而黏土类的土壤有机质含量高，但渗透性差，更利于与有机污染物结合，因此热脱附效率较低（Hinchee and Smith，1992）。土壤渗透性还会影响气态污染物导出土壤介质的过程，土壤的结构紧密或者黏性大，其具有较低的渗透性，不宜采用热脱附修复方式处理污染土壤。土壤渗透性较差的土层，通常含水量比较高，甚至达到水饱和的状态，致使有一大部分有机物留在水层中，不利于污染物气态化。因此，一般对水饱和性不高的污染土壤采用热脱附技术。

6. 土壤的粒径

一般而言，小粒径土壤中有机污染物的热解效率要比大粒径土壤高得多，因为细颗粒的比表面积较大，可提供给有机污染物脱附的面积较大；其次细颗粒升温较快，且细颗粒脱附有机污染物所需的温度低于粗颗粒（Heron et al.，1998）。但土壤中土粒粒径较小时采用原位热脱附技术，土壤容易随着气流一起进入尾气处理系统，增大了尾气处理系统负荷，系统压力增大，整个系统的性能降低。

7. 热导率及热扩散率

土壤属于多孔介质，里面除了固相介质颗粒，孔隙中还含有水和空气。原位热脱附修复过程中，加热会使土壤温度升高，是流体热对流和热传导共同作用的结果。土壤温度升高，热对流增强，土壤的热导率也会随之改变。一般而言，土壤热扩散率和热导率越高，土壤升温越快、越容易热传导。常见土壤材料的热性能参数见表 2-3。

表 2-3　常见土壤材料的热性能（刘凯等，2017）

材料	导热系数[W/(m·K)]	热容量[kJ/(m³·K)]	扩散系数（m²/s）	密度（g/cm³）
石英	8.79	2008	4.38×10^{-6}	2.66
有机质	0.25	2510	9.96×10^{-8}	1.30
水	0.57	4184	1.36×10^{-7}	1.00
空气	0.0218	1.3	1.68×10^{-5}	0.0013
机油	0.15	1669	7.71×10^{-8}	0.89
粉质（干）	0.96	1078	1.29×10^{-6}	1.44
粉质（湿）	1.26	5030	4.77×10^{-7}	1.90
粉质砂土（干）	1.23	1906	9.76×10^{-7}	1.52
粉质砂土（湿）	1.41	4359	5.82×10^{-7}	1.80
黏土矿物	2.93	2008	1.46×10^{-6}	2.65

土壤的综合热导率和土壤固相颗粒热导率及孔隙流体热导率的关系见式（2-9）（刘凯等，2017）。

$$K_{\text{bulk}} = K_{\text{particle}}(1-n) + K_{\text{fluid}}(n) \tag{2-9}$$

式中，K_{bulk} 为土壤综合热导率，W/(m·K)；K_{particle} 为土壤固相颗粒热导率，W/(m·K)；K_{fluid} 为孔隙流体热导率，W/(m·K)；n 为孔隙流体比率。

8. 地理条件

原位热脱附技术容易受地理条件等因素影响，在修复工作开始前需要对目标污染场地进行水文地质勘查，了解当地的气象情况、地层结构和地下水深度及流速等地理情况。

四、原位热脱附技术分类

根据使用的能源性质不同，原位热脱附技术可分为燃气加热原位热脱附技术和电加热原位热脱附技术。根据升温温度不同，可分为低温热脱附技术和高温热脱附技术。根据加热方式的不同，原位热脱附技术可以分为电阻加热（electrical resistance heating，ERH）、热传导加热（thermal conduction heating，TCH）、蒸汽加热（steam enhanced extraction，SEE）和射频加热（radio frequency heating，RFH）等技术（Kingston et al.，2014）。一般而言，需要根据污染物的不同来选择不同的原位热脱附技术。通常来说，含多环芳烃类的污染场地采用蒸汽脱附技术处理效果较理想，对于含有氯代烃及高沸点的有机物污染场地采用热传导热脱附技术效果较好，渗透性较高的土壤污染区域适宜采用蒸汽热脱附技术。

1. 电阻加热技术

电阻加热技术起源于石油提取技术，国外从 20 世纪 90 年代末开始把电阻加热热脱附修复作为一种独立的商业技术，将其用于各种场地污染土壤的修复。电阻加热热脱附技术的主要部分包括：电流控制设施、加热电极和蒸汽/废气回收处理系统等。电阻加热热脱附技术示意图见图 2-2。电阻加热热脱附技术一般采用三相或者六相电极加热。修复场地污染土壤时，将数个电极直接插入污染地块，由一系列的电极形成闭合回路的电极阵，并对地块进行放电，由于土壤具有导电性，电流流经土壤介质时，将电能转换为热能，污染地块得以升温，一般污染地块区域温度可升至水的沸点，从而使土壤中的水分逐步转化为热蒸汽，土壤中挥发性有机污染物和半挥发性有机污染物变成气体从土壤中脱附出来进入蒸汽流动区域，从而与污染地块分离，蒸汽和挥发性有机污染物一起经过气体抽提回收系统后进入尾气无害化处理系统，使得污染场地的土壤得到修复（王磊等，2014；殷甫祥等，2011）。近些年，国内开始逐步引入国外电阻热脱附技术，用来修复部分有机污染地块，主要有挥发性有机化合物、氯代挥发性有机化合物、非水相液体和有机农药污染等。

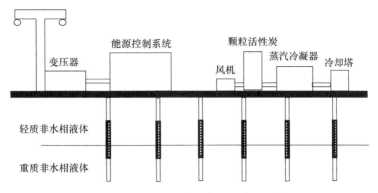

图 2-2　电阻加热热脱附技术示意图（康绍果等，2017）

近年来，美国 TRS 公司的 ERH 技术逐渐被引入国内，用来治理一些有机物污染场地，包括挥发性有机化合物（VOC）、氯代挥发性有机化合物（cVOC）、轻质非水相液体（light non-aqueous phase liquid，LNAPL）、重质非水相液体（dense non-aqueous phase liquid，DNAPL）和有机农药污染等（Kueper et al.，2004）。应用电阻热脱附技术的关键因素是土壤的导电性能。土壤中含有的水分会影响电阻加热的效果。对土壤地块进行加热，土壤中的水分随温度的升高而蒸发减少，土壤的电阻增加，从而导致污染区域较为干燥的土壤部分输送的能量减少。在使用电阻热脱附技术时，污染地块的电极周围一般需配置加湿系统，提供水分和盐分，防止电极周围因土壤变干后导电率降低。与此同时，可以在每个电极的周围放置石墨或钢球，来提高土壤的导电率。

20 世纪 90 年代初期，美国能源部科技办公室资助了太平洋西北国家实验室采用原位热脱附电阻加热方式在污染土壤修复领域应用的研发项目。Brown&Caldwell 公司采用原位热脱附电阻加热技术，修复佐治亚州亚特兰大市受特种油污染的土壤及地下水，经过 3 个半月至 4 个月的运行，基本达到预期修复目标（US Department of Defense，2008）。国内关于电阻加热强化技术的研究起步较晚，只有极少的研究文献发表。目前，采用电阻加热法的原位热脱附技术的成本主要来源于电力能耗方面，未来的研究重点是智能化控制及节能优化，以此降低运行成本。

2. 热传导加热技术

热传导加热技术是指通过热传导的方式将热量从热源传到污染地块（康绍果等，2017）。热传导热脱附技术通常是在土壤中放置热处理井，或者在污染地块表面铺设热处理毯，使得污染地块中的有机污染物发生挥发和裂解反应。一般情况下，对于有机污染物距地面较深、浓度较大的污染地块，常采用热处理井，反之，使用热处理毯（Iben et al.，1996）。在使用热处理井时，电加热器会将热量传给土壤接触的金属套管，通过热辐射的方式对周围的地块进行热传导升温，从而使半挥发性和挥发性有机污染物从土壤中分离出来，通过相应的气相抽提技术进行收集及无害化处理。热传导技术可以将待处理的污染区域加热至几百摄氏度，因为热传导技术不是通过载热介质传递热量的。热传导技术和电阻传导相比较，电阻传导产生的热量会使土壤相对均匀地升高温度，对要处理的污染场地的加热效果一样。热传导技术是辐射热传导，因此加热井或加热毯附近的土壤温度较高，相对于加热井或加热毯较远的污染场地温度相对低一些，该技术适用于土壤渗透性较差的修复。除此之外，电阻加热技术可使土壤达到的最大温度为水的沸点（100℃，1 atm[①]），热传导技术能使污染地块的温度达到 500～800℃，可以彻底地使土壤中挥发性和半挥发性有机污染物脱附，且不需要设置加湿系统，因此热传导的装置可以放置在任何位置，两项技术都可以处理粗糙和细小颗粒的污染土壤，但如果地下水流速较快，加热达不到理想效果。此外，热传导技术对于均质化不好的污染土壤修复仍可达到较为理想的效果。原位热传导技术常与土壤气相抽提技术联用，但需要依据有机污染物在土壤中的具体位置、浓度和土壤的水文地质特征来实施。一般来说，加热井和气相抽提井应该设置在不同的深度才能有较理想的修复效果。

近些年，国内外关于原位热脱附热传导加热技术有许多修复案例，1998～1999 年，美国密歇根州芬代尔市主要受 PCB 及 PCDD/Fs 污染的地块，采用了原位热脱附热传导加热技术修复污染场地，修复场地内共安装了 57 口加热井，污染区域温度为 357～510℃。修复结果表明，污染土壤中的污染物去除率高于 99%（Wickramanayake and Hinchee，1998）。位于美国俄勒冈州尤金市的壳牌石油公司场地主要受苯、石油类有机物、柴油类有机物等污染，采用原位热脱附热传导加热技术对该污染土壤进行修复处理，修复场地内共安装了 761 口加热井，污染区域内温度在 282℃左右，经过 4 个月的加热修复处理，修复效果较为理想（Wickramanayake and Hinchee，1998）。近几年，国内相关的环保公司和高校、科研院所，如上海市环境科学研究院、中国科学院地理科学与资源研究所等相继在原位热脱附热传导加热方面展开研究，针对原位热传导修复装置等成果申请了专利（罗启仕等，2013）。

近些年，我国成功地引进了新型燃气热脱附技术（gas thermal remediation，GTR）。燃气热脱附技术是利用石油或者天然气的燃烧产生热量，用热传导的方式将热量传递，使目标区域土壤中的污染物受热挥发，同时进行气相抽提，将污染物收集起来进行无害化处理。燃气热脱附技术可处理的污染物种类较多，包括绝大多数挥发性或半挥发性有机化合物、非水相液体，具有可移动性强和处理速度快等优点，可以很好地解决污染场地用电困难问题，减少了能源消耗的同时降低了处理成本。传统热传导热脱附技术与燃气热脱附技术的对比见表 2-4。2015 年江苏某公司针对某化工厂原址的有机物污染场地，采用新型的燃气原位热脱附技术对有机污染土壤进行修复。中试结果表明：系统运行 1

表 2-4 传统热传导热脱附技术与燃气热脱附技术的对比（张学良等，2018）

类别	传统热传导热脱附技术	燃气热脱附技术
能源来源	电	天然气、石油等
供能条件	需要高电压的变电站	单独燃烧井、低燃气压力
能量利用率（%）	25～75	30～70
能量费用[元/(kW·h)]	1.0	0.4
井间距要求（m）	1.5～4	1.5～4
井深度（m）	不限	<35
场地安全性	安全	安全

---

① 1 atm=1.013 25×10⁵ Pa

个月后，主要污染物的去除率达到 99%。该中试证明了燃气热脱附技术是一项效果较好的修复技术，为今后类似有机物污染场地的修复提供了工程和技术经验。

3. 蒸汽加热技术

蒸汽加热技术是向污染区域中注入高温蒸汽经液化放热的物理反应实现土壤中有机污染物的脱附（Johnson et al.，2009）。蒸汽热脱附技术主要通过热对流的方式进行热量传递，该技术主要由蒸汽注入井和气相抽提井构成，高温蒸汽注入污染地块后，一方面将热量传递给污染土壤，使得土壤温度升高，同时脱附下来的挥发性和半挥发性有机化合物随着热蒸汽形成气水混合物被气相抽提井收集处理，最终得以去除（Beyke and Fleming，2005）。在系统运行的中后阶段，为了避免部分土壤蒸汽逸出地表，一般在地下 0.5 m 处安置水平抽提装置。蒸汽热脱附技术适用于土壤渗透系数 $K > 10^{-4}$ m/s、土壤均质性良好和水力传导系数较大的污染地块，其最大的优点在于能够修复土壤环境中高流速地下水，但最高可达的加热温度只有 100℃（Bouchard et al.，2010）。该技术与电阻加热技术和热传导加热技术相比，由于受到土壤渗透性和最高温度限制，在实际修复中应用得相对较少。

国外对于蒸汽热脱附技术研究较早，目前在有机污染物污染地块中广泛应用。2003 年，美国能源部采用蒸汽加热强化抽提和电阻加热相结合去除污染土壤中的三氯乙烯、四氯乙烯、四氯化碳等重质非水相液体，经过 4～5 个月的修复后，对于待去除的污染物的去除率在 99.5%以上，较为理想地达到了修复目标，符合场地关闭的标准（Heron et al.，2008）。

4. 射频加热技术

射频加热技术是在高频电场作用下利用高频电压产生电磁波，从而对污染地块进行加热。原位热脱附技术中常用低频率电磁波。加热中采用低频率的电磁波具有更强的穿透力，因此可以加热到更深层的土壤，并且可加热到的土壤范围更大。各种类型的土壤都可以使用射频加热技术完成加热。射频加热技术热量的转移率可超过 90%，能源利用效率较理想。射频器中产生的电磁波通过相应的系统传递到污染场地中的电极系统，电极可以采用的形状有柱状、片状和网状，柱状的电极也可有土壤气相抽提井的作用（Bulmău et al.，2013）。

Bowders 和 Daniel（1997）使用原位射频加热热脱附技术修复被柴油污染的地块，修复结束后柴油去除率高达 99%。Roland 等（2010）在实验室及场地层面对原位射频加热技术进行了研究，结果显示原位加热技术不会使场地原有污染物被完全清除。国内对于原位射频加热修复技术的研究较少，2013 年上海市环境科学研究院申请了一项有关射频加热修复的专利，主要是射频加热装置及方法（罗启仕等，2014）。杨伟等（2015）在实际污染场地中开展了射频加热强化技术研究。结果表明：将射频阳极采用并联方式连接后土壤的加热效果较理想，故射频加热的方式可以加速污染物的去除。在国外，修复有机物污染土壤使用原位热脱附技术比较多。1988～2007 年原位加热处理技术应用如表 2-5 所示（Kingston et al.，2010）。

表2-5 原位加热处理技术应用案例小结（1988～2007年）

加热技术	项目数	中试规模	全尺度规模	2000年以后项目数
蒸汽加热	46	26	19	15
电阻加热	87	23	56	48
热传导加热	26	12	14	17
其他/射频	23	14	9	4
总计	182	75	98	84

注：某些场地不能分辨其应用规模（中试或者全尺度），因此没有统计到应用规模中

从表2-5中可知，在上述4种热脱附加热方式中，使用原位电阻加热热脱附技术最多。主要有以下原因：①原位电阻加热热脱附技术适用于渗透性差和均质化差的污染地块的修复，具有能量利用率高等优势。②上述案例中，土壤中污染物主要为沸点低于水的石油烃类、氯代溶剂类有机污染物，而电阻加热技术可使土壤达到的最大温度为水的沸点，故适用于此类污染物修复。上述介绍的4种原位热脱附技术的适用范围和特点总结如表2-6所示。

表2-6 不同原位热脱附技术适用范围及特点（康绍果等，2017）

项目	蒸汽加热	电阻加热	射频加热	热传导加热	
				电热传导	燃气热传导
发热源	蒸汽/热空气	土壤	电极	电加热棒/加热毯	高温烟气
热转换方式	化学能热能	电能、热能	电能、热能	电能、热能	化学能、热能
热转换效率	较高	高	较高	高	一般
最高温度（℃）	170	100	300～400	750～800	50～400
处理对象	CHC、PRO、BTEX	CHC、PRO、BTEX	CHC、PRO、BTEX	CHC、PRO、BTEX、PAH	CHC、PRO、BTEX
影响因素	渗透率	渗透率、含水率	含水率	地下水	地下水
技术特点	温度低，操作复杂，处理周期长，处理效率低	温度低，工程处理周期短，操作简单，处理效率高，有一定操作危险性	温度高，操作简单，工程处理周期较长，处理效率低，成本高，有一定操作危险性	温度高，操作简单，处理周期较短，处理效率高	温度高，工程周期短，对项目的场地和规模适应性强，能量利用率高

注：CHC. 氯代碳氢化合物；BTEX. 苯系物；PRO. 石油类有机物；PAH. 多环芳烃

五、原位热脱附技术选择与运行管理

1. 原位热脱附技术的选择

设计制定场地污染土壤原位热脱附技术方案时，最重要的是确保污染场地修复工程实施安全，保证施工人员及周边人群的健康，防止对生态环境产生二次危害。选择原位热脱附技术要根据污染地块的污染特征、土壤性质和选择的修复模式等实际情况，按照确定好的修复模式，筛选出适宜的原位热脱附土壤修复技术，且有必要开展实验室小型试验和现场中型试验，或者对以往采用原位热脱附技术修复的案例进行分析，从适用条

件、对污染地块土壤修复效果、成本和环境安全等多个方面进行评估，通过比较选出最优的修复方案。上述提到的 4 种原位热脱附技术，要根据污染场地的实际情况而合理使用（图 2-3）。

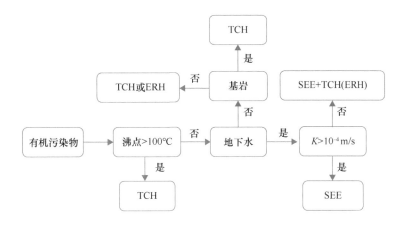

图 2-3　原位热脱附技术路线图（张学良等，2018）

具体来说，一方面可根据目标污染物的沸点选择不同的热脱附技术。若场地土壤中的污染物能够与水形成共沸物，则可直接在低于污染物沸点的温度下实现污染物气化。当污染物沸点高于水的沸点且不能发生共沸时（比如半挥发性有机污染物），一般采用热传导加热（TCH）技术。另一方面，还需考虑修复地块的地下水情况和土壤渗透性。当污染场地地下水资源丰富且土壤渗透性较好时，考虑到高速流动的地下水会源源不断地带走热量，降低土壤的保温性能，因此一般使用蒸汽加热（SEE）修复技术。如果污染地块渗透性较差，可以采用 SEE 加 TCH 或 SEE 加电阻加热（ERH）联用，或者在进行修复之前将污染场地的地下水抽出并在周围设置构筑物防止地下水进入污染地块，然后再采用 ERH 或 TCH 修复技术。在采用 ERH 修复技术时，不仅要考虑目标污染物的特点和土壤性质，还要考虑污染场地地下结构及其他因素，一般而言，若污染场地下方有基岩存在是会影响电阻率的，进而影响 ERH 修复效果。

2. 运行管理

原位热脱附技术修复过程的检测主要包括：运行参数的常规检测、修复效果检测和修复地区周围的环境检测。

1）运行参数的常规检测

原位热脱附技术修复过程中需要对修复场地的温度、目标污染物浓度及压力等参数进行检测。在原位热脱附修复的初期，根据所选择的加热方式，需要对电极或加热井（加热毯）中心位置，以及一些升温比较困难的土壤区域设置温度探头来检测温度，以此来评价加热系统产生的热量能否持续稳定地输入到待修复的土壤中；由于热脱附过程是一个复杂的物理化学过程，当土壤被持续加热时，污染物及其副产物将进入气体抽提系统，一定时间后达到气体抽提回收率峰值，需要对抽提气体、土壤及地下水中污染物类型和浓度进行检测；不仅要对土壤中的温度进行实时监测，还要对整个热脱附处理系统的气压和液压进行监测，需实时监控系统运行的稳定性和安全性。

2）修复效果检测

为了确定原位热脱附技术的修复实施效果及实际修复周期，需要定期对该处理过程中剩余的污染物现场采样进行回收率检测，包括对污染物进行定性和定量的分析，同时还需要对地下水和抽提气体中污染物的类型和浓度进行定期检测。现场采样点及采样方法需根据《场地环境监测技术导则》（HJ 25.2—2014）确定，样品检测方法应分别按照《地下水环境监测技术规范》（HJ/T 164—2020）、《地表水和污水监测技术规范》（HJ/T 91—2002）、《恶臭污染物排放标准》（GB 14554—1993）、《危险废物鉴别标准》（GB 5085—2007）和《危险废物鉴别技术规范》（HJ/T 298—2019）中指定的方法进行检测。

3）修复地区周围的环境检测

在原位热脱附过程中会有大量的挥发性和半挥发性有机污染物及水汽挥发出来，因此，有必要对修复场地内部及周围的大气进行检测，以确保修复场地内部及周围环境的大气质量不会对人体产生危害。

六、原位热脱附技术应用实例

1. 国外实例

20世纪后期，国外开始将原位热脱附技术应用到土壤的修复治理中。国外原位热脱附技术研究和应用起步较早，有许多已经完成验收的污染地块修复案例，在1982~2005年美国的977个土壤修复项目中，采用原位热脱附技术的项目有462个，占总项目的47%（杨勇等，2012）。

1）电阻加热原位热脱附技术

2003~2007年，美国华盛顿州某地利用电阻加热方式的原位热脱附技术，成功修复被氯代溶剂污染的土壤，场地污染土壤中三氯乙烯去除率大于90%（Kingston et al.，2010）。新泽西州和纽约市的两处有机物污染场地也使用电阻加热方式的原位热脱附技术处理四氯乙烯、三氯乙烯和石油烃污染物，污染物的去除率均大于99%（刘昊等，2017）。欧洲某污染场地主要的污染物为苯酚，该修复场地采用了动态电热脱附技术，将多个5 m长电极板垂直连接作为电极柱，用泡沫混凝土将每组电极柱外部包裹住，以此减少热量散失。当修复运行到第90~100天时，土壤被加热至100℃，此时大多数挥发性有机化合物气化，挥发出来的组分经多相萃取系统提取出来，可将其吸附或提纯并加以利用。当整个修复过程持续6个月左右时，挥发性有机污染物去除率高达90%以上（刘伟等，2018）。修复过程结束后，电极填充砂浆并保留在土壤中。此项目的整个修复过程实现了全程实时监测与动态监控，同时还利用了热对流传导的作用，因此该项目的费效比更低，能源利用率更好。

2）热传导原位热脱附技术实例

美国加利福尼亚州某海军造船厂的土壤被多氯联苯污染，采用原位热脱附技术，分别采用热处理毯和热处理井修复浅层和深层污染土壤，修复技术施工后 3 个月，地面深度为 1 ft①左右处多氯联苯浓度从 20 607 μg/kg 降低到 10 μg/kg 以下，地面深度约为 12 ft 的污染地块中多氯联苯浓度从 53 540 μg/kg 降低到 10 μg/kg 以下（Lonie et al.，1998）。加利福尼亚州某旧木材工厂的土壤被多环芳烃和二噁英污染，污染场地体积为 12 600 m^3，采用热传导加热方式的原位热脱附技术，加热深度平均为 6.1 m，设定的目标温度为 335℃，修复完成后多环芳烃（苯并[a]芘当量）浓度从 30.6 mg/kg 降至 0.059 mg/kg，同时二噁英（2,3,7,8-tetrachlorodibenzodioxin 当量，TEQ）的浓度从 18 μg/kg 降至 0.11 μg/kg，修复结束后经美国国家有毒物质监控中心验收，验收结果为此修复场地可以无条件投入使用（Baker et al.，2006）。美国科罗拉多州丹佛市洛基山兵工厂采用加热井的方式修复受有机农药和除草剂污染的土壤，该修复工程共设置 266 个加热井，覆盖面积可达 4.6413m^2，修复运行 85 天后，有机污染物的去除率可达 90%以上（张攀等，2012）。美国新泽西州某旧飞机制造厂，地表下有四氯乙烯等氯代挥发性有机污染物，其浓度为 10～10 000 mg/kg，修复工作开始前，在待修复场地边界安装深度至黏土层的水力挡板和预抽提地下水，以此降低地下水对加热的影响。场地内安装 907 个含有电加热棒的加热井。该场地的加热时间约 8 个月，最终场地氯代烃污染物浓度在 0.1 mg/kg 以下（刘昊等，2017）。美国阿诺德空军基地土壤及地下水中含有重质非水相液体污染物，主要有 1,1,1-三氯乙烷和四氯乙烯等。采用热传导加热和蒸汽加热联合加热技术修复该污染场地。在距地表 15.2～19.8 m 深的土壤中布置了 162 个加热管，在基岩上覆砾石层中安装了 11 个蒸汽注入井，在 13.7～27.4 m 深的土层中安装 42 个气相抽提井和 23 个多相抽提井，用于收集气相和液相污染物。收集到的气相污染物可使用加热氧化方法处理，液相污染物可使用活性炭进行吸附处理。通过将处理前后土壤和地下水中污染物浓度进行对比，土壤中三氯乙烷浓度由最初的 81 000 mg/kg 降至 0.017 mg/kg，去除效果非常理想（USEPA，2007）。

3）蒸汽加热原位热脱附技术实例

美国伊利诺伊州被二氯乙烯、三氯乙烯和石油烃污染的地块，采用了蒸汽加热原位热脱附技术进行修复处理，两年后二氯乙烯和三氯乙烯去除率高达 90%以上（Merino and Bucalá，2007）。同样采用蒸汽加热原位热脱附技术修复佛罗里达州被氯代烃和石油烃污染的地块，修复结束后有机污染物去除率可达 99%以上（刘昊等，2017）。

2. 国内实例

国内对于原位热脱附技术修复的研究和应用起步较晚，近几年才开始运用到场地污染土壤的修复治理中，大多数还处于实验室试验阶段。国内关于原位热脱附的设备和方法获得的专利超过 13 个，但大多依旧处于设计研发阶段，与设备商业化应用还有较大差距。

---

① 1 ft=0.3048 m

1）实验室小试阶段实例

蒋村等（2019）在实验室中应用低温原位热脱附技术修复受氯苯污染的土壤，实验结果表明修复氯苯污染土壤最佳加热温度为 100℃，修复后 18 个土壤样品中氯苯的去除率可达 99.9%，剩余两个样品中氯苯有机污染物的去除率均高于 90%。刘新培（2017）对原位热脱附技术修复主要受敌敌畏、氧化乐果和对硫磷 3 种有机磷农药污染的土壤进行试验研究，首先在实验室内进行模拟试验研究，根据不同试验条件下对有机磷污染物去除效果的影响，寻找出最佳操作条件（刘新培，2017）。实验室结果表明，当热脱附温度高于有机磷农药污染物的沸点且停留时间大于 30 min 时，有机磷农药污染物去除率为 90% 以上。在结合实验室模拟研究结果的基础上，将原位热脱附技术实地应用到天津某农药厂污染区域的有机磷污染土壤修复中，修复工程所选用点的热脱附系统控制温度为 400℃，热脱附停留时间为 30 min，此时土壤中敌敌畏、氧化乐果和对硫磷去除效果分别达到 92%、96.1% 和 98%，热脱附后其他有机污染物剩余量、净化后烟气排放浓度均低于国家标准限值。

2）现场中试修复实例

苏州某废旧溶剂厂的土壤被苯、氯苯和石油类污染等有机污染物污染，污染的深度范围为 0～18 m，分别采用了 GTR 技术和 ERH 技术对该污染场地进行了中试和修复运行，中试的结果显示 3 种主要的有机污染物去除率均大于 99%，修复的土方量约为 280 000 m³，此污染场地是全球最大的运用原位热脱附技术修复的场地之一（梅志华等，2015）。王锦淮（2018）选取了上海市某染料化工厂旧址作为试验场地，该场地主要的有机污染物包括：苯胺、氯苯、1,2-二氯苯和 1,4-二氯苯。污染场地采用原位热脱附技术进行修复中试试验，经过 60 天的加热运行，污染地块的目标污染物基本完全去除，修复效果理想。中试的试验结果证明采用原位热脱附技术对于修复有机污染的场地具有可行性，并且具有修复效果理想、修复周期短、周围环境干扰小、二次污染物可控等优点。对于污染深度较深、污染程度严重、开挖难度大且施工过程中污染物扩散难以控制的有机物污染场地，原位热脱附技术是一种非常有效的修复手段。根据中试情况进行预算，使用该技术在污染场地进行较大规模修复实施时，综合单价可控制在 2000 元/m³左右。

3）场地实际修复案例

国内第一个污染土壤热脱附处置项目为宁波市江东区惊驾社区受污染的地块，被污染的土壤面积约 2150 m²，此场地的污染物包括苯、二甲苯、二氯乙烯、三氯乙烯、氯苯和多环芳烃等。该场地委托给宁波某公司采用热脱附处理技术修复，修复结束后，各项指标结果均符合荷兰土壤标准中的干扰值，达到预期修复目标（高国龙等，2012）。宁波某废旧化工厂土壤主要被苯胺、二氯乙烷和二硝基甲苯污染，污染深度为 0～14 m，待修复的土方量为 90 000 m³，采用燃气热脱附技术对污染场地进行修复，经 66 天原位热脱附处理后，3 种有机污染物的去除率均大于 99%（张学良等，2018）。宁波另一个污染地块的土壤主要受二（2-氯乙基）醚、联苯胺和苯并[a]芘等污染，待修复处理的面积为

8176 m², 待修复土方量为 34 550 m³, 最深修复深度为 16.5 m, 可采用热传导加热的原位热脱附技术进行修复。原宁波制药厂老厂区污染场地含有的污染物包括苯、二氯甲烷、甲苯、三氯甲烷、甲苯硫酚和苯甲硫醚等。此污染场地最终修复面积约 2309 m², 修复深度为 1.8~4.0 m, 修复后的场地依据土壤质量评估标准, 可以进行房地产项目开发作为居住用地(喻敏英等, 2010)。张学良等(2018)通过燃气原位热脱附技术修复苯、氯苯、石油复合污染场地, 历时 33 天, 平均温度达 100~150℃, 地下 9 m 处土壤中氯苯去除率为 84.3%, 地下 18 m 处氯苯去除率为 73.9%。

七、原位热脱附技术发展前景

我国现阶段原位热脱附技术的运行处于初步阶段, 在设备研发和运行管理等方面仍存在一些问题, 容易造成修复过程的拖尾。为了更加高效地将原位热脱附技术应用于污染场地的土壤修复, 原位热脱附技术的未来研究和发展趋势可归纳为以下几个方面。

1. 开发新型高效加热装置

原位热脱附技术主要是凭借土壤升温使有机污染物挥发, 评估该技术的重要指标为能耗, 目前原位热脱附技术修复费用为 1000~2000 元/m³, 能源成本占总运行成本的 60%~80%。因此节能降耗是该项技术的关键, 可以利用可再生能源产热、地下水力阻隔与隔热实施、高温抽提混合液换热、高效燃烧器及电热设备、高温烟气循环换热等手段提高热能利用及转换效率, 也可通过研发适用于污染场地修复现场应用的高效供能设备, 以此节约能源降低成本。

2. 多种加热方式相结合

不同的加热方式各有优点, 对于某个具体的污染场地, 使用一种原位加热技术往往很难实现理想的修复效果或处理成本过高。通常会利用不同加热方式的优点, 将多种加热技术联合使用。例如, 将电阻加热技术和蒸汽加热技术相结合, 首先采用蒸汽加热方式修复蒸汽可到达的区域, 对于蒸汽不可达的区域和不能使用蒸汽加热的地块, 使用电阻加热方式进行修复, 将残余的有机污染物加热, 可有效地解决受热不均问题。Heron等(2010a)将蒸汽加热和电阻加热联用, 对高渗透区及低渗透区的污染土壤进行修复, 有效解决了污染物迁移的问题, 被挥发性有机化合物污染的地块修复后可满足关闭的标准(Heron et al., 2010a)。

3. 多种修复技术联用

我国污染场地具有污染物类型复杂、污染程度差异大、复合污染普遍、土壤类型多及水文地质条件变化大等特点。一些污染地块在不同阶段产生不同的污染物, 土地修复后再利用方式也各有不同。因此, 单一修复技术很难同时满足修复质量、工期及成本的要求。根据各种修复技术的优势不同, 充分发挥各技术间的协同效应将会是未来技术发展研究的重要方向之一。常与原位热修复技术联用的综合修复技术有原位加热强化-原位气相抽提技术、原位加热强化-微生物降解技术、原位加热强化-化学氧化技术等(Huon et al.，2012；Price et al.，1999）。在实际应用中，可将原位热脱附技术与其他常规修复技术进行有效结合。例如，污染地块中污染物浓度不高，修复周期较长的场地，将原位热脱附技术与化学和生物技术相联用，可以降低原位热脱附技术的目标温度。与其类似的还有原位可持续热脱附修复技术（thermal *in-situ* sustainable remediation，TISR）与生物技术联用，可有效促进微生物生长繁殖和土壤修复过程，既可以节约能源，又有利于土壤生态系统的丰富。原位热脱附技术与化学修复相结合，可利用余热活化过硫酸盐等氧化剂的方式促进原位化学氧化修复过程，使得修复效果更加理想。

4. 开发高效尾气处理装置

原位热脱附技术容易产生二次污染，如处理含氯有机污染物时容易生成二噁英等物质。当前较为复杂的尾气处理主要依托于国外的处理设备，因此急需研发国内尾气处理设备，同时需关注尾气利用问题。例如，抽提出的有机污染蒸汽可将其送入燃气热传导加热系统的燃烧器中作为能源使用，加强高浓度抽提气体的高效冷凝回收。因此，研发处理成本低廉、高效的尾气处理装置是未来发展的方向之一。

5. 研发自动化、智能化修复技术设备

目前原位热脱附技术设备有以下问题：集成程度低、安装工期长、智能化控制较差及运行维护复杂等。重庆和宁波两个地方采用原位热脱附技术的工程项目，所应用的加热井和高性能气提泵均由国外供应商提供，气液处理装置设备由国内加工完成，修复过程中由于设备集成程度低，安装工期超预期，加上设备之间兼容性差，修复过程不能实现完全自动化、智能化控制，增加了修复周期，导致修复操作复杂，最终使得修复成本增加。因此，原位热脱附技术的发展需要依托于修复设备的创新，研发和修复技术相配套的集成化程度高、构造紧凑、智能化程度高和适应性强的设备，这将会是未来原位热脱附技术发展的主要方向之一。

6. 绿色修复

绿色修复是未来修复行业的发展趋势，原位热脱附技术是一种极具潜力的处理挥发和半挥发性污染物的修复技术，也必将向着更加绿色的方向发展。原位热脱附处理技术将以提高能源利用效率、使用清洁可再生能源、修复材料及水资源循环利用、高效废气处理方法等措施减少实施过程的环境足迹，使原位热脱附技术向更加绿色化的方向发展。

第二节　原位异地热脱附技术与原理

原位异地热脱附（*ex-situ* thermal desorption）技术是将受污染的土壤从原来位置挖掘出来，搬运或转移到其他场所或位置，用热处理的方法把污染物从土壤中挥发去除的处理过程。原位异地热脱附技术是一种更加高效的技术，它可以通过将土壤挖掘出地面后，快速且有效地进行前处理、热脱附、检测等一系列工序。原位异地热脱附技术主要是通过加热的方式使土壤中的有机污染组分挥发，可以用于去除土壤、污泥和沉积物中的挥发性有机污染物和半挥发性有机污染物及金属汞（Merino and Bucalá，2007；Navarro et al.，2009）。原位异地热脱附通常适用于污染土壤的深度低于机械设备的最大挖掘深度的场地。根据美国环境保护署的描述，原位异地热脱附技术适用于污染场地的土壤可以通过交通工具运输到集中处理场进行修复。原位异地热脱附是将污染场地区域内的受污染土壤清挖后，运送至异地热脱附设备中进行加热处理。常见的原位异地热脱附系统包括进料系统（如筛分机、破碎机、振动筛、链板输送机、传动带、除铁器等）、热脱附系统（回转窑、热螺旋推进设备、流化床设备等）、尾气处理系统（旋风除尘器、冷却塔、二燃室、冷凝器、布袋除尘器、淋洗塔、超滤设备等）（刘惠，2019）。由于汞有挥发性，原位异地热脱附技术也是一种有效修复汞污染土壤的方法。目前已有一些汞污染土壤的热解吸实验研究及工程化应用。

一、原位异地热脱附工艺流程

原位异地热脱附技术修复场地污染土壤的工艺流程为：土壤挖掘、土壤预处理、土壤热脱附处理、尾气收集与处理。原位异地热脱附工艺流程如图 2-4 所示。

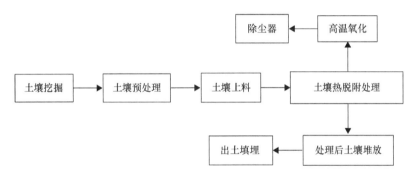

图 2-4　原位异地热脱附工艺流程

1. 土壤挖掘

土壤挖掘前需要根据场地污染划分的区域和污染修复深度来制定修复技术方案。首先通过污染调查的方式确定场地的历史情况、污染物的种类及污染物的分布情况；其次进行土壤采样和样品检测，确定污染物的性质、污染程度和污染物的详细分布位置。确定修复方案后，采用机械清除为主、人工为辅的方法，并遵循"先远后近，先清挖地表附着物后清挖污染土壤，各污染区分块区、分层开挖"的原则（董娟，2019）。污染土壤挖掘采用标准施工设备（比如长臂挖掘机等），选择设备时应考虑污染区域的体积和深度，以及场地中建筑物或其他不能移走的构筑物或设备的阻碍。当挖掘深度到达地下水面以下时，必须用阻隔墙将水与受污染区域隔开并用泵将水抽出，确保掘坑在挖掘过程中保持相对干燥的状态。挖出的土堆应采用塑料材质的防水膜覆盖或者装入某种容器中，避免土壤受风雨干扰散落迁移，同时工作人员离开场地时应清洗挖掘用具和服装，确保施工人员和周边人群的安全。当采样检测结果显示掘坑周边（底面、侧壁）剩余土壤达到环境标准值时，表明污染土壤已全部挖掘出，挖掘工作结束。场地内工作人员需要穿戴防护用具（刘越，2019）。

2. 土壤预处理

为满足热处理设备进料要求，需对修复土壤进行预处理，如筛分、调节土壤含水率、混合、搅拌、磁选、破碎等。调节土壤含水率的方法为向已经挖掘出的污染土壤中加入一定量的生石灰，用挖掘机搅拌均匀，使结块的土壤变为松散的状态，同时降低黏度，以便于后续处理。若污染场地的土壤含水率过高，可将土壤进行干化处理，将土壤的含水率降至有利于热脱附操作的水平。原位异地热脱附技术一般要求含水率低于 20%。常用的干化土壤的方法有沥干和风干两种（李亚娇等，2018）。污染土壤颗粒大小一般不宜大于 10 cm，大颗粒土壤需破碎至 10 cm 及以下；可以采用滚筒筛分机对调节好含水率的土壤进行筛分，去除大石块和垃圾杂物，方便土壤进入热脱附设备以进行加热处理。粗糙的土壤颗粒具有研磨作用，会损毁工艺单元，缩短系统寿命。破碎、筛分可以降低污染土壤的粒径，增加土壤颗粒的表面积，有利于提高热脱附过程脱附效率。对于易黏结在热脱附处理设备上的污染黏土需预处理以降低黏性。

3. 土壤热脱附处理

土壤热脱附过程是原位异地热脱附技术的关键步骤。土壤热脱附通常将已经热处理后的污染土壤放入热脱附设备中，在热脱附设备中污染土壤的温度不断升高直至到达设定温度。在设定温度下持续一段时间，使污染土壤中的有机污染物与土壤发生分离，挥发成气态。原位异地热脱附设备内分为多个温度区间，满足物料推动过程中不同成分分离的需求。污染土壤热脱附过程中脱附温度和停留时间及热脱附设备的选择，都需根据有机污染物的类型决定。污染土壤热脱附的脱附温度不能低于有机污染物的沸点，否则有机污染物不能与污染土壤分离挥发到气相中（Mechati et al.，2004）。热脱附的停留时间也需根据污染物含量确定，停留时间过短可能会使土壤中仍残留有机污染物，热脱附不完全。停留时间过久，不仅会造成能源浪费，而且会减少热脱附设备的使用寿命。同时土壤热脱附时参数选择还要考虑处理后土壤的处置方式（回填、再利用等），保证热脱附结束后不会影响土壤的后续处置所要求的特性。土壤热脱附后处理的土壤堆放用于下一步处置，产生的气态污染物将会进入到尾气收集与处理环节。

4. 尾气收集与处理

对于热脱附设备中产生的气态污染物，要进行富集。同时要对产生的尾气进行相应的处理，达标后排放到大气中。常用的尾气处理方法有燃烧法和收集法。燃烧法是原位异地热脱附系统尾气处理的常用方法，可分为热力燃烧和催化燃烧两种方法。热力燃烧是将废气直接燃烧为二氧化碳、一氧化碳、氮氧化物等，对于含有氯的污染物燃烧时可能会形成二噁英（Jabłońska et al.，2015）。因此可采用原位异地直接加热的热脱附设备，使用热力燃烧的方式作为尾气处理系统，将生成的氯化氢气体经过冷却装置以此减少二噁英的产量，再经过碱性淋洗，酸性物质生成高浓度盐分物质可用于除尘。由于原位异地间接加热脱附技术的热量是通过热分离系统传到有机物污染土壤中，相比直接加热的方式来说热效率低，该技术产生的尾气量较小，但含有的有机污染物浓度高。故这种情况下大多采用收集法。收集法主要运用于间接加热的热脱附系统中污染尾气处理,包括吸附法和冷凝法,可将大量的水蒸气和废气经过冷凝之后形成液体,而没有冷凝的气体会经活性炭吸附。冷凝水分为水相及有机相,有机相能够完成废气的处理并回收,用于燃料补充,而水相可用于除尘及冷却水(唐嘉阳等,2019)。

5. 土壤后期处理

存放于堆料处的经原位异地热脱附处理后的洁净土壤需要经过自检验收,自检合格后,再申请有关部门(机构)组织验收。将修复后的土壤回填至原基坑内,分层铺摊,使用人工、蛙式打夯机等夯实、找平处置。所需消纳的土壤全部填埋后,在回填区设置地下水监测井,监测回填土壤对周边地下水水质的影响。

二、原位异地热脱附原理

原位异地热脱附的原理是将污染场地的土壤挖掘出来,并对污染土壤进行适当的预处理后,将其放入加热设备中,通过直接或间接热交换的方式将土壤加热到一定的温度,使得土壤中挥发性和半挥发性有机污染物从土壤中挥发或分离(高国龙等,2012)。在热脱附过程中发生蒸发、蒸馏沸腾、氧化和热解等作用,污染土壤中的部分有机污染物在高温下分解,但大部分不能分解的污染物从土壤中分离进入烟气,再对污染烟气进行净化处理。因此,原位异地热脱附在实际修复应用过程中包含 2 个阶段:①污染物在受热过程中从污染土壤中挥发转移到烟气中的过程;②对烟气当中的污染物进行净化处理的过程(Gilot et al.,1997)。原位异地热脱附技术实质上是热物理分离的过程,并不是以污染物分解为主要目的,只是让有机污染物与土壤分离,在修复过程中很少会破坏有机污染物的分子。热解吸不同于焚烧,前者并不破坏污染物结构,只是将其转化为可处理的形式;而后者则是完全将污染物转化为 CO_2 和 H_2O。在热脱附设备内,土壤中的有机污染物从一相转化成另一相的过程中,人们通过控制热脱附系统内部的温度和物料停留时间可以选择性地使污染物挥发到气相中。

三、原位异地热脱附影响因素

影响原位异地热脱附技术应用及处理效率的主要因素有:土壤特性(土壤含水率、土壤质地和粒径、土壤有机质含量等)、污染物特性和设备操作特性(停留时间、加热温度、物料与热源接触的程度),接下来详细分析土壤特性和污染物特性对热脱附效率的影响。

1. 土壤特性影响

1)土壤含水率

土壤含水率过高会影响原位异地热脱附修复过程中土壤的运输和送料过程。更为关键的是,由于水分的蒸发潜热巨大,土壤中的水分太高将会明显增加热量的消耗。Troxler

等（1993）基于一定假设推算出土壤含水率与热脱附能耗之间的关系。随着土壤含水率的增加，蒸发水分消耗的热量快速增加。当土壤中含水率在10%~15%时，加热土壤消耗的热量基本与蒸发水分的能耗相当；而含水率高于15%时，蒸发水分的能耗要超过加热土壤所消耗的能量，因此采用原位异地热脱附技术时，土壤含水率一般控制在15%以下。如果土壤含水率过高，可对土壤进行预处理后使其含水率在15%以下。这样既可以有效地加热土壤，又可以降低能耗，提高修复效率的同时便于物料的筛分和输送。若热脱附中的土壤含水率较高，可能会对某些污染物的去除效果产生较大的影响。庄相宁等（2014）在研究热脱附对土壤中六氯环己烷（hexachlorocyclohexane，HCH）的去除效果时发现，当土壤含水率超过16%时，β-HCH、γ-HCH、δ-HCH的去除率明显降低（庄相宁等，2014）。同样Sharma和Reddy（2004）也指出，热脱附过程中土壤含水率会影响污染物的脱附过程。因此，就需要进行适当的预处理，使含水率达到热脱附要求。进行原位异地热脱附处理时，污染土壤的含水率不宜大于20%，高含水率的污染土壤可采用晾干、添加吸水剂（如生石灰）等预处理使土壤含水率降至20%以下。

2）土壤的质地和粒径

热脱附效率受土壤质地的影响较大，当土壤主要由粗颗粒（土壤中1/2以上的颗粒粒径大于200目为粗颗粒，如砾石、沙粒）组成时，土壤可充分与热源接触，利于污染物的去除。反之，若污染土壤土质较黏，则潮湿时容易发生团聚、受热时发生板结，导致土壤导热性下降，团聚体内难以被加热，降低热脱附修复效率。王瑛等（2012）用热脱附处理被DDT污染的土壤的结果为，热脱附进行50 min后，随着土壤粒径从<0.15 mm增大到0.25~0.85 mm，土壤中DDT的修复效率从55.42%增至99.95%，表明土壤粒径越大，修复效率越高。然而，热脱附修复效率不是一直随着土壤粒径的增大而增大（Bulmău et al.，2014）。比如，Gu等（2012）研究了不同粒径对HCH热脱附处理动力学过程的影响，发现当热脱附温度为340℃，加热20 min后，粒径大于2 mm的土壤中HCH去除速率和去除率低于粒径更小的土壤，其原因是HCH的热解吸过程分为2个完全不同的阶段：①土壤颗粒表面的HCH快速挥发阶段；②受内部扩散速率控制的慢速挥发阶段。土壤颗粒较大时，污染物在颗粒内部扩散的路径更长，从而导致了去除速率相对较低。研究发现在相同加热时间内，修复效率由大到小依次为细沙、中砾沙、黏土、淤泥土、粗砂。可见，修复效率与土壤粒径并不呈正相关。实际修复工程中，通常热脱附设备可处理最大土壤颗粒不超过5 cm，过大颗粒需要进行筛分破碎等预处理。热脱附一般适用于处理沙土、粉土等，当遇到黏土时，可掺入一些沙子，以便于进料，避免粘壁堵塞（魏萌等，2013）。

3）土壤有机质含量

土壤中的污染物（如PAH、PCB等）与土壤有机质有较好的结合能力，因此土壤有机质会对污染物在热脱附过程中产生一定影响。傅海辉等（2012）在比较原土和去除部分有机质后的土中PBDE热脱附规律时发现，去除部分有机质的土壤中PBDE的脱附效率高于原土的脱附效率，实验表明有机质会抑制污染物的热脱附过程。然而，土壤有机质并不总是抑制污染物的热脱附过程。王瑛等（2012）研究DDT在土壤中的热脱附过程发现，有机质的存在能显著提高污染物的热脱附效率。进一步研究发现，有机质含量高的土壤在热脱附过程中的热损失显著高于有机质含量较低的土壤。有机质的损失也使得吸附在有机质上的污染物释放，从而提高污染物的去除率。此外，土壤中的有机质含量不仅影响污染物的脱附过程，也影响热脱附技术形式的选择。一般而言，当土壤中有机质含量（或污染物浓度）为 1%～3%时，不推荐采用直接热脱附技术，而采用间接热脱附技术处理（高国龙等，2012）。

2. 污染物特性

热脱附技术主要适用于挥发性和半挥发性的有机物（表 2-7），挥发性有机化合物的饱和蒸汽压较大、沸点较低，因此脱附时需要的温度较低，可采用低温热脱附技术修复这类污染土壤；半挥发性有机化合物的饱和蒸汽压较低、沸点高，因此需要较高的温度和较长的加热时间才能实现高效率的修复。脱附后的污染物进入尾气收集系统时，还需考虑其在尾气处理工艺中的危害和去除效率。例如，当污染物中含有氯代有机污染物时，在尾气处理时需要加装碱液喷淋装置，以便去除烟气中的 HCl 等酸性气体（高国龙等，2012）。

表 2-7 热脱附技术对土壤、污泥、沉积物和滤饼中常见污染物的处理有效性（USEPA，2007）

污染物种类		处理的有效性			
		土壤	污泥	沉积物	滤饼
有机物	卤代挥发性化合物	A	B	B	A
	卤代半挥发性有机化合物	A	A	B	A
	非卤代挥发性有机化合物	A	B	B	A
	非卤代半挥发性有机化合物	A	B	B	A
	PCB	A	B	A	B
	农药	A	B	B	B
	二噁英/呋喃	A	B	B	B
	有机氰化物	B	B	B	B
	有机腐蚀物	C	C	C	C
无机物	挥发性金属	A	B	B	B
	非挥发性金属	C	C	C	C
	石棉	C	C	C	C
	放射性物质	C	C	C	C
	无机氰化物	C	C	C	C
	无机腐蚀物	C	C	C	C

注：A 代表已经证明有效（工程证明有效）；B 代表可能有效（专家认为技术有效）；C 代表可能无效（专家认为技术无效）

四、原位异地热脱附优缺点及使用范围

原位异地热脱附技术是在地面上对污染场地的土壤进行处理，易于控制；处理结束

后容易检测土壤是否达标；易于对污染土壤进行预处理，使污染土壤的某些特性更利于后续的脱附过程；处理时间要比原位热脱附技术的时间短。原位异地热脱附技术能够将大部分的有机污染物彻底处理：由于采用热脱附处理，可以通过技术的选择和搭配实现有机污染物从土壤中的脱附，后续又可以通过二次燃烧或浓缩等方式实现污染物的彻底去除或回收。在污染土壤预处理充分的情况下，设备处理量较大，可实现 24 h 连续稳定运行；设备各处理单元模块化、集成化程度高，易于拆卸组装；设备整体布置紧凑，包括窑体温度、出料温度、尾气中主要污染物浓度等关键参数的实时监测和控制设备占地面积小（Zhou et al.，2005；于颖和周启星，2005）。但原位异地热脱附技术也存在一些缺点：①由于加热时需要电能或天然气，因此成本和能耗较大，适用于污染规模较小的污染场地。②原位异地热脱附修复时对土壤的清挖和运输可能会导致有机气体挥发扩散，带来二次污染。另外，原位异地直接热脱附技术中，尾气燃烧可能产生危害更大的污染物，操作不当时甚至产生二噁英。③热脱附设备组成系统较多、价格昂贵、脱附时间长、处理成本过高等问题目前还没有得到很好的解决，限制了原位异地热脱附技术在持久性有机污染土壤修复中的应用（张攀等，2012）。④原位异地热脱附技术需要建设异地修复场地，占用大量土地。土壤需要进行清挖、运输和回填等工序，相对应的修复成本增加。

原位异地热脱附技术主要是针对土壤中的挥发及半挥发性有机污染物（如石油烃、农药、多环芳烃、多氯联苯）和汞化合物的去除，而不适用于含有无机污染物（汞除外）、腐蚀性有机物，以及活性氧化剂和还原剂含量较高的土壤。原位异地热脱附技术能高效地去除污染场地内的各种挥发性或半挥发性有机污染物，污染物去除率可达 99.98%以上（Bulmău et al.，2014；Troxler et al.，1993；Zhao et al.，2018）。透气性差或黏性土壤由于会在处理过程中结块而影响处理效果。该技术应用时，高黏土含量或湿度会增加处理费用，且高腐蚀性的进料会损坏处理单元。原位异地热脱附技术除了用于土壤修复，还可用于其他污染介质，如污泥、沉积物和滤饼等。总体来说，为进一步推广热脱附技术的应用，必须采取相关的强化措施和节能手段，在保证污染物热脱附效率的同时，减少过程能耗和对土壤理化性质的破坏。另外，还需进一步开发尾气处理新工艺，提升尾气处理性能、减少二次污染，进而增强热脱附技术的市场竞争能力。

五、原位异地热脱附分类

原位异地热脱附技术根据不同的分类方法可划分为不同的类型：根据处理污染物时所需温度的高低可分为原位异地高温热脱附技术（>315℃）和原位异地低温热脱附技术（150~315℃）（Stegemeier and Vinegar，2002）。低温热脱附技术的优点是土壤大部分的物理特性都会被保留，可以回填再用；缺点是当加热温度较低时，污染物从土壤中脱附效率较低。原位异地高温热脱附技术的优点是脱附率较高；缺点是温度过高，导致土壤水分损失，破坏土壤自身的理化性质，使得修复后的土壤很难回填使用，此外在处理过程中高温热脱附技术耗能较大，成本也相对较高。依据使用的加热装置可分为回转窑和加热螺旋器等（王奕文等，2017b）。对于回转窑而言，根据物料行进的方向与烟气方向的异同又可分为顺流热脱附技术和逆流热脱附技术，加热装置在本节的第六部分详细介绍。依据加热火焰与物料的接触方式可以分为原位异地直接热脱附技术和原位异地间接热脱附技术，接下来对原位异地直接热脱附技术、原位异地间接热脱附技术及原位异地建堆热脱附技术进行说明。

1. 原位异地直接热脱附技术

原位异地直接热脱附技术是指污染土壤与火焰直接接触，传热效率高、能耗低、处理量大，所用的装置建造成本和运营维护成本低，污染土壤处理能力可达 5～100 t/h，适合于大规模污染场地修复。原位异地直接热脱附技术由进料系统、脱附系统和尾气处理系统组成。进料系统，是指通过筛分、脱水、破碎、磁选等预处理过程，将污染土壤从车间运送到脱附系统，污染土壤进入回转窑后，与回转窑燃烧器产生的火焰直接接触，回转窑中燃烧产生的高温烟气通过热辐射、热对流和热传导等方式把热量传递给污染土壤。土壤在窑内均匀加热至待处理污染物气化的温度，达到有机污染物与土壤分离的效果。高温干净的土壤从回转窑出口排出，含有机污染物的烟气进入尾气处理系统，烟气依次通过除尘器、焚烧、快速冷却降温、除尘、碱液淋洗等环节去除尾气中的污染物。除尘器的作用是去除尾气中携带的粉尘，以保证管道设备的正常运转。在焚烧的过程中，尾气中绝大多数有机污染物都会燃尽。快速冷却降温是为了防止燃烧后的高温尾气在缓慢冷却后重新产生二噁英等有毒有害物质。

原位异地直接热脱附设备发展已经经过了 3 个阶段。第 1 阶段：以 1 代直接热脱附系统为基本型，主要包括土壤热脱附窑体、布袋除尘器、尾气二次燃烧系统三部分。在此热脱附系统中，布袋除尘器直接与热脱附窑体相连。布袋除尘器的滤袋一般耐受温度低于 300℃，如果烟气温度过高超过滤袋的耐受温度，可导致布袋损坏。因此，该热脱附设备不能处理高沸点有机污染物，通常用来处理低沸点（260～315℃）的有机污染物土壤。经过布袋除尘器处理后的烟气，在二次燃烧室高温焚化，最后达标排放。第 2 阶段：2 代原位异地直接热脱附技术将二次燃烧室放在热脱附窑体之后，并在布袋除尘器前加装了烟气降温系统，可有效解决 1 代直接热脱附中滤袋耐热性差的问题。此系统可有效处理高沸点的有机污染物（如 PAH 等）。但 2 代直接热脱附与 1 代情况类似，都没有洗气塔，无法去除烟气中的酸性气体，因此不能处理含有卤代有机物的污染土壤。第 3 阶段：3 代直接热脱附系统是在 2 代基础上于布袋除尘器后面加上了湿式洗气塔，从而可用于处理焚烧后产生酸性气体的有机污染物（如氯代化合物）。热脱附窑体加热至 500～600℃，废气中的有机物在二次燃烧室中加热至 760～983℃焚化。排出的烟气经冷却单元后由布袋除尘器去除颗粒状污染物，废气再经湿式洗气塔中和酸性气体。

2. 原位异地间接热脱附技术

原位异地间接热脱附技术是指场地污染土壤在加热到一定温度下土壤中有机污染组分吸热转化为气态从泥砂中脱附挥发出来，通过冷凝设备将间接热脱附装置挥发出来的气体充分冷凝成液相，油相回收，不凝气返回间接热脱附装置燃烧，污水进入污水处理系统,达到污水综合排放标准,继续用于预处理和残渣降尘降温;未完全脱附的有机污染组分被碳化,为后期资源化利用提供条件。原位异地间接热脱附技术主要包括两个阶段:第一阶段,污染物受热从污染土壤上脱附下来,也就是在一定的温度下使污染物与污染介质分离;第二阶段,它们被浓缩成较高浓度的液体形式,运送到特定地点的工厂做进一步的处理。此类热脱附技术的修复中,污染物不通过热氧化的方式降解,而是从污染介质中分离出来在其他地点做后续处理。原位异地间接热脱附技术可以减少需要进一步处理的污染物的体积。原位异地间接热脱附修复系统也是连续给料系统,它有多种设计方案。其中,有一种双板螺旋干燥机,在两个面的旋转空间中放入几个燃烧装置,它们在旋转时加热包含污染物的内部空间。由于燃烧装置的火焰和燃烧气体都不接触污染物或处理尾气,可以认为该热脱附系统为非直接加热的方式。

原位异地间接热脱附与直接热脱附相比,原位异地间接热脱附的尾气产生量少,相对容易处理。同时国外的工程经验显示,处理农药类、POP 类污染场地的土壤多采用间接热脱附技术,可降低二噁英的产生和排放。

3. 原位异地建堆热脱附技术

原位异地建堆热脱附的技术原理是在微负压的状态下,对建成堆体的污染土壤进行加热并维持一定的温度,促使挥发性有机污染物或半挥发性有机污染物从土壤中脱附并进入气相,通过抽提的方式将污染物抽出,再进行气体处理(Aresta et al.,2008)。该技术具有现场处置便利、无须远距离运输、二次污染少和修复效果好等优点(Liu et al.,2014;Zhao et al.,2018)。采用该技术进行污染土壤修复的过程主要有两个阶段,分别为污染物从土壤中挥发并转移到尾气中和后续的尾气处理。原位异地建堆热脱附修复过程包括了污染组分的挥发、裂解等物理化学变化(杜玉吉等,2018)。当污染组分变为气态后,其流动性将大大增加,可通过风机抽提的方式进行收集。根据所用的热源不同,可分为燃气式和电加热式。如果是以燃气作为热源,燃气在燃烧器内燃烧产生大量的热气,经加热管内管传输至加热管外管中,外管在辐射传热和烟气对流传热的共同作用下升温,并将热量传递给污染土壤;当污染土壤被加热到一定温度时,附着在土壤颗粒上的污染物将由液相变为气相,并挥发到气体中,进而从污染土壤里分离出来,然后再经过风机,进入尾气处理装置去除土壤的有机污染物。以天然气作为热源时,原位异地建堆热脱附的过程为天然气在燃烧器内燃烧时产生的高温烟气进入加热管内管,经加热管外管排出后,再进入余热利用管进行热量的二次利用,最终由烟囱排出。在整个过程中,加热管外管以热传导的形式加热污染土壤,实现污染物的挥发和分离。在加热过程中,为保证燃烧器的正常运行,对加热管外管温度进行实时监测,既防止长时间持续加热而导致加热管因温度过高受损,又保证加热管外管温度不低于 550℃,以满足污染土壤修复效果。在热脱附过程中,堆体内冷点位置的污染土壤加热温度至少应达到 300℃(杨振等,2019)。在建堆过程中需要设置土壤取样口,修复完成后,从取样口取样并送到具有相关资质的第三方检测机构进行检测,评估土壤修复效果。原位异地建堆热脱附技术具有设备投入少、人员投入少和场地限制低的优势,具备开展大规模现场应用的条件。

六、原位异地热脱附技术的加热装置

原位异地热脱附技术的加热装置可以分成直接热脱附加热设备和间接热脱附加热设备两种。①直接热脱附加热设备包括热蒸汽提取技术（序批式进料）、旋转干燥器/回转窑（连续）。②间接热脱附加热设备包括旋转干燥器/回转窑、加热螺旋器（连续）、加热箱/炉（序批）。

1. 回转窑

原位异地处理污染土壤最广泛使用的加热装置是回转窑，利用回转窑在顺流或逆流两种模式下进行干燥处理。回转窑操作不同于常规的焚烧操作，它是由碳钢（用于低温热解吸）或合金钢（用于高温热解吸）构成，没有耐火材料，启炉相对快速。回转窑整体沿物料流向倾斜 1°～2°，保证土壤在工艺单元中的移动。启炉时回转窑的初始填充率在内部断面的 6%～14%，此后土壤存量可以调整，以适应物料停留时间的需求。干燥回转窑内壁设有扬料板，扬料板翻搅土壤至热气流中，增加土壤与热源的接触面积。扬料板以一定间隔在窑内呈圆周分布，由壁面向内延展，高度为整个窑直径的 8%～12%（赵凤，2018）。扬料板根据土壤的流动性来调整设计，如果土壤参数随着干燥进程变化很大，则沿回转窑长度方向调整扬料板的设计。在大多数系统中，干燥回转窑是通过插入内部的燃烧器直接焚烧加热，也有系统是间接焚烧加热，即高温燃烧气体在环绕回转窑外壁设置的一个炉腔结构里生成，热量从窑壁向内部土壤传导。在间接焚烧系统中，土壤的停留时间为 1～2 h。间接焚烧在转化热能方面效率不佳，但其生成尾气浓缩度高，从而减少了二次燃烧的费用。同时，由于间接焚烧回转窑内的气体流速明显低于直接焚烧回转窑，进入到气体中的土壤颗粒也减少了。回转窑内部分为干燥区和污染物挥发区，土壤的停留时间通过旋转速度、倾斜角度和扬料板的排列来调整，具体取决于处理设备的形式结构和污染物的挥发性。例如，处理挥发性溶剂污染的干燥土壤，采用间接焚烧处理 6～10 min 能得到令人满意的效果，而处理多氯联苯污染的潮湿土壤，采用间接焚烧可能需要 90 min 甚至更长的时间。热解吸所需时间与温度之间具有很强的关联性，使用更高温度的加热气体会减少物料停留时间并提升系统处理能力，但同时导致燃料成本增加。

顺流式回转窑的出口气体温度比土壤释放气体温度高，因此在旋风除尘和其他气体污染控制系统中捕获到的土壤能够很好地去除其中含有的挥发性有机污染物，不容易再次被污染，但顺流式回转窑的热传递性不如逆流式好。出口的气体温度较高，相比于土壤，气体的传热速率更高，因此燃料消耗更多，整个系统更为复杂。逆流式回转窑在相同的处理条件下，具有更高的生产能力，产生的尾气温度低，不需要对尾气进行冷却降温即可直接进入旋风除尘器和过滤装置进行处理，简化了后续处理设备（Niessen，2002）。但是旋风除尘器内捕集到的细土壤颗粒可能未完全与有机污染物分离，需要再次回流至回转窑中。脱附和冷却的有机污染物会在滤袋上发生凝结和堵塞，增加系统压损和降低处理能力（Chern et al.，1996）。

2. 流化床式热脱附设备

流化床式热脱附设备中污染土壤以悬浮状态在脱附设备中受热，使得有机污染组分从土壤中分离出来进入气相中，产生的气态污染物进行处理排放。与回转窑相比，流化床式热脱附设备具有更高的传热和传质率，而且床内没有移动部件（李涛等，1998）。在流化床系统中，需要保持一定量的流化气体以维持土壤流化。然而，在热处理中使用的气体量越大，用于防止空气污染的二级气体处理装置的尺寸就越大。为了降低热处理的成本，在确保适当流化的同时，最好降低流化气体的用量。流化床式热脱附设备具有单位生产能力大、结构简单、造价低的优势，符合实际工程修复需求（Lee et al.，1998）。

七、原位异地热脱附技术的发展和应用

1. 国外原位异地热脱附技术的发展和应用

美国环境保护署于2017年7月发布了第十五版《超级基金场地总结报告》，其中列出了自1982年以来各种土壤污染控制技术在超级基金修复场地的应用数量。1982~2014年，原位热脱附的应用案例为93个，异位热脱附为60个。原位热脱附技术在1989~2000年和2005~2014年的应用比较频繁。案例最多的年份是1993年，数量为13个。1990~1999年，原位异地热脱附技术得到了广泛的应用。在1991~2003年，有5年（1991年、1996年、1998年、2002年和2003年），原位异地热脱附技术案例数量超过了原位热脱附技术，应用案例最多的年份是1991年和1996年，案例数均为8个。在原位异地热脱附修复案例中，采用直接热脱附的案例占68.5%（其中回转窑式热脱附技术占63.0%），间接热脱附占31.5%。这些数据可以表明，国外原位异地热脱附技术的应用比原位热脱附技术更加广泛，而回转窑式直接热脱附是原位异地热脱附发展的主流方向（何茂金等，2018）。美国新泽西州的某个工业乳胶超级基金场地开展了原位异地热脱附修复工作，该场地的主要有机污染物是有机氯农药、PCB、PAH，该有机污染土壤经过原位异地热脱附处理后，污染土壤的浓度达到了修复目标值，场地满足再次利用的要求（郑桂林等，2017）。美国路易斯安那州采用原位异地热脱附技术修复含有大量多环芳烃类污染物的污染场地，污染场地规模高达129 000 m^3（李林等，2019）。同时，从20世纪80年代开始，韩国、加拿大、法国、阿根廷和美国等多个国家的研究人员对苯系物、PCB、PAH、石油烃等多种有机化合物污染土壤进行了热脱附修复研究（Allah et al.，2014；Bonnard et al.，2010；Gharibzadeh et al.，2019；Lee et al.，2008）。

2. 国内原位异地热脱附技术的发展和应用

我国对于原位异地热脱附技术设备的自主研发和应用起步与国外相比较晚，但我国污染场地修复市场发展迅速，处于快速增长阶段（沈宗泽等，2019）。早期国内的原位热脱附设备主要依赖于从国外引进，包括直接热脱附、间接热脱附和原位热脱附技术设备。这些设备与工艺在国外发展已经很成熟，采用模块化或车载式设计，适合土壤修复

工程经常变换场地的需要，直接引进可快速地解决国内场地修复市场对土壤修复设备的需求，缓解燃眉之急。经过几年的工程应用，一些国外引进设备的不足愈加凸显。比如，引进的国外设备生产商无法及时对引进设备进行相应的调整，耽误修复工期。因此，国内开始聚焦于自主研发热脱附设备（高艳菲，2011；李晓东等，2017；李雪倩等，2012）。相关研究主要集中于热脱附设备系统参数（温度、停留时间等）、土壤特性（土壤粒径、含水率等）和污染物特性等热脱附效率的关键影响因素，以及脉冲放电等离子体技术、水泥窑协同处置技术、低温等离子体技术等热脱附尾气处理技术（Hu et al.，2011；Liu et al.，2014；李翼然，2016；王奕文等，2017a）。比如，目前采用热脱附方法修复汞污染土壤，所需温度较高（600～800℃），因此修复成本很高，也造成土壤本身结构的破坏。马福俊等（2015）尝试采用在土壤中加入 $FeCl_3$ 来降低土壤修复的热解吸温度，缩短所用时间。研究结果表明，在土壤中添加 $FeCl_3$ 能够有效地提高汞的去除效率，可降低热解吸所需的温度，缩短所用时间（马福俊等，2015）。张攀等（2012）以南京取样的黄棕壤和江西取样的红壤为实验研究土样，研究硝基苯污染土样热脱附修复脱附率的主要影响因素。试验结果表明，在 300℃、30 min、土壤初始含水率为 2%、硝基苯初始浓度为 165.54 mg/kg 的条件下，土样中硝基苯的脱附率可达到 85.88%。祁志福（2014）采用热脱附技术处理中高浓度的多氯联苯（PCB）污染土壤，在 500℃、120 min 的条件下，PCB 的去除率可达到 98.9%，残留浓度低于 2 ppm[①]。2010～2019 年我国研究人员每年在期刊上发表的有关热脱附技术的论文数量处于上升趋势，专利数量也呈现明显的上升趋势。专利内容也从 2013 年之前的热脱附整体设备改进发展到 2013 年之后的热脱附设备细节优化。目前热脱附技术的研究已经开始向实用化和工程化发展。

近些年我国热脱附技术取得的重大进展如下。清华大学蒋建国研发了第一台逆向热脱附系统，在国内率先开展滚筒式逆向热脱附技术工作，并获得自主知识产权（蒋建国和高国龙，2011）。2007 年，杭州大地环保工程有限公司对原宁波制药厂老厂区 2309 m² 受污染土壤进行热脱附修复，场地主要污染物为苯、甲苯、二氯甲烷和氯仿等，修复深度为 1.8～4.0 m，修复后的场地土壤质量符合居住用地 I 类要求（喻敏英等，2010）。2011 年北京某企业自主研发了我国第一套工程化热脱附设备，处理量可达 3～10 t/h，并用于北京某化工厂的土壤修复工程（沈宗泽等，2019）。2014 年国内首套低温热脱附设备研发成功，用于修复北京某焦化厂苯、萘等污染场地的土壤，处理量可达到 30～40 t/h。2019 年由湖南恒凯环保科技投资有限公司和持久性有机污染微生物生态修复湖南省工程实验室运用自主研发的异位热脱附设备，通过场地中试试验，研究该设备在热脱附加热温度、热脱附停留时间和热脱附土壤粒径上对土壤有机污染物去除效率的影响，验证该设备在设定工艺条件下的运行效率。结果表明：在加热温度 450℃、停留时间 20 min 时，该设备对土壤中污染物处理效果最佳，修复之后的污染物未检出，去除效率达到 100%。粒径＜10 mm 土壤热脱附后的污染物浓度低于粒径＜30 mm 土壤，土壤粒径越小有机污染物去除效率越高。该中试试验结果表明异位热脱附技术对有机氯农药污染土壤有很好的修复效果。

[①] 1 ppm=1×10⁻⁶

总的来说，本章前两节介绍的原位热脱附和原位异地热脱附技术都是成熟的场地污染土壤修复技术。与其他任何土壤修复技术一样，这两种技术都不是完美的，都需要一定的条件才能达到最大的效率。原位热脱附技术目前更适合于较小的场地，对某些污染物可以达到很好的修复效果，但更容易受到地面条件的影响。原位异地热脱附技术的用途更广，可以处理挥发性较低的污染物，但需要挖掘和运输土壤，二次污染的风险较高。一般来说，工程实践需要谨慎的规划和判断，对于土壤修复来说尤其如此。随着地下表征技术的进步，原位热脱附相对来说具有更广泛的应用前景，而原位异地热脱附技术也同样具有一定的潜力。随着操作规模的扩大，热脱附可以实现相对较低的单位土方修复成本。然而，热脱附技术系统投资成本较高，因此，仍需继续探索更多的场地污染土壤修复技术。

第三节　原位气相抽提技术与原理

原位土壤气相抽提技术（*in-situ* soil vapor extraction，SVE）又称为土壤通风、原位真空抽提、原位挥发或土壤气相分离，已广泛应用于修复挥发性有机化合物（VOC）和半挥发性有机化合物（SVOC）的污染地块修复中（Høier et al.，2007）。据美国环境保护署统计，2008～2011 年美国超级基金项目采用气相抽提、化学处理、固化稳定化、热脱附等技术修复污染场地共 309 个，其中气相抽提技术修复污染场地 57 个，占到修复总量的 21%。原位气相抽提技术是在不饱和土壤层中布置抽提井，利用真空泵产生负压驱使空气流通过污染土壤的孔隙，解吸并夹带有机污染物流向抽取井，由气流将其带走，经抽提井收集后最终处理，从而使包气带污染土壤得到净化处理的技术（Baker and Heron，2004）。该技术主要适用于地下水上部的非饱和区域土壤，由于对挥发性/半挥发性有机化合物污染土壤及地下水治理具有高效性、经济性和环境友好性，在实际修复工程中也受到了广泛的应用。

一、原位气相抽提技术原理

土壤中 VOC 的存在形式主要包括：溶解相、吸附相、气相、非水相液体（NAPL）相。其中，溶解相是指溶于水的那部分污染物，吸附相是指吸附在土壤颗粒上污染物的部分，气相为污染物挥发后成为气体的部分，NAPL 为污染物以液体存在土壤孔隙中的部分。NAPL 进入土壤后，部分进入水中，又有部分挥发进入气相，而气相中污染物蒸汽处于饱和状态（Totsche et al.，2003）。原位气相抽提技术主要是将新鲜空气通过注入井注入污染区域，利用真空设备产生负压，空气流经污染区域的土壤孔隙时，解吸并夹带土壤孔隙中的 VOC，位于土壤孔隙中的空气通过抽取系统并抽提到地面，气相中污染物浓度降低，其他相中的污染物不断向气相中转移，当污染地块采用原位气相抽提技术后污染物逐渐被去除，随后在地面上经过净化处理，排放到大气或重新注入地下循环使用（Pedersen and Curtis，1991）。原位气相抽提技术常用的废气处理系统包括：活性炭吸附和催化或热氧化的方法。在修复的初期，污染物主要以非水相液体相形态存在，

NAPL 相对气相的相间传质起主导作用，尾气中污染物浓度会急剧降低并维持在一个较低水平，产生"拖尾"效应，导致该效应的主要原因是土壤孔隙不均造成的优先流和污染物组分挥发程度的差异。图 2-5 为原位气相抽提技术过程及其组件的示意图。清洁的空气进入污染物所在的土壤，并将挥发的污染物带到抽提井，通过上述方式，土壤中的气体被连续交换出来（Pedersen and Tom，1992）。在没有真空设备的情况下，土壤气体相停滞并且挥发性污染物作为土壤中的蒸汽缓慢地迁移到地下水或地表中。进入地下水后，VOC 会对饮用水供应造成风险。如果建筑物覆盖污染的土壤和地下水，土壤气体中的 VOC 蒸汽会聚集在它们下面，进入建筑物，并造成吸入危害。原位气相抽提技术尤其适用于高渗透性土壤。疏松砂质的土壤非常有利于原位气相抽提系统运行过程中的空气流通，以及气-土相间良好的界面交换。原位气相抽提技术可以处理 VOC 和 SVOC。早期原位气相抽提技术主要用于汽油等 NAPL 污染物的去除，目前也陆续用于挥发性农药污染或有机污染物分散等不含 NAPL 的土壤体系。

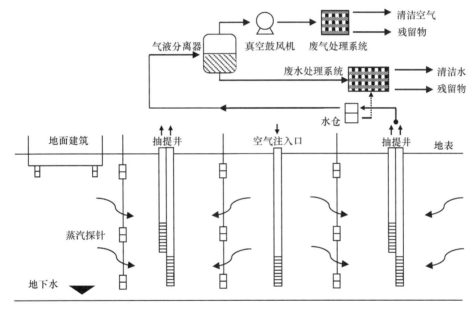

图 2-5　原位气相抽提技术过程及其组件的示意图（Pedersen and Tom，1992）

二、原位气相抽提系统组成和影响因素

原位气相抽提技术系统主要由空气注入系统、抽提系统和净化处理系统组成，其中抽提系统是最关键的部分（Johnson et al.，2009）。污染区的地质条件、地下水水位和污染范围等共同决定气体抽提井的数量、分布、形状、深度和口径大小等，同时确定监测井的数量。抽提系统中抽提井通常可分为竖井和水平井两种。其中，竖井具有影响半径大、流场均匀及易于复合的特点，可以处理地表下污染较深的污染物，因此竖井的应用最为广泛（Hanesian et al.，1999）。有报道显示竖井可应用于污染深度大于 1.5 m 深的土壤中，甚至已成功地应用于 91 m 深度的地下（李婕和芈宁，2007）。

在实际应用过程中，土壤的渗透性、空气流量、土壤含水率、土壤结构、土壤温度及污染物性质是影响原位气相抽提技术修复效果的关键因素。

1. 土壤的渗透性

土壤的渗透性对原位气相抽提技术起决定性作用，土壤的渗透性越好，越有利于气体流动，也就越适宜使用原位气相抽提技术（USEPA，2007）。土壤的渗透性与土壤结构、颗粒的大小及土壤的湿度有关。气体在土壤中的渗透率决定了原位气相抽提技术的可行性，而且是设计原位气相抽提技术装置的依据。土壤的渗透率对于去除时间也有很大的影响。在污染地块修复现场可使用气压和水压装置以此改善土壤渗透性来强化 VOC 的去除。土壤渗透率与原位气相抽提技术效果有关。当 $k<0.001$ m/d 时，原位气相抽提技术的去除作用很小；0.001 m/d$<k<1$ m/d 时原位气相抽提技术可能有效，还需要进一步评价；当 $k>1$ m/d 时，原位气相抽提技术一般情况下都有效。Bolick 和 Wilson（1994）研究了土壤渗透性和原位气相抽提技术去除污染物时间的关系，结果表明，土壤渗透性对去除时间有巨大的影响。

2. 空气流量

土壤中的空气流量增大，有利于污染物从土壤表面和孔隙中分离去除，从而减少系统运行时间和降低成本。Park 等（2005）进行了类似的研究，在实验室条件下研究了空气流量对去除效果的影响，研究发现污染物去除率会随着空气流量的增加而增加，但过高的空气流量会导致传质受限（Park et al.，2005）。在进行原位气相抽提技术设计过程中要利用参考实验计算出最佳气体流量用于实际修复过程，以此减少尾气处理量和降低成本。

3. 土壤含水率

土壤中的含水率可通过改变土壤通透性和有机物的相态两个方面影响气相抽提的效率（Lee et al.，1998）。当土壤含水率低时，有机污染物吸附在土壤颗粒表面后，其自身活性降低，因此有机污染物的挥发速率降低，气相抽提效率较低；当适当提高含水率时，由于 VOC 极性一般要低于水分子极性，水分子更易于和土壤有机质相结合，那么吸附于土壤中的 VOC 就会被释放出来，增大挥发速率，此时气相抽提效率提升；如果继续增加土壤的含水率，则会导致土壤的通透性降低，反而不利于有机污染物的挥发，降低了气相抽提效率（Parker et al.，1987）。Yoon 等（2002）通过一维通风实验研究了含水率对非饱和土壤中非水相液体挥发的影响，实验结果表明含水率是非水相液体挥发的重要影响因素，高的含水率会引起传质受限可能是因为非水相液体挥发时可用界面面积减少了。Poulsen 等（1998）研究表明，并不是土壤含水率越低时处理效果越好，当土壤中的含水率低于一定数值之后，土壤表面吸附作用使得污染物不易解吸，从而降低了污染物向气相的传递速率。故土壤的含水率过低或过高都不利于 VOC 的去除，通常认为土壤的含水率在 15%～20% 时修复效果最佳（Morgan and Watkinson，1989）。

4. 土壤结构和温度

土壤结构，包括土壤质地、土壤颗粒的直径和孔隙率，都会影响原位气相抽提技术的效率。具体来说，颗粒粒径大的土壤具有较低的土壤吸附参数（如砂砾和沙地），与小粒径土壤相比，土壤中的 VOC 更易通过气相抽提法去除。土壤结构和分层（土壤层结构的多向异性）会影响气相在土壤基质中的流动程度及路径。比如，夹层和裂隙的存在会导致优先流的产生，若引导不正确将会使修复效率降低（Wilkins et al.，1995）。土壤温度对气相抽提效率的影响主要是由于温度对污染物蒸汽压的影响。提高土壤的温度有利于土壤中 VOC 的挥发，故在真空抽提井的周围渗流区中输入热量，采用电加热或热空气挥发等其他技术来提高土壤温度，可提高污染物的蒸汽压，进而提高污染物的去除率（Poppendieck et al.，1999；Price et al.，1999）。

5. 污染物性质

污染物性质包括蒸汽压、亨利定律常数、辛醇-水分配系数（K_{ow}）及好氧生物降解速率等（马海斌等，2002）。污染物具有较大蒸汽压时其从土壤中提取出来的速率更快，若污染物的蒸汽压低且好氧生物降解速率较快，生物通风技术比原位气相抽提技术更适宜修复污染地块。由于亨利定律常数越大，化合物就越倾向于气相状态，水相中溶解度越低。随着污染物亨利定律常数的提高，原位气相抽提技术的修复效果也随之增加。相比于蒸汽压而言，亨利定律常数更适用于评估污染物是否适用原位气相抽提技术。例如，甲基叔丁基醚是挥发性有机化合物，但其具有非常低的亨利定律常数，表明高溶解度会降低原位气相抽提技术的去除效率。辛醇-水分配系数（K_{ow}）是化合物在辛醇中的平衡浓度与其在水中的平衡浓度的比值。K_{ow} 与溶解在水中的化合物和吸附在土壤颗粒中的有机物密切相关。分配系数越高，土壤颗粒表面将会吸附越多的污染物，这将会降低原位气相抽提技术去除污染物的速率，因为污染物必须溶解到土壤颗粒周围的水层中，然后挥发成气体后被去除。污染物的好氧生物降解速率决定了是否可以采用生物通风或空气喷射等辅助技术，通过提供氧气来提高污染物的去除，以便于生物降解与原位气相抽提技术结合使用时增强生物降解作用。通常，石油烃具有高的好氧生物降解速率并适用于上述技术，而氯代 VOC 不易进行有氧生物降解且不能通过生物通风技术弥补该缺陷。原位气相抽提技术作为土壤处理技术对于大多数挥发性有机化合物和部分半挥发性有机化合物是可行的。

三、原位气相抽提技术的优缺点

原位气相抽提技术常用于土壤和地下水中有机污染物的修复，该修复技术可以处理的有机污染物的种类多，不容易产生二次污染，也不会对土壤的理化性质造成破坏，有成套的处理设备且易于安装，可操作性强，处理成本低廉，修复时间短且易于与其他技术联合，可在建筑物下面操作并不会破坏建筑物。原位气相抽提技术因不需要复杂的设计或特殊的设备，就会达到体系最佳的效率及污染物的去除效果，从而优越于其他技术（如生物处理或土壤淋洗等）。其因对挥发性污染场地治理的有效性和广泛性被美国环境保护署（USEPA）列为"革命性技术"。但是原位气相抽提技术实际操作时很大程度上会受土壤的渗透性、土壤结构等因素限制。原位气相抽提技术的处理效果一定程度上受土壤渗透性的影响，对于抽提出的气体需要后续处理，污染物的去除只能应用于非饱和区域土壤场地处理。此外，蒸汽压、环境温度、地下水深度、土壤湿度、土壤结构、抽提气体的流量和流速都会对有机污染物去除效果有影响（罗成成等，2015）。

四、原位气相抽提技术的适用性

原位气相抽提技术对于待处理污染物的要求：①污染物必须为溶解性较低的物质，土壤的含水量不能过高；②污染物应为挥发性或半挥发性有机物，蒸汽压不低于0.5 mmHg[①]；③污染土壤的渗透性要高，若污染地块的土壤孔隙率小，含水率高或渗透速率小的话，土壤蒸汽迁移会受到限制（USEPA，2007；于颖和周启星，2005）。

影响原位气相抽提技术应用的条件见表2-8。Frank 和 Barkley（1995）认为，是否有足够气体通过污染土壤是决定原位气相抽提技术适用的关键因素之一，其中土壤渗透性是唯一决定因素。首先要依据场地污染土壤的渗透性和待处理污染物的挥发性来确定污染地块是否可以采用原位气相抽提技术。通常而言，砂石性土壤比黏土或淤泥的土壤更适用于采用原位气相抽提技术，汽油等高挥发性的污染物比柴油等更适宜使用原位气相抽提技术进行处理。通过污染场地的特性初步确定采用原位气相抽提技术后，应进一步进行适用性评价，主要评价有以下几个方面：土壤和地下水的结构、土壤的含水率等会对污染土壤渗透性产生影响的因素，以及污染场地污染物性质、蒸汽压、亨利定律常数等影响污染物性质的因素。

表2-8 影响原位气相抽提技术应用的条件

土壤					污染物			
温度	湿度	空气传导率	表面积	地下水深度	主要形态	蒸汽压	溶解度	亨利定律常数
>20℃	<10%	>10^{-1} cm/s	<0.1 m²	>20 m	气态或蒸发态	>0.5mmHg	<100 mg/L	>0.01

欧美等国家和地区已有许多实践经验，在场地修复实际应用中，原位气相抽提技术涉及的污染土壤深度为 1.5～90 m，主要应用于处理挥发性有机化合物和半挥发性有机化合物、燃油的场地污染。原位气相抽提技术主要是在机械作用下使气流在污染场地内的土壤中流动，并将土壤中的挥发性和半挥发性污染物带出地面，进行进一步处理后排放。该处理技术适用于石油等挥发性强的污染物所引起的场地污染。原位气相抽提技术会受到土壤均匀性和透气性及污染物类型的限制。对于挥发性有机化合物和半挥发性有机化合物的净化，原位气相抽提技术适用于亨利定律常数大于 0.01 或者蒸汽压大于0.5 mmHg 的污染物的去除，同时需要考虑土壤的性质（渗透性、含水率、地下水的位置等）及污染物浓度等（Pedersen and Tom，1992）。原位气相抽提技术不适合处理含有

---

① 1 mmHg=133.322 Pa

重金属、二噁英等污染物的场地。有机质的浓度过高或含水量过低的污染地块的土壤对挥发性有机污染物吸附能力很强，因此会降低原位气相抽提技术的处理效果。

五、原位气相抽提技术工程设计

影响原位气相抽提技术系统设计的关键因素有三个方面：污染物的组成和特征、气相流通路径及流动速率、污染物在流通路径上的位置分布。原位气相抽提系统的设计依据气相流通路径与污染区域交叉点的相互作用，在实际修复运行过程中应以提高污染物的去除效率和减少工程费用为原则。在进行原位气相抽提技术设计时需要考虑地下水位的变动（如水位随季节变化），若水位上升会浸没污染土或部分井屏而使得空气流动失效。尤其是使用水平井时需要特别注意，因水平井与水位线是平行关系。地表密封是为了阻止地表水下渗，减少气相逸出，阻止空气流动的垂直短路，或增加设计的影响半径（Pedersen and Tom，1992）。

原位气相抽提技术设施设计的基础参数主要有：①总气体提取率，Q；②抽提井的数量和位置；③废气处理技术。原位气相抽提技术设计参数的主要决定因素包括：①土壤污染的性质和程度；②土壤中的渗透率分布（即非均质性）；③提取的土壤气体中的污染物浓度（刘少卿等，2011）。

1. 中试和原位气相抽提技术设计基础

传统的场地特征数据对于评估原位气相抽提技术非常重要，但是，这些数据相对较少，不能为全面设计提供足够的数据。尤其不进行原位气相抽提技术的中试，很难预测抽提出的污染物质量的动态变化。提取技术主要取决于污染土壤的体积、土壤体积分数（可用平流和扩散表示）、扩散限制源的传质特征、抽提井的相对位置，以及存在的非水相液体（NAPL）（以下讨论不考虑NAPL）。

设计试验测试需要确定理想的总气体提取率或提取持续时间。理想情况下，中试将从污染土壤中提取相当于一个或多个（下个例子中为3个）全孔体积土壤气体。目的是使系统运行足够长的时间，以便观察提取的VOC浓度的衰减和不同距离的土壤气体的浓度变化。这首先可以估算出传质限制和单井的有效修复半径。根据经验，中试的速度和持续时间均基于污染土壤的总体积，土壤孔隙度和含水率如下（Pedersen and Tom，1992）：

$$V = V_{soil}\varphi(1-S) \tag{2-10}$$

式中，V为被清除的污染土壤体积，m^3；V_{soil}为污染土壤总体积，m^3；φ为土壤孔隙率；S为土壤饱和度。

对于较低的土壤渗透性而言，可能需要第二个井来实现所需的流量或更长的提取时间。此外，如果污染物蒸汽初始浓度较高并且在初始衰变后持续变高，表明存在DNAPL，则采用活性炭吸附较高浓度的污染物可能不具有成本效益。

若不能提供污染地块现场特征，监测点也可以安装在多个深度但要在抽提井影响范围半径以内设置。根据地下水的深度和地质特点，每个监测位置可以在渗流区的垂直范围内设置多个嵌套点。点位可以放置在可疑源的上方、下方和内部。在试验测试期间，这些位置用于测量蒸汽浓度和真空响应。

监测数据的结果高度依赖于土壤的渗透性，但不能用其来评估原位气相抽提技术的影响半径。在可渗透的砂岩中，非常小的真空响应可能造成相对高的空气流量，而在黏土中的显著真空响应可能也不会造成明显的气体流动。真空监测数据用于评估流动的横向与垂直范围及表面条件的影响（例如，低渗透率泄漏是通过板坯或土壤表面向大气的泄漏造成）。在中试测试期间，建议采用高效 VOC 蒸汽浓度监测程序来确定土壤气体监测点的趋势。这些趋势可以与中试期间试验的土壤的孔隙体积，以及所需要的冲洗频率（孔隙体积交换率）相关联，并为场地设计中的抽提井的间距提供基础。通常，出于健康、安全及规定要求，废气不允许未经处理直接排放。如果条件允许的情况下，对废气进行一定的处理，如采用活性炭吸附、热氧化或其他相关技术，以改善释放到大气中的废气质量。

2. 总土壤气体提取率

原位气相抽提技术系统设计的总土壤气体提取率与污染区的孔隙体积及该孔隙体积的交换率有关。受 VOC 的影响，孔隙体积由污染场地中土壤的总体积、土壤总孔隙度和土壤含水量确定。孔隙体积需要相对较高的交换速率，目的是保持相对于源蒸汽浓度的较低的提取浓度，从而优化从扩散源到土壤气体的质量传递。

质量传递中的时间常数可通过式（2-11）计算（Pedersen and Tom，1992）：

$$t = \frac{RZ^2}{\varphi^{1.3}(1-S)^{3.3}D_{air}\pi^2} \tag{2-11}$$

式中，t 为时间常数；φ 为土壤孔隙率；S 为土壤饱和度；Z 为细粒单元的厚度；D_{air} 为污染物在自由空气中的扩散系数；R 为气相延迟系数。

使用式（2-11）来定义孔隙体积交换速率可得出最小总土壤气体提取速率的估算值，以保持较低的 VOC 提取蒸汽浓度和相对较高的传质速率：

$$t = \frac{V_{soil}\varphi(1-S)}{Q} = \frac{RZ_d^2}{\varphi^{1.3}(1-S)^{3.3}D_{air}\pi^2} \tag{2-12}$$

$$Q = \frac{V_{soil}D_{air}}{RZ_d^2}\pi^2\varphi^{2.3}(1-S)^{4.3} \tag{2-13}$$

式中，Q 为流量。

因此，了解受污染细颗粒土壤层的特征厚度和源区的总土壤体积，即可为设计总土壤气体提取速率的估算提供所需的数据。相关数据可以使用来自场地特征的数据或其垂直剖面数据。一般而言，加快传质速度将会提高土壤气体提取率。

3. 抽提井的位置和数量

抽提井的位置和数量需要通过抽提井的影响半径（R_1）和土壤中孔隙体积交换速率来共同确定。计算抽提井的间距是为了保证在整个污染土壤内产生足以维持传质所需接近最大速率的质量传递速度。因此，需要的井数是基于总的土壤气体提取速率和单个井中预期的土壤气体提取率来确定的。单井的提取率由试验和污染场地渗透率及施加到单井的真空估算确定。污染地块所需的最少抽提井数量为总抽气率除以单个井的流量。若污染场地为可渗透性的土壤，监测位置距离提取点太远，可能会超出有效的修复范围。如果其位置间距足够靠近，抽提井安装在低渗透性土壤中时，质量传递受修复时间的限制。设计井的布置在源区中心附近间隔较近，而向外边界间距较大。如果该井的有效修复半径满足要求，则抽提井在污染源中心布置应为单个井。

　　抽提井的影响半径可定义为压力降非常小（$P_{R_1} \leqslant 1$ atm）的位置距抽提井的距离。对于特定的污染场地最精确的 R_1 值，应该通过稳态中试试验来确定。一般采用单井系统运行后受抽气负压所影响的最大径向距离表示，通常是以抽提井为圆心，至负压 25 Pa 的最大距离。R_1 通常选择压力降小于抽提井真空度 1%处的距离。通过绘制抽提井及检测井的压力随径向距离的对数变化曲线或用式（2-14）来确定影响半径（Pedersen and Tom，1992）。

$$P_r^2 - P_w^2 = \left(P_{R_1}^2 - P_w^2\right)\frac{\ln\left(r/R_w\right)}{\ln\left(R_1/R_w\right)} \tag{2-14}$$

式中，P_r 为距离气相抽提井 r 处的压强；P_w 为气相抽提井的压强；P_{R_1} 为影响半径处的压强；r 为与气相抽提井的距离；R_1 为影响半径，此处压强等于某预设值；R_w 为气相抽提井的半径。

　　提取位置需要依据分析不同地层污染物的去除程度来确定，多数污染物是从地面下 5.0～6.5 m 提取的，但粉土层的空气流动速率比其他地方少 1 个数量级，气体抽提井先提取污染场地上方或下方更具渗透性的污染蒸汽。低渗透性土壤的去除主要是依靠低渗透区到相邻高渗透区土壤的扩散来实现的。如果没有进行中试试验，则通常基于以往经验进行估计。文献中 R_1 为 9～30 m，抽提井的压强为 0.90～0.95 atm。更浅的井、更低渗透性的地层、更低的抽提井的真空度，通常对应更小的 R_1（Pedersen and Tom，1992）。

　　原位气相抽提技术中需要保证有足够数量的抽提井来覆盖整个污染区域，也就是说，整个污染场地都应在井群的影响范围内，因此

$$N_{井} = \frac{1.2A_{污染}}{\pi R_1^2} \tag{2-15}$$

式中，1.2 为修正因子，用于表示井群之间相互影响范围的重合，以及边缘井超出污染场地之外的影响范围。$A_{污染}$ 为污染场地的面积；R_1 为影响半径；$N_{井}$ 为气相抽提井的数量。

　　同时，应有足够个数的抽提井来确保在可接受的时间范围内完成污染场地的修复工作。

$$R_{可接受} = \frac{M_{泄漏}}{T_{可接受}} \tag{2-16}$$

$$N_{井} = \frac{R_{可接受}}{R_{去除}} \tag{2-17}$$

式中，$R_{可接受}$ 为可以接受的污染物去除效率；$M_{泄漏}$ 为污染场地中污染物的质量；$T_{可接受}$ 为可接受进行修复的最长时间；$R_{去除}$ 为单个抽提井的污染物去除速率；其中，式（2-15）和式（2-17）计算出的井个数的较大值即为最小的气体抽提井数量。同时还需要考虑经济因素，需要在井总数量和总处理成本之间达到平衡。

抽提井的其他组件设计包括确定抽提井深度和井间距，侧向抽提井布置和分布，嵌套井（组井）、水平井或现有井的使用，通风井的使用及其施工参数。

（1）嵌套井（组井）：理想情况下，在具有高渗透性和多重污染物的污染地块，在不同深度间隔的相同钻孔井中并入两个或多个井的嵌套（例如，在单井垂直方向上浅层、中层和深层均设置井的嵌套）。通常来说，由于沿着井筛的压力下降，均需设置嵌套井。对于长井筛，大多数气流一般出现在井筛顶部附近，使得井筛较深的部分不起作用。

（2）水平井：水平真空抽采井在浅水位的位置是有用的，特别是如果土壤表面密封减少短路效应或在地表基础设施之下。由于水的深度较浅，抽提井筛更易延伸到饱和区，而原位气相抽提系统的真空强度将引起多余的水进一步上升到井筛上并造成空气堵塞。如果渗流区的深度小于 3 m 并且场地面积非常大，则水平管道系统或沟槽可能比传统井更经济。水平井也可用于道路或建筑物下 VOC 污染土壤的处理。

（3）现有井：如果正确筛选并满足其他系统要求（如井直径、材料兼容性），则可以使用现有的监测井和抽提井。

（4）抽提井材料：井可以使用聚氯乙烯（PVC）或者不锈钢管材料，在污染区域内使用带有开槽的 PVC 筛网或不锈钢丝缠绕筛网。PVC 比不锈钢更便宜、更轻便。材料的选择还要考虑未来潜在增强技术（如热修复、原位化学氧化等）的兼容性。

（5）真空监测点：如果修复区域内尚未建立监测井网络，则需要安装一定数量的真空监测点。这些监测点可以在相同的垂直范围内进行筛选抽提井，在处理区内存在至少两口井，并且在处理区边界或处理区外部要有 4 个井。

（6）空气注入井或通风井：一些原位气相抽提系统在修复区域内安装了空气注入井，以最大限度地减少无流动区域。这些井可以被动地注入大气或主动使用强制空气注入。如果抽提井不足以减轻死区，则可以考虑主动注入。但是，系统的设计应使注入系统的空气不会导致 VOC 排放到大气中。合理的系统设计还应防止异地污染物进入提取区。

4. 系统尺寸和尾气处理

中试测试结果对于确定总提取率，实现设计流速所需施加的真空度，以及所需的尾气处理的方式和设备尺寸有很大帮助。短期测试（如估计的活性炭用量加倍），若不是长期全面运行，可避免高昂费用。一些情况下由于废气蒸汽处理系统过早地耗尽，许多试点测试不能实现预期的污染土壤修复处理。例如，如果采用颗粒活性炭进行废气处理，则用于中试的数量应能根据初始浓度保持最大值附近的值来估算。例如，观察到污染物变化趋势和传质限制之前停止测试试验，所提供的数据可能不能满足设计需要。一旦确定所需的总提取率、系统真空度和初始尾气提取浓度的变化趋势，就可以选择鼓风机类型并进行成本效益分析，以此确定相对应的废气处理系统。

对于废气处理，活性炭装置成本相对低且处理效果好，并且经常用于低浓度污染物去除。活性炭的吸附容量与 VOC 类型、浓度、蒸汽温度和相对湿度有关。水蒸气吸附到活性炭上后留下较少的 VOC 的容量，并且活性炭吸附容量随着温度升高而降低。由于送入空气的温度会因泵压缩而提高，故在活性炭吸附前需要先将废气冷却，以此提高活性炭的吸附量。在原位气相抽提系统中还可采用其他类型废气处理系统如催化和热氧化、焚烧、光氧化、紫外线氧化、生物过滤和直接排放（Jabłońska et al.，2015）。

5. 场地空间、系统选择、布局、管道和仪表

施工现场需要充足的场地，可以在现场使用移动式钻机和卡车分别用于建造气相抽提井和运输原位气相抽提系统所需设备（如真空鼓风机、气-液分离器、尾气控制装置、活性炭罐等）。原位气相抽提系统的尺寸和复杂程度各不相同，取决于系统的容量及蒸汽（废气）和液体（产出水）排出物的处理要求。原位气相抽提系统部件通常是由卡车和平板拖车等车辆运输，适用于此类车辆的临时区域可以纳入设计计划或未来场地修改计划中。中小型商业规模的原位气相抽提系统（如 15 井或更少）需要大约 10 m^2 的地面区域用于设备停放。该区域通常具有相似的面积和高度但不包括用于蒸汽处理系统的空间。具有蒸汽和废水共同处理能力的大型系统需要根据供应商的特殊要求放在额外区域。原位气相抽提系统在实际应用中可能需要水，所需水量可根据现场需求确定。但通常所需水量都很小。

系统设计中主要系统组件设计注意事项如下。

（1）真空泵或鼓风机设备选择：①使用测试试验或建模结果来指定各个抽提井的井口真空度以此满足所需提取率的要求；②将抽气井连接到真空泵或鼓风机的支路管道，对压降进行详细计算；③选择足以在支路管道产生真空的真空泵或鼓风机，以实现所需的提取率；④较高的空气流速需要较大的设备尺寸和较高的功率，以及较高的操作、维护和尾气处理成本（Pedersen and Tom，1992）。

真空泵或鼓风机对于理想气体的等温压缩（PV 为常数）所需要的理论功率（$\text{HP}_{理论}$）可以表示为

$$\text{HP}_{理论} = 3.03 \times 10^{-5} \ln \frac{P_2}{P_1} \tag{2-18}$$

式中，P_1 为进气压强；P_2 为输出压强；对于理想气体的等熵压缩（PV^k＝常数），式（2-19）中的 P_1Q_1 适用于单级压缩机，

$$\text{HP}_{理论} = \frac{3.03 \times 10^{-5} k}{k-1} P_1 Q_1 \left[\left(\frac{P_2}{P_1} \right)^{\frac{(k-1)}{k}} - 1 \right] \tag{2-19}$$

式中，Q_1 为进气条件下的空气流量；k 为等压比热与等容比热的比值。对于典型的原位气相抽提项目，可选取 k＝1.4；对于活塞式压缩机，等熵压缩的效率（E）通常为 70%～90%，等位压缩效率为 50%～70%。实际需要的功率（$\text{HP}_{实际}$）为

$$HP_{实际} = \frac{HP_{理论}}{E} \qquad (2\text{-}20)$$

（2）空气/水分离器和空气过滤器：①由于原位气相抽提井提取的土壤气体首先进入空气/水分离器以除去水分，然后通过空气过滤器除去颗粒，最后由泵送到废气处理系统中；②水分和微粒去除装置是保护系统的设备。

（3）废气处理技术：①使用测试试验数据确定原位气相抽提系统排放处理后的废气是否超出标准要求；②活性炭吸附是最常用的尾气处理技术，特别是对于低浓度 VOC 的情况；③在污染程度较高的场所，可能需要更大规模的设备和多种处理技术相结合。

（4）流量、真空度和浓度监测系统：在适当的位置安装流量、真空度和浓度监测设备，以监控系统是否正常运行，并评估其在不同时间尺度上的整体有效性。

（5）管道：①高密度聚乙烯（HDPE）推荐用于路基运送管道。HDPE 需熔焊连接，而不是使用胶粘。②鼓风机真空侧的管道可使用 PVC，它是支路管道的理想选择，因为切割和黏接 PVC 管和配件通常比组装螺纹钢管和配件速度更快。③鼓风机通常将空气加热到大于 PVC 可承受的温度，因此应使用金属管作为鼓风机的排出侧。通常，可以使用碳钢或铝，但是金属应该与排出的空气流中的成分相容。④管道至抽取井应包括集水坑以清除管道中的水，特别是在水可能积聚并限制空气流动的地点。⑤确保在实施前测试地下管道的真空、压力和耐热性。

（6）感官因素：①在人口密集的地区，通过将原位气相抽提技术设备放置在更好的隔音建筑中来减少噪声，并在选择公众可以看到的设备或房屋时考虑视觉效果；②超大设备可能导致噪声过大；③换热器可能产生噪声，因此评估噪声影响是允许其在炎热天气正常运行的前提。

6. 健康与安全问题

鉴于不确定性及潜在的爆炸性或有毒蒸汽暴露，在实施和运行原位气相抽提系统之前，需解决健康和安全问题及监管等问题。通常由原位气相抽提系统中废气中的 VOC 具有毒性、可燃性或其他原因而较危险。因此，应尽早选择适当设备，监测系统废气及评估所需废气处理等步骤，以确保人员和设施的安全。鼓风机和其他电动机驱动设备必须按照国家消防要求规范进行设计和建造，并适当考虑环境条件如湿气、污垢、腐蚀剂和危险区域分类。可以使用多种方法来评估潜在爆炸性或有毒蒸汽的风险。例如，使用爆炸计或 VOC 监测设备（如火焰或光电离检测器）进行监测，以及对所关注的特定 VOC 化合物进行间歇性样品收集和分析。使用现场监控设备时，应注意确保设备经过校准，并了解所有操作说明和潜在限制。系统废气的取样和实验室分析也有助于确定污染物水平，以实现安全和监管目的。

六、原位气相抽提的强化技术

由于原位气相抽提技术受各种因素的影响，特别是在地下水位附近的毛细饱和带使用该技术存在较大困难，因此近些年发展起来一些以原位气相抽提技术为主的热强化修复技术。

（1）空气喷射-原位气相抽提技术：向被污染的饱和区域内喷射新鲜空气驱使有机污染物挥发、解吸并被气流带进非饱和区域，从而提高原位气相抽提技术修复能力。

（2）生物通风-原位气相抽提技术：将原位气相抽提技术与微生物修复技术相结合，从而形成的新型技术。其是利用土壤中的微生物对不饱和区中的有机污染物进行生物降解的一种原位修复技术，可通过向不饱和区注入空气、添加营养物质（氮、磷、钾等）和接种特异工程菌等方法来提高微生物的降解速率。

（3）电磁波加热-原位气相抽提技术：利用高频电压产生的电磁波对污染地块区域进行加热，加快土壤中有机污染物挥发和解吸，同时也可提高气体的流速，进而提高原位气相抽提技术修复有机污染物污染土壤的速率和效率。

（4）热通风-原位气相抽提技术：通过增加生物降解的活性及提高石油组分的挥发度，使受石油污染场地的土壤中微生物降解和物理脱出有效强化。上述的增强手段可以使原位气相抽提技术在沙泥质黏土、低渗透性土壤的结构中不增加土壤的渗透性就可以对土壤进行现场修复处理。

1. 空气喷射-原位气相抽提技术

原位气相抽提技术不能去除饱和区土壤和地下水中的有机污染物，此污染区域内的有机污染物可以通过空气喷射与原位气相抽提技术相结合形成原位气相抽提增强修复技术来去除。空气喷射（air injection）是指向被污染的饱和区域内喷射新鲜空气驱使有机污染物挥发、解吸并被气流带进非饱和区域，再采用原位气相抽提技术进行去除。空气喷射-原位气相抽提技术工艺如图 2-6 所示。为了使空气喷射技术效果更佳，通常在饱和区域内土壤质地较为疏松的污染地块使用该技术以便气流容易向非饱和区域逸散（Tse et al.，2001）。因此该技术在疏松土壤（如沙地、砂砾）中去除速率更快。空气喷射

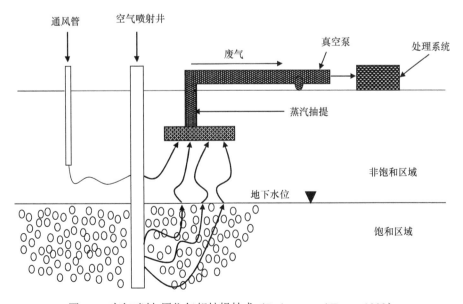

图 2-6　空气喷射-原位气相抽提技术（Pedersen and Tom，1992）

向土壤中提供了氧气，有利于部分有机污染物进行生物降解过程，从而提高有机污染物去除效果。两种技术相结合发挥各自的优势可以将土壤中非饱和区和饱和区内的 VOC 快速高效地去除。Kirtland 和 Aelion（2000）对受储油罐泄漏污染的低渗透性的土壤开展了空气喷射-原位气相抽提联合技术修复实验，研究发现经过 44 天处理后共去除 608 kg 汽油，去除速率可达 14.3 kg/d。

空气喷射-原位气相抽提技术的影响因素有以下几方面。

（1）土壤的性质：土壤的性质对空气喷射-原位气相抽提技术的影响主要包括土壤的类型、土壤的均匀性和土壤粒径大小。土壤的非均匀性导致其在各个方向都存在不同的粒径分布和渗透率。因此，对于非均质土壤，在空气喷射-原位气相抽提修复过程中，喷射空气可能会沿阻力较小的路径通过饱和区土壤，不经过渗透率较低的土壤区域，从而影响污染物的去除效果。

（2）空气流量和压力：增加空气流量有利于增加有机物和氧的扩散梯度，有助于有机污染物的去除。一方面，空气流量的大小将直接影响土壤中水分和空气的饱和度，影响气相与液相之间传质，从而影响有机污染物的去除。另一方面，空气流量的大小决定了可向土壤提供氧含量，进而影响有机污染物的好氧微生物的降解过程。

（3）地下水的流动：空气和水的相互作用会对空气喷射-原位气相抽提技术产生不利影响。比如，渗透性较高的污染场地的土壤（如粗砂、砂砾），地下水的流速较快，会影响空气的流动，进而破坏污染物羽状体的形状和大小。

2. 生物通风-原位气相抽提技术

生物通风（bioventing）技术是利用微生物对非饱和区土壤吸附的有机化合物进行生物降解的一种原位修复手段。其基本原理是通过注入空气或氧气进入不饱和区，必要时添加营养物质（氮、磷、钾等），增强本地细菌的活性，模拟土壤中碳氢化合物的自然原位生物降解。生物通风主要帮助降解吸附在土壤中的燃料污染，蒸汽在生物活性土壤中缓慢移动，有助于 VOC 的降解。生物通风系统通常以低于原位气相抽提系统的气相抽提率运行，以仅提供足够的氧气维持微生物活动。生物通风最常用于中等分子量的石油产品去除，如柴油和飞机燃料。汽油等较轻的产品容易挥发，使用原位气相抽提技术可以更快地去除。Malina 等（1998）通过土柱试验研究了原位气相抽提技术和生物通风法对甲苯和癸烷的去除效果，研究表明在污染物浓度较低的情况下控制运行条件可使生物通风法能较好地净化污染物。在实际修复过程中，通常将原位气相抽提技术作为第一阶段，生物通风作为第二阶段（Soares et al.，2010）。生物通风与原位气相抽提技术常以最有利的方式结合使用，可以更加快速高效地降解有机污染物。李巨峰等（2014）对被轻质油污染的地块进行修复实验，先采用原位气相抽提技术系统运行 7 周，又采用生物通风修复模式，修复 6 个月后，土壤中 VOC 的平均浓度由 823.7 mg/kg 降至 51.0 mg/kg，修复效率高达 80%以上（李巨峰等，2014）。

生物通风-原位气相抽提技术的影响因素如下。

（1）土壤温度：土壤温度提高可以影响微生物降解的活性，土壤温度升高可以提高微生物降解的活性，加速有机污染物的降解速率（刘沙沙等，2012）。在寒冷地区土壤温度是主要限制因素。常用的加热方法主要有注入热空气、电加热、微波加热和注入蒸汽等。

（2）电子受体：许多种电子受体都可以被土壤中微生物利用来完成有机污染物的氧化，包括氧、硝酸盐、硫酸盐、二氧化碳和有机碳。其中氧供给微生物的能力最高，几乎是硝酸盐的两倍，比硫酸盐、二氧化碳和有机碳所释放的能量多出一个数量级；其次，土壤环境中利用氧的微生物非常普遍，因此从工程观点上，快速的生物降解大部分发生在好氧条件下而非厌氧条件下（杨金凤，2009）。

（3）生物营养盐：实验和现场应用都表明，适当添加营养物可以促进生物降解。有研究显示受有机农药等污染的土壤的 C∶N∶P 对污染物的生物降解有很大优势。实验研究中增加氮和磷酸盐有利于生物通风操作，这也证实了添加营养物对生物降解的促进作用。例如，某污染场地设计了生物通风系统，通风操作运行 6 个月，总有机污染物浓度减少了 10%～30%，去除深度可达 3 m，通风中加入营养物后在后续运行的 6 个月里，有机污染物又降解了 30%。

（4）加入优势菌：土壤中有机污染物的生物降解与土壤中可降解菌的含量有着密切的关系，土壤中加入降解优势菌能大大提高生物降解速率，如白腐真菌对许多有机污染物都有很好的降解效果（李玮等，2004）。

3. 电磁波加热-原位气相抽提技术

电磁波加热是通过高频电压产生的电磁波对处理区域内土壤加热，使得污染物在土壤内解吸，属于一种热量增强式原位气相抽提技术。此种修复技术可以加快 VOC 的去除速率。该技术的系统组成包括：电磁波加热系统、气相收集系统和尾气处理系统。通过在土壤中埋入的电极施加高频电压而产生大量热量，其大小与加热的频率有关。处理过程中的电压频率由实际土壤的性质及所需要达到的温度决定，通常为 2～2450 MHz，土壤温度可到 100～300℃。有研究表明只要加热温度达到 150℃，该修复技术对于大多数土壤均有较好的修复效果。利用无线电和微波频率加热及低频电加热进行的热强化修复可以提高低渗透性土壤区域的传热效率，且可以在一定程度上克服污染物传质的限制。但是，长期加热期间，加热点或加热板附近的土壤温度可能会高于 250℃，从而导致土壤有机物热降解并破坏土壤功能，并增加废气净化的费用。

4. 热通风-原位气相抽提技术

热通风可以增加生物降解的活性及提高石油组分的挥发度，对于受石油污染场地的土壤中微生物降解和物理脱出具有双重强化效果。热通风强化是冬季温度较低地区受石油污染土壤修复的有效修复方法。在污染场地实际修复的操作过程中，热通风可以采用热空气注入、热蒸汽注入、电加热、覆盖塑料薄膜、抽取地下水加热后回灌和微波加热等方法（Dibble and Bartha，1979）。向污染场地中注入热空气对于微生物影响比较温和，但由于空气热容较小，因此传热效率不高。蒸汽注入潜在的热量大，容易杀死土壤中的微生物，因此实际应用中会受到许多限制。Poppendieck 等（1999）在实验室规模的热通风-原位气相抽提技术研究中，土壤温度从 50℃升高到 150℃，使 C_{14-19} 烷烃的去除速率常数增加了 3 个数量级。在现场热通风-原位气相抽提技术方案中，如果在原位温度从 100℃升高到 150℃的情况下进行修复，修复时间预计从 7 年减少到 3 个月。热通风-原位气相抽提技术的应用大大提高了污染物的去除效率，扩大了污染物的范围，缩短了修复时间。然而，热通风-原位气相抽提技术并非适合所有土壤，尤其是那些透气性低的土壤。在低渗透性土壤中，由原位气相抽提技术诱导的空气更喜欢流入阻力较小（高透气性）的路径，从而产生优先的气流。结果，低渗透性区域将不会被空气流穿过，因此污染物从低渗透性土壤区域缓慢地解吸和扩散到具有有效蒸汽交换的区域将受到限制。另外，因为土壤是具有高热容量的良好绝缘体，低渗透性土壤区域通常仅通过热传导加热，所以是一个缓慢的过程。目前，国外已有很多的原位热通风结合原位气相抽提技术修复的案例。例如，美国孟菲斯某氯代溶剂污染场地采用热传导加热的方式，经 177 天热处理之后，目标污染物由 100~2850 mg/kg 下降到 0.01~0.18 mg/kg，达到修复目标。该项目总共使用 367 个热传导加热井，68 个抽提井，总处理成本为 390 万美元，单位成本约 103 美元/m³（Heron et al.，2010b）。1995~1999 年，美国伊利诺伊州某三氯乙烯、二氯乙烯和石油污染的场地采用蒸汽注射联合原位气相抽提技术进行原位修复，经过约两年时间的修复，大部分监测井的污染物去除率均达到 90%，总烃去除量约 14 970 kg（Battelle Corporation，2008）。实践证明热通风强化原位气相抽提方法能够显著提高运行效率、减少修复时间。

七、原位气相抽提技术的研究应用

1. 国外研究应用

在国外，原位气相抽提技术比较成熟，至今已经有大量的工程应用。原位气相抽提技术作为一种高效去除有机污染的修复手段，所需要的修复成本不足土壤挖掘、清洗法的十分之一，修复速度却可达它们的 5 倍以上，在真空抽提系统上安装净化设备就可以避免二次污染。最早在 1984 年，美国 Terra Vac 公司就成功开发原位气相抽提技术并获得专利权，逐渐发展成为 20 世纪 80 年代最常用的土壤和地下水有机物污染的修复技术。1997 年，整个美国应用原位气相抽提技术的"超级基金"地点达到 27%，许多州还将其作为去除土壤中 VOC 的一种标准修复技术（Bowders and Daniel，1997）。欧洲、澳大利亚、日本、加拿大、印度等许多国家和地区也先后开始进行了与原位气相抽提技术相关的研究和应用。Nobre 和 Nobre（2004）在巴西某氯代溶剂污染的工业场地应用原位气相抽提技术开展了设计、监测和修复效果方面的研究。近 30 年的时间里，原位气相抽提技术在污染场地的项目中得到了广泛的应用并且相关的研究也不断深入、拓展和细化。最初对于原位气相抽提技术的研究主要关注于污染场地现场条件的开发，主要依赖于场址状况、工程类型、操作参数等与有机污染物性质和污染程度的关系。近年来在非水相液态的传质机制方面的研究更多，也更为深入。

2. 国内研究应用

国内对原位气相抽提技术的研究起步较晚，在 2000 年后才出现了一些关于原位气相抽提技术的研究报道，并且主要处于实验室研究中。根据 2017 年已开展实施的修复工程案例，其中有技术应用信息的工程案例为 62 个，原位气相抽提技术的工程案例为 1 个。杨洋等（2017）研究了在低温条件下原位气相抽提技术对于包气带中苯系物的去除效果，解决了修复技术有效性评估等难题，并基于 TMVOC 模型模拟砂箱实验分析原位气相抽提技术对污染物空间分布规律的影响机制。研究结果显示在−15～0℃低温条件下，使用原位气相抽提技术运行 30 天，苯系物的去除效率较为理想，其中苯和甲苯的去除率分别为 89.9%和 71.3%，而用 TMVOC 模拟苯系物浓度的计算值与试验测量值的拟合效果较好。TMVOC 模型能够较好地模拟苯系物在低温环境下和原位气相抽提技术应用过程的分异演化规律，为低温条件下原位气相抽提技术的应用提供了科学参考。朱杰等（2013）通过模型试验研究热传导加热对黏土中苯系物去除的影响，发现加热功率越大，苯系物中各污染物残留浓度越低。王慧玲等（2015）为研究原位气相抽提技术现场去除污染物效果和影响因素，将污染场地选择在北京市某化工厂搬迁遗留场地，以苯系物为目标污染物，采用了原位气相抽提法进行污染修复的现场小试，试验结果表明，提取真空度存在最优值（试验场地在 30 kPa 左右），该值附近提取的气体流量最大；提取出气态污染物浓度和去除污染物速率随着流量增大而提高。实际工程应用证明了原位气相抽提技术是一种效果较好的修复技术，为类似污染场地原位修复问题的解决提供了工程技术参考。尽管现有的现场试验的案例较少，但理论研究和现场已有的案例可以给未来原位气相抽提技术修复污染场地提供指导。

第三章　场地污染土壤化学修复技术与原理

随着我国工业化和城市化进程的加快，相关化学物质种类和数量不断增加，由工业生产带来的土壤和地下水污染问题日益严重，污染程度不断加深，由此造成的健康与环境生态问题引起广泛关注。有机物污染场地类型主要包括焦化类场地、农药类场地、染料类场地、煤制气类场地及加油站类场地等，代表性污染物为苯系物、石油烃、卤代烃及 PAH 等。无机物污染场地类型主要是钢铁冶炼场地、化工尾矿场地和固体废物存储场地等，主要污染物为铅、砷、镉和铬等（骆永明，2009a）。

除了第二章中介绍的典型的场地污染土壤物理修复技术热脱附和原位气相抽提技术，目前在场地污染土壤修复中较成熟的还有化学修复技术，包括：化学氧化修复技术、化学还原与还原脱氯修复技术、化学淋洗技术和溶剂浸提技术等（张培宝，2020）。典型的化学修复技术见表 3-1。本章将重点介绍这几种在场地污染土壤修复中应用较多的技术。

表 3-1　污染土壤化学修复的一些较为典型的方法

方法	修复药剂	适用性	修复过程描述
化学氧化修复技术	氧化剂（如高锰酸盐、过硫酸盐）、催化剂	主要是有机溶剂、多环芳烃、五氯苯酚、农药及非水溶态氯代烃（如三氯乙烯）	对于有机污染物来说，氧化过程通常是分子中加入氧，最终结果是产生二氧化碳和水
化学还原与还原脱氯修复技术	还原剂（如 H_2S、纳米零价铁）	主要是氧化态金属、含氯有机物、非饱和芳香烃、多氯联苯、卤化物和脂肪族化合物	为防止污染物进入地下水，构建化学活性反应区或反应墙，固定或降解通过的污染物
化学淋洗技术	化学、生化溶剂（冲洗助剂）	主要是重金属、芳香烃、石油类、多氯联苯等	在重力作用或在水力压头推动下将冲洗助剂推入被污染的土壤中，将土壤中的污染物进行溶解或者迁移，然后将含有污染物的液体从土壤中抽取出来进行分离处理
溶剂浸提技术（一般为异位修复）	水或有机溶剂	亲脂类污染物	将受污染的土壤挖出并放置于装有提取液的提取箱中，进行溶剂与污染物的离子交换等化学反应

第一节　化学氧化修复技术

化学氧化法是指通过投加化学氧化剂到被有机化合物污染的土壤和水体中，然后发生一系列化学反应，使得污染物被转化、破坏成无害的或毒性较低的化合物。在场地污染土壤修复过程中，化学氧化技术通过在污染区设置不同深度的钻井，然后通过钻井中的泵将化学氧化剂注入土壤，使氧化剂与污染物发生反应，降低污染物浓度（付文怡，2018）。

适用范围：难以降解的污染物，如油、有机溶剂、农药及非水溶态氯代烃等。

氧化剂：能使污染物转化或分解成毒性、迁移性或环境有效性较低的形态。

氧化剂需要满足的条件：①反应必须足够强烈，使污染物通过降解、蒸发及沉淀等方式去除，并能消除或降低污染物毒性；②氧化剂及反应产物应对人体无害；③修复过程应是实用和经济的。

化学氧化修复技术的优点：反应的化学产物是水和二氧化碳，对环境无害；泵出的液体不需要进行再次处理；可处理地层深处的污染。

该技术的关键在于氧化剂的选择及土壤性质。不同氧化剂与污染物反应会产生不同的中间产物，需要注意避免中间产物造成的二次污染。另外，土壤性质对污染物的去除有很大的影响，需要通过一定的预处理手段使土壤性质达到氧化剂与污染物充分反应的最佳条件。

一、常用试剂

常用于修复的化学氧化剂包括高锰酸盐（MnO_4^-）、过氧化氢（H_2O_2）、过硫酸盐（$S_2O_8^{2-}$）、芬顿试剂（·OH）和臭氧（O_3）等，不同的氧化剂有不同的特点和适用性。表 3-2 总结了目前常见的几种氧化剂性质，接下来对常见的氧化剂性质和应用情况进行介绍。

表 3-2　常见氧化剂性能对比

氧化剂	过氧化氢/芬顿（Fenton）试剂	高锰酸盐	臭氧
反应活性组分	H_2O_2、·OH、·O_2、·HO_2	MnO_4^-	O_3、·OH
氧化电势（V）	2.8	1.7	2.07
形态	液态	粉末	气态
持久性	几分钟至几小时	>3 个月	几分钟至几小时
最佳 pH	偏向于 pH 2~4 或近中性环境	偏向于 pH 7~8 的近中性环境	中性 pH 环境中有效
氧化剂消耗	容易与土壤和地下水反应而被降解	比较稳定	土壤中臭氧的降解受到限制
其他因素	需要补充铁（$FeSO_4$）形成芬顿试剂	—	—
处理化合物	氯代溶剂、多环芳烃（PAH）和石油烃类，对于氯代烷烃和饱和碳氢化合物则几乎无效果		
适当介质	土壤和地下水环境		
渗透性	倾向于渗透性好的含水层，若结合先进的氧化剂传输系统，在渗透性较低的含水层也是可行的。但由于芬顿试剂和臭氧则更依赖于自由基的产生，因此注射点向远处传输受到限制		
可能的负面影响	形成颗粒物造成渗透性的损失；可能的副作用包括 H_2O_2 和 O_3 所产生的气体、潜在的毒性副产物等		

1. 高锰酸盐

标准还原电位为 1.7 V，适宜 pH 为 7~8，能有效去除受污染土壤和水体环境中的多种有机污染物，还能显著地控制氯代副产物，使水中有机污染物的数量和浓度均有显著的降低。表 3-3 是高锰酸盐原位处理污染土壤的应用案例，常用的有 $NaMnO_4$ 和 $KMnO_4$，二者氧化性相似，但使用时有一定差别。$KMnO_4$ 通常是晶体，作为固体，它的运输和存储较为方便，而且在水中溶解度较高，可将其配制成溶液导入受污染区域，适宜的质量分数一般为 0.1%~2%，一般不超过 4%。$KMnO_4$ 不仅对三氯乙烯、四氯乙烯等含氯溶剂有很好的氧化效果，对烯烃、酚类、硫化物和甲基叔丁基醚（MTBE）等其他污染物也很有效。$KMnO_4$ 通过提供氧原子进行氧化反应,因此反应受 pH 影响较小。$NaMnO_4$ 溶解度高于 $KMnO_4$,质量分数可达 40%,但成本较高,因而应用较少。(杨静等,2020)。

表 3-3   高锰酸盐原位处理的应用范例

地点(年份)传输方法	介质和污染物	应用方法和结果
Kansas(1996)深土混合	47 ft 深的土壤和地下水中的 TCE 和 DCE	$KMnO_4$(3.1%~4.9%质量),通过深土混合(8 ft,螺丝土钻)传输到 47 ft 深处,4 天。TCE 从 800 mg/kg 在渗流层中减少 82%,而在饱和层(>8 ft 深)中减少 69%。MnO_4^- 耗尽。微生物留存。对比试验,混合区蒸汽气体产量减少 69%,而生物增量减少 38%
Ohio(1998)竖直井再循环	30 ft 深的淤积砂和沙砾地下水层中的 TCE	$NaMnO_4$(250 mg/L),通过 5 处竖直井再循环系统(中心井和 4 个间距 45 ft 的周边井)的 3 孔盘传输,10 天。TCE 从 2.0 mg/L 减少到达标。氧化剂在 30 天中逐渐耗尽,无或微毒性。岩层无渗透性损失
Ohio(1996)水力压裂	地平面下 18 ft 深的淤积黏土中的 VOC	$KMnO_4$ 泥浆利用水力压裂传输以形成多层氧化还原区。注入 4 天,但维持氧化区 15 个月以上。溶解性 TCE 在接触 1 h 期间从平均 4000 mg/kg 减少了 99%

注:TCE=三氯乙烯;DCE=二氯乙烷;Kansas 为堪萨斯;Ohio 为俄亥俄

然而高锰酸盐在应用中面临一些问题:①与其他氧化剂相比,高锰酸盐的氧化能力较弱(标准还原电位较低,难以氧化石油烃、苯系物、含氯有机物等难降解污染物);②高锰酸钾溶液为紫色,可能对地下水带来色度污染;③氧化还原反应生成 MnO_2 沉淀,会降低土壤渗透性。因此在实际应用时应结合场地环境和污染物特征因地制宜地选用。

2. 臭氧(O_3)

臭氧的标准还原电位为 2.07 V,它是一种强氧化剂,氧化能力在天然元素中仅次于氟,能迅速而广泛地氧化分解水中的大部分有机物,有效去除色、浊、臭味、铁锰、硫化物、酚、农药、石油制品等(Wang and Chen,2020)。水中的溶解度是氧气的 12 倍,在土壤修复中可快速进入土壤水分中;O_3 自身分解产生的氧气可为土壤中的微生物所利用;O_3 氧化效率高,可减少修复时间,降低成本。但是,在 O_3 投加量有限的情况下,不可能完全去除水中的微量有机物,因此,O_3 氧化与其他方法的联用技术对于去除水中有机污染物效果较好。有 4 种途径可以提高臭氧的氧化能力:①pH 的变化;②添加·OH;③紫外线;④过氧化氢和紫外线的联合作用。结果表明当双氧水与臭氧以(0.5~0.7):1(w/w)的比例加入的时候,其氧化速率能够提高 2~3 倍(郑晓英等,2014)。

3. 双氧水(H_2O_2)与芬顿试剂

双氧水和芬顿试剂反应的适宜 pH 为 2~4,能直接氧化水中的有机污染物,同时本身只含 H、O 两种元素,使用时不会引入杂质。H_2O_2 可独立氧化污染物,但是当 H_2O_2 的浓度低于 0.1%时,其对有机污染物的降解效率较低。在 H_2O_2 中加入亚铁离子形成芬顿试剂,生成的·OH 是一种很强的氧化剂,可去除大量有机物。同时,Fe^{2+} 被氧化成 Fe^{3+} 产生混凝沉淀(王爱娆等,2017)。

表 3-4 是双氧水与芬顿试剂原位修复污染土壤的应用案例。H_2O_2 具有产品稳定、无

腐蚀性、与水完全混溶、无二次污染、氧化选择性高等优点。在水环境中 H_2O_2 分解速度很慢，同时有机物作用温和，可保证较长时间的残留氧化作用，也可作脱氯剂（还原剂）使用，不会产生卤代烃，不需要光照，不受污染物浓度限制，无毒，经济高效，是较为理想的土壤、地下水污染修复的氧化剂（任培兵等，2008）。

表 3-4　H_2O_2 与芬顿试剂原位修复的应用范例

地点（年份） 传输方法	介质和 COC	采用方法和结果
俄亥俄州（1993） 深土混合	含 TCE 和 VOC 的淤积黏土	H_2O_2+压缩空气注入，深土混合，15 ft 深度、310 ft 直径的混合区。污染物浓度为 100 mg/kg 的质量减少 70%，包括 50%的由于氧化
亚拉巴马州（1997） 注射器注入地下水	含高浓度 TCE、DCE 和 BTEX 的土壤	H_2O_2+$FeSO_4$，经过 255 个注入井注入 2 英亩[①]废物塘中黏土间填区下 8～26 ft 裂缝带。120 天处理时间。处理 72 000 磅[②]NAPL 下降到相关标准以下

注：COC=氯代有机物；TCE=三氯乙烯；DCE=二氯乙烷；BTEX=苯系物；NAPL=非水相液体

在实际修复过程中，为了达到高效的氧化效能，需要控制双氧水和亚铁离子的配比。当 H_2O_2 中和亚铁离子反应生成羟基自由基后，在羟基自由基的作用下，体系内会发生一系列链反应，链增长反应能促进污染物降解，链终止反应抑制污染物降解。反应机制如下所示：

链增长：

$\cdot OH+H_2O_2 \rightarrow \cdot HO_2+H_2O$

$\cdot HO_2 \rightarrow \cdot O_2^- + H^+$

$\cdot OH+RH（有机污染物）\rightarrow \cdot R（有机自由基）+OH^-$

$\cdot R+H_2O_2 \rightarrow ROH+\cdot OH$

链终止：

$\cdot HO_2+Fe^{2+} \rightarrow O_2+H^++Fe^{3+}$

$\cdot HO_2+Fe^{2+} \rightarrow HO_2^-+Fe^{3+}$

$Fe^{3+}+\cdot O_2^- \rightarrow Fe^{2+}+O_2$

可见，H_2O_2 过量可促进链增长反应，产生更多的自由基，利于污染物的去除。但是需要注意，Fe^{3+} 与反应体系中的 OH^- 反应生成沉淀物（$Fe^{3+}+nOH^- \rightarrow$ 无定形态沉淀物），会导致 Fe^{2+} 浓度降低，抑制污染物降解。因此，可通过降低体系的 pH 或加入螯合剂，减少 Fe^{3+} 和沉淀的生成，增加可利用的 Fe^{2+}，从而促进芬顿试剂对污染物的降解（林雅洁和胡婧琳，2016）。

当 H_2O_2 的添加浓度高于 10%时，将释放热量到土壤中。适量的热量可促进原本吸附在土壤胶体的污染物解吸，促进污染物有效氧化去除 NAPL。当热量过高时，可能加速污染物迁移，使得氧化剂难以作用于区域内的污染物（周洋等，2020）。因此，必须采取措施合理利用 H_2O_2 反应所释放的热量。另外，土壤中的碳酸根离子和金属化合物也会消耗羟基自由基，从而消耗氧化剂，降低其对有机污染物的去除效率。因此，在选择 H_2O_2 和芬顿试剂作为氧化剂时，应考虑这些因素的影响。

---

① 1 英亩≈4046.8564 m^2

② 1 磅≈453.59 g

4. 二氧化氯（ClO_2）

还原电位为 1.50 V，其氧化能力仅次于臭氧（O_3），有较强的漂白能力，可将水中的酚类、氯酚、氰化物、硫化物、胺类化合物、腐殖酸等成分氧化去除，同时又不会与水中氨及硝酸根等反应；在较大的 pH 范围（6～10）内消毒杀菌表现出高效性；不会与水中有机质反应生成致癌的三氯甲烷（trichloromethane）；在中性或略偏碱性的水中可迅速氧化水中的铁锰离子，生成不溶于水的 $Fe(OH)_3$ 和 MnO_2 沉淀析出，从而达到去除目的。在土壤修复中，它通常以气体的形式直接进入污染区，氧化其中的有机污染物（晋日亚等，2018）。

5. 光催化氧化

光催化氧化技术是一项化学氧化修复土壤的新技术，随着近些年人类环保理念的加深而逐渐兴起。光催化氧化技术根据光催化氧化剂的使用不同分为两类：均相光催化氧化和非均相光催化氧化（程强，2015）。

1）均相光催化氧化

均相光催化氧化主要指紫外芬顿氧化法（UV/Fenton）。在紫外波长和近紫外波长的光辐射作用下，芬顿反应体系中的三价铁与水中的氢氧根离子的复合离子可以直接产生羟基自由基并产生二价铁离子：

$$Fe(OH)^{2+} \xrightarrow{hv} Fe^{2+} + \cdot OH$$

该方法增强了芬顿实际的氧化能力，提高了生物难以降解的有机物的降解效率；降低了 Fe^{2+} 和 H_2O_2 的用量，提高了两者的利用效率。

2）非均相光催化氧化

非均相光催化氧化又称多相光催化氧化，该方法利用天然的太阳能辐射源作为激发因素，以半导体作为被激发对象，在光催化剂的催化作用下产生电子-空穴对，释放出羟基自由基（·OH）和超氧离子自由基等具有强氧化性的自由基，从而对水中大部分的有机污染物进行降解，生成无害的无机物。

半导体须具有能带结构，半导体光催化剂有 TiO_2、ZnO、CdS、WO_3、$SrTiO_3$、Fe_2O_3等，其中由于 TiO_2 有廉价无毒、稳定、结构简单、易制备、氧化性强、可重复利用、无须另外电子受体、无二次污染、可使有机污染物完全降解为 CO_2 和 H_2O 等优点，因此纳米 TiO_2 的光催化研究和使用最为普遍。

多相光催化氧化原理：当光照辐射的能量大于所照射半导体材料中导带最低点和价带最高点之间的能量差（带隙，也称能隙）时，价带中的电子获取了足够多的能量而被激发，跨越带隙跃迁到导带中，在导带上形成强电负性的高活性电子（e^-，强还原性），与此同时失去电子的价带产生带有正电的空穴（h^+，强氧化性），在导体上形成了电子-空穴对，因此具备了氧化还原能力。电子-空穴对与催化剂表面吸附的 H_2O 和 O_2 分子接触后发生氧化还原反应，生成氧化性极强的羟基自由基（·OH），其几乎可以无选择性地对有机物进行氧化（孙俭等，2021）。

电子-空穴对作用产生·OH 的机制如下。

（1）空穴作用：

$TiO_2 \xrightarrow{h\nu} e^- + TiO_2 (h^+)$

$TiO_2 (h^+) + H_2O \rightarrow TiO_2 + \cdot OH + H^+$

$TiO_2 (h^+) + OH^- \rightarrow TiO_2 + \cdot OH$

（2）电子作用：

$O_2 + nTiO_2 (e^-) \rightarrow nTiO_2 + \cdot O_2^-$

$\cdot O_2^- + 2H_2O + TiO_2 (e^-) \rightarrow H_2O_2 + TiO_2 + 2OH^-$

$H_2O_2 + TiO_2 (e^-) \rightarrow TiO_2 + \cdot OH + OH^-$

TiO_2 光催化氧化技术具有氧化能力强、反应条件为自然光、无污染、廉价的特点，但是光催化氧化主要用于水和大气污染控制与治理方面，土壤治理方面的研究比较少。近些年国内外在土壤治理方面的运用，主要体现在以下几个方面。

（1）在农业方面对有机氯农药、有机磷农药、有机氮农药的处理能力较强，主要作用是有机物降解和缩短有毒物质的半衰期。

（2）可以降解土壤中石油类污染物，包括烷烃、环烷烃、芳香烃等烃类物质，对含硫、氮类元素的非烃化合物也具有良好的降解作用。

（3）土壤中还有毒性很强的二噁英和 TNT 等微生物难降解的有机物，TiO_2 的加入可明显提高这些物质的去除率。

（4）土壤残留的抑制微生物、植物生长的抗生素，如磺胺二甲嘧啶、四环素等，均可被催化氧化技术所去除。

（5）对土壤中具有生物毒性的汞、铅、铬等金属也有一定的去除效果。

6. 过硫酸盐

过硫酸盐高级氧化技术作为一种前景十分广阔的修复技术被广泛应用于地下水有机污染修复过程中，相对于传统的芬顿氧化过程中产生的羟基自由基，过硫酸盐活化过程中产生的硫酸根自由基半衰期更长且对 pH 的适用范围更广（黄智辉等，2019）。过硫酸盐主要包括过一硫酸盐（PMS，如 HSO_5^-）和过二硫酸盐（PS，如 $S_2O_8^{2-}$）两种。PS产生 SO_4^-的能量消耗（140 kJ/mol）低于 PMS（140～213.3 kJ/mol）（Wang et al.，2019），此外，PS 具有较低的价格和较长的环境保留时间。因此，与 PMS 相比，选择 PS 作为土壤修复的氧化剂更为合适。过硫酸钠（$Na_2S_2O_8$）、过硫酸钾（$K_2S_2O_8$）和过硫酸铵 $[(NH_4)_2S_2O_8]$均已被用作土壤修复的氧化剂。

过硫酸根离子在不同 pH 条件下，能发生不同的水解，具体包括：

$S_2O_8^{2-} + 2H_2O + H^+ \rightarrow HSO_4^- + HSO_5^-$（pH<3）

$S_2O_8^{2-} + 2H_2O + H^+ \rightarrow 2HSO_4^- + H_2O_2$（3<pH<7）

$S_2O_8^{2-} + 2H_2O \rightarrow 2HSO_4^- + \dfrac{1}{2} O_2$（7<pH<13）

$S_2O_8^{2-} + OH^- \rightarrow HSO_4^- + SO_4^{2-} + \dfrac{1}{2} O_2$（pH>13）

由于过硫酸盐具有较高的键能，比较稳定，在常温下反应速率较慢，对污染物的去除效果不明显，没有外部物质或能量的参与，很难产生活性自由基，因此一般需要通过活化的方式促进过硫酸盐氧化污染物（Lin et al.，2022）。活化方式包括超声波活化、热活化、碱活化、紫外线活化、碳活化和过渡金属活化。比如，热活化和过渡金属活化反应式如下（高焕方等，2015）。超声波活化耗能较大，紫外线活化中紫外线照射很难穿透土壤基质，因此，相比之下，热活化、碱活化、碳活化和过渡金属活化更适用于土壤修复。

热活化：$S_2O_8^{2-}+热\rightarrow 2\cdot SO_4^-$

过渡金属活化：$S_2O_8^{2-}+Me^{n+}\rightarrow \cdot SO_4^-+Me^{(n+1)}+SO_4^{2-}$

加热能促进激发态硫酸根自由基（$\cdot SO_4^-$）的生成，显著增加过硫酸盐的氧化效果。邸莎等（2018）采用热活化过硫酸钠技术对石油烃污染的土壤进行修复，修复效果显著，对石油烃组分中萘、菲、蒽、芘和苯并[a]芘的降解率分别达到87.82%、79.68%、87.93%、83.40%和94.31%。

碱活化过硫酸盐以添加石灰为主，其原理也包含了热活化过硫酸盐。通过添加石灰产生过量的OH^-，继而将过硫酸根热激活产生硫酸根自由基，研究表明：当过硫酸根处于极碱性环境中（pH>10.5），其可用于分解氯代烷烃，如三氯乙酸（TCA）、二氯乙酸（DCA），并生成硫酸根。但$\cdot SO_4^-$的产生需要更复杂的路径，包括链引发、链增长及链终止。由于过硫酸根离子在氧化反应中的移动缓慢，与有机质的接触受限，因此氧化效率远低于H_2O_2或$KMnO_4$。同时，化学氧化反应复杂，体系中的Cl^-、HCO_3^-、CO_3^{2-}都可作为$\cdot SO_4^-$的捕获剂，当捕获剂的浓度较高时将降低氧化反应效率（李丽等，2014）。采用碱活化技术需要考虑其对装置和材料的腐蚀性，可选择不锈钢、高浓度聚乙烯或PVC等耐碱腐蚀的材料。

过渡金属在全球分布广泛，利用过渡金属活化过硫酸盐操作简单，在常温下就能反应，而且能够达到较快的反应速率。目前活化过硫酸盐的过渡金属主要包括Ag^+、Fe^{2+}和Mn^{2+}等。在原位土壤修复中，由于成本低、易得、无毒，通常采用Fe^{2+}对过硫酸盐进行活化。由于土壤中有机质含量、阴离子浓度和污染物分布方面的不确定性，通常需要过量的Fe^{2+}来活化过硫酸盐，但过量的Fe^{2+}会消耗SO_4^-，因此修复过程中需控制Fe^{2+}与过硫酸盐的配比。此外，在中性环境下，Fe^{2+}可能会被氧化或沉淀，使其难以被持续活化。从Fe^{2+}到Fe^{3+}的快速转化和Fe^{3+}的积累是活化反应中的主要制约因素，严重影响着污染物的去除效果。目前研究最多的过渡金属是Fe^0，其常用于活化过硫酸盐以去除土壤中的石油烃。然而，许多研究表明，Fe^0在土壤中不是很好的过硫酸盐活化剂，因为其表面钝化会抑制Fe^0的溶解和Fe^{2+}的释放，而且由于纳米Fe^0的团聚作用，其催化效率下降。因此，为了更有效地利用化学氧化技术修复场地污染土壤，需要研发更加高效的过硫酸盐活化剂。

二、原位化学氧化修复技术

污染土壤修复技术包括原位修复技术和异位修复技术，其中原位修复是指直接在场地发生污染的位置对其进行原地修复或处理。异位修复是将受污染的土壤或地下水从场地发生污染的原来位置挖掘或抽提出来，搬运或转移到其他场所或位置进行治理修复（范德华等，2019）。原位化学氧化技术（in situ chemical oxidation，ISCO）是一种常用的处理场地污染物的方法，是目前发展得最迅速的土壤、地下水修复技术。原位化学氧化技术不需要挖出或移出污染土壤和地下水，基本不破坏地层结构，保持地基承载力、施工简单及修复成本相对较低。同时，原位修复施工过程中不进行清挖、装载及外运污染土施工，污染物暴露面积小，更好地保证了施工人员人身安全及身体健康。目前，在工程实施中，原位化学氧化技术按药剂注入方式主要包含原位浅层搅拌化学氧化技术、原位注入化学氧化技术、原位直压式注入化学氧化技术和原位高压旋喷化学氧化技术等四种（郑伟等，2018）。

1. 原位浅层搅拌化学氧化

（1）原位搅拌化学氧化示意图如图 3-1 所示，其适用范围包括：①非饱和层和饱和层浅层（3 m 以内）有机污染土壤；②苯系物、硝基苯、氯苯及酚类等可以被氧化的有机污染土壤；③不便于异位清挖，需原位处置的污染土壤。

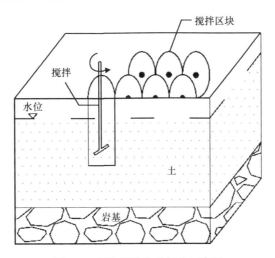

图 3-1　原位搅拌化学氧化示意图

（2）药剂投加方式及设备：浅层搅拌化学氧化药剂投加方式分为粉末状药剂投加和液体状药剂投加两种方式，粉末状药剂投加一般应用于饱和层污染区，液体药剂投加一般应用于非饱和层污染区（亦可应用于饱和层污染区）。

对于污染深度较浅的场地，可采用原位铺洒化学氧化药剂，挖掘机搅拌混匀的方式对污染土壤进行化学氧化，如图 3-2 所示。

对于污染较深的场地，采用原位搅拌技术对污染土壤进行治理时，一般使用中空土壤搅拌钻对污染土壤进行搅拌，氧化药剂通过搅拌钻杆均匀散布到污染土壤中。原位搅拌技术的主要设备是一个大直径的土壤钻机，钻机的搅拌直径为 1.5～3 m，钻入土壤深度为 10～20 m，可以用于处理深层污染土壤，如图 3-3 所示。

图 3-2 浅层污染场地原位搅拌实施

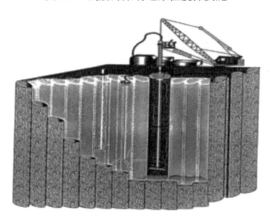

图 3-3 深层污染场地原位搅拌实施

2. 原位注入化学氧化

原位注入化学氧化技术，通常是指借由一定的设备系统，将复配好的氧化药剂通过注入设备将其注入地下，利用氧化剂的强氧化性将土壤和地下水中的有机污染物同时降解，达到土壤和地下水同时修复的目的，如图 3-4 所示（唐小龙等，2015）。

适用范围：①渗透系数较高的饱和砂性污染土壤场地，不适合黏土质污染场地及非饱和层污染场地；②可应用于苯系物、硝基苯、氯苯及酚类等可以被氧化的有机污染土壤；③适用于不便破坏地上建筑物、工作空间较为狭小、需要保持地层结构和地基承载力的污染场地。

原位注入分为两类，一类是通过建设注入井，结合相应的注入设备注入；另一类则不需要建设注入井，由 Geoprobe（履带自走式多功能钻机）直接注入。通常一个场地需要大量注入点时，一般选择安装注入井方式进行注入，结合相应的注入动力设备进行注入修复（唐小龙等，2015）。

大规模场地修复通常需要建设一定数量的注入井。一般地，原位注入化学氧化工艺系统由四个部分组成：①动力源系统；②溶配药系统；③原位注入系统；④注入井系统。四个系统相互关系如下，动力源系统给耗能设备（包括加药泵、注入泵及搅拌器）提供

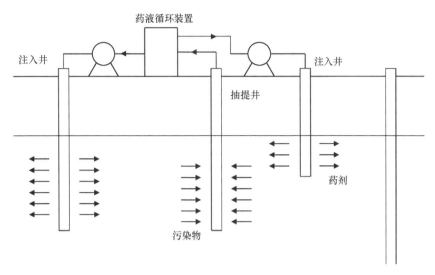

图 3-4 原位注入示意图

动力源；溶配药系统配制一定比例的化学氧化混合药剂；原位注入系统由注入泵以一定压力和流量把配制好的药剂输送到注入井，注入井系统通过筛管将氧化药剂扩散到目标污染区域内。如图 3-5 所示。

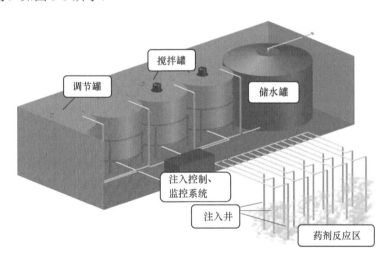

图 3-5 注入井注入药剂示意图

当场地内注入点的数量较少时，可以选择 Geoprobe 直接注入。Geoprobe 可根据现场需要灵活移动注入，对于正在运营的场地，在不影响其正常运作的同时，进行注入修复。如图 3-6 所示。

3. 原位直压式注入化学氧化

（1）适用范围：原位直压式化学氧化适用范围较广，除了可适用于原位注入化学氧化适用的范围，原位直压式注入化学氧化还适用于砂土、粉土、黏土等一切饱和层和非饱和层污染土壤及地下水修复。

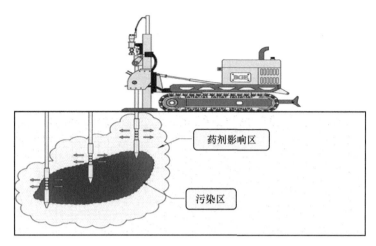

图 3-6 Geoprobe 注入药剂示意图

（2）药剂注入方式及设备：药剂注入系统包含钻进系统、溶配药系统和注入系统三个部分，钻进系统提供液压动力将钻杆压入到预定深度。注入系统提供高压脉冲，使药剂从钻杆前端的注射孔注入到地层中，并克服阻力充分扩散，达到预期的分散效果。

4. 原位高压旋喷化学氧化

高压旋喷是在高压旋喷桩的基础上发展起来的一种氧化剂投加方法。高压旋喷桩是指在静压灌浆的基础上，引入水力采煤技术，利用射流作用切割掺搅地层，同时灌入泥浆或复合浆形成凝结体，达到加固地基、防渗止水的目的。将高压旋喷桩工艺中的泥浆换成原位化学氧化修复技术中的氧化剂，即为高压旋喷注射技术（唐小龙等，2015）。原位三重管高压旋喷示意图见图 3-7。

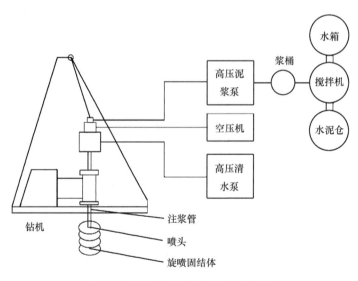

图 3-7 原位三重管高压旋喷示意图

（1）适用范围：原位高压旋喷化学氧化适用范围较广，除了可适用于原位注入化学氧化适用的范围，原位高压旋喷化学氧化还适用于砂土、粉土、黏土等一切饱和层和非饱和层污染土壤和地下水修复。

（2）药剂注入方式及设备：根据喷射方法的不同，高压-旋喷注射法可分为单管法、二重管法和三重管法。单管法仅注入氧化剂，影响半径较小。二重管法在注入氧化剂的同时注入高压空气，可冲击破坏土体，加速氧化剂的扩散并加大氧化剂的作用范围。采用三重管法可使氧化剂的影响半径达到最大。

三、异位化学氧化技术

异位化学氧化是通过清挖，在搅拌设备中将化学氧化剂与土壤混合均匀。异位化学氧化适用于一切可以清挖后进行异位修复的污染土壤。作为化学氧化技术的一种实施方式，其可应用于苯系物、硝基苯、氯苯及酚类等可以被氧化的有机污染土壤，但不适用于重金属污染土壤的修复，对于吸附性强、水溶性差的有机污染物应考虑必要的增溶、脱附方式（盛益之等，2019）。

异位修复的过程主要包括污染土壤预处理和污染土壤与药剂混合。污染土壤预处理是对开挖出的污染土壤进行破碎、筛分或添加土壤改良剂等，预处理的设备包括破碎筛分铲斗、挖掘机、土壤改良机等。药剂的投加方式有粉末和液体两种方式，污染土壤和药剂混合设备包括行走式土壤改良机、双轴搅拌机及挖掘机等。

第二节 化学还原与还原脱氯技术

在地下较深的区域内，有一些对还原敏感的污染物会对地下水环境造成污染，它们在地下深处呈斑块状进行扩散。这些污染物的位置较深、分散程度高，具有较强的迁移能力，很难用常规的土壤修复技术进行处理。由于很难对污染物进行定位、收集处理，只能构建一个能够进行化学反应的反应区或反应墙。待污染物通过这个反应区域时，利用反应区内还原剂的还原性将污染物降解或固定为难溶性物质，从而降低它们的生物效应和流动性。利用上述方法把其中有害的含氯分子中的氯原子去除，使其化合物毒性降低或去除的技术，即为原位化学还原与脱氯修复技术（郑建中等，2015）。该技术可以去除还原性敏感的重金属元素如六价铬、散布范围较大的氧化溶剂、挥发性含卤烃类、PCB、二噁英、有机氯农药等污染物。

一、常用还原试剂

常用的还原剂为 SO_2、H_2S 气体和零价铁。

（1）SO_2：有较强的还原性，将其作为还原剂可以与土壤矿物结构中的 Fe^{3+} 反应生成 Fe^{2+}，Fe^{2+} 也具有较强的还原性，从而与 SO_2 共同起作用，形成活性反应区。SO_2 通常是溶解在碱性的缓冲溶液中，缓冲溶液一般为碳酸盐和重碳酸盐，将其一并注入到污染土壤中（许维通等，2018）。

还原剂与污染物充分接触反应后，可将剧毒的六价铬还原为毒性较低的三价铬，同时生成铁、铬氢氧化物沉淀，经过环境作用转化为固定态，就更难以再被氧化成剧毒物质；难降解的有机氯代物在还原剂的还原作用下脱除有害的氯原子，使之成为低毒性甚至没有毒性的化合物；此外，铀、锝等重金属元素也可被还原成难溶态而被除去。

有研究表明，在用含有 SO_2 的缓冲溶液对土壤下层污染区进行处理时，地下污染区中 25%的三价铁离子被迅速还原，并随着还原程度的加深，还原效率随即呈指数下降，直到剩余 75%三价铁离子还原后，反应基本停止。在此理论基础上，若处理以含水土壤为主要组分的还原活性反应区，能够在一周内降解 90%的四氯化碳。

（2）H_2S：主要应用于去除地下受污染土壤中的 Cr^{6+}，当土壤中的 Cr^{6+} 与 H_2S 发生反应后，产生没有毒性的 Cr^{3+}，并继续转化成氢氧化铬沉淀，还原剂本身会转化为硫化物，由于氢氧化铬溶解度低，不易再被氧化，而且硫化物不是危险产物，因此可以避免对环境造成二次污染（张峰等，2012）。

值得注意的是，H_2S 为气体，因此在进行原位化学修复时需要通过注入井进行注射，将还原剂注入到污染土壤的中部，同时需要在周边建设抽提井，在注入的同时进行多余还原剂的回收和气体流量的控制。抽提井并不能百分百回收未利用的还原剂，为了防止气体从地表溢出，地面需要铺设一层覆盖物，覆盖物须设计成不透气形式。在处理结束后需要将地下通入空气的残余部分全部抽提出，因其气味特殊，所以需要进行清洁处理。

有研究表明人工控制条件下，用 H_2S 处理被污染土壤中的 Cr^{6+}，以 N_2 为载气将 H_2S 注入到土柱中，通的 H_2S 的量增加到 Cr^{6+} 的 10 倍时，即 S：Cr 为 10：1 时，用地下水或去离子水将土柱进行淋洗，对淋洗液中的 Cr^{6+} 浓度进行测量，发现九成以上的 Cr 均已失去毒性，而且这种失活的反应是不可逆的，处理效果显著且高效。

（3）零价铁（ZVI）：是强还原剂，在还原脱氯中起着重要的作用。该还原剂能脱掉很多氯代试剂中的氯原子，同时还能迁移很多含氧阴离子，如 CrO_4^{2-} 和 TcO_4^-，还能将如 UO_2^{2+} 等含氧阳离子转化成难迁移态物质（马少云等，2016）。

零价铁胶体可以采用以下三种方式进行注入：①通过注入井对污染土壤进行注射；②通过建立可渗透反应墙，将零价铁胶体放置在污染物流经的路径上；③直接向天然的含水土层中注射微米甚至纳米的零价铁胶体。此外，零价铁微米、纳米胶体具有较大的比表面积，可以充分地与污染物进行接触，处理效果明显，且利用率高，所以用量较少。对土壤进行深度处理时，可以采用土壤混合技术和液压技术将胶体注射到深层污染土壤中。为了保证注入的零价铁胶体能与污染物充分接触，需要将其溶解到一种具有较高黏度的液态载体中，并通过注入井和抽提井的构建来实现。首先还原剂通过注入井注入到土壤中，然后抽提井进行抽提，这样零价铁胶体就会在两口井之间进行流动，当两口井之间的污染土壤中零价铁胶体达到饱和时，原抽提井变为注入井，建设第三口井做新的抽提井，继续进行零价铁胶体的注射和抽提，饱和后继续重复如上操作，即可创造一个完整的活性反应区。

研究表明，注射零价铁胶体所采用的高黏度载体一般为无害的油，能够增加零价铁胶体的寿命，且能防止零价铁被再度氧化。因为在土壤微生物的作用中，微生物会优先将油作为反应基质，氧作为电子的受体，从而消耗土壤中的溶解氧，提高零价铁的寿命。同时有机氯代物易溶于油水中，所以能聚集氯代烃等含氯有机物，从而提高零价铁对氯代烃的脱氯还原作用。

二、原位可渗透反应墙

1. 定义

可渗透反应墙（permeable reactive barrier，PRB），于 1982 年由美国环境保护署（USEPA）提出，但并未立即得到发展，直到 20 世纪 90 年代初才得以深入研究。它是一种以原位渗透处理带作为修复主体的地下水修复技术，利用特定的反应介质，通过物理、化学和生物降解等方法除去地下水中的有机污染物、重金属、无机盐或放射性物质等，使污染组分转化为环境友好型物质，以达到阻隔和修复污染羽的目的。该技术可持续同时处理多种污染物，且具有处理效果好、性价比高、安装施工简单等优点（王泓泉，2020）。

一般情况下，PRB 利用活性反应介质填料构筑物形成一个垂直于水流流向的反应屏障区，并安装在地下水污染羽状体的下游蓄水层中。当被污染的地下水在天然水力梯度下流经反应屏障区时，反应介质可通过氧化还原、生物降解、吸附、化学沉淀、淋滤等一系列反应，将水中溶解的多种污染物有效去除。PRB 在施工结束后，除在某些特殊情况下需要更换墙体反应介质填料外，几乎不需要其他运行和维护费用。

2. PRB 技术发展前景

PRB 这一技术之所以成为当前国际上污染地下水修复的重要方法和研究的热点，主要是因为它拥有其他技术无法比拟的独特优势。我国在这项技术上的研究处于起步阶段，作为发展中国家，在经济实力并不富裕的情况下，进行地下水污染的治理，PRB 技术无疑是可行的方法。针对我国地下水污染态势，开展 PRB 技术在地下水修复中的应用基础研究，有助于 PRB 地下水修复技术在我国的迅速推广，为我国地下水污染治理提供技术支撑。可以预见，随着 PRB 技术的不断完善及在我国的成功应用和推广，它必将给我国的地下水处理带来新的希望（窦文龙等，2020）。

1）PRB 的优点

（1）不需要外源动力。该技术是一种无须外加动力的被动处理系统，不需要持续供应能量，避免了能量供给的限制。该处理系统的运转在地下进行，避免了抽出处理法的抽出处理过程及可能产生的二次污染，对地面生态环境干扰较小。

（2）不占用地面空间。与传统的地下水处理技术相比较，不占地面空间，比原来的抽出处理技术要经济、便捷。由于其在原地直接处理，减少了储存、运输及清理工作，可以极大地节省运行费用。不需要抽出及地面处理装置，安装完工后原场地工厂仍可正常投入生产。

（3）造价低廉。PRB 技术造价低廉、维护简单，对于处理各种地下水污染具有良好的效果。

（4）可持续性。PRB 技术反应介质消耗很慢，有几年甚至几十年的处理能力，除了需长期监测，几乎不需运行费用，能够长期有效运作，对生态环境影响较小。

（5）基于原位性。与异位修复技术相比，不破坏本体结构。

（6）修复填料可更换性。PRB 系统容许对反应介质进行更新，从而保证其长期有效的使用。可以根据场地的实际需求，更换 PRB 的填料，以达到更好的处理效果。反应填料选择灵活，处理组分的范围广。活性填料具有长效性，且填料可不定期再生或更新，从而保证污染物的高效降解。

（7）对污染物的去除具有普适性。可同步处理如重金属、有机物及放射性物质等复合污染。

2）PRB 的缺点

（1）PRB 系统在长期实验过程中，易吸入较细的土壤颗粒，并且介质填料的粒径过小、介质的截留沉淀、地下水组分的沉淀析出，以及一些微生物的过度繁殖均会造成 PRB 的阻塞，影响使用寿命。

（2）随着有毒金属、盐和生物活性物质在 PRB 中不断地沉积和积累，PRB 会逐渐失去活性，超过其吸附过滤容量，所以需要定期更换反应介质。这些定期更换的反应介质，有必要作为有害废物加以处置，或采用一定的方式予以封存。

（3）PRB 不能保证将污染物完全按人们设想的要求予以拦截和捕捉。

（4）存在不确定性。难以确定反应介质在多长时间范围内对目标污染物的固定作用仍然有效，也很难确定哪些环境条件可能发生改变，导致被固定的污染物重新活化而进入环境。

（5）二次污染。在反应过程中可能产生毒性更强的代谢产物，双金属系统可能会造成镍、钯等次生污染。

3. PRB 技术原理

污染物通过天然或人工的水力梯度被运送到经过精心放置的 PRB 处理介质中，在具有较高渗透性的化学活性物质的作用下，发生沉淀反应、吸附反应、催化还原反应或催化氧化反应，转化为低活性的物质或降解为无毒的成分。从广义上讲，PRB 的去除机制可以分为三类，即降解、沉淀和吸附。降解是通过化学或生物反应使污染物分解或降解成无害的物质；沉淀即通过生成不可溶的沉淀将污染物去除，生成沉淀的化学状态不能改变；吸附是通过吸附剂的吸附或生物络合作用，生成化学状态不变的物质，进而实现污染物的去除（窦文龙等，2020；阚家平等，2018）。

按照 PRB 的处理方式可细分为以下五类。

（1）调节地下水的 pH 或者氧化还原电位（oxidation-reduction potential，ORP）状态，这将影响对 pH 或 ORP 条件敏感类物质的去除效率。此类型的介质填料为还原剂，利用还原剂的还原性与地下水中的无机离子、有机物发生还原反应，将无机离子以单质或不溶性化合物从水中析出，将难以生物降解或不可生物降解的有机物还原为可生物降解或易生物降解的简单有机物，从而修复治理地下水环境。此类型为本章重点讨论内容。

（2）通过调整矿物相的溶解和沉积状态来固定污染物，该类型墙体的介质填料为类似羟基磷酸盐和碳酸钙等的沉淀剂，当污水通过墙体时，水中的微量金属与介质填料生成沉淀，以达到除污目的。

（3）通过吸附作用来去除污染物，该墙体的介质填料为吸附剂。其反应实质是利用介质填料的吸附性，先将污染物吸附在介质表面上，然后通过离子交换作用去除污染物。

（4）生物降解过程，是指在污染羽下游修建具有生物活性的反应墙体，设置电子供体/受体或营养物供给系统，通过激活土著微生物或在反应区接种目标污染物的优势降解菌，从而达到生物去除地下水中污染物的效果。

（5）物理去除和转化过程，如原位曝气系统，包括注入井、气体抽排井、空气压缩机、真空泵、蒸汽处理单元、流量计等，在污染区内注入空气后，挥发性有机化合物从地下水解吸至空气流，并通过空气流传输到地面进行处理。

一般情况下，PRB 的建造需要将原有的土壤基质掏空，再填入具有一定渗透性的介质。同时介质的选择，是 PRB 的重要环节，针对不同场地的水文地质条件和地下水中污染组分的种类、浓度和范围，综合考虑活性反应介质的理化性质、可获取性和成本等因素，选择合适的反应介质。

为确保 PRB 系统的有效性，选择的反应介质应具有较高的吸附能力、较强的稳定性、较好的耐腐蚀性、长的活性保持时间、良好的环境兼容性、不产生二次污染、廉价易得、施工方便等优点。此外，为保证反应墙的安置不扰乱当地的水文地质情况，活性介质填料的渗透系数应至少是含水层渗透系数的两倍。如果反应墙中选用的填充材料不当，PRB 运行过程中就会出现反应填料失活、墙体阻塞等问题，从而减少 PRB 的使用寿命，使 PRB 失效（阙家平等，2018）。综合以上因素，反应区的填料选定需要考虑以下几个方面。

（1）反应活性。填料应具备一定的反应活性，能和地下水中的污染物发生物理、化学或生物反应，且与污染组分反应速率较快，确保污染物全部被清除。即在可接受的地下水停留时间内，活性反应介质能保证对污染物有较强的降解能力。一般来说，某种活性反应介质针对目标污染物的反应速率常数越大，或是污染物降解半衰期越短，这种填料反应活性越强。

（2）水力传导性。为了使填充材料的水力传导能力符合污染场地的水文地质条件，要选取适当的粒径。所选反应填料的粒径应该使得 PRB 具有水力截获污染羽的能力，同时又不会影响污染场地的水文地质条件，保证反应区具备合理的孔隙和水力传导系数。反应填料的粒径越大，水力传导能力越强，污染羽越容易通过，污染物在 PRB 中的感应时间缩短，增加了处理成本。反之，填充材料粒径越小，地下水流的水力停留时间则越长，并且粒径小的颗粒比表面积大，反应活性相对较高。因此，需要在水力传导性和反应活性之间做好权衡。一般来说，为保证 PRB 在后续的运行过程中不发生堵塞现象，且较小程度地影响当地的水文地质条件，整个 PRB 填充材料的渗透系数一般为污染场地含水层渗透系数的两倍以上，甚至更多。

（3）稳定性。填充材料在地下水水力、矿化等作用下保持稳定，自身不会发生降解或降解速率较低，具备较强抗腐蚀性。即在特定的水文地质条件下，反应介质要在一定的时间范围内维持反应速率和渗透能力。PRB 运行过程中，反应活性单元中沉淀的生成对活性填料的稳定性有显著影响。地下水碱度是控制沉淀形成的一个重要指标，起到了缓冲溶液的作用，因此，可以添加具有一定缓冲能力的活性反应介质，调控反应区地下水的碱度，减少沉淀生成，从而长期维持反应区的孔隙度与水力传导系数。目前很少有长期运行的场地试验或中试的 PRB 来直接评价活性填料的稳定性，但不可否认的是，掌握活性填料的反应机制和稳定性对 PRB 的实际应用至关重要。

（4）环境可承载性。PRB 活性填料在处理污染物的过程中不产生二次污染，即污染羽流经 PRB 与活性填充材料发生反应时，活性反应介质本身及其与污染地下水相互作用时无有毒有害的副反应产物生成，不会导致有害副产物进入下游地下水。例如，在铁降解三氯乙烯（TCE）期间，可能产生少量潜在有毒副产物（如氯乙烯）。然而，当污染羽流经活性介质反应单元时具有足够的停留时间，这些有毒副产物本身又会继续降解，产生无毒化合物。

（5）可获取性及成本。反应填料宜常见且较易大量获取，价格低廉，从而降低 PRB 的应用成本。

（6）建造方式多样性。一些新型的 PRB 建设方式，比如高压注入等，需要较细颗粒的填料，以促进活性反应填料在含水层的迁移，达到较大的反应影响半径，活性反应填料的粒度应尽量均匀。

以上这些要求可根据场地的实际情况，综合考虑和权衡各个方面的因素，确定最适合特定场地的填料。

综合上述性质，常见的经济、适用的活性材料，且目前已经投入实际场地应用的有：零价铁填料、铁的氧化物和氢氧化物、有机填料（活性炭、树叶、泥煤、稻草、黑麦籽、堆肥、泥炭和砂的混合物、煤炭、污泥和锯屑等）、碱性络合剂（含消石灰、硫酸铁、硫酸亚铁）、磷酸矿物（羟基磷石灰、鱼骨等生物磷石灰）、硅酸盐、沸石、黏土、离子交换树脂、微生物、高分子聚合物等（梅婷，2019）。美国环境保护署根据目标物质和去除机制对 PRB 填料进行了详细分类，见表 3-5。

表 3-5　基于目标物质和去除机制的 PRB 活性填料

目标物质	去除机制	活性填料
无机物	吸附或取代	活性炭、活性氧化铝、铝土矿、交换树脂、铁氧化物/氢氧化物、磁铁矿、泥煤、腐殖酸盐、褐煤、磷酸盐、二氧化钛、沸石
	沉淀	连二亚硫酸盐、氢氧化（亚）铁、碳酸（亚）铁、硫化（亚）铁、硫化氢气体、石灰、粉煤灰、石灰石、零价铁、氢氧化镁、碳酸镁、氧化钙、硫酸钙、氯化钡
有机物	降解	微生物、ZVI、释氧化合物、超级细菌
	吸附	沸石、活性炭、黏土

4. PRB 安装条件及施工工艺

PRB 的施工工艺通常包括挖掘适宜宽度和深度的沟渠、装填修复材料，最后在回填的墙体上覆盖土壤等。而导致其失败的可能原因主要归结为三种：一是反应活性的丧失；二是水利条件的改变；三是设计错误。其中，设计错误是导致 PRB 失败最常见的原因。因此，PRB 的工艺设计是工程设计中最重要的环节（胡志鑫等，2018）。

PRB 安装条件：在设计 PRB 时，其施工方法的选择取决于安装的深度、地质条件和反应填料的质量；还应考虑场地的水文地质条件（地下水埋深、含水层厚度、地下水流向和流速、含水层及墙体的渗透系数等）、地形地貌、污染物浓度和范围及人类活动等因素。需经过前期充分的可行性调研、水文地质勘查，获得一些重要的参数后才能进行合理的设计安装（陈升勇等，2015）。安装时应考虑以下几个方面。

（1）PRB 的渗透系数应大于含水层的渗透系数。通常要求墙体的渗透性是含水层渗透性的 2 倍，但要达到最佳效果，其渗透性需是含水层的 10 倍以上。

（2）根据污染物类型选择合适的反应介质和墙体厚度，通常是根据污染物类型、降解速率及地下水流速等因素。当地下水流速较快时，为使反应介质能与污染物充分接触，墙体厚度应尽可能得大，但这不可避免地增加了建设成本。

（3）安装相应的检测设备对 PRB 内的物理化学反应情况进行监控。例如，在 PRB 内部、上下游附近，以及污染羽高浓度区等关键位置布设监测井，实时监测地下水水位深度变化，并周期性地检测相关的水文地球化学参数（ORP、pH、溶解氧和水力传导系数）、流速、各类无机组分浓度、污染物组分浓度等。

（4）保证 PRB 的长期运行，避免造成生态环境二次污染。例如，在墙体内设置管道系统，使用水或空气冲洗墙体内部，来消除其中的沉淀物或者泥沙。

5. PRB 活性填料添加方法

活性填料主要注入方式有如下几种。

（1）钻机注入。将活性填料直接注入反应区，或者将活性填料从固定的注入井中注入。

（2）使用水动或气动压裂技术，增加底层裂隙。这种方法能使活性填料沿裂缝优先流入并能快速在含水层中扩散。

（3）压力脉冲技术。使用常规脉冲压力同时注入活性填料。

（4）液体雾化喷射技术。将活性材料如铁炭流体与载气（如氮气）混合形成气溶胶再进行喷射，雾化喷射技术可促进活性填料在反应区中的扩散。

（5）通过重力进料器进行注射。

（6）通过泡沫活性剂运载活性填料，以实现填料向包气带的传输。

常规的地下水流动过程会影响活性填料在含水层的迁移，因此可通过其他相关措施来促进活性填料的迁移。比如，通过在井中采取循环或者加压的方式来提高水力梯度，进而促进活性填料的迁移。循环措施可通过上游注入井与下游抽提井来实现，其中抽提出来的地下水也可以附加填料，并重新注入到注入井中（林达红等，2016）。

活性填料注入方式的选择与设计需要结合场地的实际情况,包括污染物的浓度、污染物的扩散情况、污染物在含水层中的形态、含水层所含物质的化学性质,以及这些物质对污染物或者活性填料的影响(如富集、吸附/解吸等)、场地的水文地质条件(包括渗透系数、地层系数和地下水流动情况)、选用的活性填料的性质(包括活性、半衰期、在地下水中的转移情况及氧化还原所需要的时间)、含水层的自然衰减能力(考虑污染物的生物降解)等。同时,还需确保填料的注入方式不能对含水层的渗透性质、pH 或者氧化还原电位有较大的影响,并且不能影响修复效果。此外,注入点的间距、注入深度、每个井的注入量,以及注入填料的频率也会影响活性填料的选择(窦文龙等,2020)。

6. PRB 防渗墙材料及施工工艺

防渗墙应设计在地下水流向及污染羽的下游,它可以提供一个高性价比的低渗透性水力格栅,能引导地下水流向 PRB 填料区而进行反应。防渗墙多采用水泥膨润土泥浆技术,首先利用履带挖掘机挖掘沟渠,将膨润土浆液混合使其发生水合反应 24 h,然后加入普通硅酸盐水泥和磨粒高炉矿渣,混合均匀后再用泵将混合浆液灌入沟渠中。在沟渠开挖过程中,需向沟渠两侧同步灌注水泥膨润土浆液以进行固化。泥浆形成的材料渗透系数一般小于 1×10^{-9} m/s,并且施工过程中采集泥浆本体进行室内试验检测以保证其性能满足防渗墙的要求(林达红等,2016)。

防渗墙深度应达到低渗透性的地层层位,即墙体底部位于隔水层中。同时在安装 PRB 反应单元的附近,加厚防渗墙墙体以保证能够容纳 PRB 反应单元,从而增大污染羽通过墙体时的路径长度,同时减小渗流通过防渗墙和反应单元周围的可能性,且这部分墙体要灌注防渗材料(如水泥膨润土泥浆)。

防渗墙施工最后步骤是将水泥膨润土顶部 1 m 掘开,在墙体顶部回填压实的黏土盖层,黏土盖层需延伸到过滤桩位置。削除墙体上部 1 m 的厚度并回填黏土盖层的目的是将防渗墙顶部干裂的水泥膨润土材料去除,同时保证有足够厚的黏土盖层存在,以消除浅层地下水流经防渗墙的潜在优势路径。黏土盖层延展到过滤桩位置的目的是防止未被污染的地下水进入该系统(Sakr et al.,2023)。

三、PRB 试验和设计案例

1. 场地

美国北卡罗来纳州伊丽莎白市海岸巡防空中支援中心污染场地。

2. 项目概况

该场地原为电镀厂,1988 年发现场地下方存在酸性铬溶液泄漏,该电镀厂运行了 30 多年,电镀车间地板下面的沉积物发现含有高达 14 500 mg/kg 的 Cr。首先,将受污染的沉积物挖出转移。随后进行调查发现从电镀车间到该区域附近的帕斯阔坦克(Pasquotank)河的地下水污染羽中含有超出最大限值的 Cr^{6+},是由旧电镀厂铬缸泄漏导致的。同时在被污染的地下水中还检测到了三氯乙烯（TCE）的存在，推测 TCE 是作为电镀厂在进行镀铬之前的脱脂剂而被使用。TCE 在污染羽中最高浓度为 19 200 μg/L。

3. 修复策略

六价铬是铬的氧化价态，是一种强氧化剂。六价铬通过各种各样的还原剂还原为较小溶解态和较小移动性的三价铬在热力学上是有利的并且反应迅速。通常在土壤中发现的还原剂包括亚铁矿物质和有机质。室内试验表明在酸性条件下水相的亚铁离子和亚铁盐对六价铬的还原是非常迅速的，数分钟内便可达到平衡。然而，包含亚铁矿物的溶解是非常缓慢的，在不同 pH 和亚铁矿物条件下，反应时间为数百分钟至数百小时不等。通过实验室分析证实了零价铁由于较大的比表面积等优势，对六价铬有较好的去除效果。因此，零价铁对六价铬的还原去除提供了一种处理六价铬污染地下水的方法。同样也发现元素铁促进了范围较广的卤代脂肪族化合物相对迅速的降解，包括 TCE、二氯乙烯（DCE）和氯乙烯（VC）。

4. PRB 设计

1）材料选取

采集该场地监测井中的地下水，其中 TCE 和六价铬浓度分别为 750 μg/L 和 8 μg/L。在实验中需将 TCE 和六价铬浓度分别提高至 2000 μg/L 和 10 μg/L。从三种不同来源的商业铁材料中来选取最佳的还原剂。根据所用的施工方法，选取场地的天然砂和高纯度的石英砂混合颗粒状铁作为含水层材料，性价比较高。

2）室内试验

将不同还原剂与采集的地下水放入含有含水层材料的反应瓶中进行大批量的反应，实验尽可能地增加数量，进行批试验，以便于更准确地对处理效果进行检测对比。

同时为了确定有机污染物的降解性和水流条件下六价铬的迁移，需要进行实验室柱试验，即将含水层材料、商业铁混合物放入柱中，将地下水从输入端沿柱子流入，对流出的溶液进行收集，测量污染物浓度的变化量。

3）建模

设计三维处理模型，用于模拟多孔或离散断裂的多孔形态下饱和非饱和地下水流量和衰减溶质转移。

模型界限和网格：对于地下水径流模拟，模型区域为 24 m×18 m×18 m。栅格间距为 0.15～1.5 m，反应墙的顶点附近有更精细的间隔。

水力参数：全部的区域分配一个统一的渗透系数，近似于含水层多相的本底值。进行流量模拟时，渗透系数为 0.1～26 m/d。这些值相当于场地示踪试验计算得到的最高和最低的渗透系数值。对指定的渗透系数 46.4 m/d 也进行了模拟，这个值为反应混合物计算的平均渗透系数。

4）反应参数确定

由批试验和实验室柱试验的测量结果可确定不同来源的商业铁，根据六价铬和卤代烃污染物的去除效果及持续运行时间，确定最优修复材料与最佳反应参数。

5）PRB 的安装

（1）浅层安装方法：适用深度一般不超过 10 m，挖掘方法有板桩、地沟箱、螺旋钻孔等。板桩用于在挖掘和回填中维持地沟的尺寸，在回填完成后拆除；地沟箱类似于板桩，也用于维持地沟的完整性；螺旋钻孔是用中空的螺旋钻旋转一个连续的钻孔到需要的深度，随着螺旋钻的退出，反应材料通过中空的钻杆安放。

（2）深层安装方法：适用深度大于 10 m，安装的方法有深层土壤混合、喷注、垂直水力压裂等。深层土壤混合是随着螺旋钻在土壤中缓慢推进将生物泥浆和反应材料的混合物抽入与土壤混合；喷注是将喷注工具推进到需要的深度，然后随着工具的收回，通过管口高压注射反应材料和生物泥浆；垂直水力压裂是将专用工具放入钻孔中来定向垂直裂缝，利用低速高压水流，将材料注入土壤层，形成裂缝。

6）PRB 性能的检测和评价

针对污染情况，采用 PRB 技术进行修复治理，并设置污染源未清除和清除两种情景，通过数值模拟评估垃圾填埋场地下水污染在两种情景下的治理效果。

第三节　化学淋洗技术

一、概述

土壤淋洗技术是指将可促进土壤污染物溶解或迁移的化学溶剂注入到受污染土壤中，从而将污染物从土壤中溶解、分离出来并进行处理的技术（陈寻峰等，2016）。土壤淋洗的作用机制在于利用淋洗液或化学助剂与土壤中的污染物结合，并通过淋洗液的解吸、螯合、溶解或固定等化学作用，最终得到迁移态的化合物，再利用其他手段（如真空泵、水提取计等）把包含有污染物的液体从土层中抽取出来。土壤淋洗主要包括三阶段：向土壤中施加淋洗液、下层淋出液收集及淋出液处理。在使用淋洗修复技术前，应充分了解土壤性状、主要污染物等基本情况，针对不同的污染物选用不同的淋洗液和淋洗方法，进行可处理性试验，才能取得最佳的淋洗效果，并尽量减少对土壤理化性状和微生物群落结构的破坏（杜蕾，2018）。

土壤淋洗修复是指借助能促进环境介质中污染物溶解或迁移作用的溶剂，通过水力压头推动淋洗液，将其注入被污染介质中，然后再把包含有机污染物的液体从介质中抽取出来，进行分离和污水处理（翟秀清，2018；周智全等，2016）。淋洗液可以是清水，也可以是包含冲洗助剂的溶液，淋洗液可以循环再生或多次注入地下水来活化剩余的污染物。如果收集来的地下水不能循环再利用，需寻求其他回用或处置方式，但会提高相应的处理成本。

二、基本分类

土壤淋洗技术按照场地划分可以分为原位土壤淋洗修复（*in-situ* soil leaching and flushing/washing remediation）和异位土壤淋洗修复（*ex-situ* soil leaching and flushing/washing remediation）；按照淋洗液的种类可分为清水淋洗、无机溶液淋洗、有机溶液淋洗和有机溶剂淋洗四种；按照机制可分为物理淋洗和化学淋洗；按照运行方式又可分为单级淋洗和多级淋洗（金一凡等，2012）。

1. 原位土壤淋洗修复技术

原位土壤淋洗修复是向污染土壤等介质中施加淋洗液，使其向下渗透，穿过污染介质并与污染物相互作用（周旭敏等，2018）。在这个相互作用过程中，淋洗液或"化学助剂"与介质中的污染物结合，并通过淋洗液的解吸、螯合、溶解或络合等物理、化学作用，最终形成可迁移态化合物。含有污染物的溶液可以用抽提井收集、储藏，再做进一步处理，然后可能再次用于污染环境的修复（图 3-8）。

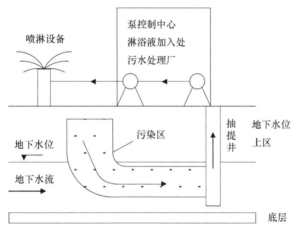

图 3-8　原位淋洗示意图

在技术层面上，化学淋洗操作系统的装备主要由 3 个部分组成：向污染介质施加淋洗液的设备、下层淋出液收集系统及淋出液处理系统。同时，通常采用物理屏障或分割技术实现污染区域的严格封闭。影响原位土壤淋洗工程有效性、可实施性及处理费用的因素有很多，其中起决定作用的是土壤、沉积物或污泥等介质的渗透性。

土壤淋洗技术或者在地面表层实施，或者通过下表面注射。地面实施方式包括漫灌、挖池、喷洒等，这些方式适用于处理深度在 4 m 以内的污染物。地面实施土壤淋洗技术除了要考虑地形因素，还要人为构筑地理梯度，以保证流体的顺利加入和向下穿过污染区的速率均一。当采用地面实施方法时，地势倾斜度要小于 3%，要求地势相对平坦，不适用于山脉和峡谷。沙性土壤最适合采用地面实施方法，水力学传导系数大于 10^{-3} cm/s 的土壤也推荐在地表进行土壤淋洗。当表面土壤不需要湿润时可采用挖沟渠方式,大多数沟渠的形状是平底较浅的,从而确保充分运送和分散淋洗液。据报道喷洒系统可湿润地下 15 m 深处的土壤,因此喷淋方式能够覆盖整个待治理区域的下层土壤。

下表面重力输送系统采用浸渗沟和浸渗床,通过挖空土壤再充满多孔介质的区域,能够把淋洗液分散到污染区去。浸渗渠道主要为地穴,淋洗液以此为途径在横向和纵向方向分散。压力驱动的分散系统也可用来加快淋洗液的分散,这些压力系统或者利用开关管道来控制,或者采用狭口管。压力分散系统适用的土地类型是水力传导系数 $>10^{-4}$ m/s、孔积率高于 25% 的土壤。

就污染土壤而言,土壤团粒大小分布、团粒形状及质地、土壤矿物组成、孔隙度、饱和度、土壤结构、流体性质、流动类型及温度等,在很大程度上都影响着土壤的淋洗效果。此外,土壤类型对淋洗效果有很大影响。化学淋洗技术最适用于多孔隙、易渗透的土壤(杨旭,2019)。因此,在决定对污染地点实施化学淋洗技术并安装泵处理设施之前,要对以上这些影响因素作全面的测试与分析。

土壤淋洗系统的过程设计就是把许多亚系统组合在一起,使土壤修复工作更高效地进行。图 3-9 是土壤淋洗技术各系统及相互关系。

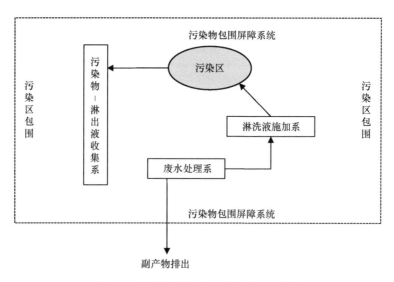

图 3-9　土壤淋洗技术各系统及相互关系

实践表明,采用原位土壤淋洗技术修复污染环境有很多优点,如长效性、易操作性、高渗透性、无须进行污染土壤挖掘,并且该技术适合治理的污染物范围很广,适用于组合工艺。缺点有:可能会污染地下水,无法对去除效果与持续修复时间进行预测,去除效果受制于场地地质情况等。其中,重金属、易挥发卤代有机物及非卤代有机物环境污染的处理与修复是化学淋洗修复技术最适合采用的污染物类型(梅竹松等,2018)。在有机污染物中,具有低辛烷/水分配系数的化合物也比较适合采用该技术处理。另外,羟基类化合物、低分子量乙醇和羧基酸类污染物(表 3-6)也能够通过化学淋洗技术从污染环境中除去,从而达到修复的目的。

表 3-6　原位土壤淋洗技术适用的污染物种类

污染物	相关工业
重金属（铬、铅、铜、锌）	金属电镀、电池工业
芳香烃（苯、甲苯、苯酚）	木材加工
石油类	汽车、油脂业
卤代试剂（TCE、三氯甲烷）	干洗产业、电子生产线
多氯联苯和氯代苯酚	农药、除草剂、电力工业

2. 异位土壤淋洗修复技术

异位土壤淋洗修复技术始于 1980 年，由美国环境保护署和其他国家的环保机构开始研究。在荷兰，土地被视为特别珍贵的资源，因此也是热衷于这项技术的国家之一。起初，技术人员尝试把挖掘出来的土壤（各种粒级包括石块、沙砾、沙、细沙及黏粒）转移至容器中修复，后来证明这种做法难度较大，于是想到把土壤筛分成不同的粒级，从而提高淋洗技术的处理效率。土壤分级过程为接下来的后续处理提供了方便条件，从土壤结构而言，在挖掘现场，污染的下层土壤从一处到另一处并不是均一的，而土粒分级则解决了这个处理难题。一般来说，适合操作异位土壤淋洗技术的装备通常是可运输的，并且需满足随时随地搭建、拆卸、改装的要求，一般采用单元操作系统，包括矿石筛分设备、离心装置、搅拌反应器、过滤设备、离心机、流化床淋洗设备和悬浮生物泥浆反应器等。

水是主要的淋洗液，当然，淋洗液也可以采用加酸的形式，驱使重金属从土壤胶粒上迁移到淋洗液中。络合剂也经常被应用以提高土壤中重金属的溶解度。针对有机污染物，也可掺杂多种清洁剂进行淋洗（李亚飞，2021）。

与原位土壤淋洗技术不同的是，异位土壤淋洗技术要把污染土壤挖掘出来，用水或溶于水的化学试剂来清洗和去除污染物，随后再将含有污染物的废水或废液进行进一步处理。洁净的土壤可以回填或运到其他地点（杜晓濛等，2018）。对不同颗粒粒径的土壤进行分离工作，是进行土壤淋洗一系列操作前的必要步骤。然后根据二次利用的用途和最终处理需求，采用不同的方法将这些不同粒径的颗粒进行相应的清洁。在有些异位土壤淋洗修复工程中，并非所有分离开的土壤都要清洗。如果大部分污染物被吸附于某一土壤粒级，并且这一粒级只占全部土壤体积的一小部分，那么直接处理这部分土壤是最经济的选择。该技术操作的核心是通过水力学方式机械地悬浮或搅动土壤颗粒，土壤颗粒尺寸的最低下限是 9.5 nm，大于这个尺寸的砾石和粒子才会较容易通过该方式将污染物从土壤中洗去。通常将异位土壤淋洗技术用于降低受污染土壤的预处理，并与其他修复技术联合使用。当污染土壤中砂粒与砾石含量超过 50% 时，异位土壤淋洗技术就会十分有效。而对于黏粒、粉粒含量超过 30%～50%，或者腐殖质含量较高的污染土壤，异位土壤淋洗技术分离效果较差。

异位土壤淋洗技术适用于各种类型污染物的治理，如重金属、放射性元素及许多种有机物，包括石油类碳氢化合物、易挥发有机物和 PCB 等（杜晓濛等，2018）。该技术必须在处理可行性研究的基础上，依照特定的污染土壤或沉积物"量身定做"，淋洗液也需要经过研究才能确定。一般来说，淋洗液由水和其他试剂构成，包括酸、碱洗洁剂，络合剂等化合物。不同的淋洗液可用于不同粒级或淋洗过程的不同阶段。在每种处理过程中，选择某一淋洗助剂或化合物，还需考虑后续废水或淋出液的处理或处置。

土壤类型对异位土壤淋洗技术的有效性具有较大影响。一般地，化学淋洗技术对污染物集中于大粒级土壤的情况处理起来更有效，沙砾、沙和细沙，以及相似土壤组成中的污染物更容易成功处理，黏土较难清洗。原位和异位土壤淋洗工艺的比较见表 3-7。

表 3-7　原位和异位土壤淋洗工艺比较

比较	原位土壤淋洗技术	异位土壤淋洗技术
适用性	均质，渗透性土壤	砂质含量至少 50%
工艺特点	通过注射并投加淋洗液	不同粒径土壤分别清洗
优点	无须对污染土壤进行挖掘和运输	污染物去除效率高
缺点	场地地质的情况决定其去除效果	有土壤质地的损失

3. 胶态气泡悬浮液清洗技术

胶态气泡悬浮液清洗技术（CGA）是一种以表面活性剂为原料制备发展而来的淋洗技术，最早是应用于分离和浮选过程。与传统的空气脱除技术相比，CGA 能更有效地去除污水中染料等有机污染物和重金属。近年来，许多学者开始将 CGA 用于土壤修复，美国科学家将 CGA 应用于氯代烃污染场地修复。通过比较，发现 CGA 处理六氯代苯、六氯丁二烯、1,1,2,2-四氯乙烷、1,1,1-三氯乙烷和四氯代烷等氯代烃的效果远优于传统表面活性剂清洗技术。这是因为 CGA 的气泡直径尺寸很小，具有很高的比表面积，这样能大大降低有机污染物与水之间的表面张力，使憎水有机物颗粒更易于黏附在气泡表面上并向其内部的黏滞水中扩散。同时 CGA 提供了有利于进行大面积土壤吹扫的黏滞力，使其修复效果更佳。另外，CGA 按体积计算最高可含有 65%的气体，其密度远小于水相和其他废水相液体，可携带有机污染物迅速上浮而实现有机污染物与水相的分离，从而节约处理时间（高建等，2000）。

三、淋洗液的种类

污染物的种类决定了使用淋洗液的类型。对于修复场地污染土壤而言，淋洗过程包括淋洗液向土壤表面扩散、对污染物的溶解、淋洗出的污染物在土壤内部扩散、淋洗出的污染物从土壤表面向液体扩散等过程。所以，化学淋洗的总体效率既与淋洗液和污染物之间的作用有关，也与淋洗液本身的物理化学性质及土壤对污染物、化学淋洗液的吸附作用等有关。在环境修复中应用较多的化学淋洗液主要有以下几种类型。常用到的淋洗液见表 3-8。

1. 清水

水淋洗处理一般优先选择清水作为淋洗液，其能够避免淋洗液可能带来的二次污染。1988～1991 年，美国工程人员使用清水淋洗一电镀厂造成的铬（Cr）污染，4 年内使地下水六价铬平均浓度从 1923 mg/L 下降到 65 mg/L（Gougazeh，2018）。

表 3-8　常见淋洗液分类

淋洗液种类		示例
清水		
无机溶剂		酸、碱、盐等无机化合物
螯合剂	天然有机酸	柠檬酸、酒石酸、草酸、苹果酸、乙酸等
	人工螯合剂、人工合成表面活性剂	乙二胺四乙酸（EDTA）、氨基三乙酸（NTA）、二乙基三胺五乙酸（DTPA）、乙二胺二琥珀酸（EDDS）等
表面活性剂	生物表面活性剂、微乳液和胶态微气泡悬浮液	鼠李糖脂、槐糖脂、单宁酸、皂角苷、卵磷脂、腐殖酸、环糊精及衍生物等

2. 无机溶剂

酸、碱、盐等无机化合物相对于其他淋洗液具有成本较低、效果好、作用速度快等优点。无机溶剂淋洗修复环境的主要机制是通过酸解、络合或离子交换作用来破坏土壤表面官能团与污染物的结合，从而将污染交换解吸下来，进而从土壤溶液中溶出。对于氰化物和酚类化合物污染的土壤，碱是较好的淋洗液。酸加盐溶液对重金属污染的土壤修复有较好的效果。但是，使用无机溶液带来的负面影响也是相当严重的，如破坏土壤微团聚体结构、产生大量废液、增加后处理成本等，所以限制了无机溶液在实际修复中的应用。

3. 螯合剂

常用的螯合剂大致可分为人工螯合剂和天然螯合剂两类，人工螯合剂包括乙二胺四乙酸（EDTA）、羟乙基乙二胺三乙酸（HEDTA）、氨基三乙酸（NTA）、乙二醇双四乙酸（EGTA）、乙二胺二乙酸（EDDHA）、环己烷二胺四乙酸（CDTA）等。天然有机螯合剂包括柠檬酸、苹果酸、丙二酸、乙酸、组氨酸及其他类型天然有机物等。螯合剂对于金属污染的土壤淋洗效果较好。其中，EDTA 是最有效的螯合提取剂（刘霞等，2013）。EDTA 能在较宽的 pH 范围内与大部分金属特别是过渡金属形成稳定的复合物，不仅能解吸被土壤吸附的金属，也能溶解不溶性的金属化合物。然而人工螯合剂价格昂贵、生物降解性也较差、容易产生二次污染，限制了其在土壤修复中的应用。

与此同时，一些人工的螯合剂进入土壤中后，大部分会与目标污染物进行结合，可以起到处理的效果，但是还有剩余的一部分螯合剂会残留在土壤中或与其他的物质结合，因此还需要开发一些新的螯合剂，使之对目标污染物具有效率高、转移性好的特点。有机酸等天然螯合剂生物降解性能好、环境友好，其主要通过羧基和羟基与重金属形成络合物而促进难溶态重金属的溶解，增加了重金属元素在土壤中的转化（施秋伶，2015；蒋越等，2020），具有广阔的应用前景。

4. 表面活性剂

表面活性剂在原位土壤淋洗修复中的应用极为广泛，也非常重要。其大致可分为非离子表面活性剂 [如 Triton X-100、平平加、辛基苯基聚氧乙烯醚（OP）、脂肪醇聚氧乙烯醚]、阴离子表面活性剂 [如十二烷基苯磺酸钠（LAS）和脂肪醇聚氧乙烯醚硫酸钠

（AES）]、阳离子表面活性剂（如溴化十六烷基三甲铵）、生物表面活性剂（biosurfactant，BS）和阴-非离子表面活性剂等类型。它的作用主要为增溶，即改进憎水性有机化合物的亲水性，同时明显减小有机污染物与水的表面张力，增强污染物的生物可利用性、离子交换、吸附、配合等作用，进而对污染环境进行修复。表面活性剂对石油烃及卤代芳香烃类物质的土壤是比较适宜的冲洗助剂（刘霞等，2013）。选择化学淋洗修复表面活性剂的原则是：临界胶束浓度（critical micelle concentration，CMC）低和表面张力小、价格便宜、生物可降解性好等。人工合成表面活性剂由于生物降解性差，在淋洗过程中容易残留，易造成二次污染。所以，由微生物、植物或动物产生的生物表面活性剂通常比合成表面活性剂的化学结构更为复杂和庞大，单个分子占据更大的空间，临界胶束浓度较低，对特定种类的重金属去除效果较好，且具有阴离子特性、低成本、易降解、表面活性高的特点。因而生物表面活性剂有更好的应用前景（吴涛等，2013）。

5. 复配淋洗剂

复配淋洗剂是对不同类型的淋洗剂进行优化复配，利用其协同增溶作用，进一步提高污染物的去除效率，而且可以避免单一淋洗剂二次污染、成本较高等缺点（郭伟等，2018）。当前复配淋洗剂是研究热点，利用不同淋洗剂对重金属去除能力的差异进行组合复配，是目前比较高效修复场地污染土壤的一种方法，但淋洗剂的复配种类、混合比例及淋洗效果还需要进一步的研究。

四、化学淋洗技术的影响因素

1. 土壤质地

土壤质地对土壤淋洗的效果有重要影响。土壤淋洗法对含有 30%及以上的黏质土/壤质土效果不佳，可通过增加土壤渗透性的方式来提升化学淋洗对此类土壤的修复效能。另外，异位土壤淋洗处理不适用于细粒（粒径小于 63～75 μm 的粉/黏粒）含量达到25%以上的土壤（诸毅等，2021）。

2. 土壤的渗透能力

土壤是一个多孔的介质，在土壤颗粒中间存在着很多的水分和空气。不同性质的土壤对淋洗液的通透性能也各不相同。例如，砂质土壤的通透性较强，能允许水、淋洗液这样的液态物质快速地渗透。而对于通透性比较差的土壤，土壤颗粒之间的空隙就变得非常狭小，很难让淋洗液渗透到土壤底层，这样的土壤就不适合用原位淋洗的方法来处理（刘亦博，2018）。

3. 土壤的 pH

pH 是土壤中一项重要的理化性质指标，不同 pH 的土壤，各项的理化性质也不尽相同。因此处理不同 pH 的土壤，所需的淋洗液类型也不一样，处理的效果也不尽相同。

因此土壤的酸碱性对修复场地污染区的影响是不可忽视的。特别是重金属污染物，pH可以影响重金属的形态和溶解性，因而影响污染物的淋洗效果（金晶等，2018）。

另外，污染物类型、淋洗液的类型、液固比等都会影响化学淋洗的效率，在实际应用过程中应综合考虑（张振，2021）。

五、化学淋洗技术应用

土壤淋洗技术能够处理地下水位以上较深层次的重金属污染，也可用于处理有机物污染的土壤。土壤淋洗技术最适用于多孔隙、易渗透的土壤，最好用于沙地或砂砾土壤和沉积土等，一般来说渗透系数大于 10^{-3} cm/s 的土壤处理效果较好。质地较细的土壤需要多次淋洗才能达到处理要求。通常，当土壤中黏土含量达到 25%～30% 时，不考虑采用该技术。但淋洗技术可能会破坏土壤理化性质，使大量土壤养分流失，并破坏土壤微团聚体结构；低渗透性、高土壤含水率、复杂的污染混合物及较高的污染物浓度均会增加淋洗处理的难度；该技术也容易造成污染范围扩散并产生二次污染（关峰，2018）。

欧洲和北美的一些国家已经有许多运用化学淋洗全方位修复污染土壤的成功案例。美国的新泽西州温斯洛（Winslow）镇有 4 hm² 土壤层被用于工业处理废物的循环中心，工业废物的倾泻导致周围土壤受到砷、铬、镉、铅、铜、镍和锌的污染，其中铬、铜和镍是导致较大环境问题的污染物，在污泥中的最大浓度均超过 10 000 mg/kg（汪波，2019）。美国环境保护署在经过实验室和小规模现场可行性试验后，开始进行大规模的异位清洗修复，修复系统运用了筛分、剧烈水力分离、空气浮选等一系列污泥浓缩脱水程序，对接近 19 000 t 的污染土壤和污泥进行土壤清洗修复，清洗后土壤中的镍、铬和铜的浓度分别为 25 mg/kg、73 mg/kg 和 110 mg/kg。这是美国超基金项目中非常有名的清洗修复实例，也是美国环境保护署首次全方位采用清洗技术修复污染土壤成功的示范实例。

美国佛罗里达州的彭萨科拉（Pensacola）地区的一个木材处理厂挖出了 191 000 m³ 的污染土壤。表层土壤主要是木屑，地下主要为砂土，主要污染物为五氯苯酚（PCP）和杂酚油（Sierra et al.，2014）。土壤经筛选除去直径大于 6.5 mm 的石块和木屑，分析后，污染物的浓度分别为：PCP 150 mg/kg，杂酚油 1200 mg/kg，5 种致癌物质 71 mg/kg。预计修复之后污染物浓度会分别降为：PCP 30 mg/kg，杂酚油 100 mg/kg，5 种致癌物质 50 mg/kg。总共进行了 20 次洗涤，分离出超过 90% 的颗粒较大的土壤作为清洁土壤。大部分的细颗粒依旧悬浮在洗涤液中。洗涤液存于罐中，用生物或其他物理化学方式处理。使用不加药剂的清水能够对组分中除杂酚油外的物质达到较好的洗涤效果，添加表面活性剂处理后，杂酚油含量能够满足相关标准要求。

六、土壤淋洗技术的特点

1. 土壤淋洗技术的优势

（1）适用污染物广泛，可以用于处理含重金属、挥发性有机化合物、石油烃类及放射性污染物，对多种污染物的复合型污染也有较好的效果。

（2）应用灵活，既可原位修复又可进行异位修复；既可独立应用，也可以作为其修复手段的预处理工艺。

（3）与稳定固定化等技术相比，淋洗技术修复效果彻底，具有永久性。

（4）修复的周期短、效率高。

2. 土壤淋洗技术的局限性

（1）土质会影响淋洗的效果，淋洗技术不适合黏粒含量 30% 以上的土壤。土壤黏性强、渗滤性低时，与淋洗液混合不充分，淋洗修复效果不好。

（2）异位修复时，需要大量挖掘土壤，且需要较大设备空间对土壤进行处理。

（3）淋洗剂容易对土壤性质造成改变，甚至会引入二次污染源。

（4）回收的淋洗废液需要二次处置。

七、淋洗技术研究展望

土壤淋洗修复技术发展早期，主要关注污染物的最大去除效率，近年来随着环境保护和可持续发展的要求，土壤淋洗修复技术在追求高污染物去除率的同时逐步向绿色、环境友好型发展。天然螯合剂和生物表面活性剂由于具有良好的生物降解性和生物适应性，无次生生态风险等优点，正逐渐取代人工螯合剂和化学表面活性剂成为土壤淋洗剂研究的主流方向。此外，现今土壤无机物与有机物复合污染特点日益突出，现有的关于无机-有机物复合污染土壤淋洗修复的研究主要采用复合淋洗剂或分步淋洗的方法，这使得淋洗工艺较为复杂，并且给淋洗液的回收和再生带来更大的难度。

在土壤修复实践中，应综合土壤质地特征、污染物类型、污染程度及污染物在土壤中的分布规律等因素选择适宜的淋洗剂及修复方式。与原位土壤淋洗修复技术相比，异位修复技术需要一定的土壤采掘、运输费用，但同时具有以下优点：处理过程更易于实现系统控制、修复效果稳定、易于实现废物的减量化、能限制有害废物的扩散范围且相关设备一般为可重复利用的组装式和移动式。因此异位修复技术有着更为广阔的应用前景。然而，目前我国关于土壤淋洗修复尚处于实验室研究阶段，可规模化应用的土壤淋洗技术及成套设备研制相对滞后，亟待进一步提高和完善。随着相关研究的逐步深入，我国土壤淋洗修复技术必然会向着实用化的方向快速发展。

第四节　溶剂浸提技术

一、溶剂浸提技术原理

溶剂浸提修复技术，是一种利用溶剂将有害化学物质从被污染的土壤中提取出来或直接去除的技术，是异位修复技术的一种。在该过程中，污染物转移进入有机溶剂或超临界液体，随后溶剂被分离进一步处理或弃置。溶剂提取技术使用的是非水溶剂，因此不同于一般的化学提取和土壤淋洗（于颖和周启星，2005）。

处理之前首先需要准备好待修复的土壤,随后进行挖掘和过筛,将土壤中的大块岩石和垃圾等杂质分离去除。过筛的土壤可能要在提取之前与溶剂混合,在提取罐或箱(除排出口外密封严密的罐子)中制成浆状,以便于土壤污染物与溶剂充分接触,在其中进行溶剂与污染物的离子交换等反应。被溶剂提取出的有机物连同溶剂一起从提取器中被分离出来,进入分离器进行进一步分离。在分离器中由于温度或压力的改变,有机污染物从溶剂中分离出来。溶剂进入提取器中循环使用,浓缩的污染物被收集起来进一步处理,或被弃置(李太魁等,2017)。处理后的土壤需引入活性微生物群落和富营养介质,对浸提液中残留的污染物快速降解,干净的土壤经过过滤和干化,可进一步使用或回填。干燥阶段产生的蒸汽可收集、冷凝,并进一步处理。

溶剂浸提是较为安全、快捷、方便、有效、廉价、易推广的技术,该技术适用于处理被多氯联苯(PCB)、石油类碳水化合物、氯代碳氢化合物、多环芳烃、多氯二苯并-*p*-二噁英,以及多氯二苯并呋喃(PCDF)等有机污染物污染的土壤。除此之外,对于一些被有机农药污染的土壤的处理效果也较好,但是该方法一般不适用于处理被重金属和无机物污染的土壤。

二、常用的浸提剂

1. 水

水作为浸提剂具有极性大、溶解范围广、成本低的优势。水可以浸提苷类、苦味质、药材中的生物碱盐类、有机酸盐、鞣质、蛋白质、糖、树胶、色素、多糖类(果胶、黏液质、菊糖、淀粉等)、酶和少量的挥发油等物质。但也正是如此,导致水作为浸提剂时对污染物的选择性较差,浸提后得到的溶液中无效成分较多,较难分离(岳聪等,2015)。

2. 乙醇

乙醇是一种半极性溶剂,溶解性能界于极性与非极性溶剂之间。可以溶解水溶性的某些成分,如生物碱及其盐类、苷类、糖、苦味质等;又能溶解非极性溶剂所溶解的一些成分,如树脂、挥发油、内酯、芳香烃类化合物等,少量脂肪也可被乙醇溶解。乙醇能与水以任意比例混溶。经常利用不同浓度的乙醇有选择性地浸提药材有效成分。一般乙醇含量在90%以上时,适于浸提挥发油、有机酸、树脂、叶绿素等;乙醇含量在50%~70%时,适于浸提生物碱、苷类等;乙醇含量在50%以下时,适于浸提苦味质、蒽醌类化合物等;乙醇含量大于40%时,能延缓许多药物,如酯类、苷类等成分的水解,增加制剂的稳定性;乙醇含量达20%以上时具有防腐作用(朱强等,2012)。乙醇的比热小,沸点为78.2℃,气化潜热比水小,故蒸发浓缩等工艺过程耗用的热量较水少。但乙醇具有挥发性、易燃性等特点,生产中应注意安全防护。此外,乙醇还具有一定的药理作用,价格较贵,故使用时乙醇的浓度应同时满足浸出有效成分和稳定制备的需求。

3. 氯仿

氯仿是一种非极性溶剂,在水中微溶,与乙醇混溶。能溶解生物碱、苷类、挥发油、树脂等（何品晶等，2019），但不能溶解蛋白质、鞣质等。氯仿有防腐作用，常用其饱和水溶液作浸出溶剂。氯仿虽然不易燃烧，但有强烈的药理作用，故在浸出液中应尽量除去。其价格较贵，一般仅用于提纯精制有效成分。

4. 丙酮

丙酮是一种良好的脱脂溶剂。丙酮与水可任意混溶，所以也是一种脱水剂。常用于新鲜动物药材的脱脂或脱水（丁咸庆等，2020）。丙酮也具有防腐作用。丙酮的沸点为56.5℃，具挥发性和易燃性，且有一定的毒性，故不宜作为溶剂保留在制剂中。

三、溶剂浸提技术特点

1. 溶剂浸提技术的优点

（1）可用于处理难以从土壤中取出的污染物。
（2）快捷，节省运输和额外的土壤处理费用。
（3）浸提液可以循环再利用。
（4）灵活可调，提高了这项技术的可推广性。

2. 溶剂浸提技术存在的问题

（1）对于含水量较高的土壤，土壤无法与溶剂进行充分的接触，需要预先将土壤进行干燥处理，因此处理成本大大增加。
（2）若将有机溶剂作为浸提试剂，其处理完成后无法完全从土壤中进行分离，部分残留在土壤中，在必要时需要对该浸提溶剂的生物毒性进行事先的考察和筛选。
（3）PCB 的去除取决于土壤中有机质的含水量。
（4）若土壤中的有机质含量较高，则利用浸提溶剂提取 DDT 的效率会大大降低，因为有机质对 DDT 具有强烈的吸附作用。
（5）低温和土壤黏粒含量高（＞15%），不利于溶剂浸提修复，因为低温不利于浸提液流动且影响浸提效果；黏粒含量高导致污染物被土壤胶体强烈吸附，妨碍浸提溶剂的渗透与流动，与污染物接触减少且很难将其浸提出。

第五节　纳米材料在土壤修复中的应用技术与原理

纳米材料是指在三维空间中至少有一维处于纳米尺寸（1～100 nm）或由它们作为基本单元构成的材料。纳米材料具有量子尺寸、量子隧道及界面等效应，这使得纳米材料拥有独特的物理化学性质，被广泛应用于环境保护工作中，能够快速有效地降解污水中的污染物，并能迅速地将高价态毒性离子还原为低价态。

纳米材料能应用于土壤修复中，主要应用于修复重金属污染或有机物污染的土壤。在处理重金属污染的土壤时，其能够吸附重金属，形成沉淀物，降低重金属元素的流动性。

无机纳米颗粒修复剂拥有较大的微界面，吸附能力强，反应速度快，所以广泛应用于被重金属污染的土壤修复中；除此之外，零价铁纳米颗粒材料也应用于重金属的去除中，其能直接与污染物发生反应，通过吸附、氧化还原等形式降解污染物毒性（朱韵，2021）。在处理有机物污染的土壤时，经常采用土壤光催化降解技术，该技术是一种新型修复技术，广泛应用于被农药污染的土壤中。

一、纳米材料修复重金属污染土壤

传统的土壤污染治理技术只能治理一般的污染物，但是无法消除重金属污染物（莫慧敏等，2020）。纳米材料可以改变重金属的存在形态，降低重金属如六价铬的毒性。应用于该领域的纳米材料包括零价金属材料、碳质纳米材料、金属氧化物及某些改性纳米材料。由于纳米材料具有较小的粒径、较大的比表面积、较高的表面活性，能迅速通过吸附、氧化还原过程固定或去除重金属；虽然纳米材料有强吸附能力和氧化还原性能，但是仍存在很多不足，如易团聚、易钝化、难回收等。为了解决这些不足，需要对纳米材料进行改性，一般是引入固定的官能团或与有某种特殊性质的物质进行结合，从而赋予纳米材料新的特性，解决了原纳米材料的缺陷。其中改性方法通常包括包覆、负载、掺杂等（朱韵，2021）。

包覆法是用无机或有机化合物对纳米粒子表面进行包覆，如氨基酸、螯合剂等。通过这些包覆材料的作用，在土壤重金属修复中，不仅增加了纳米材料的稳定性和分散均匀性，同时增加了对特定金属的识别、捕获和去除能力。包覆纳米材料作用于重金属的机制一般认为是吸附、化学反应或者沉积等。

负载纳米材料是通过一定的物化方法将纳米材料分布在载体表面，尽可能地增加负载纳米材料的有效表面积。这样形成的负载纳米材料不仅可以保持纳米材料的固有特性，同时还可以改善疏水性、增强稳定性、防止团聚、强化电子转移、增强迁移性能等。

通过（纳米）材料的组合也可以提高土壤重金属的修复效果，主要是通过不同的单一的（纳米）材料发挥不同的作用，如提高土壤 pH，增加或提高吸附位点、增加纳米材料的稳定性等，从而最终提高组合材料对土壤中重金属的修复效果。

二、纳米材料修复有机物污染土壤

1. 金属类纳米材料及其改性技术

1）纳米零价铁

纳米零价铁（nanoscale zero-valent iron，nZVI）因具有修复费用低、环境扰动小和健康风险低等优良特点被广泛应用于有机污染水体和土壤的修复领域。nZVI 的比表面积可以高达 140 m^2/g，而传统的颗粒铁粉只有 1.8 m^2/g。与传统的颗粒铁粉相比，nZVI 具有粒径小、比表面积大、表面吸附能力强、反应活性强、还原效率高和还原速率高等优点（袁峰，2021）。同时，纳米零价铁的土壤修复效果较好，不易产生污染，并且修复后的土壤的各方面性能都维持着原有状态，没有发生太大的改变（黄开友等，2020）。

nZVI 降解有机污染物主要通过吸附和还原作用。在降解的初始阶段，nZVI 因其巨大的比表面积具有强的吸附能力，在反应体系中 nZVI 发生电极反应，产生亚铁离子（Fe^{2+}）和氢气（H_2），在降解过程中，具有强还原能力的 nZVI、Fe^{2+} 和 H_2 作为还原剂提供电子，与环境中的有机污染物发生反应，并将其转化为对环境相对无害的小分子。

一般认为，作为电子供体的 nZVI 需要在缺氧环境中才能还原分解有机污染物，溶解氧或水的存在会降低其反应活性和降解效率。但有研究发现，即使反应体系存在空气和水，nZVI 仍可以在短时间内降解接近 80% 的草达灭农药污染物；也有研究发现，nZVI 降解除草剂草达灭时，在无氧条件下的脱氯率很低，但在有氧条件下 3 h 内降解率可达 70%，脱氯率远高于无氧环境，因此推测其反应机制为氧化反应（徐佰青等，2020）。目前对类似情况的解释主要为：在富氧环境中 nZVI 表面被氧化，形成"氧化铁/氢氧化铁"外壳，这层外壳可以有效地吸附有机污染物，并为铁与污染物提供有效的电子转移通道，此外 nZVI 会在反应过程中形成 OH· 和 H_2O_2 降解有机污染物。

2）改性纳米零价铁

尽管 nZVI 在降解土壤有机污染物时表现出强的吸附和还原脱氯性能，但是裸露的 nZVI 容易发生团聚，易被介质中的水或溶解氧氧化并形成钝化层，甚至有些 nZVI 会在氧化环境中发生自燃，导致其在土壤中的反应活性和迁移能力迅速降低，最后难以达到降解目标有机污染物的目的（李智东，2019）。因此可通过改性的方式提高 nZVI 的稳定性、迁移能力和反应活性，目前研究最多且表现优异的改性方式主要包括表面包覆钝化、聚合物表面修饰、固相负载和双金属复合等。

表面包覆钝化是针对裸露型 nZVI 易被氧化的缺点进行的改性方法，使用氧化铁、聚合物、二氧化硅或活性炭等进行包覆，防止 nZVI 被氧化和团聚。若包覆的材料是亲脂性材料，那么形成的复合材料与有机污染物的亲和力会明显提升，在有机相中的分散性和迁移能力会大大提高。但是，经过乳化液修饰的 nZVI 相对黏度较高，容易黏附在目标污染物区域外的颗粒物上，在实施时需要高压注射，这一过程会影响 nZVI 复合材料乳化液外层的稳定性。

聚合物表面修饰是通过聚合物或聚合电解质修饰 nZVI 的表面，其原理是通过提高位阻和电荷斥力增强纳米材料的分散性，并提高 nZVI 在土壤中的稳定性和迁移能力。由于土壤颗粒一般带有负电荷，当整体环境 pH 为中性时，土壤内含水物质表面会带有负电荷，经过修饰后带有正电荷的 nZVI 会受到静电引力的影响吸附在土壤颗粒或者含水物质表面，降低了 nZVI 的迁移能力，因此只有经过带负电荷聚合物或聚合电解质修饰的 nZVI 才能应用到实际修复过程中。通常来说，nZVI 表面添加的修饰剂越多，与环境间的电斥力就越大，材料也就越稳定。考虑到小分子量的修饰剂容易被微生物降解和脱附，大分子量的聚合物或聚合物电解质修饰的纳米材料会更稳定（张蒋维，2017）。

固相负载是将 nZVI 负载到硅、碳或树脂等固体载体上，降低 nZVI 的团聚并提升其在多孔介质中的迁移能力。双金属复合是在裸 nZVI 表面附着一种贵金属，其合成主要利用还原沉积作用来完成。目前常见的双金属复合纳米材料为 Ni/Fe、Pt/Fe 和 Pd/Fe 等，这些复合物可以减缓 nZVI 的氧化过程，有助于其活性的保持，同时以 Fe 作为电子供体，Ni、Pt 和 Pd 等金属作为催化剂，大幅提升了 nZVI 降解有机污染物的速率（袁峰，2021）。另外，两种金属间的电位差可以在材料表面形成原电池促进电子转移，减少二次污染副产物的形成，使降解更彻底。但是双金属复合 nZVI 也有其应用限制，昂贵的贵金属导致合成成本升高，实际应用价值降低；土壤环境引入重金属会影响微生物的生长，是对环境不利的选择，同时也存在通过食物链富集影响人体健康的潜在威胁。

经过不同改性方法制备的 nZVI 具有不同的理化性质，在有机污染土壤修复过程中表现出不同的稳定性、反应活性和迁移能力。表面包覆钝化在防止 nZVI 被氧化及团聚的同时降低了 nZVI 在土壤中的迁移能力；聚合物表面修饰能够提高 nZVI 的稳定性及在土壤中的迁移能力，但在添加修饰剂时需考虑修饰剂的性质，合成 nZVI 之后的修饰会降低 nZVI 的反应活性；固相负载能够提高 nZVI 在土壤中的迁移能力，降低其在环境中的团聚；双金属复合能够大幅提高 nZVI 的降解速率并使降解更完全，但贵金属价格昂贵限制其大量生产，同时贵金属添加到土壤中后影响微生物的生长，并可通过生物富集影响人体健康。因此，使用改性 nZVI 修复有机污染土壤时，应根据污染物类型和土壤性质选择合适的改性方法，在保证 nZVI 稳定性、反应活性和迁移能力的同时，尽量避免对环境造成二次污染（王静，2019）。

3）纳米二氧化钛（TiO$_2$）

纳米材料光催化降解土壤有机污染物技术是一种新型的处理技术，对多种有机物有明显的降解效果，其安全、高效的特征为土壤有机污染物的降解提供了良好的途径。具有能带结构的纳米 TiO$_2$ 能够吸收波长低于 387 nm（3.2 eV）的紫外线的辐射能量，价带上的电子受到激发跃迁至导带，在导带上形成高活性电子，同时在价带上生成带正电的空穴，电子-空穴可以与吸附在纳米 TiO$_2$ 表面的溶解氧、氢氧根或水分子发生一系列的化学反应最终生成·OH 和超氧离子，以此氧化分解有机污染物。在自然条件下，直接的光降解作用被限制在土壤表面，添加纳米 TiO$_2$ 可以提高土壤表面 4～10 cm 处有机污染物的降解效率。不同能量光照下，纳米 TiO$_2$ 降解有机污染物得到的降解产物不同（陈美凤等，2020）。

与 nZVI 相比，纳米 TiO$_2$ 通过自由基反应将有机污染物氧化分解为 CO$_2$ 和 H$_2$O 等无害物质，并可将环类物质氧化开环，但是这种自由基反应没有选择性，会优先降解高浓度的有机污染物，而低浓度高毒性有机污染物得不到有效降解。因此，可以通过改性的方式使纳米 TiO$_2$ 选择性吸附并优先降解低浓度高毒性的有机污染物。

4）改性纳米二氧化钛

在实际应用中单纯的纳米 TiO$_2$ 存在光吸收波长窄、太阳能利用率低和量子效率低等缺点，这些不足之处可以通过对纳米 TiO_2 的改性来弥补。对纳米 TiO_2 的改性一般包括：表面电荷调控、禁带宽度调控、有机配体改性和固相负载等（陈雪芹，2019）。

（1）表面电荷调控是将纳米 TiO_2 表面带有正、负电荷与带有异性电荷的有机污染物异性相吸，从而达到选择性降解目标有机污染物的目的。通过化学处理将纳米 TiO_2 与带电材料杂化，使其表面带有正、负电荷；通过调整土壤环境体系的 pH，当 pH＞6.5（TiO_2 等电点）时，TiO_2 表面带负电，pH＜6.5 时，TiO_2 表面带正电，以此选择性吸附带有异性电荷的污染物并进行光催化降解。

（2）禁带宽度调控一般可通过金属离子的掺杂来完成，这一过程可以有效地使纳米 TiO_2 光响应范围产生红移，降低光降解时受激发所需要的能量。有研究利用微波法将金属 Sn（0.25%）掺杂在纳米 TiO_2 表面，使纳米材料的光响应范围产生明显红移，在太阳光下 120 min 内降解了 95% 的甲基橙，降解效率比单独使用纳米 TiO_2 时高出 7 倍。

（3）有机配体改性是利用精氨酸、β-环糊精或八烷基三乙氧基硅烷（C8）等对纳米 TiO_2 直接进行改性，修饰上的分子与目标污染物有特异相互作用，从而对目标污染物实现选择性吸附降解（张娜娜等，2018）。

（4）固相负载是将纳米 TiO_2 固定到硅胶、活性炭、高聚物、氧化铝或沸石分子筛等多孔吸附剂载体上，合适的载体可以增加发生反应的有效比表面积、提供合适的孔结构、提高热稳定性和抗毒性能等。

2. 碳基纳米材料

大量新兴的碳基纳米材料如富勒烯（C_{60}）、碳纳米管（CNT）和石墨烯等具有高孔隙率、巨大的比表面积、疏水性、π 电子系统共轭和独特的结构形态等特点，它们对许多强疏水性和非极性有机污染物（如 PAH、PCB、二噁英等）有很强的吸附亲和力（岳宗恺和周启星，2017）。

C_{60} 可以作为有机污染物的疏水性载体促进有机污染物在土壤中的迁移效率。虽然 C_{60} 在水中的溶解度仅为 $1.3×10^{-5}$ μg/L，但通过有机溶剂转移、超声或长时间机械搅拌等方法可以在水中形成稳定高浓度的 C_{60} 胶体。

CNT 作为一维碳基纳米材料，其碳原子呈六边形排列，并构成数层到数十层的同轴圆管，根据 CNT 中碳的层数可以分为单臂碳纳米管（SWCNT）和多臂碳纳米管（MWCNT）。CNT 对有机污染物有很好的吸附效果，污染物通常附着在管道的外表面或两个相邻管之间的通道内。但是 MWCNT 比富勒烯的吸附能力弱，部分被吸附到 MWCNT 表面的有机污染物会在迁移时被解吸出来，吸附能力可以通过增加表面官能团（羟基、羰基和羧基等）的数量得到提升（郭惠莹，2016）。

石墨烯是一种新型二维碳基纳米材料，具有巨大的比表面积（理想的石墨烯为单层结构，理论比表面积高达 2630 m^2/g），石墨烯与有机污染物之间可以形成 π-π 键，使得石墨烯对有机污染物具有超强的吸附能力。同时，功能化的石墨烯如氧化石墨烯的表面官能团可以进一步提升吸附能力。

尽管碳基纳米材料有很多的优点，但其存在潜在的毒性，特别是表面携带的小分子亲水性基团如羟基和羧基可能增加有机污染物的溶解性和生物相容性，导致有机污染物毒性增强。同时，生产及应用的高成本也是限制其现场实验和应用的另一个因素。

3. 聚合类纳米材料

聚合类纳米材料具有非常稳定的形态结构，可以通过选择聚合物的方式和聚合单体的方式来制备，并且可以通过控制尺寸和粒径的统一性使聚合类纳米材料在具有小尺寸效应、表面效应及量子隧道效应的同时还具有其他特定的功能。内部亲油、表面亲水的双亲性纳米聚合物由于其独特结构，不仅能有效去除土壤中的疏水性有机污染物，而且不易被土壤颗粒吸附，从而避免了纳米聚合物在修复土壤有机物时浓度的降低，更适合长期使用。

4. 纳米材料的组合技术

在土壤重金属污染的修复中，往往单一的修复技术难以达到最佳的修复效果。因此，研究者开发了多种组合技术对土壤中重金属进行修复，以便达到最佳的修复效果。纳米材料在修复土壤重金属污染过程中，除了单一使用，也和其他土壤修复技术联合使用。其中，最典型的就是纳米材料和电动修复技术的组合，以及纳米材料和植物修复技术的组合等。

1）纳米材料和电动修复技术的组合

在这一组合技术中，纳米材料可以吸附土壤中的重金属离子，通过电泳增强纳米材料的运输潜力，从而发挥二者技术的优点，达到提高修复土壤重金属污染的效果。有研究发现，在粗、中颗粒土壤中，电动过程可以促进纳米铁的扩散迁移。进一步研究发现，在黏性土壤中电动过程的电渗析作用也可以增加纳米铁的扩散迁移，利用电动修复和可渗透反应墙组合技术（反应墙中主要的材料为纳米零价铁）修复 Cr 污染的土壤，结果表明该组合技术对土壤中 Cr^{6+} 的还原达到 88%（陈则宇，2021）。

2）纳米材料和植物修复技术的组合

在这一组合修复技术中，纳米材料可以通过降低重金属对植物的毒性，提高植物吸收重金属的能力。纳米 TiO_2 添加到土壤中，可以促进大豆对 Cd 的吸收，主要的原因是纳米 TiO_2 粒子可以进入大豆植物组织的叶绿体，然后与光系统的反应中心结合，从而提高电子传输和叶绿体光适应能力，进而使得大豆吸收 Cd 的量增加，这被认为是一种提高植物修复的途径。此外，在纳米材料和植物修复组合技术中，不同的纳米材料、不同的施加时间等同样会影响到组合技术的修复效果。例如，将纳米羟基磷灰石和纳米炭黑施加到 Pb 污染的土壤中，黑麦草虽然在开始的一个月吸收 Pb 的量减少，但随后的几个月迅速增加，显著高于不添加纳米材料的处理方式，同时生物量也显著提高。两种纳米材料显著提高了黑麦草对铅的吸收，并且纳米羟基磷灰石的效果好于纳米炭黑。添加纳米羟基磷灰石到 Pb、Cd 污染的土壤中，发现纳米羟基磷灰石可以降低土壤中 Pb、Cd 的含量，增加烟草叶中 Cd 的吸收量（曹际玲等，2016）。

5. 纳米材料在土壤介质中需要具备的性质

1）反应活性

纳米材料能够高效地降解土壤中的有机物，其拥有较强的氧化还原反应能力。在将其应用到土壤中时，土壤介质中存在的土壤颗粒-水-溶解氧环境，会迅速将纳米材料氧化，导致其失去反应活性。为此可将纳米材料进行钝化处理，或在其表面镀贵金属，形成双金属的复合纳米材料，从而有效抑制氧化。

活性位点的数量是纳米材料降解污染物的关键因素，活性位点数量的减少会降低纳米材料的反应活性。另外，减少纳米材料的非活性位点也会影响纳米材料的吸附性能，从而影响纳米材料与有机污染物间的反应活性，在使用 nZVI 降解环境中的有机卤化物时，一些不与 nZVI 反应的有机物如甲苯、苯乙烷和二甲苯等会竞争性地吸附在 nZVI 表面，改变 nZVI 的表面性质并降低其降解有机卤化物的能力。一些降解过程的中间产物或者金属沉淀会包裹在纳米材料的表面，减少纳米材料的有效位点数量。因此，减小粒径大小和提高相对反应活性位点数量能够提升纳米材料的反应活性。

2）稳定性

只有能够在土壤介质中稳定的纳米材料才能保持原有的形貌，避免发生团聚和反应活性位点数量的减少，保证纳米材料在土壤介质中的高分散性，才能使纳米材料充分接触到土壤中的有机污染物并发挥降解作用。但是合成的纳米材料尤其是未经过任何表面修饰的纳米材料易发生团聚并吸附在土壤颗粒上，导致纳米材料在土壤中的迁移能力大为降低，减少了纳米材料与有机污染物接触的概率。

纳米材料在土壤中的分散性受到粒径大小、材料表面性能、介质中的浓度、溶剂的化学性质和土壤本身质地的影响。要使纳米材料达到高分散的状态，可以应用分散剂使纳米材料在介质中形成稳定的混悬液，或者应用聚合物、天然有机材料和表面活性剂等对纳米材料进行表面修饰。表面修饰可改变纳米材料的表面电荷和水合粒径，从而减小颗粒间的作用力，是一种经济实用的改性方法。

通过表面有机修饰可以有效地提升纳米材料的稳定性，但是部分生物可降解的修饰剂会发生解吸，特别是分子量较小的有机配体，更容易出现这种现象。因此，分析纳米材料有机配体的解吸率和生物可利用率将成为土壤修复中的热点和研究方向。

第四章　场地污染土壤生物修复技术与原理

生物修复技术是在生物降解的基础上发展起来的一种新兴的清洁技术，是传统的生物处理方法的延伸。生物修复是利用生物（包括动物、植物和微生物），通过人为调控，将土壤中有毒有害污染物吸收、分解或转化为无害物质的过程。

生物修复起源于对有机污染物的处理，而最初的生物修复始于对微生物的利用（赵景联，2006）。1972 年从宾夕法尼亚州的安布勒（Ambler）管道中去除泄漏汽油是有史以来的第一次生物修复技术的应用。生物修复的基础研究最初集中在对水、土壤和地下水环境中的石油进行生物降解的实验室研究。一开始，生物修复只是小规模的应用，还处于实验阶段。20 世纪 80 年代以后，基础研究成果被应用于大规模环境污染的治理，并取得了相应的成功，进而发展成为一种新的生物处理技术。目前，利用微生物控制环境有机污染的研究正受到世界各国的关注，技术发展迅猛，有关研究非常活跃。实践证明，利用微生物进行生物修复不仅是完全可行的，而且在许多领域都取得了一定的成果。

由于石油泄漏、某些污染物的不合理处置及工业废物的排放，大量土壤与水体被污染。如果仅靠土壤或水体的自然净化能力，许多污染物很难在短时间内被清除，甚至在物理和化学处理后，一些污染物会产生更多的难降解有毒、有害物质，会对人类和生物的生存和发展构成严重威胁。20 世纪 80 年代中期，欧美一些国家开始研究微生物和植物对污染土壤和水的处理，发现处理效果明显优于物理和化学方法。

我国生物修复起步较晚，起初，生物修复主要是利用细菌来处理石油、农药等有机污染物。随着研究的深入，生物修复已被应用于地下水和土壤的污染控制中。生物修复技术使用的生物种类与目标污染物已从细菌扩展到真菌、植物和动物，从有机污染物扩展到无机污染物。

总而言之，相比于污染土壤的物理、化学修复技术，生物修复技术具有明显的优势（唐景春，2014）：①成本低于热处理和物理化学方法；②不破坏植物生长所需的土壤环境；③污染物被完全氧化，不产生二次污染；④处理效果很好，可以进行原位处理，且操作十分简单等。

但是，由于生物学特性的限制，生物修复技术仍然存在很多局限性：①并不是环境中的所有污染物都能被微生物降解；②污染物的生物难降解性和不溶性常常使生物修复变得困难；③一些渗透性土壤一般不适合进行生物修复；④特定的微生物只能降解特定的化合物类型，一旦化合物的形态发生变化，就很难被原始的微生物酶系统降解；⑤微生物的活动会受温度及其他微生物的影响；⑥在某些情况下，生物修复无法完全去除所有污染物，当污染物浓度过低时，不足以维持一定数量的降解细菌，残留的污染物往往就会留在土壤中。

第一节 微生物修复技术与原理

污染场地的生物修复是依靠生物强大的代谢能力将有机污染物转化为基本上无害或危险程度很低的化合物（El Fantroussi and Agathos, 2005）。该技术的主要优点之一是其与生物地球化学循环的一致性，这使得生物修复成为可能并且成为一种可持续和"绿色"的清洁方法。

微生物修复是指通过微生物的代谢作用或者利用其产生的酶去除污染物的过程。微生物修复需要适当的条件，如适宜的温度、湿度、营养物质和氧浓度等（隋红等，2013）。在土壤体系中，微生物与有机和无机污染物的作用及环境因素均对微生物修复技术的效率产生影响。

一、有机污染物进入微生物细胞的过程

当前，有数十万种已知的环境污染物，其中有机化合物占大多数。微生物可以降解和转化这些物质，降低其毒性或使其完全无毒。微生物降解有机化合物有两种方式，一种方式是通过微生物分泌的胞外酶降解；另一种方式是污染物被微生物吸收并进入微生物细胞，然后在微生物细胞内部被降解（赵景联，2006）。微生物通过被动扩散、促进扩散、主动运输、胞饮作用、基团转位等方式从胞外环境中吸收摄取物质。

1. 被动扩散

被动扩散（passive transport）是微生物吸收营养物质最简单的方式，使不规则运动的营养分子从高浓度的胞外扩散到低浓度的胞内，这种运动是通过细胞膜上的含水小孔进行的。尽管细胞膜上的含水小孔大小和特征会对被动扩散的物质的大小有一定的选择性，但这种扩散是非特异性的。在扩散和运输过程中，物质不会与膜上的分子发生反应，分子结构也不会发生变化，扩散的速度取决于细胞膜两边物质浓度差。当浓度差较大时，速度较大，当浓度差较小时，速度较小。当细胞膜内外物质浓度相同时，物质的输送速度降至零，达到一种动态平衡。由于扩散不消耗能量，被动扩散运输的物质不能逆浓度梯度进行运输。

细胞膜的存在是物质扩散的先决条件。细胞膜主要由磷脂双分子层和蛋白质组成，膜的内外表面是极性的表面，中间有一层疏水层。因此，影响扩散的因素有被吸收物质的相对分子质量、极性、溶解性（脂溶性或水溶性）、离子强度、pH 和温度等。一般来说，脂溶性高、相对分子质量小、温度高和极性小的物质容易被吸收，反之亦然。

扩散不是微生物吸收物质的主要途径，水、甘油、某些气体和某些离子等少数物质是以这种途径被吸收入胞内的，溶解在水中的有机物是否能扩散透过细胞壁取决于分子的大小和溶解度。目前，一般认为低于 12 个碳原子的分子可以通过细胞壁和细胞膜进入细胞。

2. 促进扩散

促进扩散（accelerative diffusion）类似于被动扩散。促进扩散在运输物质的过程中不用消耗能量，物质本身也不会改变其分子结构，物质不能逆浓度梯度进行运输，运输速度取决于细胞膜内部和外部之间的浓度差。但是促进扩散需要利用位于细胞膜上的载体蛋白进行物质的转运，而且每种载体蛋白只能转运相对应的物质，这是促进扩散与被动扩散之间的一个重要区别，这也是促进扩散的第一个特征。第二个特征是促进扩散对被运输物质有非常高的立体结构专一性。

载体蛋白和被运输的物质之间存在一种亲和力，并且当被运输物质的浓度不同时，细胞膜的内外表面对该物质的亲和力不同。在物质浓度高的细胞膜的一边亲和力大，在物质浓度低的细胞膜一边的亲和力小。通过这种亲和力大小的变化，被运输物质和载体蛋白之间可以发生可逆的结合与分离，使物质穿过细胞膜进行运输。在这一过程中，载体蛋白可以加快物质的运输，但是其本身却不发生变化。它的作用特性类似于酶，因而有些人将此类载体蛋白称为透过酶，只有当环境中存在需要转运的物质时，运输这种物质的透过酶才会合成（李法云等，2006）。促进扩散这种方式大多存在于真核微生物中，例如，在厌氧的酵母菌中，某些物质的吸收和代谢产物的分泌通常是利用这种方式完成的。

3. 主动运输

微生物的生长过程中需要多种营养，这些营养物质主要是以主动运输（active transport）的方式被转运到人体细胞内。主动运输需要能量，该过程可以逆浓度梯度进行。此外，这种运输还需要载体蛋白的参与，因此被运输的物质需要具有很高的结构特异性。被运输的物质与相应的载体蛋白质之间存在亲和力，这种亲和力在膜内外的大小是不同的，在膜的外表面上亲和力很大，在膜的内表面上亲和力小。因此，通过亲和力大小的改变，它们之间可以发生可逆的结合和分离，从而完成物质的运输。

在主动运输过程中，载体蛋白构型的改变是需要能量的，能量以两种方式影响污染物的运输：第一种方式是直接作用，通过能量消耗直接影响载体蛋白构型的改变，从而影响运输；第二种方式是间接作用，即能量引起膜的激化过程，进而影响载体蛋白构型的变化。主动运输消耗能量的来源因微生物而异。在好氧微生物中，能量来源于呼吸能；在厌氧微生物中，能量来源于化学能腺苷三磷酸（adenosine triphosphate，ATP）；但是在光合微生物中，能量来源于光能。这些能量消耗会导致细胞内部的质子向细胞外排出，从而在细胞膜的内部和外部之间建立了质子浓度差，从而使膜处于激化状态，即在膜上储备了能量，然后在质子浓度差消失的过程中（即去激化）伴随物质的运输。

4. 胞饮作用

胞饮作用（pinocytosis）也是一种主动运输过程。目前，假丝酵母摄取烷烃的过程是通过胞饮作用来进行的，可能的机制包括：①烷烃通过疏水表面突出物被吸附到细胞表面，如多糖脂肪酸复合物；②烷烃利用孔和沟穿透酵母的细胞壁，使其聚集在细胞质表面；③通过未修饰烷烃的胞饮作用把烷烃转移到细胞内的烷烃氧化部位，例如，用十六烷培养的解脂假丝酵母和十四烷培养的热带假丝酵母的内质网、微体及线粒体等。烷烃可能储存于细胞质内烃类包含体中，这种烃类包含体是烷烃培养的细菌所具有的典型特点。

5. 基团转位

基团转位（functional groups tansference）是另一种主动运输，在物质运输的过程中，除了物质分子的化学变化，其他特征均与主动运输相同。目前的研究表明，厌氧型微生物对单糖、双糖及其衍生物，以及核苷酸和脂肪酸的运输主要是通过基团转位进行的，但在好氧型微生物中还没有发现有这种基团转运的方式。

二、微生物对有机污染物污染土壤的作用

由生物的作用而引起的污染物的分解或降解被称为生物降解。在环境中，污染物的降解途径有很多。在生物降解过程中，微生物是起最大作用的生物类群。在环境中微生物会与污染物发生相互作用，通过微生物的代谢活动使污染物发生很多种生理生化反应，如氧化反应、还原反应、水解反应、脱羧基反应、脱氨基反应、酯化反应、羟基化反应等。这些反应的进行会使绝大多数的污染物，尤其是有机污染物发生不同程度的转化、分解或降解。有时污染物会受到一种反应作用的转换，有时会受到多种反应同时作用或者多种反应作用于污染物转化的不同阶段。以下是环境中微生物主要的生物化学降解转化作用类型。

1. 氧化作用

氧化作用包括 Fe、S 等单质的氧化，NO_2 等化合物的氧化，以及甲基、羟基、醛等某些有机物基团的氧化。在环境中，这些氧化作用大多数都是由微生物引起的，例如，亚铁被氧化亚铁硫杆菌（*Thiobacillus ferrooxidans*）氧化，乙醛被铜绿假单胞菌（*Pseudomonas aeruginosa*）氧化，以及氨被亚硝化菌和硝化菌氧化等。氧化作用在各种好氧的环境中普遍存在，是一种最常见的同时也是最重要的生物代谢活动。

2. 还原作用

还原作用包括硫酸盐和高价铁的还原、NO_3^- 的还原、羟基或醇的还原及六价铬等。还原作用与氧化作用存在的环境有所不同，还原作用需要在缺氧或者厌氧（无氧）的环境中进行。有些还原作用其实是氧化作用的一个逆过程，有些则不是逆过程，例如，NH_3 会被氧化成 NO_3^-，而 NO_3^- 会被还原成 N_2。

3. 水解作用

水解作用是一种非常基本的生物代谢作用，许多种微生物都可以发生水解作用。在处理一些大分子有机物时，通常会用到水解作用这种特殊的生物化学反应，从而使大分子有机物转化为很小的分子。

4. 缩合作用

某些酵母将乙醛缩合成 3-羟基丁酮的过程就是一种缩合作用。

5. 基团转移作用

基团转移作用包括脱羧作用和脱氨基作用。脱羧作用：在受有机污染的各种环境中，有机酸是普遍存在的，通过脱羧基可以直接使有机酸分子变小。有机酸在连续的脱羧基反应后可以被彻底降解，一些小分子的有机酸通过脱羧基作用可以很快得到降解，例如，琥珀酸等羧酸可以被戊糖丙酸杆菌转化为丙酸，儿茶酸和尼古丁酸也可以进行脱羧基反应。脱氨基作用：是指带有氨基（—NH_2）的有机物被脱除氨基，并得到进一步的降解。在蛋白质降解方面，脱氨基作用发挥了很大作用。氨基酸的降解必须先经过脱氨基作用，之后才能像普通的有机酸一样经过脱羧基等作用得到进一步的降解。

6. 其他作用

其他作用包括以下几种。①氨化作用：某些酵母使丙酮酸发生氨化反应，生成丙氨酸的过程称为氨化过程。②酯化作用：是指羧酸与醇发生酯化反应的过程，如乳酸转变为乳酸酯的过程。③乙酰化作用：如克氏梭菌等可进行乙酰化作用。④卤原子移动：卤代苯、2,4-二氯苯氧乙酸等污染物降解时可进行此类反应。⑤双键断裂反应：偶氮染料在厌氧菌的作用下首先发生脱氯反应生成两个中间产物，之后经过好氧过程才进行进一步的生物降解。

三、微生物对重金属污染土壤的作用

1. 微生物对重金属的吸收与吸附

细菌可通过吸附将重金属离子富集在细胞表面或细胞上，从而降低环境中重金属的生物可利用性，所谓的微生物吸附仅指灭活微生物的吸附，微生物活细胞去除重金属离子的作用通常称为生物累积（张颖和伍钧，2012）。所以，微生物吸附一般不包括生物的代谢和物质的主动运输。当微生物活细胞充当吸附剂时，某些作用可能会同时发生。通常认为微生物的吸附能力与其细胞壁的结构和组成密切相关。特别地，革兰氏阳性细菌的细胞壁具有厚的网状肽聚糖结构，并且有磷壁酸质和糖醛酸磷壁酸质链接到网状肽聚糖上，而磷壁酸质上的羧基可以与重金属结合从而固定重金属元素。细菌的表面带有负电荷和极性官能团，重金属离子可以通过静电吸附和官能团的络合而被固定。

微生物吸附主要是通过生物体细胞壁表面的一些具有金属络合、配位能力的基团来起作用，如羧基、羟基等基团。这些基团可以与吸附的重金属离子形成离子键或共价键，从而达到微生物吸附重金属离子的目的。此外，沉淀或晶体化作用也可以使重金属沉积在细胞表面上，胞外分泌物或者细胞壁的腔洞捕获也可能将某些难溶性的重金属沉积。因为微生物吸附与微生物的新陈代谢作用没有关系，所以可以将细胞杀死后，再将其进行一定的处理，使其具有一定的硬度、粒度和稳定性，以便于储存、运输和实际应用。

微生物累积主要是通过微生物新陈代谢作用产生能量，通过单价或二价离子的转移系统将重金属离子运送到细胞的内部。因为有细胞内的累积，所以微生物累积的去除效果可能会比单纯的微生物吸附效果好。但是，由于环境中大多数要去除的重金属离子都是有毒有害的，会抑制生物的活性，甚至使它们中毒而死亡。同时，微生物的新陈代谢作用受 pH、温度、养分等很多因素的影响，所以在实际应用中，微生物累积受到了很大的限制。

现在的研究表明，微生物吸附的机制主要有静电吸附、共价吸附、离子交换、络合整合和无机微沉淀等。通常来说，重金属的微生物吸附涉及很多机制：一方面，这些机制可以单独作用；另一方面，在某些条件和环境下这些机制也可以与其他机制共同作用，这主要取决于这个过程中的条件和环境。进入微生物细胞后的重金属可以累积在细胞中的小气泡中或者可以与低分子量的聚磷酸、有机酸和金属硫蛋白结合，以降低重金属的生物活性。

2. 微生物对重金属的氧化还原作用

细菌的氧化还原作用可以改变变价重金属离子的价态，降低环境中重金属的毒性。Hg、Pb、Sn、As、Au、Cr、Se 和 Co 等变价金属在环境中可以以不同价态存在，细菌的代谢活动可以使这些重金属离子发生氧化还原作用（表 4-1）（张颖和伍钧，2012；徐磊辉等，2004）。利用细菌的氧化还原作用，可以控制重金属离子的化学行为来降低重金属离子的毒性或活性。

表 4-1　细菌对重金属离子的氧化还原作用

细菌	重金属离子
超高温和嗜温异化 Fe^{3+} 还原菌	Au^{3+} 还原为 Au^0
罗尔斯通氏菌（*Ralstonia metallidurans*）CH34	Se^{4+} 还原为 Se^0
假单胞菌（*Pseudomonas* sp.）	Cr^{6+} 还原为 Cr^{3+}
别样单胞菌（*Alteromonas putrefaciens*）	U^{6+} 还原为 UO_2
硫酸盐还原菌（*Desulforibrio desulfuricans*）	Pd^{2+} 还原为 Pd^0
大肠杆菌（*Escherichia coli*）和腐败希瓦氏菌（*Shewanella putrefaciens*）	Tc^{7+} 还原为 Tc^{4+}
腐败希瓦氏菌（*Shewanella putrefaciens*）	Np^{5+} 还原为 Np^{4+}
冰岛热棒菌（*Pyrobaculum islandicum*）	U^{6+} 还原为 U^{4+}；Tc^{7+} 还原 Tc^{4+} 和 Tc^{5+}；Cr^{6+} 还原为 Cr^{3+}
耐辐射奇球菌（*Deinococcus radiodurans*）	还原 Tc^{7+}、Cr^{6+}、U^{6+}

3. 微生物对重金属的沉淀作用

微生物能够向胞外分泌 S^{2-}、磷酸和草酸等物质，致使环境中重金属离子沉淀或者在细菌的成矿过程中伴随着重金属的共沉淀（表 4-2）。硫细菌、绿藻和产气克雷伯氏菌都能够分泌 H_2S 并与金属结合，从而产生难溶于水的金属硫化物沉淀。卧孔菌属、青霉属、曲霉属、轮枝孢属真菌和许多外生菌根都能分泌草酸，与金属 Al、Pb、Fe 和 Mn 等螯合沉淀。

表 4-2　细菌对重金属离子的沉淀作用（张颖和伍钧，2012）

细菌	重金属离子
植生克雷伯氏菌（*Klebsiella planticola*）	Cd^{2+} 转化为 CdS 沉淀（厌氧，存在硫代亚磺酸酯）
大肠杆菌 *E. coli* DH5a	产生 H_2S，沉淀 Cd^{2+}
组合 pBAD33、pCysdesulf/Lac12/Rock、pCysE*/AraC 质粒于大肠杆菌 DHIOB	产生 S^{2-}，与 Cd^{2+} 结合形成 CdS 沉淀
硫还原细菌	Co、Cu、Mn、Ni 和 Zn 沉淀
柠檬酸杆菌（*Citrobacter* sp.）的 *phoN* 基因植入大肠杆菌	分泌磷酸沉淀 UO_3^{2-}、Ni^{2+}
柠檬酸杆菌	释放磷酸与 Np^{5+} 结合形成沉淀
革兰氏阴性菌	Zn^{2+} 形成矿物(Zn, Fe)$SO_4 \cdot 6H_2O$

一些微生物能够产生多聚糖、糖蛋白、脂多糖和核酸等胞外聚合物，可以吸附重金属离子，将重金属固定在土壤中。例如，具有菌根的植物根际具有较大的黏胶层，此黏胶层由菌根菌产生的黏胶物质、根系分泌物和菌根菌本身构成，有利于将重金属离子滞留在根外。

4. 微生物对重金属的淋滤作用

氧化亚铁杆菌、氧化硫杆菌等可以通过提高氧化还原电位、降低酸度等作用来滤除土壤、污泥和沉积物中的重金属。细菌对重金属的淋溶作用是与种类相关的，研究人员发现细菌的作用强度为：嗜酸细菌＞嗜中性细菌，氧化亚铁杆菌＞氧化硫杆菌＞土著微生物。

四、影响微生物修复技术的环境因素

影响微生物修复土壤污染的环境因素包括生物因素和非生物因素。

1. 生物因素

协同：许多生物降解作用需要多种微生物的共同作用，这种合作在最初的转化反应和以后的矿化作用中都可能存在。协同有两种不同的类型：其一是单一菌种不能降解，混合以后可以降解；其二是单菌、混菌都可以降解，但是混合以后降解的速率超过单个菌种的降解速率之和（张宝杰等，2014）。

捕食、寄生微生物及裂解微生物在环境中是大量存在的，这些微生物会影响到细菌和真菌的生物降解作用。这些影响通常是有害的，但也可以是有益。在土壤、沉积物、地表水和地下水中发现的捕食和寄生微生物有原生动物、噬菌体、真菌病毒、蛭弧菌属、分枝杆菌和能分泌分解细菌、真菌细胞壁酶的微生物。但是，目前仅对原生动物了解得比较多。

在环境中有大量原生动物时，细菌数目会显著下降。原生动物还可以促进有限的无机营养的循环，特别是磷和氮的循环，并且分泌出必要的生长因子。在有大量原生动物活动的环境中，原生动物的影响取决于捕食速率和降解速率。如果捕食速率低，细菌细胞繁殖迅速，对原生动物的影响不大；如果捕食速率高，导致生物降解的特殊微生物的生长繁殖速率低，对原生动物的影响就会很大。原生动物有时也可以刺激微生物活动。在有许多纤毛虫和鞭毛虫时也可以促进植物组织或颗粒物的降解，促进降解主要与氮、磷再生有关。在环境中，氮、磷浓度很低会限制微生物的生长，因为氮、磷被各种微生物同化后，缺少氮、磷供降解菌利用，所以影响了转化速率。原生动物捕食了一些生物量并排出无机氮、磷以后，这部分氮、磷可供生物降解菌再利用。原生动物消化细菌的同时还可以分泌生长因子，促进维生素、氨基酸营养缺陷型菌的生物降解作用。

2. 非生物因素

影响微生物细胞降解污染物的非生物因素有温度、湿度、pH、氧气、营养物质、基质物质等（崔龙哲和李社锋，2016）。

第二节 生物强化修复技术与原理

一、生物强化修复原理概述

1. 生物强化修复概念

为了提升生物修复效果，有时需要向土壤中添加适当的微生物或物质，即添加生物体的生物强化（bioaugmentation）和添加营养物质的生物刺激（biostimulation）两种常用的微生物修复手段。

其中，生物强化法是通过往污染土壤中添加外来的降解菌，和土著微生物组成一个混合降解菌体系，针对自己代谢底物范围，达到共同代谢分解污染物的目的。该技术最适合于没有足够的微生物细胞或者微生物天然种群，不具备污染物所必需的代谢途径的情况。其优点在于针对复杂的有机污染，代谢微生物能够产生更多的特异性降解酶，代谢更为彻底（李静华，2017）。

2. 生物强化修复的产生与发展

生物强化其实早在许多年前就已经应用在农业中了（Gentry et al.，2004b），如用共生的固氮根瘤菌接种豆科植物，这一方法可以追溯到19世纪。人们还尝试利用自由生活的或与植物相关的固氮细菌进行生物强化，以提高植物产量（Monib et al.，1979；Ramos et al.，2002）。生物强化的其他农业应用还包括使用可促进植物生长的微生物或可通过抵抗植物病原体来保护植物的微生物来接种植物种子（Bent et al.，2001；Hamid et al.，2003；Niemi et al.，2002）。这种接种还能用于将农产品转化为更有用的产品，如用牧草产生青贮饲料（Taylor et al.，2002）。

近年来,生物强化技术已被应用于许多环境问题的研究中。例如,在堆肥和化粪池中,通常会加入接种剂以加速降解(Taylor et al.,2002)。研究表明,用微生物进行生物强化会增强许多化合物的降解,其中包括氯代有机溶剂、甲基叔丁基醚、硝基苯酚、五氯苯酚、多氯联苯、多环芳烃和阿特拉津、麦草畏、卡巴呋喃等农药(Lendvay et al.,2003;Salanitro et al.,2000;Silva et al.,2004)。

污染场地的土壤和含水层中尽管存在能够降解污染物的微生物,但在这些污染场地的环境条件往往对微生物生长是不利的(El Fantroussi and Agathos,2005)。在这种情况下,场地能够降解污染物的微生物量非常少,且功能单一。所以仅依靠污染场地中的土著微生物无法将目标污染物完全矿化成 CO_2、CH_4 或 H_2O。另外,目标污染物很可能是复杂的分子或化合物的混合物,只能通过非常特定的微生物组合和途径来降解。其中,典型的污染物包括多环芳烃、卤代有机物、多氯联苯、有机磷、三嗪农药和除草剂等。在这种情况下,生物强化法,即在污染场地上接种特定的微生物种群,是有潜力的生物修复方案。

微生物强化的技术包括细胞生物强化、复合菌群生物强化、基因生物强化和微生物材料生物强化,接下来对这几种强化技术进行介绍。

二、细胞生物强化修复技术

细胞生物强化是利用微生物的生物代谢作用将污染物作为自身的碳源,通过细胞新陈代谢的功能对其进行降解,从而达到降低环境中污染物的浓度或削弱总量的目的。20 世纪 70 年代以来,细胞强化的研究得到了很大发展。

1. 用于细胞生物强化的微生物

早期利用微生物进行生物修复主要是针对有机污染物,随着技术的发展,该技术在重金属污染的修复方面也开展了大量的研究工作。微生物可以降低土壤中重金属的毒性,主要原理有:①细菌产生的酶可使重金属还原或与重金属结合为毒性小且稳定的状态;②一些微生物可以吸附积累重金属;③某些微生物可以改变根际微环境,提高植物对重金属的吸收、挥发或固定效率。例如,动胶菌、蓝细菌、硫酸还原菌及某些藻类能产生多糖、糖蛋白等物质,并对某些重金属有吸收、沉积、氧化和还原等作用。因此,在生物修复中首先需考虑适宜微生物的来源及其应用技术。

用于细胞生物强化的微生物主要包括土著微生物、外源微生物和基因工程菌。

1)土著微生物

土壤中的微生物种类和数量是相当可观的。在长期被重金属污染的环境中,由于重金属的诱导作用,一些特定的微生物会产生一定的酶系来转化重金属。另外,微生物可能会产生由结构基因和调节基因组成的抗性基因,以提高其对重金属的耐受性。Hernández 等(2008)从炼油厂周围的土壤中筛选出了耐镍(Ni)和钒(V)的赫氏埃希氏菌(*Escherichia hermannii*)和阴沟肠杆菌(*Enterobacter cloacae*),它们可以在高于

10 mmol/L 浓度的 Ni 或 V 的环境中生长。Filali 等（2000）从污水中分离纯化出抗镉（Cd）和汞（Hg）的菌株，如假单胞菌（荧光假单胞菌 *Pseudomonas fluorescens*、铜绿假单胞菌 *Ps. aeruginosa*）、克雷伯氏菌（*Klebsiella*）、奇异变形杆菌（*Proteus mirabilis*）和葡萄球菌（*Staphylococcus* sp.）。

由于微生物物种的多样性、代谢类型的多样性、"食谱"的广泛性，只要是自然界中存在的有机物都可以被微生物利用、分解。表 4-3 列出了一些难降解的有机物、重金属及相应的降解和转化微生物（赵景联，2006）。

表 4-3 难降解的有机物、重金属及相应的降解和转化微生物

污染物	微生物种类
五氯酚	黄杆菌属 *Flavobacterium*、乳白原毛平革菌 *Phanerochaete sordida*、黄孢原毛平革菌 *Phanerochaete chrysosporium*、变色栓菌 *Trametes versicolor*
氯酚	粘红酵母菌 *Rhodotorula glutinis*
多环芳烃类	芽孢杆菌属 *Bacillus*、分枝杆菌属 *Mycobacterium*、诺卡菌属 *Nocardia*、鞘脂单胞菌属 *Sphingomonas*、产碱杆菌属 *Alcaligenes*、假单胞菌属 *Pseudomonas*、黄杆菌属 *Flavobacterium*
高分子多环芳烃	分枝杆菌 *Mycobacterium* sp. strain PYR-1
2-硝基甲苯	假单胞菌属 *Pseudomonas* sp. JS42
蒽醌染料	枯草芽孢杆菌 *Bacillus subtilis*
甲基溴化物	荚膜甲基球菌 *Methylococcus capsulatus*
氯苯	假单胞菌 *Pseudomonas* sp.
多氯联苯	假单胞菌属 *Pseudomonas*、产碱杆菌属 *Alcaligenes*
石油化合物	拟杆菌属 *Bacteroides*、沃林氏菌属 *Wolinella*、脱硫单胞菌属 *Desulfomonas*、脱硫杆菌属 *Desulfobacter*、脱硫球菌属 *Desulfococcus*、不动杆菌属 *Acinetobacter* sp.
n-十六烷	不动杆菌 *Acinetobacter* sp.、假单胞菌属 *Pseudomonas* sp.
间硝基苯甲酸	敏捷食酸菌 *Acidovorax facilis*
3-羟基丁酸聚合物及其与 3-羟基戊酸聚合物的共聚体	争论贪噬菌 *Variovorax paradoxus*、芽孢杆菌属 *Bacillus* sp.、链霉菌属 *Streptomyces*、烟曲霉菌 *Aspergillus fumigatus*、青霉菌属 *Penicillium*、琼氏不动杆菌 *Acinetobacter junii*
氯化愈创木酚	红球菌属 *Rhodococcus* sp. B-30
农药：阿特拉津、扑灭津、西玛津	黑曲霉 *Aspergillus niger*
β 硫丹	放线菌 *Actinomyces* CB1190
1,4-二氧六环	洋葱假单胞菌 *Pseudomonas cepacia*
2,4-二氯苯氧乙酸	葱伯克霍尔德菌 *Burkholderia cepacia* AC1100
2,4,5-三氯苯氧乙酸	假单胞菌属 *Pesudomonas* sp.

续表

污染物	微生物种类
高浓度脂类	嗜水气单胞菌 *Aeromonas hydrophila*、葡萄球菌属 *Staphylococcus* sp.
甲胺磷	假单胞菌属 *Pseudomonas* sp. WS-5
单甲脒	门多萨假单胞菌 *Pseudomonas mendocina* DR-8
洁霉素	气单胞菌属 *Aeromonas* sp.
重金属	假单胞菌属 *Pseudomonas*
Pb、Ca、Cr	硫酸盐还原菌 *Desulfovibrio desulfuricans*
钼	柠檬酸杆菌属 *Citrobacter* sp.
Ni^{2+}	脱硫弧菌属 *Desulfovibrio* sp.
Cr^{6+}	脱硫弧菌属 *Desulfovibrio* sp.
Cd	米根霉菌 *Rhizopus oryzae*
有机汞	芽孢杆菌属 *Bacillus* sp.

2）外源微生物

土著微生物生长缓慢，代谢活性低下，在一定程度上影响修复效率，可以人工添加一些与土著微生物具有良好相容性的适合降解该污染物的高效菌株，提高微生物修复效率。目前，大多数用于生物修复的高效的生物降解菌都是由多种微生物组成的复合菌群，其中许多已被制成商业化产品，中国、美国、日本等国家均已开发应用多种复合菌剂用于水体和土壤修复。例如，光合细菌（*Photosynthetic bacteria*）、玉垒菌等含有多种复合微生物的菌剂（崔倩倩和刘朝阳，2020）。

3）基因工程菌

生物强化是提高难降解污染物生物去除效率的可行和有效途径。基因工程菌为生物强化提供了新的微生物资源，利用基因工程菌生物强化处理难降解污染物的研究逐渐受到关注。已有研究表明基因工程菌生物强化处理可以改善难降解污染物的生物去除效果，有利于提高污染物降解速率，以及提高处理系统的抗冲击负荷能力（刘春等，2011）。

在微生物用于生物强化之前，可以通过基因工程提高微生物的修复潜力。最近分子生物学已经发展了许多工程化技术和增强修复基因的技术。在此，简要介绍两种构建修复基因的方法：基因导入和基因改造（Glick et al.，2003）。

（1）基因导入：可以将特异性修复基因导入质粒或靶微生物的染色体中（Glick et al.，2003；Schweizer，2001）。增加微生物遗传物质的最直接的方法是添加含有所需基因的质粒，这种转移可以使用天然存在的质粒（如果它们是可转移的），通过将供体微生物与靶微生物接合来实现（Newby et al.，2000b；Springael et al.，1993）。该过程不涉及任何 DNA 重组技术并且通常在自然界中发生（Newby et al.，2000b）。当没有合适的天然质粒时，可以将基因克隆到广泛宿主范围的质粒中，然后通过接合或转化将其转入供体微生物中（Graupner and Wackernagel，2000；Lehrbach et al.，1984）。

将目标基因整合到宿主染色体中并降低该基因转移到环境中的其他微生物中的可能性是十分必要的。Mini-TN5 转座子系统通常用于将基因整合进革兰氏阴性菌中（de Lorenzo et al.，1990；Herrero et al.，1990），基于 TN5 的转座子系统甚至可以在市场上买到。最初的 Mini-TN5 转座子系统被构建成具有可选择标记（如抗生素抗性）和用于重组 DNA 技术导入外源 DNA 的多克隆位点的质粒（Chong，2001），一旦重组质粒被添加到目标微生物中，含有整合基因的转座子就能合并到目标微生物的染色体中。Watanabe 等（2002）使用这种方法将苯酚降解基因引入环境筛选的菌中，随后用于生物强化（Watanabe et al.，2002）。有研究人员从活性污泥中筛选出了酚类降解菌 *Comamonas* sp. RN7。*Comamonas* sp. RN7 是污泥中主要的苯酚降解菌群，但降解苯酚的效率不如其他菌株，如 *Comamonas testosteroni* R5。Watanabe 等（1996）最初试图用 *Comamonas testosteroni* R5 对污泥进行生物强化，但没有成功。于是他们从 *Comamonas testosteroni* R5 中分离出苯酚降解基因，并通过接合将 Mini-TN5 元素导入 *Comamonas* sp. RN7 的染色体中，创建了 *Comamonas* sp. RN7（R503）（Watanabe et al.，2002），然后使用 *Comamonas testosteroni* R5、*Comamonas* sp. RN7 和 *Comamonas* sp. RN7（R503）处理活性污泥。与原处理相比，基因增强菌株 *Comamonas* sp. RN7（R503）在污泥中的存活率最好，并提高了对苯酚的耐性。

Mini-TN5 系统具有一定的缺点：①它随机地整合在宿主染色体中，可能使重要基因失活；②它包含抗生素抗性基因，这些基因最终可能阻碍所构建的基因工程微生物的环境释放（Schweizer，2001）。然而目前有学者已经开发出了不同的系统，可以潜在地消除其中的一些问题。Koch 等（2001）开发了一种基于 TN7 的系统，该系统可结合在革兰氏阴性菌染色体的特定位点。Hoang 等（2000）构建了一个基于噬菌体附着位点的系统，该系统能够在铜绿假单胞菌（可能还有其他假单胞菌）中实现特异性位点的整合，并去除体内的抗生素抗性基因。

（2）基因改造：在不同的环境条件下，也可以通过改变选定基因以获得其最佳活性（Glick et al.，2003）。虽然基因改变已经应用于工业或农业中（Bennett，1998；Lassner and McElroy，2002；Lawford and Rousseau，2003；Stutzman-Engwall et al.，2003），但它也可用于生物修复过程（Bruhlmann and Chen，1999；Cebolla et al.，2001；Lau and de Lorenzo，1999；Suenaga et al.，2001）。传统研究中，目标基因首先被克隆到一个载体中，以便在实验室生物体（如大肠杆菌）中维持（Chong，2001）。为了提高基因表达，可以改变的因素包括：①转录启动子和终止子序列；②该基因在宿主体内的拷贝数；③克隆基因蛋白的稳定性（Glick et al.，2003）。

Ramos 等（1986）为了增强污染物降解进行的基因改造研究是一个典型的例子。含有 pWWO 质粒的恶臭假单胞菌（*Pseudomonas putida*）能够降解甲苯和二甲苯等几种化合物；然而，它不能降解 4-乙基苯甲酸酯，因为 4-乙基苯甲酸酯不能诱导其降解途径（Burchhardt et al.，1997）。研究人员首先将 *xylS* 调节基因克隆到大肠杆菌中，然后产生了一种对 4-乙基苯甲酸酯响应的突变基因，将该突变基因导入假单胞菌分离株中使得该菌株也能够转化 4-乙基苯甲酸酯。

上述方法对于实验室或工业微生物菌株的基因改造非常有用；然而，在实验室菌株中优化的基因在环境分离株中可能无法发挥相同的功能（Burchhardt et al.，1997；Caspi et al.，2001；Winther-Larsen et al.，2000）。Ohtsubo 等（2003）采用原位同源重组方法在假单胞菌（*Pseudomonas* sp. KKS102）中增加了联苯降解基因的活性。研究人员通过同源重组将 *Pseudomonas* sp. KKS102 中的天然联苯启动子替换为几种不同的组成型启动子，所有组成型启动子增加了联苯降解并且降低了联苯途径的分解代谢产物阻遏。只要菌株中的基因能够进行同源重组，即使没有基因调控的详细信息，这种策略也可以应用于其他细菌菌株中的基因（Ohtsubo et al.，2003）。

即使可以构建具有重要修复能力的基因工程菌，但若想将其释放到环境中也很难获得监管部门的批准。自 1998 年以来，提交给美国环境保护署的微生物环境释放申请只有 11 项，其中大多数是针对大豆根瘤菌（*Bradyrhizobium japonicum*）菌株的。事实上，在美国生物修复的基因工程菌的现场应用很少（Sayler and Ripp，2000）。人们担心的是在生物修复后，基因工程菌可能会在一个地点持续存在，或者基因工程菌中的基因会转移到土著微生物中，从而导致无法预见的后果（Molin，1993；Ford et al.，1999；Atlas，1992）。通过将目的基因整合到微生物染色体而不是质粒中，可以降低基因转移的风险。但是，由于各种自然存在的染色体 DNA 转移，基因转移的风险是不能被完全消除的（Rensing et al.，2002）。

控制环境中基因工程微生物活性最常见的方法是将诱导性自杀基因导入微生物中。当目标污染物被消除，不再需要基因工程微生物时，自杀基因就会被激活。目前已经研发了几种不同的自杀基因：①编码 DNA 酶和 RNA 酶的基因（Diaz et al.，1994；Ahrenholtz et al.，1994）；②噬菌体裂解基因（Kloos et al.，1994；Ronchel et al.，1998）；③必需代谢酶的阻断剂（Ronchel et al.，1998；Kaplan et al.，1999）；④基因和细胞膜去稳定基因（Knudsen et al.，1995；Gotfredsen and Gerdes，1998）。

Contreras 等（1991）开发了一种早期的条件自杀系统。这个系统是基于两个不同质粒上的元素：①来自恶臭假单胞菌（*Pseudomonas putida*）的启动子和大肠杆菌中 Lac 阻遏物调节基因（*lac I*）及 P$_m$ 正调控基因（*xylS*）的融合；②P$_{tac}$ 启动子和来自大肠杆菌的 *gef* 基因之间的融合。当存在 3-甲基苯甲酸甲酯等 *xylS* 效应物时，就会产生 *xylS* 正调控 Lac 阻遏子的产生，导致 P$_{tac}$ 启动子的负调控，从而不产生 *gef*。相反，当生物修复完成后不存在 3-甲基苯甲酸甲酯效应物时，不产生 Lac 阻遏物，则进行 *gef* 基因转录并激活自杀功能。在没有合适的效应物的情况下，该系统会杀死绝大多数宿主微生物（Contreras et al.，1991）。

后来该领域的学者通过利用 Mini-TN5 转座子将自杀基因盒整合到宿主染色体中来改善该系统（Jensen et al.，1993）。在细菌染色体上存在两个自杀盒的拷贝时，每代微生物细胞的抗杀伤突变体的比率进一步降低。这种自杀系统突变的一个可能原因是 Lac 阻遏物对 P$_{tac}$ 抑制的遗漏，这将导致 *gef* 的组成型表达，从而将作为抗杀伤突变体的正选择压力。基于上述模型的质粒系统，Szafranski 等（1997）通过使用减少自杀基因遗漏表达的双重控制机制，同样也降低了抗杀伤突变体形成的频率。通过在给定的生物体中使用具有独立调节系统的多个自杀系统，有可能进一步降低抗杀伤突变体的形成率（Knudsen et al.，1995）。Ronchel 和 Ramos（2001）通过在 P$_m$ 启动子控制下插

入 *asd* 基因（在氨基酸的生物合成中产生中间体，包括赖氨酸和蛋氨酸）的Δasd突变宿主菌株改进了基于 *gef* 的自杀系统，工程菌株仅在复合培养基上或在诱导 P_m 转录的化合物如 3-甲基苯甲酸甲酯存在下生长。研究人员发现，通过使用这种双遏制系统，释放到环境中的基因工程菌的抗杀伤突变体形成率低于检出限（Ronchel and Ramos，2001）。

另外，噬菌体可用于控制基因工程菌在环境中的释放。Smit 等（1996）将包含在海藻酸盐中的荧光假单胞菌 *P. fluorescens* R2f 与噬菌体 ΦR2f 一起加入土壤中，噬菌体不会影响藻酸盐中的细菌数量，但它能使藻酸盐基质外部的荧光假单胞菌 *P. fluorescens* R2f 的数量减少为 0.1%。这种控制水平虽然没有利用自杀基因高，但它表明了可用不同方法的组合来控制基因工程菌在环境中的释放潜力。该研究使用了藻酸盐载体，这也是基因工程菌引入恶劣环境时的一种有效方法。尽管存在这些遏制系统，但由于微生物基因组的流动性，要在生物修复完成后通过自杀系统灭杀所有基因工程菌，以防止工程基因转移到土著微生物中是不现实的。将基因工程菌释放到环境中的策略最终是一个监管决策，其基础是向环境中释放基因工程菌的益处与风险之间的平衡。

4）用于细胞生物强化的其他微生物

生物修复中使用的其他微生物还包括藻类和微型动物。在被污染水体的生物修复中，严重污染后的缺氧水体可通过藻类释放的氧气而恢复为好氧的状态，从而为微生物降解污染物提供必要的电子受体，并使好氧异养细菌能够顺利降解污染物。微型动物可通过吞噬过量藻类和某些病原微生物，间接进行水体净化。

2. 细胞生物强化的载体和固定方法

1）载体材料

通过筛选、培养和驯化可以得到对目标污染物具有特异性修复能力的活性微生物，然后将其直接施加入土壤中对目标污染物进行修复，这是生物强化技术应用最为普遍的方式。然而，当这些微生物施用于恶劣环境的污染场地时，可能需要使用载体材料。因为直接施加活性微生物的方法虽然简单易行，但是活性微生物非常容易流失，或者索性被其他微生物吞噬。将微生物先吸附于载体上，再复合施加入土壤修复体系中，载体物质可以为活性微生物的生长繁殖提供保护区域和临时营养源（van Veen et al.，1997），有利于活性微生物对新环境的适应。木炭改良土壤、黏土、褐煤、粪肥和泥炭等都已被用作活性微生物的载体（Subhashini，2008；Ben et al.，2002；Kok et al.，1996；Olsen et al.，1996；van Veen et al.，1997）。

研究表明，载体的预灭菌可以增加菌剂的存活期（Temprano et al.，2002），van Dyke 和 Prosser（2000）的结果也证明了菌剂在无菌载体中的预培养可以增强其在环境中的最终存活效率。研究人员将液体培养基中的荧光假单胞菌负载于无菌载体和非无菌载体上并添加到土壤中，所有的处理组中，通过无菌载体接种的假单胞菌菌剂的存活率增强。研究人员还将荧光假单胞菌接种于无菌土壤中，孵育了 7 天和 14 天，然后将其用作生物强化接种剂。有趣的是，荧光假单胞菌在无菌土壤中孵育的时间越长，添加到目标非无菌土壤中的存活率越高。研究人员推测，无菌土壤中荧光假单胞菌的孵育可能使菌株在加入非无菌土壤时在土著微生物的竞争来临之前适应土壤环境。

一般情况下，理想的固定化载体材料需具有以下几个特点：①载体材料环境友好，无二次污染，可生物降解；②载体可提供良好的微环境，屏蔽不利环境条件的干扰；③载体基质可为微生物提供碳源和营养物质；④具有比较大的比表面积、良好的孔隙度和较轻的质地；⑤具有良好的生物兼容性，对固定化细胞无毒；⑥价格低廉，来源广泛；⑦还需具有良好的机械、化学、热和生物稳定性。

有很多载体材料都可延长菌剂的存活期。但是，有些载体材料，如粪肥等可能会将病原体（除非经过消毒）或其他污染物带入环境。

2）固定方法

微生物固定是通过载体材料将微生物固定在一个基质微环境体系中。微生物通过载体材料来实现自身与外界环境的物质交换，使污染物在体系内得到处理，可以给微生物提供一个相对无毒的空间，同时避免土著微生物给其带来的冲击。

固定微生物细胞可以采用化学活性基团（—NH_2、—OH、—$COOH$ 或—SH 等）、静电/离子相互作用、机械/空间限制或物理吸附等方式。按照载体与菌株作用方式的不同，常常分以下 7 种（Kourkoutas et al.，2004；Dzionek et al.，2016）：吸附法、静电吸附、共价键结合、自然絮凝、人工絮凝（交联）、诱捕/截留和包埋。但是这些分类方法也并不是绝对的，在实际应用中常常会根据需要将其中两种或两种以上的方法联合起来，使得固定化菌剂更稳定。

吸附法、静电吸附和共价键结合都是将细胞固定在固体表面，其中共价键多用于酶的固定，对细胞的固定应用较少（Mallick，2002）；自然絮凝和人工絮凝不需要载体材料，多用于反应器中。在原位生物修复中，比较常用的固定化方法是吸附法、诱捕/截留和包埋，下面将对其进行简单介绍。

i. 吸附法

吸附法（adsorption）是指微生物细胞与不溶水的载体表面以氢键、离子键、疏水键或范德瓦尔斯力等弱作用力相互结合。在稳定的环境中，微生物细胞吸附至载体上并定殖，分泌的胞外物基质可能会形成生物膜，生物膜的厚度可达到 1 mm 或更厚（Junter and Jouenne，2004；Zajkoska et al.，2013）。微生物细胞和外界环境之间没有传递障碍，因此，细胞可能会解吸或再分布，直至在吸附和解吸之间达到平衡（Kourkoutas et al.，2004）。另外，其他一些因素也会影响细胞与载体间的吸附（Samonin and Elikova，2004），如①固定化细胞的胞龄和生理状态；②细胞表面结构（鞭毛和其他附件）；③细胞和载体间的疏水/亲水平衡，即水合作用；④环境 pH 或其他介质等影响细胞吸附的静电势能；⑤载体的表面特征，如比表面积应大于 0.01 m^2/g，且需具有适宜的孔隙尺度（载体孔隙应大于细胞尺寸的 2～5 倍）。

吸附固定化具有简单、快速、价廉、环境友好、温和、细胞活性高和底物/营养扩散无限制等优点，是最常用的固定化方法。常用的吸附固定化载体有植物残体、秸秆和甘蔗渣等纤维素材料，蒙脱石、多孔陶瓷和硅酸盐等天然无机材料，硅凝胶、活性炭/黑炭和合成聚合物等合成无机载体或含碳载体材料（Kourkoutas et al.，2004；Dzionek et al.，2016）。吸附固定化最大的缺点是通过弱作用力固定，所以不稳定，且过程可逆，因此，固定的细胞非常容易外泄（Es et al.，2015；Bayat et al.，2015）。

ii. 诱捕/截留

诱捕/截留（entrapment）是指将细胞限制在三维胶晶格中，细胞在隔室内可自由移动，且隔室内的孔隙允许基质和营养扩散至细胞，是不可逆的过程。藻朊酸盐、角叉菜胶和壳聚糖等糖类凝胶和聚乙烯醇、聚氨酯和聚丙烯酰胺等合成凝胶是应用比较多的固定化材料（Kourkoutas et al.，2004；Mallick，2002；Zajkoska et al.，2013）。由于快速、有效、条件温和通用等优点，诱捕/截留方法是目前应用比较广泛的固定化方法，但是同时也还存在很多问题和不足（Bayat et al.，2015；Dzionek et al.，2016）：①一定程度上存在底物扩散限制；②负载的生物量有限，基质的外围和内部细胞生理状态不一，且外围细胞一旦生长繁殖，易发生泄漏；③固定化过程可能对细胞有一定的损伤或灭活；④费用稍高等。利用诱捕/截留方法固定微生物需要考虑一个重要的参数，即载体孔隙大小与细胞大小的比例。

iii. 包埋

包埋（encapsulation），类似于诱捕/截留，是不可逆的过程。通过将细胞限制在球形半渗透性的膜壁内（通常以胶囊的形式），可选择性控制膜壁的渗透性，使其允许基质和营养自由流动和扩散，且细胞在孔内自由活动，从而有效保护细胞免于受外界环境因子的干扰。包埋所用的材料多为聚合物凝胶，此外还有聚电解质复合物。然而由于膜孔大小调整、基质扩散、膜内细胞生长和膜的机械强度等的限制，包埋很少用于生物修复土壤中（Bayat et al.，2015；Dzionek et al.，2016），比较多地应用于医药或其他生物技术中（Zajkoska et al.，2013，de Vos et al.，2009）。

每种固定化方法都有其优缺点，在实际应用中，需要根据固定细胞的特点和用途进行综合考虑。对于污染土壤的场地修复，除了需要考虑固定化菌剂的效率等技术性因素，还需要考虑成本和环境影响等因素。

3）利用活性土壤进行生物强化

细胞生物强化的另一种方法是直接使用活性土壤作为菌剂和载体（Barbeau et al.，1997；Dejonghe et al.，2001；Gentry et al.，2004a；Runes et al.，2001）。活性土壤是指暴露于目标污染物的土壤，含有已开发的可以去除污染物的降解菌群。使用活性土壤进行生物强化具有以下优点：①引入自然发育的降解种群，这些菌群由复合菌群组成，如果它们被分离并以单一菌群应用于污染场地，修复效率将会大大降低；②降解菌群培养时不会脱离土壤，因此不会丧失在环境中竞争的能力；③将微生物在一个地点分离和培养，并将其引入另一个地点时，可能会遗漏潜在的不可培养的降解菌，但活性土壤不存在此问题。因为活性土壤同样具备泥炭和海藻酸盐等载体物质所具有的许多优点。

Barbeau 等（1997）曾使用活性土壤修复五氯酚污染的土壤。研究人员收集了两种不同的五氯酚污染土壤，土壤 2 可以降解五氯酚，用作生物强化菌剂，而土壤 1 不降解五氯酚，用来被生物强化。将土壤 2 在土壤泥浆生物反应器中培养 31 天来制备活性土壤。在培养过程中，向生物反应器中逐渐增加五氯酚的浓度（高达 300 mg/L），然后将活性土壤 2 用于土壤 1 的生物强化。在 130 天内，活性土壤 2 对土壤 1 进行生物强化后，土壤 1 的五氯酚浓度从 400 mg/kg 下降到 5 mg/kg，而未进行生物强化的土壤中五氯酚浓度则保持不变。

尽管使用载体对细胞进行固定或使用活性土壤进行生物强化具有很多好处，但还是有一定的缺点：①这些技术更适合于表面应用，因为微生物在较大颗粒中固定时可能会进一步阻碍其在土壤或沉积物中的移动；②根据环境条件、微生物和载体材料的不同，可能会在胶囊基质内产生不利条件。例如，有毒化合物的积累或缺氧条件可能抑制或杀死微生物细胞（Moslemy et al.，2002；Weir et al.，1996）。因此，将恰当的载体技术与污染场地的具体情况相匹配至关重要。

4）生物强化后增加微生物转运的方法

由于土壤对微生物的作用和影响，很难实现微生物的转运和扩散（Steffan et al.，1999；Streger et al.，2002）。研究人员提出了使用黏附缺陷细菌（Streger et al.，2002；Dong et al.，2002）、超级细菌（Caccavo et al.，1996；Ross et al.，2001）和表面活性剂（Brown and Jaffé，2001；Li and Logan，1999）等技术来增加微生物转运。Streger等（2002）连续 27 次将菌株通过无菌沉淀物进行培养，开发了一种通过强化黏附甲基叔丁基醚降解菌株（*Hydrogenophaga flava* ENV735）转运的方法。最初，超过 99.5%的细胞保留在沉积物中，但通过 27 次培养后，只有 39%的细胞黏附在沉积物中。在砂柱研究中，洗脱的黏附缺陷细胞最大浓度为 10^7 个/ml，而洗脱的野生型细胞最大浓度为 10^4 个/ml。因此沉积物柱的结果更为显著，但是并没有检测到野生型细胞。进一步分析表明，与野生型菌株相比，黏附缺陷菌株的细胞表面更具亲水性，从而有助于增强转运（Streger et al.，2002）。研究人员还发现，0.1%浓度的表面活性剂吐温-20 降低了野生型细胞对砂柱的黏附力，增加了 28%的转运效果。还有其他研究人员曾使用饥饿细胞以减少细胞尺寸的方法来增加转运（Caccavo et al.，1996）。

虽然这些技术有望增强微生物的转运，但黏附缺陷菌株的筛选或超级细菌的产生可能导致污染物降解能力的降低，特别是当降解基因是由质粒编码的情况下，除非在此过程中保持选择压力。此外，在利用表面活性剂进行增强转运时，许多表面活性剂可能对微生物有毒（Streger et al.，2002）。

三、复合菌群生物强化技术

被几种不同的污染物污染的场地中的生物强化属于特殊情况。在这种情况下，可能需要使用多种菌株或复合菌群进行生物强化（van der Gast et al.，2004；Rodrigues et al.，2002）。同时受到金属和有机物污染的土壤就是一个典型的例子。Roane 等（2001）采用双生物强化策略来修复受镉和 2,4-二氯苯氧基乙酸污染的土壤。研究人员在土壤中接种了金属抗性的假单胞菌菌株（*Pseudomonas* H1）和 2,4-二氯苯氧基乙酸降解菌（*Ralstonia eutropha* JMP134），与没有生物强化或仅用一种菌株生物强化的土壤相比，同时使用 *Pseudomonas* H1 和 *Ralstonia eutropha* JMP134 进行生物强化的处理组中增加了对镉存在情况下的 2,4-二氯苯氧基乙酸的降解（Roane et al.，2001）。

四、基因生物强化技术

近些年来，随着分子生物学的发展，特别是分子生物诊断技术的发展，给生物强化技术提供了一个新的平台，使其能够从分子水平对生物降解技术进行研究（吴庆余，2002）。基因强化（gene augmentation）是指按照人们对目标污染物的需要，在分子水平上通过人工方法提取或合成不同的 DNA 片段或 RNA 片段生物遗传物质，并通过基因工程载体将该遗传物质转移到土著微生物（受体菌）中，并在受体菌中获得复制和表达，使得土著微生物获取新的遗传性状，并稳定地遗传到下一代，从而达到环境修复的功能（孙树汉，2001）。随着现代分子生物学的发展，一种新型的生物强化技术——基因强化技术应运而生（Top et al.，2002）。环境修复中常用的几种基因片段归总见表4-4。

表 4-4　几种环境中常用的质粒及其性质（王育来，2008）

质粒	来源	底物	大小（kb）	抗性
TOL	*Pseudomonas putida* mt-2	苯甲醇	117	萘啶酸
NAH7	*Pseudomonas putida* G7	萘、菲	83	—
PND6-1	*Pseudomonas* sp. strain ND6	萘	102	—
pDTG1	*Pseudomonas putida* NCIB9816	萘	83	—
pNL1	*Novosphingobium aromaticivorans* strains F199	联苯、萘、间二甲苯、对甲酚	184	—
pADP-1	*Pseudomonas* sp. strain ADP	阿特拉津	109	—
pWWO	*Pseudomonas putida* PaW1	甲苯、二甲苯	117	—
pCAR1	*Pseudomonas resinovorans* strain CA10	咔唑/二氧（朵）芑、氨基苯甲酸盐	199	—
pJP4	*Ralstonia eutropha* JMP134	2,4-二氯苯氧基乙酸	75	庆大霉素
pRHL1	*Rhodococcus* sp. strains RHA1	联苯、多氯联苯	1100	—
pRHL2	*Rhodococcus* sp. strains RHA1	联苯、多氯联苯	450	—
pRHL3	*Rhodococcus* sp. strains RHA1	联苯、多氯联苯	330	—
pEMT1k	*Ralstonia eutropha*	2,4-二氯苯氧基乙酸	—	卡那霉素

注："—"为无数据或无抗性

有些情况下生物强化引入的微生物往往无法存活，因此研究人员已经研究了利用自然发生的水平基因转移过程将修复基因引入污染场地的方法。基因组测序的最新进展揭示了水平基因转移在环境中微生物适应和进化中所起的重要作用（Ochman et al.，2000）。水平基因转移可能通过裸 DNA 的摄取（转化）、噬菌体介导（转导），或遗传物质（如质粒或微生物之间的接合转座子）的物理接触和交换（接合）发生。

基因生物强化中，修复基因往往是移动形式的，如可自主转移的质粒。与传统的细胞生物强化方法相比，使用基因生物强化的优势是：①将修复基因引入已经适应生存的土著微生物中并在环境中扩散；②不要求引入的宿主菌株长期存活。通过质粒的接合转移是基因生物强化研究最多的技术（Christensen et al., 1998; Newby et al., 2000a）。

Newby 等（2000a）比较了两种不同细菌供体的生物强化，用于将含有 2,4-二氯苯氧基乙酸降解基因的自主转移质粒 pJP4 传递给土著微生物。pJP4 质粒在其原始宿主 *Ralstonia eutropha* JMP134 或 *E. coli* D11 中被传递到土壤中（Newby et al., 2000b），*Ralstonia eutropha* JMP134 能够矿化 2,4-二氯苯氧基乙酸，但 *E. coli* D11 不能完全矿化 2,4-二氯苯氧基乙酸。因此，在接种 *Ralstonia eutropha* JMP134 的土壤中，2,4-二氯苯氧基乙酸可以在 28 天内降解，但在未进行生物强化的土壤和接种 *E. coli* D11 的土壤中的 2,4-二氯苯氧基乙酸需要 49 天才能降解。从接种 *Ralstonia eutropha* JMP134 的土壤中分离的大多数 2,4-二氯苯氧基乙酸降解菌剂被鉴定为微生物，而在 *E. coli* D11 改良土壤中检测到许多接合子。在最初的 2,4-二氯苯氧基乙酸被降解后，研究人员在土壤中添加了额外的 2,4-二氯苯氧基乙酸。之后，接种大肠杆菌 *E. coli* D11 的土壤中 2,4-二氯苯氧基乙酸的降解速度比接种 *Ralstonia eutropha* JMP134 和未进行生物强化的土壤降解速度更快。

这些结果表明，如果通过基因生物强化提供必需的遗传物质，土著微生物就可以降解特定污染物。该数据还说明了基因生物强化有改变土著微生物基因库的潜力。其他研究人员也发现了类似的结果，Dejonghe 等（2000）研究了两种不同的 2,4-二氯苯氧基乙酸降解质粒在土壤 A（上）层和 B（下）层中的传播。添加含有两种质粒中的任一种的营养缺陷型假单胞菌 *Pseudomonas putida* 菌株在 A 和 B 中都产生了大量的接合子（>10^5/g）。供体数量在添加到土壤后减少，接合子的数量与 2,4-二氯苯氧基乙酸的降解相关。然而，生物强化只导致了 B 层中 2,4-二氯苯氧基乙酸降解能力的增强，其中，B 层中没有土著降解菌群，A 层中有土著降解菌群。另外，基因生物强化也适用于金属污染场地（Dong et al., 1998）。

在计划使用基因生物强化技术时要考虑的另一点是相关政府部门可能对同一质粒的不同宿主进行监管，尽管它们都不是基因工程。美国环境保护署认为，由来自不同属的生物的遗传物质组合而成的微生物是"新"生物体，其受《有毒物质控制法》（TSCA）的监管。对于含有质粒等可移动遗传元素的生物体，美国环境保护署认为受体微生物是"新"的，因此如果可移动遗传元素首先在不同属的微生物中鉴定发现，则受《有毒物质控制法》的监管。例如，Newby 等（2000a）使用的两种 pJP4 宿主中，即使质粒从 *Ralstonia eutropha* JMP134（第一次鉴定的 pJP4 宿主）以一个自然发生的过程转移到 *E. coli* D11 中，*E. coli* D11 也会被这些法规所监管。但并不是所有的国家都有这样的区分，有些国家把自然发生的产生转基因生物的过程，如杂交或自然重组排除在外。

为了避免这种规定的约束，除非迫切需要另一个宿主，否则最好使用原始宿主进行生物强化。事实上，在上面描述的实验中，选择除了 *Ralstonia eutropha* JMP134 的供体是因为它们不能降解污染物或不能在生物强化后存活，因此减少了它们对接合子检测的干扰。虽然这对于某些实验室研究可能是可取的，但是既可以降解污染物又可以转移降解基因的供体微生物可能更适合于现场应用。

五、微生物材料生物强化技术

还有一种生物强化方法就是添加微生物的产物，即将生物表面活性剂或酶作为改良剂单独添加到土壤中，或与微生物组合之后共同添加到土壤中。生物表面活性剂已经用于金属和有机污染物的生物修复中，它们同样可以加强生物强化应用的效果。例如，保护菌剂免受金属毒性或者增加土壤中可降解有机底物的数量。

Sandrin 等（2000）研究了使用鼠李糖脂（金属络合生物表面活性剂）在降低金属毒性方面的应用。该系统含有铬和萘，并接种了可降解萘的菌株 *Burkholderia*。研究人员发现，当加入鼠李糖脂的浓度比铬高 10 倍时，铬的毒性可以被消除。在加入较低浓度的鼠李糖脂时，铬的毒性仅仅是被降低或没有影响。作者得出结论：鼠李糖脂通过金属络合作用和脂多糖的释放，降低了铬的毒性，并提高了萘的生物利用度（Sandrin et al., 2000）。

另外，有研究人员使用纯化或死亡微生物细胞中的酶进行污染物修复。在某些情况下，由微生物产生的酶可以直接用于土壤生物修复。霉菌的酚氧化酶是一种多酚氧化酶，可通过氧化偶联反应催化酚类污染物与土壤中的腐殖质结合，从而将其固定并解毒。Top 等（1999）用基因工程大肠杆菌对阿特拉津除草剂污染的土壤进行了生物强化修复，该菌株大量分泌了用于阿特拉津脱氯的阿特拉津氯水解酶。在添加到土壤之前，使用化学方法灭活基因工程菌（Wackett et al., 2002）。8 周后，经酶处理的土地中阿特拉津的浓度降低了 52%，而对照地块则没有明显的降解。通常情况下生物强化会面临一些问题，例如，在恶劣的野外环境中如何使菌剂保持存活状态，而使用这些载体可以有效避免这些问题的发生。然而，生物表面活性剂的毒性（Schippers et al., 2000）和有效性（Dean et al., 2001）也存在一些问题。例如，为了减小酶在土壤或灭活菌体的吸附作用，存在着酶污染地下环境的固有的潜在危害。目前，美国有很多家公司出售用于环境生物修复的微生物产品，但此类产品的价值有待确认。

第三节　生物刺激修复技术与原理

一、生物刺激修复原理概述

生物刺激（biostimulation）是一种通过采用一些营养物、通气等可促进微生物繁殖与生长的手段来增加土著微生物活动从而增强土壤对污染物降解能力的技术。有机物在土壤中的生物降解可能受到许多因素的限制，包括营养物质、pH、温度、水分、氧气、土壤性质和污染物的存在。生物刺激技术即改变环境以刺激现有的能够进行生物修复的细菌。刺激手段主要是通过添加各种形式的限制性营养物质和电子受体来实现，如磷、氮、氧或碳。生物刺激的主要优点是可利用场地土壤和地下水中已有的微生物进行生物修复，对原场地土壤和地下水环境影响较小（屠明明和王秋玉，2009）。

生物刺激技术面临的主要挑战是添加物的添加方式,需要基于土壤和地下水的局部地质情况,选择易于被地下微生物利用的方式输送添加剂。紧密的、不透水的地下岩性(紧密的黏土或其他细粒材料)使得添加剂很难在整个受影响的区域内传播。地下的裂缝在地下形成了添加剂优先遵循的优先通道,阻碍了添加剂的均匀分布。添加营养物质还可能促进异养微生物的生长,而这些微生物不是降解有机污染物的优势菌群,导致其与土著微生物菌群之间产生竞争(Adams et al., 2014)。

二、生物刺激修复技术

生物刺激修复技术包括向污染土壤中通气,以及添加电子受体、营养物质、表面活性剂和其他添加剂等。本小节以石油污染土壤为例介绍生物刺激修复技术。

1. 通气

改善土壤的通气情况可以增强生物对污染物的降解。以石油污染土壤为例,石油污染多集中在 20 cm 左右的土壤表层。污染土壤的黏着力强,但是乳化能力低,因此石油污染降低了土壤的通透性,导致土壤氧气含量下降。研究表明,在缺氧的条件下烷烃及芳香烃的生物降解率明显比有氧条件下低。同时,氧气还可以增强石油烃降解酶的活性(Embar et al., 2006)。除此之外,对于挥发性有机化合物来说,土壤通气的过程可促进污染物挥发,在一定程度上降低土壤污染物含量。土壤通气可采用耕作法,该方法是通过施肥、灌溉和耕作等方法来提高土壤的肥力和通气性,同时使温度、湿度和 pH 保持在合理的范围内,从而提高污染土壤中微生物的活性,促进其对有机物的降解。另外,也可以通过在地面打井后安装鼓风机和抽真空机的方式将空气强行排入土壤。在通风时,还可加入一定量的氨气,为土壤中的微生物提供氮源,提高微生物的活性,增加生物修复效率。

2. 提供电子受体

污染物生物降解的速度和程度也受到土壤中污染物氧化分解的最终电子受体的种类和浓度的影响。生物氧化还原反应的最终电子受体分为溶解氧、有机物分解的中间产物和含氧无机酸根(如 NO_3^-、SO_4^{2-})三大类(孙铁珩等,2005)。

土壤中溶解氧浓度存在着明显的层次分布,具有好氧带、缺氧带和厌氧带。研究表明,好氧有益于大多数污染物的生物降解,溶解氧是原位修复中非常关键的因素,可以采用一些工程化的方法来增加土壤中的溶解氧。如上所述,通风可提升土壤含氧量。通过设置通气管道可以使土壤溶解氧浓度达到 8~12 mg/L。另外,为了增加氧气含量,还可以向土壤中添加产氧剂(比如 H_2O_2),需要控制其浓度避免对微生物产生毒性,研究表明微生物一般可耐浓度为 100~200 mg/L 的 H_2O_2。除此之外,其他控制溶解氧的方法还包括:防止土壤被水饱和,避免淹水环境;对土壤进行适度的耕作;避免土壤板结;限制土壤中的耗氧有机物含量等。

在厌氧环境中,甲烷、硫酸根、硝酸根和铁离子等都可以作为有机物降解的电子受体。一些研究表明,在许多好氧条件下,生物难以降解的苯、甲苯和二甲苯及多氯芳香烃等重要的污染物,可以在厌氧条件下被降解成 CO_2 和 H_2O。在一些实际工程中已有利用厌氧方法对土壤和地下水进行原位生物治理的实例,并取得了较好的应用效果。

3. 营养物质

添加有机和无机营养物质都可以不同程度地提高生物对有机物的降解。Abioye 等(2012)采用各种有机营养源[啤酒厂废粮(BSG)、香蕉皮(BS)和废蘑菇堆肥(SMC)]对含量为 5%和 15%的废机油污染的土壤进行了为期 84 天的异地生物修复。结果发现,BSG 作为有机营养源刺激后,土壤废机油的生物降解率可达到 92%,而未添加营养物质的土壤中废机油的生物降解率仅为 55%。值得注意的是,在这项研究中,由于营养物质(尤其是 BSG)具有高达 71.84%的水分含量,添加营养源明显改善了土壤-营养物质-油基质的水分含量。不仅如此,BSG 的添加还改善了营养成分及微生物数量。这一点很重要,因为混合营养源可形成丰富的微生物"食物"来源,并促进微生物增殖,在高浓度污染的土壤中赋予生物高的降解潜力,也缩短了降解的时间。

牛粪也可作为有机营养源刺激生物修复。Orji 等(2012)在尼日利亚三角洲地区受原油污染的红树林土壤中添加牛粪作为有机营养源刺激生物修复,在原油浓度为 100 mg/kg 的红树林土壤中加入 50 g 干牛粪,结果表明,原土壤中可降解原油的细菌最低值为 $3.6×10^4$ cfu/g,添加牛粪显著增加了细菌数量,达到 $2.8×10^7$ cfu/g。

无机肥料也被作为生物刺激营养物质广泛使用。Chorom 等(2010)研究了无机肥料(N、P、K)在提高土壤中石油烃的微生物降解方面的效果。气相色谱结果显示,在不到 10 周的时间里,所有添加无机肥料处理组的石蜡和异戊二烯都减少了 40%~60%。可见添加无机肥料可改善土壤的 C∶N∶P,最终促进微生物对有机物的降解。

由此可见,生物刺激由于提供了微生物生长所必需的无机或有机营养成分,促进了微生物的生长和活动,进而提高了微生物对石油烃的降解作用。但过多地添加营养物质也会降低微生物的降解能力。因此只有添加适当数量、类型的营养物质时才可以加速微生物对有机物的降解(Ayotamuno et al.,2006)。

4. 表面活性剂和其他添加剂

有机污染物,比如石油烃、多环芳烃等一般都具有疏水性,限制微生物对有机物的降解。因此,可通过添加表面活性剂的方式降低有机污染物的疏水性,增强其亲水性,进而增强生物降解效率。常用的表面活性剂有麦芽环式糊精、霉菌酸、吐温-80、Tergitol NP-10 等,选择表面活性剂的原则是对环境友好、不对土壤带来二次污染、成本低、增溶效果好(Vreysen and Maes,2005;Mariano et al.,2007;Garon et al.,2004;Lee et al.,2006)。

除了表面活性剂,还可以通过添加脂肪酸、废弃生物质等刺激微生物的生长(Hamdi et al.,2007),有研究表明添加玉米棒碎屑可提高降解芳香烃的微生物数量,进而促进微生物对多环芳烃的降解氯(Wu et al.,2008)。然而,也有研究得到不同的结论,添加剂仅促进微生物的生长，没有明显促进有机物的降解（Schaefer and Filser，2007），这可能是由于微生物更倾向于利用容易利用的营养（如生物质、脂肪酸等）而不倾向利用难降解的有机物（如石油烃、对环芳烃等污染物）。

第四节　植物修复技术与原理

一、植物修复原理概述

1. 植物修复基本概念

植物修复（phytoremediation）是指经过植物自身对污染物的吸收、固定、转化与累积功能，以及为微生物修复提供有利于修复的条件，促进土壤微生物对污染物的降解与无害化的过程。广义的植物修复包括利用植物净化空气（如室内空气污染和都市烟雾控制等）、利用植物及其根际圈微生物体系净化污水（如污水的湿地处理系统等）和治理污染土壤（隋红等，2013）。狭义的植物修复主要指利用植物及其根际圈微生物体系清洁污染土壤，包括无机污染土壤和有机污染土壤（魏树和等，2006）。植物修复技术包括植物提取、植物稳定、根际降解、植物根际过滤、植物降解、植物挥发等。

植物修复具有操作简便、投资少、效果好、不引起二次污染、不破坏场地结构、符合大众需求等优点，是一种发展前景较好的场地土壤污染修复技术，已被各国政府、科技界、企业界高度关注，目前世界上两个最大的植物修复技术应用的市场是美国和欧洲（封功能等，2008）。

2. 植物修复的主要原理

植物修复对土壤中重金属和有机污染物的作用原理略有差异。在对重金属污染环境进行植物修复的时候，通常是先寻找可以超积累或超耐受该有害重金属的植物，然后将金属污染物以离子的形式从环境中转运到植物的特定部位，再将植物进行处理，或者依靠植物将重金属固定在一定环境空间内来阻止重金属进一步的扩散。而对环境中的有机物污染进行修复时，机制更加复杂。在植物的根际微生物群落和根系相互作用下形成一个动态的微环境，进而实现对有机污染物的去除（赵爱芬等，2000）。综合来看，植物主要通过以下几种作用修复土壤污染。

1）植物提取技术

植物提取（phytoextraction）是指植物根部对污染物的摄取/吸收和转移到植物芽中的过程，在这个过程中植物通过代谢以获得能量，地面部分也可以被回收，从灰烬中回收金属。在植物提取的过程中，植物根部的根瘤的功能是吸收污染物及其他营养物质和水。污染物没有被降解，而是储存于植物的某些部位，如芽和叶。这种方法主要用于处理被重金属污染的土壤。比如，生物利用率高（主要是指可在生物作用下被迁移转运）的金属镉、镍、锌、砷、硒和铜，生物利用率中等的金属钴、锰和铁，以及生物利用率不高的金属铅、铬和铀。在植物提取过程中，螯合剂可以发挥重要作用，增强金属的生物可利用性。例如，通过在土壤中添加螯合剂，可以使铅的生物可利用性大大增加，从而通过植物提取被转移到地面部分。同样，通过使用柠檬酸和硝酸铵作为螯合剂，可以提高铀和放射性铯137的生物可利用性（康苏花等，2012）。

土壤中的有机污染物进入植物体内的途径主要有：①植物根与土界面吸收，随着蒸腾流的传输累积于植物体内；②有机污染物从土壤挥发到大气环境中，进一步被植物叶片吸收和累积等方式。

土壤中有机污染物的植物提取过程受污染物的性质、植物种类和土壤性质等影响。首先，植物提取取决于有机污染物自身的理化性质。化合物的相对亲脂性会决定其跨膜运输和在水相中的溶解度。当辛醇-水分配系数（K_{ow}）越小时，该化合物的水溶性就越高，而亲脂性就越小。土壤中的有机污染物通过在水中的扩散和传质运输到根系的表面，根系中的大部分溶质也要通过蒸腾流而被运往植物的地上部分。当化合物的$K_{ow}>3$，由于根系表面的强烈吸附而不容易在植物体内运输，$K_{ow}<0.5$的水溶性高的化合物则不能被吸附到根系的表面或者不能进行主动的跨膜运输。因此，当K_{ow}为0.5～3的中度疏水化合物时，其最容易被植物吸收和转运到植物的地上组织，但是很难在韧皮部流动。例如，DDT的K_{ow}为6.9，它的代谢产物DDD（二氯二苯二氯乙烷）和DDE（二氯二苯二氯乙烯）的K_{ow}分别是6.0和6.5，都很难被植物根系吸收并运到地上部分。

其次，不同种类的植物对于同一种有机污染物的提取能力差异很大。不断筛选吸收强、积累能力强的植物新品种是进一步发展和强化植物修复技术的重要研究内容。有机污染物的提取会受到植物根系表面积大小的影响，植物根系表面积越大，尤其是根细毛越多，提取的污染物也会越多。除了杀虫剂、除草剂、多环芳烃、六氯苯、DDT等持久性有机污染物以外都可以被植物组织直接提取。

最后，植物对有机污染物的提取还依赖于土壤pH、温度、水分条件、有机质含量、黏土含量、阳离子交换量等土壤环境因子，环境因子的改变会影响农药的生物利用性。施用人工合成或者天然的表面活性剂可以提高有机污染物的溶解性，促进植物对污染物的提取。

2）植物稳定技术

植物稳定（phytostabilization）是指通过植物根系的吸收、吸附、沉淀等作用稳定土壤中的污染物的过程。植物稳定通常发生在植物根系层，通过微生物或者化学作用改变土壤环境，如植物根系的分泌或者产生的CO_2。此外，还可以改变土壤pH。能起到稳定作用的植物一般称为固化植物，尽管固化植物对污染物的吸收量不是非常高，但它们可以在含污染物很高的土壤上进行正常生长。在植物稳定中，固化植物主要有两种功能：一种是通过耐性植物根系分泌物来积累和沉淀根际圈污染物来加强土壤中污染物的固定，使其降低生物有效性，并通过防止其进入地下水和食物链来减少毒害作用；另一种是利用植物在污染土壤上的生长来减少污染土壤的风蚀和水蚀，以减少土壤渗漏来防止污染物的淋移，并防止污染物向四周进一步扩散。值得注意的一个问题是，应用植物稳定原理修复污染土壤时应尽量防止植物吸收有害元素，以防止昆虫和牛、羊等草食动物在这些地方觅食后可能对食物链造成的污染。

植物稳定的研究倾向于废弃矿山的复垦工程和铅、锌尾矿库的植被重建等重金属污染土壤的稳定修复。植物稳定应该注重促进植物发育，使根系发达，键合和滞留有毒金属于根-土中，并将转移到地上部分的金属控制在最小范围。此外，原位化学钝化技术与这种技术结合将会显示出更大的应用前景。

植物稳定并没有去除环境中的重金属离子等，只是暂时地降低了污染物的生物有效性，一旦环境条件发生变化，金属的生物可利用性可能又会发生改变。因此植物稳定不是一种永久性的去除环境中污染物的方法。对污染土壤的植物稳定的效应及其持久性的系统评价方法是一个值得探讨的问题。这种评价应该结合化学、物理和生物的方法。植物稳定技术可以成为那些昂贵且复杂的工程技术的有效替代方法。

3）根际降解技术

根际降解（rhizodegradation）是指由于植物根系的存在，土壤中的微生物（真菌、细菌）对有机物的降解作用得到了加强。同时，根系分泌物（如氨基酸、糖酶等）能够为微生物生长提供更为适宜的湿度环境，微生物活性得到提高，更有利于它们降解有机污染物（如油类、溶剂等），植物与微生物的互作是根际生物降解的关键因素（刘世亮等，2007）。研究表明，根际生物降解有机污染物的效率明显高于单一利用微生物降解有机污染物的效率，这是由于植物能持续为根际微生物提供营养物质并为其生长创造良好的环境。目前，根际降解机制主要用于去除多环芳烃、苯系物、其他石油类碳氢化合物、高氯酸酯、除草剂和多氯联苯等有机物（彭胜巍和周启星，2008）。

4）根际过滤技术

植物根际过滤（rhizofiltration）是指利用植物特性，通过改变根际环境，使污染物形态发生化学改变，通过在植物根部的沉淀和累积，减少污染物在土壤中的移动性的过程。有较大根系生物量的植物适用于根系过滤技术，最好是须根植物。

根系过滤技术最初主要用来处理石油天然气生产过程中产生的废水、含放射性污染物的废水、含重金属的各种废水，以及富含氨、磷、钾等其他污染物的废水。各种耐盐的野草是常用的根际过滤植物，例如，牙买加大克拉莎（*Cladium jamaicense*）、弗吉尼亚盐角草（*Salicornia virginica*）、盐地鼠尾粟（*Sporobolus virginicus*）、印度芥菜、杂交杨树、向日葵，以及宽叶香蒲等各种水生植物。

5）植物降解技术

植物降解（phytodegradation）是指植物从土壤中吸收污染物，并通过代谢作用进行降解的过程。植物降解主要有两条修复途径：一条途径是污染物被吸收进植物体后在植物体内转化分解，植物对污染物的吸收取决于污染物的溶解性、疏水性和极性，实验证明辛醇-水分配系数 K_{ow} 在 0.5～3.0 时的疏水性适度的有机物容易被植物吸收。植物对污染物的吸收，还取决于污染时间、植物种类及其他的土壤理化性质。吸收的效率同时取决于 pH、吸附反应的平衡常数、土壤水分、有机物含量和植物生理学特点等。另一条途径是植物根分泌酶直接降解根际圈内有机污染物，如漆酶对 TNT 的降解、脱卤酶对三氯乙烯等含氯溶剂的降解等。植物降解的处理对象主要有硝基苯、硝基甲苯、TNT 等军需品、阿特拉津、卤代化合物、DDT 等（彭胜巍和周启星，2008）。

6）植物挥发技术

植物挥发（phytovolatilization）是指植物吸收并转移污染物，然后将污染物或者改变形态的污染物释放到大气中的过程。植物挥发是与植物提取相关联的。它是利用植物的吸收、积累、挥发而减少土壤中的污染物。目前，在这方面研究最多的是易挥发的如汞、砷、硒等元素。由于通过植物或与微生物的复合代谢，可以形成甲基砷化物或砷气体，植物挥发对砷的有机污染物治理也具有较好的应用前景。许多植物可从污染土壤中吸收硒，并将其转化成可挥发状态的二甲基硒和甲基硒，从而降低硒对土壤生态系统的毒性。在有机污染物治理方面，植物挥发适合三氯乙烯（TCE）、三氯乙酸（TCA）、四氯化碳等氯代溶剂的修复。由于植物挥发涉及污染物释放到大气的过程，为保证植物挥发系统的正常运行，要给植物提供足够的水分。植物挥发仅能去除土壤中一些可挥发的污染物，且将污染物转移到大气中对人类和生物有一定的风险，因此它的应用有一定的局限性，应确保其向大气挥发的速度不构成生态危害。

3. 植物修复的技术特点

与土壤污染的物理、化学修复技术相比，植物修复技术的优点，包括：①植物修复具有绿化观赏价值，有较高的美化环境的作用，容易被社会所接受。②植物修复对环境的扰动很小，且有稳定地表的作用，可防止污染土壤因风蚀或水土流失而带来的污染扩散，也可以提升土壤肥力，修复后的土壤可用于作物种植。③清理土壤中重金属污染物的同时，可以清除污染土壤周围的大气或水体载体中的污染物。修复植物的蒸腾作用可以防止土壤污染物对地下水的二次污染。④以太阳能为驱动能，技术操作简单、成本较低，可大面积使用。⑤植物收集后可以进行集中处理，不会造成二次污染，同时还可回收植物体内的重金属，从而也能创造一些经济价值（王红旗等，2015）。

然而，植物修复技术也面临着一些问题：①目前对修复植物的筛选主要依靠前期研究经验，缺乏行之有效的用于筛选修复植物的手段；②植物修复的周期相对较长，因此不利的气候或不良的土壤环境都会间接影响修复效果；③一种植物往往只能吸收一种或两种重金属元素，对土壤中其他浓度较高的重金属则表现出某些中毒的症状，因此对于多种重金属和有机物污染土壤来说，植物修复技术应用受限；④存在污染物通过"植物—动物"的食物链进入自然界的可能；⑤修复植物可能与本地植物产生竞争，影响当地生态平衡。

4. 植物修复的环境影响因素

植物修复受到环境的 pH、氧化还原电位、共存物质、污染物间的复合效应、生物因子等环境因素的影响（赵景联，2006）。

1）pH

pH 的影响主要是针对重金属污染土壤，当土壤溶液 pH 降低时，大多数重金属元素在土壤固相的吸附量和吸附能力降低，重金属元素的离子活度升高，从而易于被生物利用，比如铅、铜、锌等。但有些重金属相反，如砷在土壤中以阴离子形式存在，提高 pH 后将使土壤颗粒表面的负电荷增多，从而减弱砷在土壤颗粒上的吸附作用，增大土壤溶液中的砷含量，造成植物对砷的吸收增加。

2）氧化还原电位

氧化还原电位对植物修复的影响也主要体现在对重金属存在形态的影响。例如，镉污染区水稻抽穗一周后，氧化还原电位为 416 mV 时的糙米含镉量是 165 mV 时的 2.5 倍。湿润条件下水稻根的含镉量为淹水条件下的 2 倍，茎叶是 5 倍，糙米是 6 倍。因为在淹水还原条件下，Fe^{3+} 还原成 Fe^{2+}，Mn^{4+} 还原成 Mn^{2+}，SO_4^{2-} 还原成硫化物，结果就会形成难溶的 FeS、MnS 和 CdS。在含砷量相同的土壤中，水田中的水稻更容易受伤害，而其对于旱地作物几乎没有产生毒害作用。这也是因为在厌氧条件下易形成还原态的三价砷，而旱地常以氧化态的五价砷存在，三价砷的毒性比五价砷高。

3）共存物质

（1）络合-螯合剂：主要通过络合作用与土壤溶液中的可溶性金属离子结合，从而阻止重金属沉淀或吸附在土壤上，随着自由离子的减少，被吸附态或结合态的金属离子开始溶解，以补位平衡的方式移动从而进入植物体内。比如，研究表明添加 EDTA 螯合剂显著提升了玉米和豌豆对土壤中铅的富集能力，即植物地上部分铅的浓度从 500 mg/kg 提高到 10 000 mg/kg（董姗燕，2003）。

（2）表面活性剂：在植物修复的过程中添加表面活性剂不仅有利于重金属从土壤中解吸，还能增加植物细胞膜的透性，从而促进植物对重金属的吸收，强化植物修复性能（陈晨，2009）。

4）污染物间的复合效应

在实际工程中，土壤多为受到多种污染物产生的复合污染。污染物之间的作用也会影响植物修复的效果。例如，锌能拮抗凤眼莲对镉的吸收（李森林等，1990）。没有加锌时，利用 1.0 mg/L 和 5.0 mg/L 镉处理 30 天后，凤眼莲含镉量分别是 459.5 mg/kg 和 1760.5 mg/kg；当加 1.0 mg/L 锌后，凤眼莲的含镉量分别下降到 209.1 mg/kg 和 191.1 mg/kg。但是，当镉浓度超过 5 mg/L 后再加锌，锌又能促进植物对镉的吸收。例如，10 mg/L 镉单独处理 30 天，凤眼莲的含镉量为 2070.1 mg/kg。当加入 1.0 mg/L 锌后，镉的含量上升到 5540.5 mg/kg。同时，镉也能抑制植物对锌的吸收。研究结果表明，对水稻而言，在锌、镉共存时植株中的锌含量减少而镉明显增加，缺锌时镉的吸收量增加，但缺锌时施加镉则使植株中的锌含量提高。

二、用于污染修复的植物

1. 修复重金属污染土壤的植物

重金属污染土壤的植物修复是一种利用自然生长植物或者遗传工程培育的植物修复金属污染土壤环境的过程。它通过植物系统及其根际微生物群落来去除、挥发或稳定土壤环境污染物，现在已经成为修复金属污染土壤的一种经济、有效的方法。植物修复的成本非常低，仅为常规技术的一小部分，并且同时可以美化环境，正是因为其在技术和经济上比常规的方法和技术有优势，所以植物修复被大家迅速且广泛接受，正在全球发展和应用。

目前修复重金属污染土壤的植物多为超积累植物。超积累植物这一概念是由布鲁克斯（Brooks）等在 1977 年提出的，当时这一概念是用于命名植物茎中镍含量（干重）大于 1000 mg/kg 的植物。现在超积累植物的概念已扩大，表示植物对所有重金属元素的超量积累现象，即超量积累一种或同时积累几种重金属元素并将其运移到地上部的植物，也称为超富集植物（李法云等，2006）。通常认为超积累植物对重金属的积累量是同等生存环境中其他普通植物的 100 倍以上；同时，重金属超积累植物的认定还需要考虑 3 个条件：①植物地上部（茎或叶）重金属含量是在同一生长条件下普通植物的 10～500 倍，植物体内重金属临界含量为：锌和锰 10 000 mg/kg，镉 100 mg/kg，金 1 mg/kg，铅、铜、镍、钴和砷均为 1000 mg/kg。②植物地上部重金属的含量应远大于其根部对该种重金属的积累量，即表现出特殊吸收的性能，将重金属转运并储藏于地上部。③植物对重金属具有耐性，能在污染场地旺盛生长，植物的生物量较大，生长周期短，能同时富集两种或两种以上重金属。

1）超积累植物的来源和分布

在污染土壤中生存的植物经过长期自然选择进化，通常对环境胁迫形成了三类适应模式。其中，第一类模式是为了抵御环境中重金属的侵蚀，与根际周围的各类真菌、细菌组成菌根，形成一个防御网共同抵制外界重金属的侵害。第二类模式是植物因无法建立防御网，长时期的耐受最终促使其具有一定的忍耐特性的富集植物，它们体内重金属含量要高于普通植物，即使脱离重金属污染土壤，这类植物仍能自然成活。最后一类模式是超积累植物的形成，因为它们自身生理的需要，当土壤中重金属含量要达到一定数值时才能成活，如唇形科蒿荞草属的比苏草在铜含量小于 100 µg/kg 的土壤中不能正常生长，铜含量大于 100 µg/kg 时才会生长（李法云等，2006）。根据这一特性，某种重金属的超积累植物常常还能成为金属矿藏的指示植物。

有时从不同的角度和功能分析超积累植物，也会有不同的命名。例如，根据生长环境的不同分为水生超积累植物和陆生超积累植物。针对所吸收重金属种类的不同又可分为铜超积累植物、镍超积累植物等。

目前对铜、铬、锰、钴、铅、镍、锡、锌有富集作用的超积累植物已发现了 400 多种，其中，富镍植物数量最多，镍超积累植物大约为 73%。这些植物涉及了 20 多个科，其中十字花科植物较多。表 4-5 列举了常见重金属及其对应的超积累植物。

表 4-5 常见重金属及其对应的超积累植物（李法云等，2006；刘小梅等，2003）

金属元素	植物种	茎或叶片（干物质）中重金属含量（mg/kg）
Cu	甘薯高山薯（*Ipomoea alpine*）	12 300
	异叶柔花（*Aeollanthus bioformifolius*）	13 700
	星香草（*Haumaniastrum robertii*）	2 070
Cd	菥蓂属遏蓝菜（*Thlaspi carulescens*）	1 800
	星香草（*Haumaniastrum robertil*）	10 200
	异叶柔花（*Aeollanthus bioformifolius*）	2 820
Pb	高山漆姑草属高山漆姑草（*Minuaritia verna*）	11 400
	菥蓂属圆叶遏蓝菜（*Thlaspi rotundifolium*）	8 500
	Ameica martitima var. *balleri*	1 600
Mn	澳洲坚果属脉叶坚果（*Macadamia neurophylla*）	51 800
	链珠藤属红茎串珠藤（*Alyxia rubricaulis*）	11 500
Ni	九节属套哇九节（*Psychotria doarrei*）	47 500
	叶下珠属匍匐叶下珠（*Phyllanthus serpentines*）	38 100
	庭花菜（*Bormuellera tymphaces*）	31 200
	庭芥属贝托庭芥（*Alyssum bertolonii*）	13 400
	Berkheya coddii	7 880
Zn	菥蓂属爱遏蓝菜（*Thlaspi caerulescens*）	51 600
	毒鼠子属毒鼠子（*Dicha petalum gelonioides*）	30 000
	菥蓂属景天叶遏蓝菜（*Thlaspi rotundifolium cepaeifolium*）	17 300
	菥蓂属短瓣遏蓝菜（*Thlaspi brachypetalum*）	15 300
	芥菜属巴丽芥菜（*Cardaminossis balleri*）	13 600
	堇菜属芦苇堇菜（*Viola calaminaria*）	10 000
	景天属东南景天（*Sedum alfredii*）	19 674
Se	黄氏属总状黄氏（*Astragalus racemosus*）	14 900
Re	铁芒萁（*Dicrano pteris dichodoma*）	3 000
As	凤尾蕨属粗糙凤尾蕨（*Pteris cretica*）	694
Cr	线蓬（*Sutera fodina*）	2 400
	尼科菊（*Dicoma niccolifera*）	1 500

现在已经发现的超积累植物大多数分布在野外环境中，并且它们具有很强的地域性，呈现非常不均匀的分布，特别是在富含重金属的矿区周围最多，在矿山地区发现了大量的超积累植物，这对寻找某些重金属的超积累植物有很大的参考依据。例如，镍的超积累植物主要分布在亚洲的马来群岛、古巴、新喀里多尼亚、南欧、西澳大利亚、美国西部、津巴布韦。有研究学者统计发现，铜和钴大多产于非洲沙巴铜矿带。

另外，超积累植物的一个重要来源库是农田杂草。杂草具有生物量大、种类多、生长旺盛、环境适应能力强的特点。如果杂草中能筛选出某些重金属的超积累植物，对植物修复技术具有十分重要的开拓性意义。这方面的研究已有了相应的进展。有学者在12 科 22 种农田杂草的积累特性研究中发现，其中有 8 种对铬具有超积累性的杂草，其中包括欧洲千里光（*Senecio vulgaris*）、长裂苦苣菜（*Sonchus brachyotus*）、小蓬草（*Conyza canadensis*）、欧亚旋覆花（*Inula britanica*）、黄花蒿（*Artemisia annua*）、猪毛蒿（*Artemisia scoparia*）、柳叶刺蓼（*Polygonum bungeanum*）和石防风（*Peucedanum terebinthaceum*）（叶菲，2007）。

除此之外，基因工程也是一种获得超积累植物的新方法。例如，通过引入金属硫蛋白基因或引入编码 MerA（汞离子还原酶）的半合成基因，可以增加植物对金属的耐受性。目前虽然已有许多利用转基因技术制造特定目标植物的成功例子，但在转基因超积累植物研究方面的突破还不是很大。

2）超积累植物的局限性

在修复土壤重金属污染方面，尽管超积累植物表现出了很高的潜力，然而超积累植物也受到了很大的限制，因为其具有以下固有特性：①大部分超积累植物植株矮小，生长缓慢，生物量低，所以修复效率受到很大限制，并且不利于进行机械化作业；②超积累植物大多数是野生型的植物，生存过程中对气候条件要求比较严格，具有较强的区域性分布；③超积累植物专一性强，一种植物通常只能作用于一种或两种特定的重金属元素，对土壤中其他含量较高的重金属就会表现出中毒症状，从而在受多种重金属污染土壤的治理方面受到限制；④植物器官常常会通过落叶、腐烂等途径使重金属重新回归到土壤；⑤对于超积累植物的病虫害防治、农艺性状、育种潜力及生理学研究较少。

3）超积累植物研究展望

国外较早开始了对重金属超积累植物的筛选工作。Brooks 等（2010）对葡萄牙、土耳其和亚美尼亚地区庭荠属 *Alyssum* 的 150 种植物进行了全面考察，共发现了 48 种 Ni 超积累植物，它们多数生长在蛇纹岩地区，分布区域很小。目前全球发现的 Ni 超积累植物共有 329 种，隶属于爵床科 Acanthaceae（6 种）、菊科 Asteraceae（27 种）、十字花科 Brassicaceae（82 种）、黄杨科 Buxacea（17 种）、大戟科 Euphorbiaceae（83 种）、大风子科 Flacourtiaceae（19 种）、桃金娘科 Myrtaceae（6 种）、茜草科 Rubiaceae（12 种）、椴树科 Tiliaceae（6 种）、堇菜科 Violaceae（5 种）等 38 个科，在世界各大洲均有分布。如此众多 Ni 超积累植物的发现，得益于富 Ni 土壤在全球的广泛分布。

虽然我国对超积累植物筛选起步较晚，但已取得了显著成果。目前，我国对重金属镉的植物富集研究较多。已报道的富集镉的植物有全叶马兰、蒲公英、鬼针草、龙葵、芥菜型油菜溪口花籽等（魏树和等，2004；苏德纯等，2002）。

植物修复属于绿色低能耗的修复技术，超积累植物在植物修复中占据重要地位。未来对超积累植物可以进行以下几方面研究：①探寻更多重金属超积累植物，特别是可以同时富集多种不同重金属元素的植物，可以加强对现有野生超积累植物的人工引种、驯化方面的研究，拓展植物修复的商业运作前景；②在分子水平上进行植物耐金属的机制研究，从基因水平上探究植物对重金属耐性的原因；③加强各种重金属元素在不同植物体内的储存及分布特征的研究；④增强超积累植物根际环境对重金属吸收作用的影响研究（崔龙哲和李社锋，2016）。

2. 修复有机物污染土壤的植物

使用植物修复方法进行有机污染物的治理时，常与其他修复方法相结合。目前植物修复多用于氯代有机溶剂、燃料泄漏、炸药污染、石油化工污染、农药和填埋淋溶液等有机污染物的治理。植物修复有机污染包括的机制主要有 3 种：①直接吸收并在植物组织中积累非植物毒性的代谢物；②释放促进生物化学反应的酶；③强化根际（根-土壤界面）的矿化作用。因此，修复有机污染的植物类型也可以从以上 3 种作用机制的角度分类。

植物对有机污染物的吸收分为两种，即主动吸收与被动吸收（谷雪景，2007）。被动吸收可以看成污染物在土壤固相-土壤水相、土壤水相-植物水相、植物水相-植物有机相之间一系列分配过程的不同组合，其主要由蒸腾拉力驱动。不同植物的蒸腾作用强度不同，所以对污染物的吸收转运能力也有所不同。此外，因为组织成分不同，不同植物积累、代谢污染物的能力也是不同的，含脂质高的植物对亲脂性有机污染物的吸收能力强。对污染物的吸收机制会因植物种类不同而存在差异，即使是同类作物，吸收机制也会有所区别。有研究显示，夏南瓜对 PCDD/PCDF（$\lg K_{ow} \gg 6$）的富集能力明显大于南瓜、黄瓜等同族植物，并且它们的吸收方式是不相同的。夏南瓜与南瓜主要是从根部吸收，并向地上部分转移，但是黄瓜主要是通过地上部分在空气中吸收。植物的不同部位累积污染物的能力也是不同的。对于大多数植物而言，根系累积污染物的能力大于茎叶和籽实，如农药被植物通过根系吸收后，在植物体内分布的顺序是果实<叶<茎<根。另外，由于植物在不同的生长季节中，生命代谢活动的强度不同，吸收污染物的能力也是不同的，如水稻分蘖期以后，1,2,4-三氯苯等污染物在其根、茎、叶中的浓度大幅度升高。

从分泌酶和根际作用来看，植物根系类型对有机污染物降解也具有较大影响。一方面须根比主根具有更大的比表面积，并且一般处于土壤表层，然而土壤表层比下层土壤含有更多的污染物，所以须根吸收污染物的量大于主根。这一现象是禾本植物比木本植物吸收和累积更多污染物的主要原因之一。另外，由于根系类型不同，根面积、根分泌物、酶、菌根菌等的种类和数量不同，也会导致根际对污染物降解能力显示出差异。

第五节　微生物还原脱氯及其强化

一、脱卤呼吸厌氧菌系统

1. 脱卤呼吸菌介绍

微生物还原脱氯过程通常由脱卤呼吸菌完成，它们能够利用自身的功能酶将氢气或其他有机化合物分解产生电子，电子攻击氯代烃中的氯原子实现脱氯，脱卤呼吸菌在代谢脱氯过程中获得自身生长所需能量（Richardson，2013）。常见的脱卤呼吸菌包括地杆菌、脱硫单胞菌、脱硫念珠菌、脱硫弧菌、硫磺单胞菌、脱硫菌、脱卤菌和脱卤拟球菌等（Nijenhuis and Kuntze，2016）。

有机卤呼吸细菌对地下水、沉积物等厌氧环境中氯代烃的去除具有重要作用，如脱卤拟球菌（*Dehalococcoides*）能够优先控制污染物三氯乙烯和一氯乙烯完全脱氯转化为无毒无害的乙烯。部分以脱卤拟球菌为核心菌株开发的菌剂已有很多修复地下水有机氯污染的应用实例，对氯代烯烃和氯代烷烃均有比较理想的降解效果，说明有机卤呼吸细菌在污染场地修复中具有重要价值和潜力（Dang et al.，2018）。脱卤单胞菌（*Dehalogenimonas*）是近年来发现的新型专性有机卤呼吸细菌，许多脱卤单胞菌菌株通过二卤消除反应进行有机卤呼吸降解氯代烃（Chen et al.，2022）。因此，利用和培养脱卤呼吸菌对于氯代烃的去除格外重要。

2. 生长代谢特点

还原性脱卤呼吸是一种微生物节能代谢过程，由有机卤化物呼吸细菌（OHRB）介导，在厌氧条件下以氢和有机底物（如乳酸和丙酮酸）作为电子供体，有机卤化物作为电子受体，从有机卤化物中消除卤素。这种独特的微生物氧化还原过程是修复地下水中氯代溶剂的一种经济高效且环境友好的方法。OHRB 包括脱卤球菌属、脱卤单胞菌属、脱卤杆菌属、脱硫杆菌属、脱硫单胞菌属、脱卤螺菌属、地杆菌属和硫螺菌属等，常见于含水层中，可将 TCE 脱氯为二氯乙烯（DCE）和氯乙烯（VC）等代谢物（Chen et al.，2022）。

只有少数脱卤拟球菌（*Dehalococcoides*）和脱卤单胞菌（*Dehalogenimonas*）菌株可以将 TCE 和脱氯代谢物完全脱氯为无毒乙烯。代谢物 DCE 和 VC 的脱氯通常是限速步骤，由 *Dehalococcoides* 的丰度决定。由于脱氯代谢物的毒性甚至高于母化合物，因此刺激脱氯球菌的生长和活性以快速降解有毒脱氯中间体对于污染场地氯代溶剂的原位生物修复至关重要。

Dehalococcoides 的基因组较小，是营养缺陷型的，缺乏合成多种生长因子的能力，这些营养素必须外源提供，以实现培养物的最大生长，或通过复合微生物体系从共存种群养分交换网络中内源获得。同时，*Dehalococcoides* 对 TCE 的脱氯效率还受氧化还原水平、温度和 pH 等环境条件的影响，并且与 *Dehalococcoides* 的生理特性和当地微生物群落中共存的可以产生氢和生长因子的微生物种群有关（Němeček et al.，2018）。

3. 脱卤拟球菌处理氯代烃的影响因子

1）温度

地下水中的温度低于脱卤拟球菌最适生长温度，通过对地下水温度进行调节，可以增加微生物数量，提高污染物去除效率。研究表明，在底物丰富的情况下，加热过的含水层中微生物对氯代烃的处理过程明显加快（Němeček et al.，2018）。地下水中溶解铁和硫化物增加、硫酸盐浓度降低可为微生物脱氯提供有利条件。在受加热和底物影响最大的地下水中观察到 TCE 浓度下降最快。目前对热增强原位修复的研究较少，可以进行进一步的研究。

2）pH

由于底物的使用、发酵和还原性脱氯过程，氯代溶剂场地的生物修复通常会导致地下水酸化。脱卤拟球菌还原脱氯过程在中性 pH 下是稳定的，在地下水 pH 低于 6.0 时，微生物活性会迅速下降。低 pH 条件下，主要起脱氯作用的微生物为硫螺菌。四氯乙烯（PCE）脱氯培养物的活性在 pH 5.5 培养基中不能持续。脱氯微生物（*Sulfurospirillum multivorans*）能够在 pH 5.5 的培养基中将 PCE 脱氯为顺-1,2-二氯乙烯（*cis*-1,2-dichloroethene，cDCE），并在重复转移后保持这种活性。不能维持 *Dehalococcoides* 的活性是低 pH 条件下原位 PCE 还原脱氯速率低甚至停止脱氯的关键因素（Yang et al.，2017）。关于 pH 对脱卤拟球菌的影响研究广泛，只有在合适的环境下才能够保证微生物的活性和脱氯的速度。

3）氧气

脱卤菌为严格厌氧生物，氧气的存在会对其生长和降解污染物有一定的影响。氧气可能会导致脱卤菌中毒，失去细胞活性。在短时间接触氧气的情况下，经过一段时间可以恢复细胞活性；而长时间接触氧气则会导致脱卤菌停止脱氯。有研究表明（Wen et al.，2017），脱卤呼吸菌在无氧的条件下 5 天可以完全去除三氯乙烯，添加 0.2 mg/L 氧气后则需要 15 天，添加 4 mg/L 氧气时乙烯的形成被完全且不可逆的抑制。

4）外加氮源、碳源

除了环境因素，微生物在脱氯的过程中需要碳源和氮源，大多数脱氯剂都需要乙酸盐作为外加碳源，在目前研究中乙酸铵是最常使用的氮源，添加后可以明显提高微生物繁殖速率。研究表明，TCE 的还原脱氯作用随送入反应器的释放氢气的底物而变化。其中，乙酸盐是一种缓慢释放氢的底物，可以在较长时间内促进微生物生长。而铵盐是常见的氮源（Chen et al.，2022）。也有研究证实，添加 NH_4^+ 使 cDCE 与乙烯的脱氯率提高了约 5 倍，与没有添加 NH_4^+ 孵育的微生物相比，使用 NH_4^+ 孵育的脱卤菌 *Dehalococcoides mccartyi*（Dhc）的 16S rRNA 基因拷贝数大约高 43 倍（Kaya et al.，2019）。在 TC 培养物中，NH_4^+ 还能够刺激从 cDCE 到乙烯的脱氯和 Dhc 生长。目前，在实验室研究中，关于氮源、碳源对脱卤呼吸菌的影响研究较多，但在原位测试中的研究较少，外加氮源、碳源后，是否会对地下水造成其他影响还缺乏研究。

5）其他物质

能够促进或抑制微生物生长的物质有很多，除了外加碳源、氮源，一些微量元素或维生素等在合适的浓度范围内对脱卤呼吸菌生长起到促进作用，部分其他污染物则会对脱卤呼吸菌的生长有抑制作用。有研究表明，底物具有刺激 *Dehalococcoides* 生长和活性的能力。例如，DCE 可以抑制 *Dehalococcoides* 的活性，甚至停止脱氯（Delgado et al.，2014），所以在高 TCE 负载下，DCE 的高积累可能会加剧底物效应。

此外，还有研究发现，底物（电子供体）不是限制 *Dehalococcoides* 生长的关键因素，因为在存在外部钴胺素的情况下，*Dehalococcoides* 浓度可以达到 10^8 拷贝/ml。最近的一项研究表明，理论上 8.1～34 pg/L 的钴胺素应满足 10^6 个/L *Dehalococcoides* 细胞的需求，从而允许在淡水生态系统中进行原位生物修复。这些研究表明，底物依赖性微生物群落可能提供不同的外源氨基酸补充策略以帮助 *Dehalococcoides* 生长（Yan et al.，2021）。

污染场地中共同存在的污染物也可能对脱卤拟球菌的生长产生抑制作用。包括1,1,2-三氯-1,2,2-三氟乙烷（CFC-113）在内的氯氟烃经常出现在与三氯乙烯（TCE）等氯代溶剂混合的地下水羽流中。如图 4-1 所示，CFC-113 以浓度依赖性方式抑制 *Dehalococcoides mccartyi* 的还原脱氯，但 CFC-113 的降解中间体三氟氯乙烯（CTFE）、四氟乙烯（TFE）和顺-1,2-二氟乙烯（*cis*-DFE）不会抑制 Dhc 对 TCE 脱氯（Im et al.，2019）。

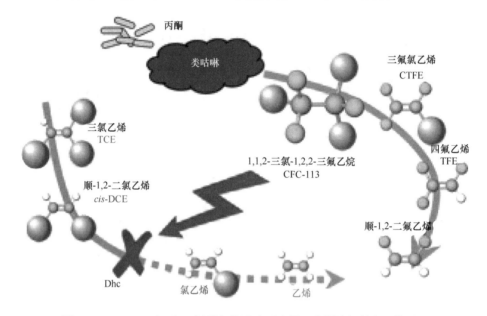

图 4-1　CFC-113 对三氯乙烯脱氯的影响示意图（彩图请扫封底二维码）

维生素也会影响微生物的生长。例如，VB_{12} 限制改变了菌群的微生物群落结构，影响方式如图 4-2 所示。与含有 VB_{12} 的培养物相比，不含 VB_{12} 的培养物中脱卤球菌的 16S rRNA 基因和还原性脱卤酶基因 *tceA* 或 *vcrA* 的相对丰度较低。在连续 3 个无 VB_{12} 周期后，*Dehalococcoides* 的丰度从 42.9%下降到 13.5%（Wen et al.，2020）。

6）其他微生物

不同的微生物之间可能存在电子供体或营养物质的竞争关系。有研究发现，在提供的电子足以将 TCE 还原脱氯生成乙烯的条件下，一些电子可能已被引导至产甲烷菌（Chen et al.，2022）。使用糖蜜和大豆油作为底物，可刺激利用氢的产甲烷菌生长，其与 OHRB 竞争方面的性能可以随着它们的发酵动力学而变化（Borden et al.，2007）。此外，在硫酸盐还原、产甲烷和同产乙酸条件下，脱氯微生物与其他厌氧氢营养微生物竞争利用 H_2（Němeček et al.，2018）。这些微生物的竞争力随着更多的氧化末端电子受体的存在而降低（Vogel et al.，1987）。地下水中微生物的生长情况复杂，不同的微生物生长会给脱卤拟球菌带来不同的影响，还有更多的微生物需要研究。

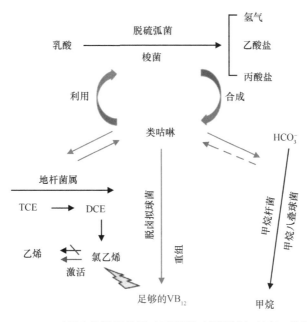

图 4-2　VB$_{12}$ 对微生物脱氯的影响示意图（彩图请扫封底二维码）

二、铁还原菌耦合脱卤菌处理氯代烃污染

利用有机卤化物呼吸细菌（OHRB）进行原位修复是清除持久性有机卤化物污染物的一种有前景的解决方案。然而，在实际污染场地中，仅仅依靠 OHRB 自身降解氯代有机物的效果有限，可以考虑对降解系统进行生物强化以提高脱氯。生物强化是一种通过在污染场地引入功能型生物活性物质来提高原位脱卤活性的有效方法（Xu et al., 2018）。

在缺氧条件下，异化金属还原微生物（DMRM）可以氧化有机物和氢气（H$_2$），然后将释放的电子转移到含有氧化金属离子的固相矿物［如铁（Fe^{3+}）和锰（Mn^{4+}）］，进行厌氧呼吸。DMRM 广泛存在于土壤、河流、湖泊、海洋沉积物和地下等环境中，在有机物降解中发挥着重要作用。铁是地球上第四丰富的元素。在土壤、沉积物和地下等自然环境中，Fe 以 Fe^{2+} 和 Fe^{3+} 两种氧化还原状态存在（Jiang et al., 2019）。虽然 Fe^{2+} 在缺氧条件下可溶于水，但在氧化条件下和周围中性 pH 下会迅速氧化成 Fe^{3+}（氧合）氧化物（Emerson et al., 2010）。因此，Fe^{3+} 比 Fe^{2+} 更丰富，在大多数环境中通常以 Fe^{3+}（氧合）氧化物的形式存在。

希瓦氏菌和地杆菌是两种常见的异铁还原菌，可以还原 Fe^{3+}（氧合）氧化物进行厌氧呼吸，并在此过程中产生 Fe^{2+}（Shi et al., 2016）。地杆菌是 Proteobacteria（变形菌门）Deltaproteobacteria（变形菌纲）、Desulfuromonadales（硫单胞菌目）、Geobacteraceae（地杆菌科）的一个属，该属最初是由非 OHRB 金属还原性地杆菌分离建立的。后来发现地杆菌属中存在 OHRB 类的地杆菌的 *Geobacter thiogenes* strain K1 可以对三氯乙酸进行厌氧脱氯，地杆菌的 *Geobacter lovleyi* strain SZ 可以利用乙酸盐氧化将 PCE 脱氯为 cDCE（Sung et al., 2006），类似地，*G. lovleyi* strain KB-1 可将 PCE 脱氯为 cDCE。希瓦氏菌属于

Proteobacteria（变形菌门）、Gammaproteobacteria（γ-变形菌纲）、Alteromonadales（交替单胞菌目）、Shewanellaceae（希瓦氏菌科）（Shi et al.，2016）。其中有的不能直接脱氯，比如希瓦氏菌的 *Shewanella oneidensis* MR-1。也存在有脱氯能力的，如希瓦氏菌的 *Shewanella sediminis*，可将 PCE 脱氯成为 TCE。地杆菌是一种严格的厌氧菌，而希瓦氏菌是兼性厌氧菌，在缺氧或有氧条件下都可以生长（Nealson et al.，2002）。研究发现异铁还原菌对于氯代有机物的降解有着促进作用。研究常以铁还原菌与其他修复技术耦合，形成的新系统加强了对氯代有机物的降解。

S. oneidensis MR-1 常被用于强化脱卤菌的脱卤效能，它虽然不能独立降解氯乙烯，但它在优化以脱卤球菌为基础的系统方面具有很大的潜力。例如，*S. oneidensis* MR-1 可以调节各种化合物的化学形式，如钴酰胺、金属元素和电子给体。在缺氧条件下，乙酸盐是 *S. oneidensis* MR-1 的最终产物（Li et al.，2019），可作为供脱卤球菌生长繁殖的碳源。有研究将 *S. oneidensis* MR-1 加入到含有脱卤球菌的培养物中，初始浓度为 450 μmol/L 的 TCE 完全脱氯到乙烯（ethylene，ETH）的时间由 24 天缩短到 16 天。*S. oneidensis* MR-1 的增加对脱卤球菌的生长没有影响，影响微生物群落结构增加了 VB$_{12}$ 的浓度，并使 VB$_{12}$（III）转化为 VB$_{12}$（II），使脱卤酶基因（*tceA* 和 *vcrA*）的表达增加，增强了对 TCE 的脱氯能力。研究表明 VB$_{12}$ 浓度的适量增加对于脱卤球菌的生长有促进作用（He et al.，2007）。有研究报道，*Shewanella alga* strain BrY 通过氧化乳酸或氢来减少 VB$_{12}$（III），促进四氯化碳、三氯甲烷和二氯甲烷的非生物转化（Workman et al.，1997）。类似地，*S. oneidensis* MR-1 也可以氧化乳酸，通过特殊的纳米线为 *Dehalococcoides* 提供电子，最终强化脱氯（Brutinel and Gralnick，2012）。

活性污泥富含有机物、营养物质和生长辅因子，以及多种微生物，有研究使用活性污泥改性增加了 PCE 的脱氯效率，通过对微生物的生长检测能发现其中 PCE 脱氯为 cDCE 的功能菌为 *Geobacter*，再由 *Dehalococcoides* 将 cDCE 降解成乙烯，这使 PCE 的脱氯率提高了 6.06 倍（Lu et al.，2021）。

三、生物炭及其复合材料强化微生物处理氯代烃污染

微生物脱氯受修复周期和修复效果的限制，还需进一步强化。近年来，通过化学功能材料强化微生物脱氯受到广泛的关注。其中生物炭及其复合材料因具有来源广泛、价格低廉、环境友好的特点成为研究的热点。生物炭及其复合材料对微生物的影响具有两面性。一方面，在生物炭及其复合材料添加量过大时，会对微生物产生毒性，造成微生物的死亡；另一方面，材料的添加还可能刺激微生物的生长和脱氯过程。在一些研究中可以看到，添加 0.7 g/L 铁碳材料后，材料对微生物的毒性暂时增加，经过一段时间后，材料对微生物的刺激可能超过负面影响，甚至可以改变修复过程。同时，生物炭丰富的孔隙结构也能够给微生物提供良好的生长环境。在此过程中，菌群的生物多样性降低，相反，微生物的数量增多，材料的添加对功能性细菌进行了富集。这种纳米生物组合修复方法结合了原始药剂的积极特性和微生物的生长特性，是一种地下水修复应用中很有前景的技术方法（Semerád et al.，2021）。

1. 生物炭及其复合材料协同微生物修复氯代烃污染的效果及影响因素

生物炭及其复合材料协同微生物对水中氯代烃的处理效果优于生物炭及其复合材料或微生物单独处理的效果。经过协同后，生物炭及其复合材料会刺激微生物的生长和脱氯过程，同时，部分微生物可以对生物炭及其复合材料进行再生恢复（Semerád et al.，2021）。高浓度的氯代烃对微生物具有毒性，通过生物炭及其复合材料的吸附和降解可以为微生物创造良好的生长环境，促进微生物对氯代烃的生物转化作用。目前常用来处理氯代烃的生物炭复合材料为铁炭复合材料。

生物炭作为环保材料可以作为载体基质，减少纳米零价铁的负面特性（例如，非特异性反应性、毒性等），并提高纳米零价铁的降解效率（Tan et al.，2016）。纳米零价铁与生物炭可以共同作为电子转移介体，提高吸附污染物的还原转化，增强表面官能团参与电子转移链的催化（Yan et al.，2015），还有助于提高纳米零价铁在地下水中的稳定性和流动性（Su et al.，2016）。氯代溶剂还可以通过生物转化的形式进行去除，研究发现，微生物具有减少氯代乙烯的氯取代基数量的能力。生物和非生物修复是去除氯代烃的有利组合，目前在许多实验中取得了成功。纳米零价铁的存在可以减少污染物浓度，同时生物炭可以改善微生物群落环境和刺激生物处理过程，更好地对氯代烃进行去除。有研究发现，使用生物炭改性材料协同微生物首次对污染物进行处理过的程中，经过 2.5 h 后，污水中的三氯乙烯去除率达到 97.9%，循环使用 7 次后，去除率仍能达到 67.3%，比单独使用生物炭及其复合材料处理三氯乙烯的去除率高出21.7%。通过数据的对比可以看到，协同后的处理效果比单独处理的效果好很多（陈亚琴，2016）。

生物炭及其复合材料协同微生物进行氯代烃去除是生物和非生物修复共同作用的结果，改变材料的性质或微生物的生长环境都会对最终处理效果产生影响。通过改性生物炭及其复合材料可以提高物理化学作用对氯代烃的去除效果，改变微生物的群落结构和提高生物活性可以提升微生物对三氯乙烯的生物转化作用。接下来，从微生物生长的影响条件、生物炭热解温度两方面总结对氯代烃去除的影响。

1）有机底物对氯代烃去除效果的影响

有机底物对微生物的生长和脱氯有一定的影响。研究发现，一些属类微生物更喜欢nZVI 诱导的新条件，这些条件可能会选择性地刺激它们的生长和脱氯。底物的添加不仅影响脱卤呼吸菌的丰度，也可增大铁/硫还原细菌的丰度（Semerád et al.，2021）。碳源作为一种有机底物，能够促进微生物的生长、刺激微生物脱氯过程的进行。在生物炭基材料表面修饰缓释碳源，能够很好地达到为微生物脱氯过程提供碳源的效果。常见的缓释碳源包括聚乳酸、聚己内酯、聚羟基脂肪酸酯等。

有研究表明，使用聚乳酸修饰的生物炭基复合材料在水中具有较好的碳源缓释效果，缓释碳源被微生物充分利用，在此过程中对微生物进行刺激，促使其有更好的脱氯效果。在该研究中，缓释碳源的加入对微生物脱氯过程有重要作用，证明复合材料具有长效性（吉昌铃，2019）。同时，在铁炭复合材料进行三氯乙烯降解的过程中添加乳酸，有大量二氯乙烯的形成，证明生物转化参与了去除过程，乳酸的添加刺激了生物降解过程的进行。在添加乳酸一周后实现了对三氯乙烯的完全降解。底物的添加不仅刺激生物转化过程，还可以改变微生物的种类和丰度，有利于脱卤菌的生长和富集。在目前的研究中，能够促进微生物生长的碳源方面已经有较多研究，对碳源的种类研究十分广泛。但关于添加有机底物对 nZVI/BC 材料和常驻微生物的影响研究得很少，在此方面还需要进一步探索（Semerád et al.，2021）。

2）生物炭热解温度对氯代烃去除效果的影响

不同温度制备得到的生物炭性质有较大区别，热解的温度越高，得到的生物炭一般比表面积越大，能够为微生物提供更多吸附位点，有利于微生物的吸附和生长。研究形态观察表明，随着热解温度从 250℃升高到 700℃，生物炭更加多孔、粗糙且颗粒更小，得到的复合物和微生物附着得更均匀，并产生更大的比表面积和孔体积，产生更多的吸附位点。生物炭复合材料与生物炭相比，具有更大的比表面积、更小的流体动力学直径和更高的稳定性（Lyu et al.，2018）。在较低温度下生产的生物炭具有较高的氧碳比和类似有机物的结构，因此生物炭具有亲水性表面，有利于亲水性微生物的黏附，相比之下，700℃热解得到的生物炭更有利于疏水微生物的吸附。此外，更高的热解温度使生物炭含有高度石墨化的结构，能够作为电子媒介促进种间电子转移。所以 700℃热解得到的生物炭在后期对生物降解的促进作用最为显著。研究发现，对三氯乙烯进行降解的过程中，500℃热解得到的生物炭与微生物协同作用时，添加材料后会立即发生指数生物降解，几乎没有微生物停滞阶段；700℃条件下热解得到的生物炭与微生物的协同作用，在短暂的停滞后观察到几乎垂直的 TCE 下降曲线。在第 96 h，两个系统中的三氯乙烯去除率均超过 95%。针对生物炭的热解温度对微生物群落的影响和不同热解温度生物炭对于微生物去除氯代烃的机制研究较少，具体条件还有待进一步研究。

2. 反应机制

生物炭及其复合材料协同微生物进行氯代烃降解的过程同时涉及物理化学和生物过程，如图 4-3 所示。

生物炭具有较大的比表面积，对水中氯代烃及其脱氯产物都有很好的吸附效果。在生物炭及其复合材料协同微生物对水中氯代烃进行处理的过程中，生物炭对污染物及降解产物有一定的物理吸附作用，部分复合材料会增强其吸附效果（Semerád et al.，2021）。化学反应的进行是复合材料及表面官能团作用的结果，微生物在其中起到持续生物转化作用。生物炭可以提高电子传递效率，为化学反应和生物转化提供辅助（吉昌铃，2019）。生物炭及其复合材料的物理化学作用能够有效降低氯代烃浓度，为微生物创造良好的生存环境。生物炭及其复合材料、脱卤厌氧呼吸菌及二者协同对氯代烃的去除过程如图 4-4 所示。Semerád 等（2021）发现 nZVI/BC 复合材料可以实现对氯乙烯的逐步脱氯降解。从转化产物中可以发现，转化过程涉及生物和非生物转化机制。当 nZVI 完全耗尽时检测到乙炔，这表明来自不溶性铁矿物的生物还原的溶解铁参与了还原性 DCE 脱氯。此外，它们的存在与 DCE 和 VC 的进一步去除及非氯代挥发物（包括乙炔）的产生相关。

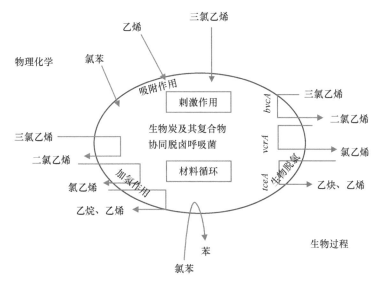

图 4-3　生物炭及其复合材料协同脱卤呼吸菌处理污染物机制图

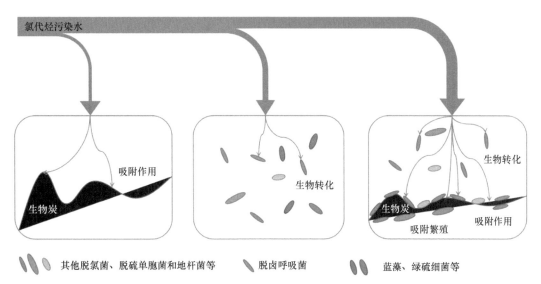

图 4-4　生物炭及其复合材料、脱卤厌氧呼吸菌及二者协同对氯代烃的去除过程（彩图请扫封底二维码）

同时，使用聚多巴胺等表面活性剂对生物炭进行修饰可以引入新的含氧官能团，有助于提高材料的电化学活性，加快化学反应速率，也可以刺激微生物进行脱氯反应（吉昌铃，2019）。

3. 结论

目前，对水中氯代烃的处理方法包括物理法、化学法和生物法三种。本节总结了微生物脱氯及其强化的研究进展，得出以下结论。

（1）制备生物炭及其复合材料的过程中，使用不同的生物质材料、选择不同的热解温度、利用不同的复合方法和不同的复合材料都会对最终的材料性能造成影响，处理不同污染物前应选择最合适的制备方法。

（2）脱氯呼吸厌氧菌对水中氯代烃进行处理的过程，最适温度为 25～30℃，最适 pH 为 7～8，需要在严格厌氧的条件下进行，添加外加碳源和氮源可以刺激微生物的生长代谢过程，加快脱氯。同时，在微生物生长的过程中，VB_{12} 等辅助因子也是必不可少的。

（3）生物炭及其复合材料协同微生物进行处理时，机制较为复杂，同时涉及物理吸附过程和化学反应过程，协同后的处理效率明显高于生物炭及其复合材料或脱氯厌氧呼吸菌单独处理过程。

在未来的研究中以下三个方面还需要进一步研究。

（1）环境因素会对脱卤拟球菌的脱卤过程产生影响，需要进行更多的现场测试，将实验室的研究进行实践。

（2）外加氮源、碳源、维生素、氨基酸等物质会对微生物的生长起到一定的促进和抑制作用，但很少有研究证明添加的物质对地下水中其他生物及周围环境的影响，在实际工程中还应该注意外加物质对于地下水系和周围环境的影响，避免造成二次污染。

（3）目前，生物炭及其复合材料协同微生物对地下水中氯代烃的处理研究较少，通过协同作用可以很好地提升处理效率。此过程可能涉及生物刺激和材料再生等内容，需要进行更多的研究。

第五章 场地污染土壤、地下水协同修复技术与原理

在我国场地污染修复和治理过程中，常常出现"重土轻水"的现象。从污染物的迁移和转化来看，土壤和地下水的协同治理是密不可分的。如果只注重土壤污染物的修复，那么当温度升高时，地下水中的挥发性有机污染物会从土壤相中转移至水相中（黄翔，2017）。如果只注重地下水中污染物的治理，雨水冲淋或地下水水位上涨，可能会导致水相中的污染物重新进入土壤中并造成污染场地二次污染（Jie and Zheng, 2016）。因此，在治理污染场地时应注重污染场地与地下水协同治理。

第一节 场地污染土壤、地下水协同治理概述

一、土壤与地下水协同治理的法律依据

2005 年 4 月至 2013 年 12 月，我国开展了首次全国土壤污染情况调查。由环境保护部和国土资源部联合公布的《全国土壤污染状况调查公报》（2014）显示"全国土壤总的点位超标率为 16.1%，其中轻微、轻度、中度和重度污染点位比例分别为 11.2%、2.3%、1.5% 和 1.1%。"而根据环境保护部印发的《2016 中国环境状况公报》中显示，地下水五类水中的较差级和极差级的监测点比例分别占总监测点的 45.4% 和 14.7%。地下水水质评价结果总体较差，主要超标指标为铁、锰、"三氮"（亚硝酸盐氮、硝酸盐氮和氨氮）、硫酸盐、氟化物等。超五成的为极差、较差地下水级别。看似无关的土壤与地下水的两组数据，却有着极高的相似性，这预示着日趋严重的土壤与地下水污染之间必定存在着特定的联系和作用关系（环境保护部，2016）。如果只对土壤进行治理，可能因污染物在土壤及地下水的迁移转化规律而造成再次污染；若只修复了受污染的地下水，则由于雨水的淋滤或地下水位的波动，土壤中污染物会再次进入地下水，形成交叉污染（Coulon et al.，2016）。

在 2015 年中共中央、国务院印发的《关于加快推进生态文明建设的意见》中强调了对地下水和土壤的治理。其中提到了"推进地下水污染防治。制定实施土壤污染防治行动计划，优先保护耕地土壤环境，强化工业污染场地治理，开展土壤污染治理与修复试点。"在污染场地中，一旦发生污染事故，土壤与地下水将会同时受到损害。如果发生污染物泄漏，不仅会造成土壤污染，而且污染物还会通过土壤的空隙不断渗入地下，造成地下水水质变差。另外，过度开采地下水导致地下水污染，很容易引起土地盐碱化或土地荒漠化（陈梦舫，2014）。基于中国场地污染土壤与地下水的污染现状，近年来国务院和生态环境部先后出台了《中华人民共和国水污染防治法》《水污染防治行动计划》《土壤污染防治法》《土壤污染防治行动计划》及《全国国土规划纲要（2016—2030）》等。此外，一些省市的相关部门为了治理和预防土壤与地下水污染，在国家政策和法律

的基础上制定了一些更严格的治理预防办法（蓝楠等，2010）。

正是因为二者之间的紧密联系，2019年3月28日，生态环境部、自然资源部、住房城乡建设部、水利部和农业农村部联合印发的《地下水污染防治实施方案》（简称"实施方案"）中强调"强化土壤、地下水污染协同防治"。主要内容有：①对安全利用类和严格管控类农用地地块的土壤污染影响或可能影响地下水的，制定污染防治方案时，应纳入地下水的内容；②对污染物含量超过土壤污染风险管控标准的建设用地地块，土壤污染状况调查报告应当包括地下水是否受到污染等内容；③对列入风险管控和修复名录中的建设用地地块，实施风险管控措施应包括地下水污染防治的内容；④实施修复的地块，修复方案应当包括地下水污染修复的内容；⑤制定地下水污染调查、监测、评估、风险防控、修复等标准规范时，做好与土壤污染防治相关标准规范的衔接。

"实施方案"中从水土共治的角度出发，杜绝了将地下水和土壤分割来看的"治标不治本"的旧思想。将土壤与地下水充分结合起来，实现共治。因此，在《土壤污染防治法》和《地下水污染防治实施方案》的背景下，我国迫切地需要结合土壤和地下水治理两方面的最新治理研究进展，在技术层面上做到"土水协同防治"。并且与法律政策层面联动，为土壤与地下水污染治理、协同修复的立法和实践提供科学与技术支撑。建设场地污染土壤与地下水协同修复的法律制度体系，实现土壤与地下水的协同治理与保护机制。

二、土壤与地下水协同治理的优势

1. 减少治理成本

从治理污染层面来看，目前治水和治土可能会涉及不同的部门或企业，如果将水与土分而治之的话，二次污染、交叉污染等情况可能会造成不必要的成本投入，例如，治理完成后，出现反弹现象，需要进行二次治理。但是，如果将土壤与地下水治理结合起来，相关部门同时开展对地下环境的治理，达成一定的合作，展开分工，可能会达到意想不到的效益。解决了污染的反复回弹现象，各部门或是各企业为了追求利益的最大化，会自觉提高效率，实现成本"1+1≤2"和效率"1+1＞2"的结果。

从造成污染的层面来看，如果将土壤治理与地下水治理紧密结合起来，那么损害环境者所要承担的代价就会更高。举例来说，当场地受到人为污染，那么这个污染者需要承担双倍的法律后果成本，以及用来后期修复地下水和土壤的治理成本。从经济学来看，污染者便不会为了达到某种经济效益而损害地下水或土壤环境，会主动避免这种行为，以保证自身利益的最大化。这种思想一旦开始形成，会逐步提高整个社会的环保意识，从根源上杜绝污染行为，保护地下环境。这也是一种协同治理的隐形功能（蒉颖，2015）。

2. 提高治理效率

目前的地下水治理技术和土壤治理技术众多，部分异位修复处理技术可能会引起地面扰动。当土壤与地下水不进行同步处理时，意味着可能需要对污染场地的土体进行多次的挖掘，造成污染物多次暴露，影响污染场地周围环境。反复挖掘和填埋会导致工程效率低。同时，就原位修复技术来说，当在投放化学试剂或是微生物时，如果能够将地下水与土壤相结合，能够在一口注入井或其他装置实现地下水与土壤的协同治理，就能极大程度地节约工程时间。从政策层面来看，协同治理有利于地下水和土壤的信息公开与信息交换，使得各部门不再用"碎片化"的形式开展治理工作，从而逐步形成整体意识，内部分工更加合理。换言之，将两者结合来看，能够更有效率地解决地下环境问题。对于企业来说，当一个污染场地分别承包给地下水治理公司和污染土壤治理公司，如果两家公司不将治理地下水和土壤视为同一个问题，那么可能会造成"拆东墙补西墙"的情况，造成污染场地的治理工期被延长。而在有污染事故出现时，双方可能会互相推卸责任，造成不能有效追责的情况。当两家公司将治理地下水和土壤视为同一个问题时，就会进行相应的合作，将地下水治理技术和土壤治理技术结合起来，以最优的配置和方式去解决问题。

3. 从根本上实现水土污染恢复

土壤和地下水进行协同治理符合"山水林田湖草是一个生命共同体"这一理念和思想。习近平总书记在《关于〈中共中央关于全面深化改革若干重大问题的决定〉的说明》中提出"对山水林田湖进行统一保护、统一修复是十分必要的"。从国内外形势来看，土壤与地下水协同治理势在必行。我国台湾早在 2010 年就针对地下水、土壤一并进行了相关规定，进行一体化管理（孙飞翔等，2015）。美国、澳大利亚、德国和丹麦也颁布了相关的土壤和地下水立法制度及严格的执法体系（李静云，2013）。

土壤与地下水之间存在着极大的关联性，由于农业灌溉和大气降水、工程抽水、排水，地下环境中水与土壤不断互相作用，土壤与地下水水中的污染物互相转换，特别是一些土壤渗透性强的地区和地下水位埋藏较浅的地区。如果将两者人为地割裂开进行治理，那么不合适的土壤修复工程可能污染地下水。例如，土壤原位热脱附处理石油类有机污染物，增加了污染物的迁移能力，可能会使污染物进入地下水中，污染地下环境。因此，将地下水和土壤进行协同修复，能够从根本上解决污染场地的水土问题，实现综合治理。

三、场地污染土壤与地下水修复治理技术

目前污染场地与地下水的协同修复技术有两种类型：一种是该技术本身能够实现土壤与地下水协同修复的目标，如多相抽提技术。另一种是将处理地下水污染的修复技术与处理土壤修复技术联合起来进行修复治理。主要是基于现有的地下水修复技术和土壤修复技术的结合与再发展。一般是将一些对水文地质环境的适应性相同、对污染物适用范围一致的技术结合起来，达到一体化治理的效果。

土壤与地下水污染修复是指运用各种技术手段（物理、化学、生物、多种拟合技术）去除、控制或隔离土壤和地下水中有毒有害化学物质或材料的一种清理行动或过程。按

照土壤和地下水中污染物类型的不同,可以将污染修复技术分为三类:重金属污染和放射性污染修复技术、有机污染修复技术和无机污染修复技术(仵彦卿,2018)。基于环境保护部于2014年编写的《污染场地修复技术目录(第一批)》,根据修复污染物种类,将各项对土壤及地下水的修复技术进行以下分类。

1. 重金属和放射性污染修复技术

重金属和放射性污染修复技术见表5-1。

表 5-1 重金属和放射性污染修复技术(刘志阳,2015)

适用范围	修复技术	技术原理
土壤	异位固化/稳定化技术	向土中加入固化剂/黏结剂/稳定化剂与污染土壤中的污染物发生物理、化学、生物作用,形成固体沉淀物,或将污染物转化成化学状态不活泼的状态,从而降低污染物在土壤与地下水中的迁移
	玻璃化技术	利用等离子体、电流或其他热源在1600℃以上的高温下熔化土壤及其污染物,使污染物被热解或蒸发而去除
	植物修复技术	利用特定的植物进行提取、根际滤除、挥发和固定等方式去除、转化、稳定化、毁坏土壤中的污染物的过程
	电动力学技术	利用插入土壤中的两个电极在污染土壤两端加上低压直流电场,在电化学和电动力学的联合作用下,使得水溶的或吸附在土壤颗粒表面的污染物向正负极移动,进而被回收利用
	异位土壤洗脱技术	采用物理分离或增效洗脱等手段,通过添加水或合适的增效剂,将污染土壤组分或使污染物从土壤相转移到液相,并有效地减少污染土壤的处理量。洗脱系统废水应处理去除污染物后回用或达标排放
地下水	渗透性反应墙修复技术	在地下安装透水的活性材料墙体拦截污染物羽状体,当污染羽状体通过反应墙时,污染物在可渗透反应墙内发生沉淀、吸附、氧化还原、生物降解等作用得以去除或转化,从而实现地下水净化的目的
	原位反应带技术	将化学试剂、微生物试剂不断地注入地下环境中,或通过增加能量的方法来改善地下水质量,对污染场地形成一个地下隔离带
	地下阻隔技术	通过地下垂直或水平阻隔系统,对地下水和周边土壤中的污染物进行物理阻隔,避免地下水和土壤中的污染物在地下环境中扩散
土壤和地下水	生物修复技术	通过向地下环境中的微生物(细菌、真菌等)提供碳源、氮源、氧等营养物质,增强生物的还原作用,使地下微生物移动或固定重金属或放射性污染物
	原位还原处理技术	将化学还原剂或铁还原剂注入地下环境中,并创造出适宜的还原反应条件,使污染物与之发生反应,或稳定化某些金属和放射性污染物
	土壤淋洗技术	将水或冲洗试剂施加到被污染的污染场地,或注入地下水中使地下水的水位提升。土壤中的污染物被冲洗到地下水中,再结合地下水抽提-处理技术,将地下水抽出,处理后的地下水进行回灌。该技术是一种土壤原位处理技术,但也同时对地下水进行了修复

2. 有机污染修复技术

土壤与地下水中的有机污染物主要指的是非水相有机化合物,包括难分解的有机污染物,如多环芳烃、多氯联苯、有机氯农药、脂类等;易分解的有机污染物,如丙酮、硝基苯、含氯有机物等。在上述列举的多项修复技术也同样能够处理土壤与地下水中的有机污染物,如生物修复技术可以降解地下环境溶解相的含氯有机物,渗透性反应墙可以被动地处理溶解态的氯代溶剂污染物,以及土壤淋洗技术、地下阻隔技术、植物修复技术、玻璃化技术、电加热和电化学动力技术都能处理地下环境中的有机污染物。以上技术在此节不再重复说明。另一部分能够处理土壤、地下水、土壤和地下水的修复技术见表5-2（刘志阳，2016）。

表 5-2 有机污染修复技术

适用范围	修复技术	技术原理
土壤	土壤气相抽提技术	通过在污染土壤中构建抽提井，利用真空泵产生的负压驱使空气流动到污染土壤的孔隙中，解吸并夹带有机污染物向抽提井方向迁移
	水泥窑协同处置技术	利用水泥回转窑内的高温、气体长时间停留、热容量大、热稳定性好、碱性环境、无废渣排放等特点，在生产水泥熟料的同时，焚烧固化处理污染土壤
	生物堆技术	把污染土壤从地下挖掘处理，与补充土壤混合，堆放在地表。利用土壤中的微生物降解修复污染土壤
地下水	抽出-处理技术	根据地下水污染范围，在污染场地布设一定数量的抽水井，通过水泵和水井将污染地下水抽取至地面，然后通过常用的环境工程学技术进行处理
	强化气相抽提技术	通过注入井向含水层注入热水或水蒸气，使地下水中挥发或半挥发有机物气化，有机污染物上升到土壤非饱和带，再使用真空泵将污染物抽出
	地下水原位曝气技术	基于土壤气相抽提技术发展而来，通过向含水层中注入空气使地下水中的污染物气化，同时增加地下溶解氧的浓度，加速饱和带、非饱和带的微生物降解作用
	循环井技术	地下水循环井技术是基于空气注入、土壤气相抽提、强化生物修复和化学氧化技术结合发展而来的一种三维环流模式的原位修复技术，即通过气体提升或机械抽水使地下水在上、下两个过滤器形成循环，通过不断的水流冲刷扰动作用，带动有机物进入井内，并通过曝气吹脱去除
土壤和地下水	监测自然衰减技术	通过实施有计划的监控策略，依据场地自然发生的物理、化学及生物作用，包含生物降解、扩散、吸附、稀释、挥发、放射性衰减，以及化学性或生物性稳定等，使得地下水和土壤中污染物的数量、毒性、移动性降低到风险可接受水平
	原位化学氧化/还原技术	通过向土壤或地下水的污染区域注入氧化剂或还原剂，通过氧化或还原作用，使土壤或地下水中的污染物转化为无毒或相对毒性较小的物质。常见的氧化剂包括高锰酸盐、过氧化氢、芬顿试剂、过硫酸盐和臭氧。常见的还原剂包括硫化氢、连二亚硫酸钠、亚硫酸氢钠、硫酸亚铁、多硫化钙、二价铁、零价铁等
	多相抽提技术	通过真空提取手段，抽取地下污染区域的土壤气体、地下水和浮油等到地面进行相分离及处理

3. 无机污染修复技术

上述所列举的多项技术对土壤和地下水中的无机污染物都具适用性。较为常用的是原位化学氧化/还原技术和活性炭吸附技术，能与无机污染物发生化学反应或进行吸附，将无机物转化成稳定的迁移速度慢的化合物。另外，异位固定/稳定化技术适用于处理腐蚀性无机物、氰化物及砷化合物等无机物。但是也有部分技术不适用于无机物污染场地，如异位热脱附技术，并不适用于修复汞污染以外的无机污染土壤（仵彦卿，2018）。

在对土壤与地下水污染技术的选择上，需要综合考虑污染场地水文地质情况和污染物种类。选择原位或异位修复技术时，应综合考虑修复效率、修复成本与修复时间，一般来说，原位修复需要的时间较长，二次污染较少，费用也相对较低。异位修复的修复时间短，地表占地面积较大，费用较高。在对场地污染土壤与地下水进行协同修复时，可以选用相关的协同修复技术。但是考虑到场地污染土壤与地下水污染的复杂性，一般还需要考虑联合修复技术，以求达到一体化修复目标。

<h1 style="text-align:center">第二节　多相抽提技术</h1>

多相抽提（multi-phase extraction，MPE）技术是基于传统抽提（pump and treat，P&T）技术发展起来的能够对污染场地的土壤和地下水进行协同修复的原位修复技术（王磊等，2014）。MPE 技术类似于原位气相抽提（soil vapor extraction，SVE）技术和 P&T 技术的结合体。它通常通过抽取污染场地的土壤气体、地下水和易挥发、易流动的非水相液体（non-aqueous phase liquid，NAPL）至地面进行分离处理，能够实现较短时间内对土壤和地下水污染进行同步修复的目标（Simon et al.，1999）。

MPE 技术能够处理包气带和地下水中有机污染，如汽油、柴油、有机溶剂等。该技术目前已经处于发展成熟的阶段，在国外有着广泛的应用，在中国已有少量工程应用。调查发现，我国部分地区有多达 130 种有机污染物通过土壤迁移至地下水，其中六氯环己烷、DDT、多环芳烃 3 类有机污染物点位超标率分别为 0.5%、1.9%、1.4%（环境保护部和国土资源部，2014）。MPE 技术在我国有着广阔的应用前景，且主要适用于渗透性中等偏上或地下水位变化不大的场地。

一、修复技术基本原理

1. 修复技术基本概念

MPE 技术对土壤空气、表层地下水和浮油层通过真空提取、真空辅助等方式从地下环境转移到地上环境进行相关的水、气、油治理，从而达到修复污染场地环境的目的（王磊等，2014）。MPE 系统对地下水的抽取是通过在地下水中或地下水以下的管道来实现的。由于施加在系统上的压力梯度增加，液体流速增加。真空抽提土壤水汽，可以提高地下水采收率。在某些配置中，真空增加了抽油井附近的有效抽水量，但没有显著降低抽油井附近的地下水位；在某些配置中，真空增加了抽油井附近的有效压降，促进了地下水的抽取，但没有显著降低抽油井附近的地下水位。

MPE 技术相当于 SVE 技术和 P&T 技术的结合体，但相比之下，MPE 技术更具优势：在同等条件下，与同等设备的传统抽水方式相比，增加单个地下水恢复井的影响半径，地下水回收率有所提高，而且有利于浅层漂浮游离产物的回收、毛细管边缘和污迹带的修复，以及挥发性、残留相污染物的修复（罗育池，2017）。最关键的一点是，MPE 技术能够实现土壤和地下水的同步修复。

2. 修复技术工艺流程

在 MPE 系统中（以单泵抽提为例），地下水、土壤气体与 NAPL 通过抽提井、真空泵（引风机或水泵）被抽提到地面。依次通过气水分离装置、水油分离装置、传动泵、气/水处理设备。其中浮起油作为危废处理，废水被处理后，如果达到排放标准，可以进行回灌。如果处理后未达到排放标准，可以再输送到废水处理站，进行进一步处理（Simon et al.，1999）。以下为 MPE 技术工艺流程中的三个主要步骤：地下多相抽提、地面多相分离和地面污染物处理。

1）地下多相抽提

MPE 技术中起关键作用的是 MPE 系统，它主要是用于气相和液相的抽取，所以 MPE 技术又称为双相抽提技术。一般来说，MPE 技术有三种类型：单泵抽提、多泵抽提和生物抽吸。

i. 单泵抽提

单泵抽提中只有一个抽提管，运输的是地下水、气体、NAPL 的混合物。结构较为简单，处理地下环境的深度较浅（不高于 10 m），主要依靠相关的真空装置提供抽取动力。理论上，真空泵只能将水抽提到与大气压力相等的高度，所以单泵抽提只能抽取到小于 9 m 的表层地下水位（Suthersan et al.，2016）。单泵系统的工艺流程简图如图 5-1A 所示。

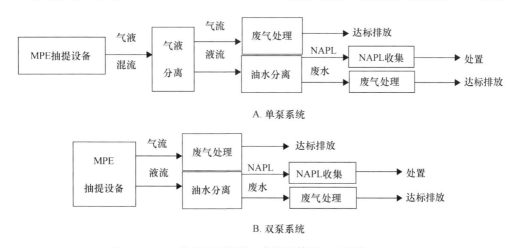

图 5-1　MPE 技术主要类型工艺流程简图（王磊等，2014）

单泵抽提系统主要是由真空设备、污染物抽提管道和井口封闭装置组成。运输管道的真空状态和液体的抽吸由一个真空泵来实现，其中液环泵、喷射泵和鼓风机也被经常使用。利用真空泵所形成的负压能够使得地下管口附近的地下水、土壤空气和油的混合物进入污染物抽提通道，再进入地表与真空装置相连到多相分离装置中（图 5-2A）。

ii. 多泵抽提

多泵抽取，又称双泵抽取，不仅有真空装置提供动力，还有在 P&T 技术中有所涉及的水泵提供抽取额外的动力。所以它的应用深度比单泵系统的应用深度要深（一般大于 10 m），运行更为灵活，对污染场地的地下环境具有更好的适应性（Simon et al.，1999）。多泵系统的工艺流程简图如图 5-1B 所示。

多泵抽提中，需控制液位。可以用电导式液位传感器进行泵的控制。在该系统中不需要多相分离装置。因为根据不同的应用情况，多泵系统可以利用电动或气动潜水泵进行地下水和轻质非水相液体（LNAPL）的回收，利用密封井口的独立真空装置（液环泵或鼓风机）回收包气带中的土壤气体。在这种结构中，液体和蒸汽是分开的（图 5-2B）。

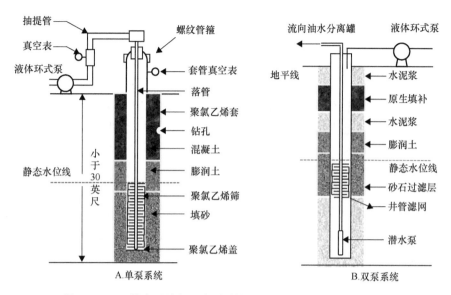

图 5-2　MPE 技术两种主要类型结构图（Suthersan et al.，2016）

iii. 生物抽吸

生物抽吸是基于单泵抽提进行的部分改变，与单泵抽提系统的基本结构相同。生物抽吸系统的工艺流程如图 5-1A 所示，与单泵抽提系统一致。但是在生物抽吸装置中，污染物抽提管道的底端被设置在了液相和气相的分界面，或仅低于该界面。该系统从直径约为 5 cm 的井中一个滴管中提取水、LNAPL 和空气，且在抽吸界面，从回收液体到回收空气交替进行。在生物抽吸的过程中，气压的上升，可能会引起原位好氧微生物的活性增强，使得部分有机污染物被生物降解（Simon et al.，1999）。

2）地面多相分离

多相分离可以达到后续的污染物处理更有效率的目的。多相分离装置主要包括气液分离装置和水油分离装置（图 5-3）。当土壤空气、NAPL 和地下水被真空装置抽取到地面后，会首先进入与真空泵相连的离心式气液分离装置进行气液分离。分离后的液体会进入油水分离装置，其基本原理为，利用重力沉降将 NAPL 去除，得到去除浮油层的水。随后，气体、NAPL 和水分别进入不同的污染物处理装置。多相分离这一步骤，是为了能让后一步骤的处理变得更加高效。

3）地面污染物处理

在经过了污染物多相分离处理后，污染物被成功地分为了三类：水、气、NAPL。污水按照常规环境工程中的污水处理技术进行相关处理，如微生物降解法、活性污泥法、氧化法、还原法、生物膜法等。在处理完毕后，达到地下水质标准的水，可以进行回灌处理。气相中的污染物的处理方法主要包括活性炭吸附法、化学催化法、生物过滤法及膜过滤法等。在气体质量达到相关标准时，可以进行排放。在处理 NAPL 等污染物时，因为浮油属于危险废物，处理技术应参照三废处理相关技术。应注意对可回收的相关有机化合物进行萃取分离回收。

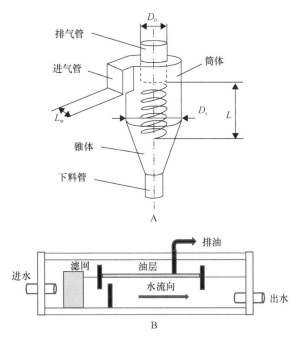

图 5-3　离心式气液分离装置（A）和水油分离装置（B）示意图（王磊等，2014）

D_0. 分离器内径；D_s. 分离器外径；L. 分离器的固有旋流长度；L_w. 进气管宽度

3. 污染物适用范围

MPE 的适用性取决于污染物的挥发性和降解性。MPE 技术的主要去除机制是先挥发，然后平流输送到回收井。通过真空抽取的手段，抽取污染地区的土壤气体、地下水和油到地面进行处理。因此，该技术不会对场地的地面环境造成巨大扰动，且能够大范围地处理有机污染物。比较适合应用于化工厂、加油站、大型储油基地、石油企业等易受到石油污染的复合污染物处理场地。

MPE 技术主要用于处理半挥发性有机污染物（SVOC）、挥发性有机污染物（VOC）、LNAPL 和 DNAPL 等污染物（罗育池，2017）。具体说明如下。

1）处理半挥发性和挥发性有机化合物（SVOC/VOC）

MPE 技术能够处理土壤包气带中的 SVOC 与 VOC，常见的 SVOC 与 VOC 污染物有农药 DDT、六六六、苯并[a]芘等。在负压的土壤环境下，可以加速污染物从液相转化成气相。当 SVOC 与 VOC 挥发至土壤空气中，会随着土壤中的气相被抽气泵一起抽入地面的相分离装置。同时由于抽气的影响，加速了土壤空气的流动。MPE 技术非常适合处理位于地下潜水水位线附近的 VOC，主要是潜水泵对地下水的抽取，导致潜水水位逐渐降低，抽提井附近的饱和带土壤会变成非饱和带土壤，使得利用真空泵抽取的气相空间范围变大，SVOC 与 VOC 能够大部分被抽离土壤。

2）处理轻质非水相液体（LNAPL）

LNAPL 是指不会和潜水层以下的地下水发生混合的液体，这部分液体的密度一般小于 1.01 g/cm³。地下水中常见的 LNAPL 污染物有氯代有机溶剂、碳氢化合物等，一般潜水层上的浮油层是由 LNAPL 构成的。浮油层中的 LNAPL 会随着地下水水位的波动而在土壤中上下浮动，污染范围也在垂直方向上增大。所以在进行地下水修复时，如何去除浮油层中的污染是需要重点考虑的问题，而 MPE 技术能够很好地解决这个问题。由于土壤孔隙中的毛细力作用和潜水泵造成的地下水水位下降的联合作用，存在于气相与液相分界线处的 LNAPL 污染物能够被 MPE 装置中的真空泵抽取到地面。换言之，当地下水位下降时，一些土壤孔隙较小的污染场地，在较强的毛细力和较厚的毛细管带的作用下，LNAPL 不会随着水相的下降而下降，而是会被固定在土壤孔隙中，进而能够被释放到土壤气体中，在真空抽提的作用下被移除。

3) 处理重质非水相液体（DNAPL）

DNAPL 一般位于地下含水层底部或间断的隔水层顶部，一般是指密度大于 1.01 g/cm³，并且在水中的溶解度小于 20 g/L 的非水相液体。地下水中常见的 DNAPL 污染物有三氯乙烯、四氯乙烯等含氯有机化合物等。如果利用传统的抽提技术，将会很难对 DNAPL 进行抽提。因为 DNAPL 污染物的黏性很大，又处于含水层的底层，很难迁移至隔水层的表面。同时，不仅迁移缓慢，导致修复效率不高，而且迁移过程中的残留量过大，难以达到修复目标。但是，如果利用 MPE 系统中真空装置对地下水施加的负压，能够提高 DNAPL 污染物的相对渗透性。地下水分子向上的推动力（真空泵的吸力）能克服 DNAPL 被固定在毛细带中的毛细力，将 DNAPL 从含水层中置换处理。这不仅能够有效地抽取地下水中的 DNAPL，而且在土壤含水层中的 DNAPL 也能够很好地被去除。潜水泵对于水相、油相的抽提，使得地下水位下降，土壤中的 DNAPL 更多地被暴露出来。所以，相比其他技术，MPA 技术在处理 DNAPL 污染物上的修复效率更高。

4) 处理难挥发污染物

MPE 技术同样适用于难挥发性污染物的处理，前提是使用生物抽吸或者改善土壤通气条件（引入氧气）去刺激好氧微生物的活性，使土壤中的难挥发的污染物发生了生物降解。这种方法能够有效地加强 MPE 技术综合处理多种污染物的能力，使去除效率得到提升。为了能够提高生物降解效率，还应在引入这种方法前，维持地下环境中适宜微生物生存的环境，如 pH、温度、湿度、营养物质等。

4. MPE 技术的优势和局限性

与传统的抽提方法相比，MPE 技术具有许多优点。表 5-3 中总结了 MPE 技术的优点和潜在的局限性（USEPA，1999）。其中最重要的是 MPE 技术具有在中、低渗透性土壤中有效发挥作用的能力。MPE 技术可以在低渗透环境下去除污染源，而使用传统方法则需要通过挖掘污染源区域才能达到这一目的。MPE 技术能够处理多个形态的污染物，包括蒸汽、液相和 NAPL。而传统的抽提方法只能解决后两个阶段。其次，在 MPE 技术运行的同时，还可能伴随着好氧微生物对难挥发有机污染物的生物降解，能够处理部分难挥发化合物。MPE 技术可能会产生较大的影响半径，使污染羽得到更大的捕获，这使得它处理污染物的范围更大。在低渗透地层中，常规的抽取方法往往有流量低和捕获范围小等局限性，这就迫使工程中使用更多的抽水井来增加流量和扩大污染羽控制。而 MPE 技术由于采用真空负压，能够最大限度地提高井口流体采收率，因此需要的井数明显减少，缩短了工程时间。由于含水层的空气渗透率在抽提井内保持不变，因此采用 MPE 技术可以最大限度地减少油泥的污染。MPE 的负压真空也通过克服毛细力将 NAPL 从毛细管边缘移除。所以 MPE 最明显的优点是它能够加速修复，从而节省成本。

表 5-3　MPE 技术的优点和潜在的局限性

优点	局限性
（1）对中低渗透土壤有效	（1）需要真空泵或者鼓风机
（2）能够在非大面积挖掘场地土壤的情况下，去除低渗透性土壤的污染源	（2）地面需要有分离设备，污染物处理工艺较复杂
（3）可以利用生物降解，对部分难溶性污染物进行处理	（3）需要提前对污染场地的水文地质情况进行评估，对渗透系数、导水系数等进行考察
（4）提高复合污染物总回收率，最大限度地减少了污染物的扩散作用，降低了 NAPL 在漏斗面上的污染，利于回收	（4）对于运营维护来说，潜在成本可能比传统技术更高
（5）修复污染物类型更多	
（6）修复污染场地更大	
（7）最大限度地提高井口传输率，减少所需的回收井数量	
（8）对毛细带的 NAPL 修复有效	
（9）与传统的泵送方法相比，缩短修复时间	

但是，MPE 技术也有一些局限性。MPE 技术对污染场地的水文地质情况要求较为特殊，需要提前对场地进行调查分析。初始启动和调整周期可能更长，因为需要优化整个回收网络的流量、真空压力和压降，并满足监控需求。如果大规模开展 MPE 技术，还可能需要对场地进行预测验。而且，与传统的泵送方式相比，MPE 增加了设备和附属装置的需求，包括真空泵或鼓风机，以及支持真空管的各种仪表和阀门，地面的多相分离装置等，从而增加了成本。此外，与常规泵送相比，采用 MPE 可能会增加处理要求。例如，处理回收的土壤蒸汽可能需要活性炭或热/催化破坏的气相处理。由于一些真空泵可能会使液体流中的 NAPL 发生乳化，为了保护其他处理过程，乳化产物必须通过重力分离或其他方法从液体流中分离出来。MPE 最重要的技术限制是用于 LNAPL 回收配置（如单泵抽提和生物抽提）的深度。如前所述，真空负压提升被限制在大约 10 m 的深度。而其他配置，如双泵系统抽提，可以用来打破深度限制，比如水泵用于提供流体抽提动力。

5. 多相抽提技术与传统抽提技术的对比分析

传统抽提技术一般局限于处理土壤或者地下水，不能达到土壤和地下水的协同治理。而多相抽提的作用就是同时抽取污染场地的土壤气体、地下水和 NAPL（表 5-4）。与传统地下水双抽提技术相比，MPE 技术的抽取装置管道口径较小，能够避免接触面的污染。与传统地下水全抽提技术相比，抽取量大且抽取效率高，能有效地减少污染物在场地中的残留，同时有效减少运行时的乳化作用（王磊等，2014）。

表 5-4　MPE 技术与传统抽提技术的对比

	名称	描述
传统抽提	土壤气相抽提	SVE 通过真空来诱导地下空气流动，从地下半饱和带或包气带抽提土壤气体；仅处理土壤气体中的污染物
	地下水全抽提	通过单井抽取地下水和 NAPL 的混合物。该技术是处理地下水时的常用技术，操作最简洁，但在运行时容易造成乳化作用，可能会降低处理效率，导致接触面污染；仅处理地下水中的污染物
	地下水双抽提	通过单井分别抽提地下水和 NAPL，该技术提高了污水处理效率和地面的多相分离效率，但是单口井的口径要求较大，有可能导致接触面污染；仅处理地下水中的污染物
多相抽提	单泵抽提	利用真空装置对管道形成负压，将液相、气相和油相同时抽提，且从一个管道抽出
	多泵抽提	利用真空泵抽取气相，水泵抽取液相和油相，从两个不同的管道抽出
	生物抽吸	与单泵抽提装置一样，但管道抽吸接触面位于液相和气相的分界面，使得生物抽吸可以通过单一管道分别抽取地下水和气体

二、多相抽提技术的设计

1. 污染物性质

对于污染物的处理，MPE 技术有一定的限制范围。一般来说，MPE 技术最适合处理易挥发（高蒸汽压/沸点较低）、易流动（黏性低）的污染物。当 NAPL 的黏度小于 10^{-3} Pa·s，沸点小于 300℃时，MPE 技术最适用。当温度为 20℃，蒸汽压＞1 mmHg 时，MPE 技术的修复效果最好。具体的污染物适用范围见表 5-5（罗育池，2017）。但是，通过与其他技术相结合的方式，MPE 技术同样能去除一些蒸汽压低、黏度高、难挥发的污染物。比如，柴油的蒸汽压较低，MPE 技术可能会被限制，难以将其抽提去除。此时可以利用土壤热解技术，对污染土壤直接或间接加热（电加热、微波加热、热空气加热），当土壤加热到足够的温度后，蒸汽压低的柴油等有机污染物完全转化成有机物或热解转化成其他气体，从而便于使用 MPE 技术将此类污染物抽出。若单一使用 MPE 技术，会具有一定的局限性。但是当 MPE 技术与其他技术联合使用时，污染场地的修复效率会极大提升，使得能够修复的污染物范围大大增加。

表 5-5　MPE 技术的污染物的适用范围

污染物参数	适用范围
饱和蒸汽压（Pa）	大于 133.2（20℃）
亨利系数	大于 0.01（20℃）
沸点（℃）	小于 250～300
LNAPL 厚度（cm）	大于 15
DNAPL 黏度（Pa·s）	小于 10
水-土分配系数	适中

2. 水文地质条件

MPE 技术的适用范围除了由污染物类型决定，还由污染区域的水文地质情况决定。从污染场地的水文地质情况来看，主要涉及土壤渗透系数（水力传导系数）、空气渗透性、异质性、含水率和含水层导水系数等参数。这些参数要求在 MPE 装置搭设之前进行实地考察，评估污染场地是否适合使用 MPE 技术进行修复。影响 MPE 技术的相关场地参数如下，具体适用范围见表 5-6。

表 5-6 MPE 技术的污染场地适用范围

场地参数	适用范围
渗透系数（cm/s）	$10^{-5}\sim10^{-3}$
导水系数（cm²/s）	0.72
空气渗透性（cm²）	小于 10^{-8}
土壤异质性	均质
土壤含水率	较低
渗透率（cm²）	$10^{-10}\sim10^{-8}$
地质环境	细砂至粉砂
污染区域	饱和带、包气带
地下水埋深（ft）	大于 3
土壤含水率（生物通风）	40%～60%饱和持水量
氧气含量（好氧降解）	大于 2%

1）渗透系数

渗透系数（K）是受关注的介质参数，因为它表征了地层输水的能力。对土壤的渗透系数要求适中（最适用于细砂至粉砂范围，$K=10^{-5}\sim10^{-3}$ cm/s），不能过高或过低。当渗透系数过高时，地下水能快速透过土壤，造成流速过快，真空装置的气流量过大，抽取的地下水、土壤空气量过多。这种情况会对后续的地面多相分离和污染物处理带来较大的运转负荷。当渗透系数过小时，很可能会出现 P&T 技术中出现的同样的问题。土壤孔隙太小，真空泵的抽吸力无法克服毛细力将地下水和 NAPL 抽出，会导致 MPE 系统无法正常运行。因此，MPE 技术中对土壤气相、地下水液相和油相的最大流量是由污染场地包气带和饱和带土壤介质的渗透系数决定的。

2）导水系数

MPE 的适用性还可以由含水层饱和厚度和水力传导系数的乘积来确定，即导水系数（transmissivity）。导水系数是在单位导水梯度下，整个含水层单位厚度下的流量。导水系数低于 0.72 cm²/s（Suthersan et al.，2016）的地层通常被认为适用于 MPE。也就意味着，在水力传导系数一定时，含水层的厚度越小，MPE 在污染区域的适用性越强。

3）空气渗透率

空气渗透率（permeability）是指气相通过土壤孔隙的难易程度，低渗透率的土壤往往往具有较厚的毛细管带。毛细带中的污染物在低于大气压的毛细力作用下被保持在土壤孔隙中。MPE 的真空增强克服了这些毛细力，将流体从毛细带中去除。这对 LNAPL 的收集来说是一个优势，因为 LNAPL 倾向于在气-水界面的毛细区聚集。毛细区是指由于土壤含有大量孔隙结构的多孔介质，在地下水水位附近，地下水在土壤孔隙毛细力作用下上升，形成的高于地下水静水位的饱和区域。

4）土壤异质性

土壤的异质性是指地质的分布是否均匀，土壤结构、质地和颗粒组成等情况。如果部分区域出现如动物洞穴、裂隙、孔隙等情况，可能会造成该区域抽取地下水的流速过快，流量较大，即形成优势流。当处于地质分布不均的场地时，可能会出现气体渗透性能差异，造成抽取流量较小。污染物在该区域"堵塞"，从而造成局部污染物浓度变高的情况。一般在这种情况下，需要在非均质强的污染场地中，安装空气井，提供一定的正压，使污染物向真空装置抽取方向流动。在污染场地的垂直方向上，由于土壤的分层，土壤的渗透性也可能随之发生变化。因此土壤的异质性在很大程度上影响着真空装置对土壤气体的抽取流量。

5）土壤含水率

土壤含水率与土壤气体透过土壤孔隙的难易程度是息息相关的。在土壤含水率低的污染场地中，土壤孔隙中基本没有水分。在负压的状况下，大部分孔隙可以为非饱和带的气体提供快速到达污染物抽提管道的有效通道。在这种情况下，该场地适合采用 MPE 技术。反之，当土壤中的水分增加时，会导致土壤空气的渗透速度降低，从而影响 MPE 的修复效率。此外，土壤含水率也会对土壤的吸附和解吸产生一定的影响（罗育池，2017）。

3. MPE 技术的工程设计

基于污染物性质和污染场地的水文地质情况，需要对抽提井的数量、位置、抽提速率、真空泵的压力等相关设计进行考虑。对于复杂的 MPE 系统来说，这一系列的工程设计需要经过数值模拟来进行计算，判定污染场地工程是否具有可行性。

1）降落漏斗

抽水井附近的地下水水位下降，并随之产生了一个地下水向抽水机方向流动的水力梯度。由于水压的影响，越靠近抽水井，水力梯度越大，会以抽水井为中心形成一个降落漏斗。抽提井在地下环境中的影响半径是降落漏斗的周边在平面上影响的半径，降落漏洞的边缘区域代表了抽水井能影响到的极限范围。因此预先对降落漏斗的准确判断至关重要（Kuo，2014）。

完整井是指从含水层顶端到底端的整个厚度都能进水的井。一般由承压含水层和潜水含水层两个计算公式来计算抽水井的影响半径和抽水速率。

承压含水层中完整井稳定流公式：

$$Q = \frac{2.73Kb(h_2 - h_1)}{\lg(r_2 - r_1)}$$

潜水含水层中完整井稳定流公式：

$$Q = \frac{1.366Kb(h_2^2 - h_1^2)}{\lg(r_2 - r_1)}$$

式中，Q 为抽水速率，单位为 m^3/d；h_1、h_2 为承压水位，单位为 m；r_1、r_2 为降落漏斗的半径，即距抽水井的距离，单位为 m；K 为水层水力传导系数，即渗透系数，单位为 m/d；b 为含水层厚度，单位为 m。

2）捕捉区域分析

MPE 技术的抽提井是基于 P&T 技术发展起来的，所以关于抽水捕捉区域的分析与 P&T 系统的分析相同。设计地下水抽取系统时，关键点之一是合理地布置抽取井的位置，以确保它的捕捉区域能够完全覆盖污染场地的地下水污染羽。如果需要设置多个抽取井，还需要确定各个井之间的最大距离，以确保任意两井之间没有污染物向场地外扩散。在多井抽水中，一旦最大位置确定，就能绘制出抽水井在含水层中的捕捉区。

由于绘制出实际含水层中的地下水抽水井的捕捉区域是比较复杂的工作。为理论研究方便，将含水层简化为等厚、均质、各向同性的稳定流系统。该项理论从单井分析入手，再扩展到多井分析。

在单井抽水分析中，为了方便说明，将抽水井设置在 $x\text{-}y$ 坐标系原点（图 5-4），则抽水井的捕捉区域边界线的流线方程为

$$y = \pm \frac{Q}{2Bu} - \frac{Q}{2\pi Bu}\arctan\frac{y}{x}$$

式中，B 为含水层厚度，单位为 m；Q 为抽水速率，单位为 m/s；u 为区域地下水流速，单位为 m/s，且 $u=Ki$。其中，K 为渗透系数，单位为 m/s，i 为垂向水力坡度，单位为°。

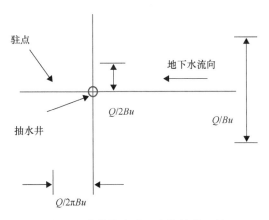

图 5-4 单井抽水地下水的捕获区域

由于参数 Q/Bu 具有长度量纲。为了画出捕获区域，上述公式可以重写为

当 $y>0$ 时，$x = \dfrac{y}{\tan\left\{\left[1-\left(\dfrac{2Bu}{Q}\right)y\right]\pi\right\}}$

当 $y<0$ 时，$x = \dfrac{y}{\tan\left\{\left[-1-\left(\dfrac{2Bu}{Q}\right)y\right]\pi\right\}}$

首先给定 y 值，即可通过上述公式获得一系列的 x 与 y 的坐标。不难看出，捕获区域关于 x 轴对称。

图 5-4 展现了单井抽水的地下水捕获区域，Q/Bu 值越大（抽水速率增大，区域地下水流速减小，含水层厚度减小），捕获区域的范围就会越大。捕获区域的 3 个坐标的特征值如下：

（1）y 趋于 0 处的驻点；

（2）$x=0$ 处的测流距离，即抽水井两侧流线与抽水井之间的距离；

（3）$x=\infty$ 时，y 的渐近值。

如果以上三组的数字确定了，就可以绘制出捕获区域的大致形状。在 y 趋于 0 的驻点处，驻点与抽水井之间的距离为 $Q/2\pi Bu$，它代表了抽水井对下游能影响到的极限距离；在 $x=0$ 处，代入公式，抽水井与两侧流线之间的距离为 $\pm Q/4Bu$；$x=\infty$ 时，y 的渐近值为 Q/Bu。

如表 5-7 所示（Kuo，2014），远离抽水井的上游的流线之间的距离（包络线）为 $n(Q/Bu)$，其中 n 为抽水井数量，该分割距离为这一排抽水井所在直线上的包络线分隔距离的两倍。多井与单井一样，这一排抽水井到下游驻点的距离为 $Q/(2\pi Bu)$。但是实际情况，这一排抽水井到下游驻点的距离略大于 $Q/(2\pi Bu)$。

表 5-7 多井抽水水力捕获区域边界特征值

抽水井数量 n	最优井距	井排直线上游流线间距	远离抽水井上游流线间距
1	—	0.5 $Q/(Bu)$	$Q/(Bu)$
2	0.32 $Q/(Bu)$	$Q/(Bu)$	2 $Q/(Bu)$
3	0.4 $Q/(Bu)$	1.5 $Q/(Bu)$	3 $Q/(Bu)$
4	0.38 $Q/(Bu)$	2 $Q/(Bu)$	4 $Q/(Bu)$

3）井距和井的数量

抽提井的数量和间距计算方法可以分为如下两种。

i. 影响半径法

如果地下水污染场地的污染羽范围、地下水的流速和方向已经确定，可以利用以下步骤确定抽水井的数量和位置。

（1）利用现场抽水试验或根据含水层性质计算来确定地下水抽水量。

（2）绘制单井抽水捕获带。

（3）将捕获带曲线与污染羽图件叠加，注意捕获带曲线地下水流方向与污染羽图中的地下水流方向一致。

（4）如果捕获带能够完全覆盖污染羽范围，则设置一口抽水井即可，并将捕获带曲线中抽水井的位置复制到污染羽图件中。

（5）如果单井抽水捕获带不能够完全覆盖污染羽范围，则需要两个或多个抽水井，直到捕获带能够完整覆盖地下水污染羽。同理，复制捕获带曲线中抽水井位置到污染羽图件中（抽水井影响范围可能重叠，存在干扰问题）。

一般来说，与 SVE 系统和 P&T 系统一样，MPE 系统的单井影响半径为 1.5 m（细粒土）至 30.5 m（粗粒土）。但是，只有在 MPE 系统采用垂直抽提井时，才可运用以上方法进行计算。在较复杂的 MPE 系统，或者使用水平抽提井用于空气曝气和添加营养物质时，一般不采用影响半径法。

ii. 土壤孔隙体积法

土壤孔隙体积法既适用于真空泵的抽提，也适用于地下水的抽提。土壤孔隙体积及抽提流量用来计算单位体积的交换率，设计的抽提流量除以单位体积的土壤孔隙体积即为单位体积的交换率，交换出土壤中单位孔隙体积所需时间采用下式计算：

$$t = \frac{\varepsilon V}{Q}$$

式中，t 为孔隙体积交换时间，单位为 h；ε 为土壤孔隙率，单位为 m^3 气体/m^3 土壤；V 为需处理的土壤体积，单位为 m^3；Q 为总气相抽提流量，单位为 m^3 气体/h。

因此，所需抽提井数量为

$$n = \frac{\varepsilon V}{tq}$$

式中，q 为单井气体交换量，单位为 m^3 气体/h。

4）抽提井的真空压力

真空抽提泵所选的类型和井口直径大小应由需要抽提的速度和流量决定。一般来说，渗透性较差的土壤需要更大的真空负压，真空抽提井的井口真空压力一般为 0.06～6.5 m 水压。一般常用的三种真空泵的类型是：离心式真空泵、再生涡轮真空泵和转子真空泵。选择条件如下：①在高流量、低真空的条件下（双泵 MPE 系统），一般选用离心式真空泵；②真空度要求较高的条件下（单泵 MPE 系统），一般选用转子真空泵；③再生涡轮真空泵适用于真空度要求中等的情况。

5）抽提速率

抽提速率是 MPE 系统设计中十分重要的一环。①当土壤气相抽提速率增加时，有利于将土壤气体污染物从地下环境中去除，提高气体流量，减少工程时间成本；②当气相抽提速率变高时，不仅有利于气相污染物的去除，而且有利于吸附相、水相和非水相的污染物的去除；③当污染物的气相浓度大于土壤中的平衡浓度时，有利于加快去除土壤中的污染物的修复效率；④但当抽提速率过高时，一方面会增加尾气治理的负荷，导致治理费用增加。另一方面过大的真空压降可能会将土层抽塌，出现地下空气短路的区域。因此需要选择一个适当的抽提速率。常规的气体抽提速率是每口井 0.06～1.5 m/min，地下水抽提速率以污染物浓度达到地下水标准或达到对人体健康和环境无害为准。

三、应用案例介绍

1. 加利福尼亚州圣克拉拉 328 号场地

在美国加利福尼亚州圣克拉拉（Santa Clara）的第 328 号场地设计、安装并运行了一个以多泵抽提技术为主的多相抽提系统（DPE 系统），用于去除粉质黏土和浅层地下水中的 VOC。在系统运行的第一个月中，有超过 40% 的 VOC 从土壤包气带中去除。在运行期第 5 个月时，地下水液相提取污染物的去除率超过了土壤气相抽提污染物的去除率。结果表明，DPE 系统可以有效地去除场地污染土壤包气带和地下水中的有机污染物（USEPA，1999）。

1）污染场地情况

328 号场地位于美国加利福尼亚州圣克拉拉的主要工业和商业区，在圣何塞机场附近，占地约 27.1 英亩。1963～1998 年，328 号基地曾用于制造军用履带式车辆，包括组装和喷漆作业。军用制造工业于 1998 年停止，修复污染场地的目的是重建商业和工业区。

328 号场地受影响的地下水的梯度向下运移一直延伸到东北地区。1993 年场地周围使用地下水阻隔技术安装了地下水围堵/处理系统，以防止受影响的地下水进一步向外迁移。328 号场地下的沉积物包括盆地黏土、粗河道沉积物、河道间粉砂和黏土。挥发性有机化合物主要是三氯乙烯（TCE）。土壤中 TCE 浓度最高为 46 mg/kg，浅层地下水中 TCE 浓度最高为 37 000 μg/L。

2）修复结果

DPE 系统于 1996 年 11 月开始运作。DPE 系统位于地面以下，深度约 20 ft。虽然地下水位于地表以下约 8 ft 处，但 a 级含水层位于地表黏土之下，在地表以下 20～50 ft 的深度区间。b 级含水层位于地表以下 50～90 ft 处。在污染源区，DPE 系统中一共设置了 20 口双相抽提井。从理论上讲，随着每口井附近地下水位的降低，地下水的开采率将降低，并且可以根据情况增加更多的井；但是，地下水的抽提量约为每分钟 5 加仑（gal①）而不是设计预期的 0.5～2.0 gal。这归因于地层中存在高渗透率的晶状体，从而提供了优先的流动路径，但也限制了可以同时运行的抽提井的数量。这样，抽水井群便轮流运转，以适应意料之外的不同地质环境下地下水的通量。

VOC 的去除率呈现典型的 SVE 系统下降趋势，运行前四天 VOC 去除率约为 90 磅/d，运行第 8 天降至 30 磅/d 以下。DPE 系统从土壤和浅层地下水中清除了大约 1220 磅的 VOC。初始运行时，DPE 系统向地下水处理厂输送的地下水 VOC 浓度为 380 μg/L，根

---

① 1 gal=3.785 43 L

据处理后地下水中 VOC 平均浓度为 12.000 μg/L 可以推断,DPE 技术从地下水中带走了近 97%的 VOC。

在系统运行过程中,从地下水中去除挥发性有机化合物的质量和从土壤蒸汽中去除挥发性有机化合物的质量各不相同。在操作的第一个月,超过 40%的挥发性有机化合物从包气带被除去。然而,在第五个月的操作中,地下水提取比土壤气相抽提去除更多的挥发性有机化合物。根据地下水 VOC 的平均浓度和 35 gal 的平均提取率,从地下水中去除的污染物总质量约为 382 磅。通过土壤蒸汽萃取去除的 VOC 总量约为 782 磅。随着时间的推移,地下水和土壤蒸汽的去除率都在下降。通过地下水开采去除大量 VOC 可能是由于从一个高度受影响的地区产生大量的地下水,地下水的下降将产生一个更大的包气带,这有利于完成现有的包气带修复。研究数据表明,从包气带提取蒸汽比从饱和带提取地下水能更有效地去除污染物。

在 DPE 系统运行的第一个月,大部分 VOC 就已经通过 DPE 系统中的土壤气相抽提去除,而在持续作业期间,通过 DPE 系统中的土壤气相抽提和地下水液相抽提,清除了大量的有机化合物,且清除量大约相等。这表明了提取土壤蒸汽与提取地下水的效率,并论证了双相抽取的优点,使系统达到稳定状态。在较长时间的关闭期间,地下水和提取的蒸汽中的 VOC 浓度保持相对稳定,而且这些浓度大大低于 DPE 系统开始运行时的水平。自修复开始,含水层中 VOC 浓度呈下降趋势。

3）评价阶段

在停止 DPE 工作后,对任何可能在清除该系统后继续提供挥发性有机化合物来源的残余物影响进行了评估,同时也记录了 VOC 浓度的变化,观察是否存在污染物反弹效应,以确定修复是否需要修复措施。在修复停止前,从 DPE 系统抽取井中检测到的 VOC 浓度下降。相反,在评估阶段,从提取的蒸汽中检测到的 VOC 浓度略有增加。这可能是由于挥发性有机化合物从地下水中挥发到包气带。系统关闭前一个月去除的 VOC 质量约为 12 磅。经过三个月时间的关闭期,第一个月去除的 VOC 质量约为 19 磅。虽然挥发性有机化合物的去除量增加了,但在第四个月期间(关闭三个月加上运行的第一个月),持续运行所去除的挥发性有机化合物的量比系统关闭和重新启动期间要多。VOC 去除量的相对缓慢增长进一步表明,DPE 系统已经达到了修复目标。地下水监测井 W-219A 位于地下水污染源区的 a 级含水层。在 DPE 系统启动之前,这口井下的 VOC 浓度似乎稳定在 4000 μg/L 以上。采用 DPE 后,VOC 浓度由 4000 μg/L 降至 650 μg/L,说明利用 DPE 技术处理该场地的 VOC 效果良好。

4）修复费用

前期对水文地质条件等因素的场地调查与设计 DPE 系统所花费的费用大约是 30 万美元。系统运行两年期间的操作、维修服务、样品采集、测试、报告分析的费用的总和约为 45 万美元,平均每年 22.5 万美元。大约需要 10 万美元来处理用过的活性炭。按照单位成本计算,0.5 英亩土地的面积(0~20 ft^2)的单位成本约为每立方米土壤 53 美元。

2. 上海某工业仓库 MPE 技术修复案例

位于上海的某工业仓库的空置地块受到了不同程度的氯代烃及二甲苯有机物复合污染，利用多相抽提技术真空泵抽取地下环境中的液相、气相、油相到地面，并配合废水、废气处理装置对土壤气体和地下水进行修复。通过 20 天的多相抽提工程运行后，对土壤及地下水抽样检测，结果显示目标污染物浓度已降低至修复目标值以下，即多相抽提技术能够有效地去除土壤和地下水中的有机物复合污染（张云达等，2018）。

1）污染场地情况

该场地位于上海，占地 1000 m²，场地西、北侧均为市政道路。该污染场地曾经作为工业仓库使用，未来拟开发商业或服务业用地并投入使用。场地下的土层为灰黄色素填土和灰黄色粉质黏土，土质均匀，渗透能力一般。潜水含水层水位埋深 0.9～1.0 m，推测地下水污染可能是从杂填层扩散而来。根据工程前期的环境调查得知，该场地的复合污染主要涉及二氯乙烯、四氯乙烯、二甲苯等。该场地地下深度在 2 m 以内的土壤受到了轻微的有机物复合污染，而 2 m 以下的地下水则受到了严重的有机物复合污染。多相抽提工程的主要修复目标是将浓度范围在 4.7×10^4～5.8×10^4 µg/L 的二氯乙烯降至 20 µg/L，将浓度范围在 1.2×10^4～5.0×10^4 µg/L 的四氯乙烯降至 40 µg/L，将浓度范围在 40.6～112.1 µg/L 的二甲苯降至 20 µg/L。

2）修复工程设计

由于场地不同深度的污染程度不同，因此针对污染程度较小的 0～2 m 深的地下土壤，进行原位氧化治理。针对 2～6 m 的地下土层，由于该深度土层渗透性较差，不适宜使用原位氧化修复，并且污染场地周围存在敏感区域，不能使污染物大面积暴露，也不适宜异位修复。因此综合考虑修复效率和影响范围后，该场地选择了原位多相抽提技术进行修复。布置 PVC 的抽提井，井口直径为 80 mm，影响半径为 1.5 m，布设深度为 4 m。布井方案共布设 103 口抽提井，按照每 2 m 一口抽提井进行布置，在污染区域排成 5 列。该工程采用的单泵真空抽提装置，在地下环境中抽取出气相、水相和 NAPL 的多相混合物，并进行气、水、油分离，由于被分离的 NAPL 是危险废物，将送至专门的处理机构进行处理。而污染的地下水依次通过沉淀池（去除悬浮颗粒物）、双氧水反应池（氧化处理）、活性炭吸附池（吸附残留污染物）、监测池，在取样检测达标后，地下水会排入场地附近的污水管道进行进一步的治理。而土壤气体会依次通过气液分离器、除油器、活性炭罐，检测达标后，排放至大气。

3）修复结果

在抽提过程中将五列抽提井分为两组，第一组（1～44 号井）施加-0.03 MPa 的真空度，第二组（45～103 号井）施加-0.06 MPa 的真空度。在其他参数不变的条件下，选取两组中最靠近污染源的两口井，取样观察它们地下水污染物浓度的变化情况。施加真空度大的井在第 3 天时，二甲苯浓度就已下降至 5 µg/L 以下，而施加真空度小的井在第 5 天时，二甲苯浓度才下降至 5 µg/L 以下，但二甲苯的浓度都已降至目标值以下。这主要是因为 3 种目标污染物都具有挥发性，地下水中的氯代烃及二甲苯会挥发到土壤空隙之间，与高压泵抽取的土壤气体一同到达地表，从而呈现出的地下水中污染物浓度快速减少。对比两种真空度下污染物的变化情况，在增加了一倍负压的情况下，虽然施加 –0.06 MPa 的抽提井比 –0.03 MPa 的抽提井的抽提速率更快，污染物下降速度较快，但是整体效果却并不明显。其原因可能是过大的压降使土壤空隙之间的路径被抽塌，造成堵塞。

此外，通过记录污染物浓度与时间的变化关系可以发现，在前三天时，各个目标污染物的变化量最大，且减少量达到峰值。在 4~5 天时，地下水的污染物减少量基本趋于稳定。之后的 15 天里，可能仍有部分污染物很难被真空负压抽取出来，因此导致污染物的减小值缓慢减少。经过一轮不间断的修复工程，土壤中的二氯乙烯小于 6 µg/L，四氯乙烯小于 15 µg/L，二甲苯小于 1954 µg/L；水中的二氯乙烯小于 20 µg/L，四氯乙烯小于 40 µg/L，二甲苯小于 20 µg/L。全部达到修复标准。

4）工程总结

对于复合污染场地的修复来说，针对不同程度的污染，不能局限于单一的污染治理方式。出于成本的角度考虑，在上述上海某工业仓库场地的案例中，通过原位氧化技术和多相抽提技术结合，可以加快修复速度，提高修复效率。同时，多相抽提技术能够快速地去除土壤和地下水中的污染物，特别是可挥发污染物。但是在地下环境中仍然有部分吸附残留的污染物，这也是未来需要进一步考虑的问题之一。从另一方面来说，在多相抽提中，较高的真空负压虽然能加快提取速度，但并不意味着真空负压越高修复效率就越高。在设计工程时应根据场地的具体情况来设定最合适的真空度，以避免造成土壤塌陷等问题。

第三节 地下可渗透反应墙修复技术

可渗透反应墙（permeable reactive barrier，PRB）技术是一种能够修复污染场地地下水和土壤的原位被动修复技术，主要是通过设置活性渗透墙，使污染羽通过反应介质来进行修复。其又被称为可渗透反应屏障技术、活性渗透墙技术、渗透反应格栅技术等。目前，我国的 PRB 技术正处于起步阶段，而欧美一些发达国家已经在大量工程中使用 PRB 技术原位治理地下水污染。追溯 PRB 技术的发展史，PRB 技术最早是应用矿山尾矿桩上过滤下来的石灰石来中和酸性水，之后在 20 世纪 90 年代通过大量的实验逐步完善。1994 年，第一个使用粒状铁金属并投入商业使用的 PRB 建成，用于治理地下水中的氯代脂肪族化合物。PRB 技术不需要能源或抽水泵，是一种可持续发展的绿色修复工程。

一、修复技术基本原理

1. 修复技术基本概念

PRB 是一种在地下设置的能阻止污染物继续发生迁移的屏障，它一般需要根据地下水流向，设置在污染场地的下游地区，且与地下水流方向垂直（图 5-5）。在被污染的地下水自身水力梯度的作用下，可以使用 PRB 修复技术。污染物要么被固定后去除，要么发生化学、物理、生物反应转化为环境可以接受的状态（如毒性更小，更容易生物降解等）。处理后的地下水从另一侧流出，从而达到环境修复的目的（Singh et al.，2023）。

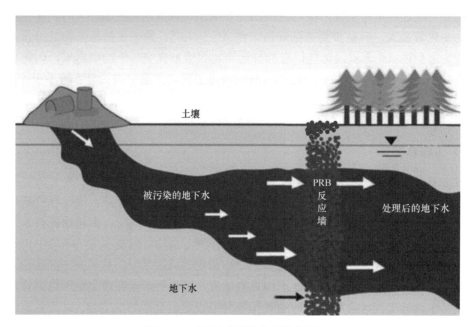

图 5-5　可渗透反应墙基本技术原理

2. 反应机制类型

PRB 技术对地下水中污染物的处理原理与墙内填充的反应介质密切相关。通过污染物和反应墙的不同反应机制，可以把反应墙分为以下几类。

1）化学沉淀反应墙

针对污染场地的污染物类型，墙内填充的反应物主要为能与污染物产生沉淀的化学物。这种化学物质需要是无毒的，且其溶解度应高于反应所产生的沉淀溶解度，从而避免产生二次污染。常见的反应介质有：碳酸钙和羟基磷酸盐等，主要是针对水中的微量金属污染物，其主要的反应方程式如下：

$$3Ca^{2+} + 3HCO_3^- + PO_4^{3-} \rightarrow Ca_3\left(HCO_3\right)_3 PO_4$$

$$2Ca^{2+} + HPO_4^{2-} + 2OH^- \rightarrow Ca_2HPO_4\left(OH\right)_2$$

$$3Ca^{2+} + 3PO_4^{3-} + OH^- \rightarrow Ca_3\left(PO_4\right)_3 OH$$

$$Ca^{2+} + HPO_4^{2-} + 2H_2O \rightarrow CaHPO_4 \cdot 2H_2O$$

在使用化学沉淀 PRB 技术时，需要考虑填充试剂的更换频率。因为沉淀物会随着反应的进行在反应墙中不断积累，导致反应墙的渗透性降低，并且反应介质失活后，将无法继续固定污染物。由于与地下水中的污染物结合,也会转化成有毒有害物质,更换下来的反应介质不能随意丢弃,需要进行相应处理,防止对污染场地周围环境造成污染。

2)氧化/还原反应墙

反应墙中使用的反应介质为还原剂,其本身被氧化,可使一些污染因子参与氧化还原反应,从而达到污染因子被沉淀(固化)或者气化的目的。常见的反应介质为:Fe^0、Fe^{2+} 和双金属等。其中,大多数的 PRB 会使用零价铁作为墙体介质,将污染物转化为无毒或不能移动的物质。铁金属具有还原脱卤烃的能力,如将三氯乙烯(TCE)转化为乙烯。它还可以还原沉淀阴离子和氧阴离子,如将可溶性的 Cr^{6+} 氧化物转化为不溶性的 Cr^{3+} 氢氧化物。反应方程式如下所示:

$$Fe + CrO_4^{2-} + 8H^+ \rightarrow Fe^{3+} + Cr^{3+} + 4H_2O$$

$$3Fe + CrO_4^{2-} + 8H^+ \rightarrow Fe^{3+} + Cr^{3+} + 4H_2O$$

$$3Fe + HSeO_4^- + 7H^+ \rightarrow 3Fe^{2+} + Se + 4H_2O$$

$$4Fe + NO_3^- + 10H^+ \rightarrow 4Fe^{2+} + NH_4^+ + 3H_2O$$

3)吸附反应墙

反应墙中使用的介质为吸附剂,吸附无机成分的吸附介质包括沸石、颗粒活性炭、铁的氢氧化物、铝硅酸盐等。地下水中有机污染物主要吸附在有机碳上,因此增加反应介质中的有机碳含量可有效去除水中有机污染物。吸附反应墙的主要缺点是吸附介质容量的有限性,一旦介质吸附容量饱和,污染物就会穿透 PRB。因此,使用这类反应墙时,必须确保有清除和更换这种吸附介质的有效方法。如果不能解决此问题,则所需费用较高。

4)生物降解反应墙

生物的吸收降解过程中,会涉及氮、硫、铁和锰等元素的循环。利用生物降解作用去除地下水污染物已被应用于 PRB 技术中。生物降解反应墙中的介质主要有两种类型:①介质含有固态释氧化合物(oxygen releasing compound,ORC),如过氧化镁、过氧化钙等过氧化合物。它们向水中释放出氧气,为地下水中的一些好氧微生物提供氧源,使部分有机污染物被好氧微生物降解。②有机物被用作活性介质,以生物方式修复其他污染物,如硝酸盐和硫酸盐。实验室和现场的结果都表明,这些污染物和许多其他污染物的转化速度非常快,足以使 PRB 成功地用作全面的修复系统。例如,罗伯逊(Robertson)开发了一种用于去除污染场地地下水中硝酸盐的处理系统(Blowes et al.,1995)。介质是利用含有固相有机碳的反应墙拦截含有硝酸盐的地下水体。在保持地下水体覆盖的厌氧条件下,将 NO_3^- 还原为 N。其反应方程式如下:

$$5CH_2O_{(s)} + 4NO_3^- \rightarrow 2N_2 + 5HCO_3^- + 2H_2O + H^+$$

CH_2O 是一种形式最简单的有机碳,它是由假单胞菌催化产生的。这些细菌将 NO_3^- 作为有机碳氧化的电子受体。锯末和木材废料,都适用于反应性屏障系统。

另外，利用有机碳和硫酸盐可以将金属离子转化成硫化物沉淀后除去，其中微生物参与的过程可以使硫酸盐转化为硫化氢。该方法一般用于生物介导的硫酸盐还原法处理湿地地下水中的金属阳离子。

$$2CH_2O_{(s)} + SO_4^{2-} + 2H^+ \rightarrow H_2S_{(aq)} + 2CO_{2(aq)} + 2H_2O$$

$$Me^{2+} + H_2S_{(aq)} \rightarrow MeS + 2H^+$$

3. 渗透反应墙的类型

连续式 PRB 和漏斗-闸门式 PRB 是目前应用得最为广泛的两种 PRB 类型，如图 5-6 所示。两种设计都需要进行一定程度的挖掘，但挖掘深度一般都较浅，为 15~20 m，甚至更低。在这两种设计中，都需要保持活性区渗透率等于或大于含水层的渗透率，以避免活性区周围的水流改道（Naidu and Birke, 2014）。

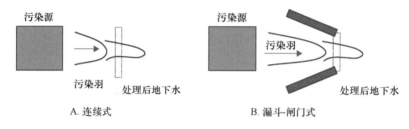

图 5-6　两种可渗透反应墙结构图

连续式 PRB 一般被设置在对地下污染羽有充分的了解且没有施工约束的污染场地，对现场的自然地下水流动条件的影响相对较小。但是，由于连续式 PRB 覆盖了污染羽的全部宽度，与漏斗-闸门式相比，通常需要大量的反应介质。反应介质的成本是总工程成本的主要决定因素之一。因此，只要饱和含水层的渗透系数小于 PRB 的渗透系数，则不需要将连续屏障埋在含水层的低渗透以下区域。

在漏斗-闸门式 PRB 中，除了地下水正对着的方向上有由反应介质组成的闸门，还需要在闸门的两侧设计防止地下水渗漏的阻隔板。漏斗-闸门式 PRB 的反应墙长度比连续式的长度短一些，阻隔板是由板桩、泥浆墙或其他材料组成的不透水层。由于漏斗的存在，漏斗-闸门设计对改变地下水流量的影响比连续 PRB 更大，闸门的地下水流量可以通过改变闸门的宽度、长度和漏斗（阻隔板）的宽度来进行改变。在污染羽流较大或是含水层高度不均匀的情况下，可以将漏斗-闸门系统由单闸门改为多闸门。在多闸门系统的使用中，可能会考虑多个反应介质在复合污染物的特定污染场地中使用，此时应注意不要引起反应间的相互干扰和限制。

在漏斗-闸门式处理区域内的地下水流动速率通常比自然梯度产生的地下水速率高 2~5 倍，这具体取决于处理区域的比例。一般情况下，不透水漏斗面积与透水处理面积之比小于 6。为了确保地下水不会发生下渗，漏斗-闸门系统须处于底层的低渗透区域，需要确保透水和不透水的连接区域之间没有间隙。同时，漏斗-闸门式 PRB 使用的活性反应介质较少。但与连续屏障设计相比，其建筑成本较高。

4. 可渗透性反应墙技术的优缺点

PRB 在欧美国家已有许多成功的案例,可根据污染场地污染物的特点和具体的治理目标设计不同的修复方案,应用于多种污染物的原位去除。具体优点如下。

(1)原位修复技术,可在受污染场地直接修复污染物,有效地避免了异位处理的二次污染。

(2)属于一种"被动"修复技术,一旦设置,不需要人为地提供能量,降低了修复后期的运转及维护费用。简化了人工操作,提高了修复效率。且在修复期结束后,反应墙可以作为含水层的组成成分,并不需要再进行后续的善后措施。

(3)应用范围广,可用于修复有机污染物(如氯代烃、石油烃类和挥发性有机污染物等)和无机物(如重金属离子和垃圾渗滤液等)。

(4)处理效果好,如果采用合适的填充介质,则处理后的地下水中的污染物浓度显著降低。

(5)反应墙中的填充介质消耗很慢,一些反应介质可在几年,甚至几十年中仍具有处理污染羽的能力。

(6)维护费用低,除安装时所需投入的费用,后续除监测外,几乎不用额外的其他修复费用和人工费用。

(7)节能环保技术,运行过程中不会对场地生态系统造成污染和破坏,不会对地下水造成二次污染,不需要巨大的能源提供。

虽然 PRB 技术在污染场地地下水修复有着一定的优势和广泛的应用,但该技术本身仍有着一些不足和问题。

(1)PRB 技术需要前期充足的场地调查资料,特别是对水文地质条件和地下水的相关资料,必须掌握具体的参数后才能开始施工,如果仅依靠平均值或经验进行场地设计的话,会存在着很大的工程隐患。

(2)不能快速地去除高浓度的地下水污染物,由于反应介质对污染物的去除效率较缓慢,反应周期较长。对于高浓度的污染物,可能会缩短 PRB 的使用寿命。

(3)在投入使用后,难以对 PRB 工程进行改动。因为整个工程主要处于地下,在完工之后,很难对治理方案的不足之处进行修改。

(4)安装成本较高,安装时需要对场地进行挖掘。

(5)仅能处理浅层地下水污染物,因为需要将 PRB 设置在地下,所以限制了在深水层中(深度>20 m)的应用。

(6)在建设工程时,需要进行开挖土体,对环境扰动较大。

二、可渗透反应墙的设计

PRB 的工程设计包括选择最合适的反应墙材料、反应介质,如反应墙材料的尺寸、施工工艺,以及反应介质的浓度质量控制。PRB 需要根据污染地下水的特性进行针对性设计,提供一个专用的解决方案,以满足地下水的修复目标。设计一个完整的 PRB 需要对场地水文地质（如对含水层的了解）、地球化学（如地下水化学物质）和污染物化学（如污染物来源、组成和浓度）的知识有详细的了解。

1. 场地水文地质条件

地下水文地质异质性使各种原位处理技术复杂化，在方法选择和设计过程中必须加以识别和考虑。现场考察的不充分可能导致修复措施无法满足所需性能和修复目标。部分水文地质条件可能降低 PRB 的效果，包括地下水流量大、优先流动路径、高或低的渗透率、含水层的非均质性、地下水的深度过高等。

1）地下地质和岩土特征

污染场地的地质和岩土特征会导致 PRB 在建设工程开始时遇到一些问题，如地下岩层难以开挖，黏性土发生的流沙现象和大鹅卵石的存在等问题。这些可能会限制连续挖沟作业的成功，此时需要先确定挖沟的可行性。所以，需提前开展实验室的岩土工程试验以对地质特性进行可行性测试。此测试可确定在开挖 PRB 时需要考虑的特定因素，如土料的剪切强度和黏聚性能、筛分/粒度分析、含水率和密度。对于通过喷射、压裂或类似的注入方法安装的深层 PRB 系统，应评估影响活性物质传播的土壤属性，以确保 PRB 的正确布置和几何形状。在预先设置的 PRB 全部范围内，建议进行确定土壤和地下水条件的勘探计划，便于能够调整开沟系统的稳定性，以满足不同的现场条件。

2）地下水水力学

了解地下水的流动体系是 PRB 物理设计的关键。首先必须考虑到季节变化而引起的地下水流向和幅度的潜在变化。除季节性的变化以外，附近的地面或地下活动（如抽取地下水）也可能会改变地下水的流量和方向。由于大多数含水层都是非均质的，它们的渗透率会发生变化，每个含水层的地下水流量都会变化。需根据地下水流速来确定 PRB 厚度，以提供足够的污染物停留时间。因此，准确表征整个站点的地下水流速和方向，以及季节变化所引起的改变至关重要。为了有效地阻止污染羽流迁移，反应墙应垂直于地下水流动方向安装。地下水的深度和透水层（隔水底板）的深度决定了 PRB 的高度，也决定了修复工程的成本。

地下水流速和流向影响着 PRB 的有效性。通过测量水平和垂直的水力梯度，以及水力传导系数和渗透率来确定地下水渗流速度和渗流方向。水平地下水流速影响污染物在反应墙内的停留时间。高流速的地下水减少了污染物在反应墙中的停留时间，而低流速的地下水增加了污染物在反应墙中的停留时间。当 PRB 处于低渗透层时，垂直梯度和流量通常不会造成很大的影响。同时，可以将地下水潜在的最高速率和具体的流量用于场地筛选和系统设计。在污染场地的某一高渗透性土壤中，虽然确定出现的地下水的绝对最高流速可能不太实际，但可以根据高渗透带的含水层试验结果估计土壤渗透系数的上限。参考类似沉积物的文献值，检验土壤渗透系数的实测值是否真实。合理的水力传导系数上限可以用来估计保守的地下水流量，以供筛选和设计之用。

另外，污染地下水通过 PRB 反应介质的流量（Q），可以利用达西定律进行计算：

$$Q=-KA(\mathrm{d}h/\mathrm{d}l)$$

式中，K 为反应介质的渗透系数；A 为渗透性反应墙的横截面积；$\mathrm{d}h/\mathrm{d}l$ 为渗透性反应墙系统的水力梯度。

污染地下水通过 PRB 的流速（V_{PRB}）可用下式计算：

$$V_{\mathrm{PRB}}=-K(\mathrm{d}h/\mathrm{d}l)/n_{\mathrm{PRB}}$$

式中，n_{PRB} 为反应介质的有效孔隙度。污染地下水在 PRB 中的流速与其在含水层中的流速（V）有以下关系：

$$V_{\mathrm{PRB}} = V\,\frac{n_{\mathrm{e}}}{n_{\mathrm{PRB}}}$$

式中，n_{e} 为含水层介质的有效孔隙度。对于松散含水层，其有效孔隙度区间为 0.2～0.4，而零价铁的有效孔隙度一般为 0.45～0.5。因此，在大多数情况下，在 PRB 中的流速要小于地下水的流速。

2. 污染物性质

在设计 PRB 时，应充分了解污染羽流的特性和分布范围，主要包括污染源的性质和浓度。垂直污染的程度是特别重要的指标，需要了解垂直梯度上污染物的类型，以及它与上下梯度污染源的接近程度和区别（例如，地下水中的石油烃类和氯代溶剂污染羽流）。在了解垂直梯度上污染物的区别后，需要针对性地设计 PRB。另外，通过 PRB 的污染物浓度和流量应具有足够的特征参数，以便能够通过反应墙设计调节该流量，以实现所需的污染物在地下水中浓度的降低。

污染物的峰值浓度可能在空间上（优先流动路径）和时间上（地下水位和流量的季节性变化）都有所不同。同样重要的是要了解由于衰减、退化、与其他污染羽流混合、稀释、补给及其他自然和人为干扰，造成羽流随时间改变方向和位置，并可能改变形状。在 PRB 设计中必须考虑低流量或季节性波动地下水位置变动，建议每季度进行一次地下水高程测量。垂直污染程度是反应墙设计的首要考虑因素。反应墙必须能够拦截羽流，而不能出现经过 PRB 处理系统上、下或周围的其他不允许的污染物旁路。每种污染物有不同的性质（如溶解度和吸附到含水层基质的倾向），这些性质将会影响其分布和迁移。更重要的是，污染物降解的过程不同，降解速率也不同，这主要取决于所用的反应介质。在 PRB 设计过程中也应评估这些特性。

3. 工程设计基本参数

1）反应墙尺寸和规模

PRB 必须能够拦截污染羽流，保障没有污染物被"遗落"在反应墙下面或周围旁路，所以反应墙需要有一定的长度、宽度和深度。如图 5-7 使用的生物墙，垂直于地下水的长度为 y、流经的厚度或宽度为 z、高度或深度为 x。根据实验室试验（材料选择）和水力及地球化学模拟的结果，可以设计反应性防渗墙的适当尺寸。详细的场地描述和水文地质建模是 PRB 设计和施工的基本步骤，特别是捕获区设计，如优化长度、最佳位置和方向、介质的类型和配置、含水层厚度和非均质性（决定坝的深度/高度）。

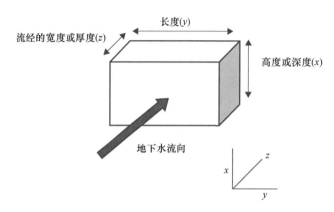

图 5-7 可渗透反应墙尺寸简图

i. 长度

PRB 的长度需要大于整个污染羽的宽度（垂直于地下水流动的宽度）。如果采用漏斗-闸门型的设计，那么 PRB 必须超过羽流的横向范围，以确保所有被污染的地下水都被捕获和处理。如果安装了多个反应墙，那么反应墙之间相邻部分应重叠，避免存在间隙使地下水直接通过。

ii. 宽度（厚度）

使用 PRB 进行有效的修复取决于适量的反应介质，以及允许污染物降解的地球化学和氧化还原条件。反应区必须有足够的厚度，以给予污染物足够的时间降解。根据污染物所需停留时间和地下水流速设计 PRB 的厚度。停留时间是污染物与反应介质的接触时间，这主要取决于污染物的组成、降解率、最大污染物浓度和地下水流速。如果停留时间不足会导致污染物的穿透和/或中间产物的积累。防护层的厚度应确保被处理的污染物在 PRB 的末端能够达到修复目标，并且厚度足够容纳用来评估反应墙性能的监测井。

地下水流过 PRB 的厚度 z 首先可以确定为 $V \times t$，其中 V 为地下水流速，t 为停留时间。预期的地下水流速 V 可以使用水文模型和直接测量（流速计、染料示踪剂等）确定。然而，确定屏障厚度还需要了解污染物去除机制和反应动力学，并为之输入因设计参数的不确定性而提供的安全系数。将安全因素应用于所得结果，方能考虑到季节性地下水流量变化、场地不确定性和介质反应性的潜在损失。所以，反应墙厚度的经验设计公式为

$$z = t \times V \times S_f$$

式中，z 为 PRB 的厚度，单位为 m；t 为污染羽流经反应墙所需要的时间，单位为 d；V 为地下水流速，单位为 m/d；S_f 为安全系数。

iii. 高度或深度

如果可以的话，PRB 应该延伸到基岩层或隔水底板，并将受污染的地下水锁定。将其控制在一个合格的、渗透性较差的地层中，可以减少受污染的地下水在屏障下流动的机会。如果没有足够的隔水底板，PRB 应延伸到污染深度以下，以保证墙体下没有地下污染羽经过。

2）安全系数

应将安全因素应用于所获得的结果，以考虑季节性地下水流量变化、场地不确定性和介质反应性的潜在损失，影响 PRB 性能的因素包括进水污染物浓度、水力梯度、水流方向和流速及水力传导系数的变化。地下水化学性质和地下渗透率的任何变化也会影响 PRB 的有效性。与这些因素相关的不确定性可能导致需要更宽和更厚的 PRB，以确保满足停留时间和捕获区要求。详细的场地特性可以减少这些不确定性的大小，并确保 PRB 的位置、宽度、深度和厚度满足性能目标。在某些情况下，设定安全系数在 2～3 倍于计算的通过厚度之间较为合适。通过实际评估部分处理的下行风险（即小于设计值），并通过仔细的模型化，对整个区域的地下水流速、流向和污染物浓度进行预测。还应考虑概率设计方法是否最适合给定的场地条件。可以安装多个 PRB，以确保有足够的反应区。此外，根据场地条件，PRB 的几何形状可能不是直墙，根据污染羽形状设计其他几何对齐可能更适宜。

3）模型模拟

仅知道地下水速度和地下水位可能不足以进行屏障的优化设计，因为少数 PRB 工程失效最常见的原因是水力特性描述不充分。因此，需要利用从场地特征和可行性研究中收集的信息，建立水文地质模型来优化评估 PRB 的组成、污染场地参数和模拟运行场景中可能会出现的状况。对于大多数应用程序，通常使用的是可用计算机代码，如 MODFLOW、MODPATH 或 FEFLOW，作为开发地下水模型的设计工具。首先，建立污染场地水文地质模型，利用此模型确定并优化以下几个设计参数：①在使用漏斗-通道型 PRB 时，确定漏斗和通道的宽度与污染羽流大小的关系，并估计捕获区大小；②确定 PRB 的最佳位置并模拟各种 PRB 的介质混合物；③确定安装性能监测井的最佳位置；④评价含水层非均质性、地下设施、建筑物、土地利用和季节波动对系统的影响；⑤评估屏障周围潜在的下溢、溢流或流动。同时，对污染场地的地下水进行模拟分析。也可以将不同的 PRB 的方案通过建模进行模拟对比，预测分析 PRB 的修复效果。

4）PRB 性能检测

对于 PRB 的性能检测是总修复工程中的重要一环，性能检测主要集中于 PRB 系统本身，包括对过程的检测和修复性能的检测。①过程检测主要关注的是系统的运行，用来分析在维护中需要进行的改进。②修复性能的检测主要用来分析对修复目标的性能是否达到设计的要求。传统性能检测采样方法往往会导致抽取大量的地下水，从而影响 PRB 采样的目标。因此，一般建议采用被动式或半被动式地下水采样方法。

性能检测点一般设置于反应墙的上梯度和下梯度及地下水的上游和下游，如果可能的话，应该位于 PRB 内。监测的项目和频率可以根据具体污染场地、污染物和监测目的不同，做出相应的调整。

4. 应动力学实验

在考虑使用 PRB 技术进行污染修复时，其中最关键的是填充介质与污染物的反应。

这就需要了解污染物的性质，以及能够使污染物转化而又能在相对较长时间保持活性的反应介质的性质。还必须评估由污染物和介质相互作用产生的转化产物的流动性、毒性和稳定性。如果这些转化的中间产物是有害化合物，那么它们必须在转化为无害化合物或毒性极低的稳定化合物之后，才能离开 PRB 的反应区。对于未知可处理性的污染物或未知反应性的填充介质，解决这些问题需要进行相关的反应动力学实验。

实验室中常使用土柱试验来模拟污染物与填充介质的反应情况和污染物的去除效率。试验结果主要为反应材料中污染物所需停留时间等设计参数奠定基础。除污染物外，实验室的土柱试验还可进行进水和出水的取样，以评估地下水的主要离子组成的变化。这些数据可提供关于氧化还原电位（Eh）和 pH 条件变化所引起的反应材料的变化信息，这些条件也是影响 PRB 中无机污染物去除的重要参数。尽管柱试验比批试验更昂贵和更耗时，但它们通常能产生更加真实的模拟现场的效果，提供更多有用的数据来检查相关反应产物。

在土柱试验中，柱长一般为 10～100 cm，柱内直径为 2.5～3.8 cm。在下进水和上出水端有取样口，有时会在柱体的侧面设置观测取样口，取样口的设计允许水样沿中轴采集（图 5-8）。从现场获得的地下水通过实验室水泵以恒定的流速到达柱的下部进水端，流速的选择要接近污染场地处理区的预期流速。一般每隔 5～10 个孔体积（即 PV，一个 PV 等于土柱内液体的总体积）分析测试一次在柱上的进口、出口和采样口测量污染物浓度，直到达到稳态浓度剖面，即随着时间的推移，某一测试点的浓度保持相对恒定。Eh 和 pH 也在测试期间定期测量。主要阳离子、阴离子的浓度和碱度可以不用经常进行监测。如有需要，还可以测量与污染场地有关的其他化学参数。

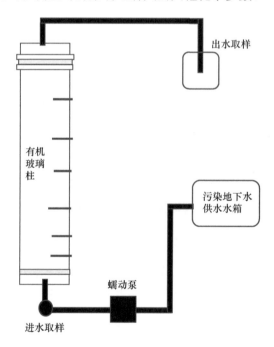

图 5-8 土柱试验装置示意图

在进行试验结果分析时，对于每一测试柱，可将速度和污染物浓度描绘成柱上距离长度的函数。流速用于计算每个剖面在每个采样位置的停留时间。基于试验结果计算得到各污染物的降解或去除速率常数。利用动力学模型，对于 VOC 或铬酸盐等污染物，采用一阶反应动力学模型：

$$C=C_0 e^{-kt}$$

式中，C 为在 t 时刻，溶液中的污染物浓度；C_0 为进水时污染物的初始浓度；k 为一阶反应速率常数，可以通过试验数据利用上式进行无量纲浓度和时间的半对数拟合求出；t 为时间。

通过重新排列和取自然对数，上述方程变为

$$\ln(C/C_0)=-kt$$

污染物初始浓度下降一半所需的时间称为半衰期。半衰期的计算公式为

$$t_{1/2}=0.693/k$$

当联立上述三个方程式，可以计算出污染物在 PRB 中所需要的停留时间（t_R）：

$$t_R=[2.303×\log(C_s/C_0)]/k$$

式中，C_s 为利用 PRB 技术预期修复的地下水污染物的目标浓度。

当污染物是 VOC 时，进水溶液中挥发性有机化合物的分解产物（如二氯乙烷同分异构体）可在内部取样口达到最大浓度。在这种情况下，可以在取样口达到最大浓度时，将这个分解产物的降解速率大致计算出来。在理想情况下，初始浓度和中间浓度数据可用在一阶动力学模型中去确定降解速率和转换因素。对于许多无机污染物来说，无机污染物的处理机制大部分依赖于化学成分的沉淀或吸附。实验室批试验和柱试验的结果应与污染场地地下水水文地球化学建模相结合，以评估潜在沉淀物、吸附物的稳定性，并分析反应材料对无机物修复的潜在效用。对于生物降解反应墙而言，可以通过改变潜在的污染物营养源（如 NH_4^+、PO_4^{3+} 等）浓度的变化，来监测因这些离子的浓度改变而引起的污染物降解速率的变化，并进行评估。

在对水化学的全面描述批试验中，可以使用地球化学形态模型计算。通常用于进行计算的地球化学模型包括 MINTEOA2 和 PHREEQC。这些模型包含大型而全面的数据库，可用于根据预期矿物饱和状态评估污染物的沉淀或溶解的趋势。MINTEOA2 还包括各种表面电离/络合模型，可用于评价污染物吸附到矿物表面的可能性。矿物特征技术和表面分析程序的应用可以扩大实验室试验的结果。这些技术可以分离和鉴定反应产物，鉴定被吸附或沉淀元素的氧化状态，以及表征次生沉淀的矿物结构。矿物学技术也可用于验证从地球化学模拟中推断出的次生相的特征。次生矿物的积累和隔层的出现可以用来推断反应进程和评估由于反应产物阻碍而在反应表面产生的潜在迁移限制。当与地球化学形态/传质计算结合使用时，动力学和土柱试验数据也可用于评估整个反应体系中决定速率的关键性步骤。

长期土柱试验的结果可以用来评估反应速率的变化所造成的反应墙中填充材料的消耗，以及微生物种类的变化和潜在有害反应中间产物的形成。同样地，这些数据也可用于评价主要反应机制的变化。由于第二相钝化层的形成，反应材料被隔离可能会限制其处理污染物的有效性。污染物处理的程度和时间也受到反应材料质量损耗的限制，或

者在吸附剂屏障的情况下，受到底物表面可利用反应活性位点的限制。长时间持续的土柱试验可提供处理系统失效的边界条件，以评估 PRB 系统在污染场地现场安装的潜在限制。

但是，土柱试验也存在着部分的限制性。考虑到流量的季节性变化、墙内反应介质随时间的潜在损失，以及任何其他现场不确定性，可以考虑一个安全系数。使用土柱试验得到的实验室动力学的降解速率需要结合现场应用进行一些修正，比如需要考虑温度的影响。现场的地下水温度一般为 10℃，低于实验室柱试验的室温（一般为 20℃），对反应动力学有不利影响。因此，地下水的停留时间可能需要增加，以对应较低的温度。另外，因为反应墙中填充介质的容重一般低于实验室测量的容重。所以，现场每单位体积反应介质的表面积可能低于土柱测试时测量的表面积。此外，反应速率（或半衰期）与反应介质的表面积成正比。因此，需增加现场停留时间，以应对比预期低的反应表面积∶溶液体积。目前，还没有明确的指标表明容重校正系数应该有多大。在一定程度上，现场每单位体积活性介质的表面积将取决于施工方法的效率和施工后活性介质的固结情况。

5. 墙内活性填充材料的选择

PRB 活性材料的选择是这一技术处理效果是否良好的关键。首先，在材料选择时应考虑污染场地的水文地质情况和污染物类型，其中包括地下水的污染物类型、浓度与组成，土壤渗流性和含水层类型及地质结构等。对活性材料的要求主要有以下几点。①与污染物反应速率高：如果能与污染物快速反应或者使污染物快速降解的话，则能够提高一定的降解效率。在保持反应速率高的同时，需要活性材料能保持一定时间的活性，维持与污染物反应的能力不变，即在一定时间内，活性材料能保持基本不变的反应速率。②无毒无害：确保活性材料不会对地下环境产生影响，且在与污染物反应的过程中，不会有有毒或者有害的副产物产生，或者副产物的毒性和有害程度在环境可接受的范围之内。③反应介质性能需要与水文地质条件相匹配：需要确定反应介质的粒径不能偏大，即渗透系数大于场地污染土壤的渗透系数。以确保反应墙能够顺利地捕捉到污染羽，而不会让地下水污染羽直接透过。但是在土壤渗透系数比较高的污染场地，活性材料的渗透系数也不能过高，否则会导致活性材料不稳定。所以活性材料的具体渗透系数应根据污染场地的水文地质条件、污染物的性质等因子决定。如果情况允许，需要预先进行相关的模拟分析确定。④填充介质应粒度均匀，易于施工安装。⑤在地下水环境下及发生反应时具有较强的抗腐蚀性。⑥反应材料要取材容易，价格便宜，这样才能使系统长期正常运转并发挥效益。

用于透水墙施工的活性材料随污染物的类型和浓度、污染物的总质量和地下水组成而变化。零价铁（ZVI）是在地下水中产生低氧化还原电位的最常见的活性物质，可沉淀和去除无机（金属）和有机污染物。用粒状单质铁 ZVI 或 Fe^{2+} 构筑的屏障已在北美和欧洲成功地用于消除各种污染物，包括氯代溶剂、砷、铀等重金属和放射性核素。有研究报道，ZVI 还可以去除地下水中的 Al、Ba、Cu、Fe、Mn、Pb 和 Zn。此外，反应填充介质还包括磷灰石、沸石、熔渣（火山岩渣）、铁碳混合物、有机质黏土、微生物载体等。最常用的机制是氧化/还原反应墙和吸附反应墙。在允许地下水通过屏障的反应区内，将污染物固定、沉淀、吸附、离子交换、表面络合或化学转化（如氧化、还原和降解），使污染物浓度符合排放要求。

6. PRB 系统的地球化学和微生物活动影响因素

1）ZVI 的地球化学影响因素

PRB 已被证明是一种相对有效的技术，并且可以在各种地球化学环境中对地下水进行修复。无机组分对 ZVI 构成的 PRB 的主要影响包括铁表面矿物沉淀物的形成。当地下水的 pH 因铁的腐蚀而增加时，可能会在介质中形成碳酸钙、碳酸铁、氢氧化铁和硫化铁沉淀。某些特定的地下水成分对 ZVI 反应活性和长期性能的潜在影响将在下面描述，在实际的工程背景条件之下需考虑这些因素的影响。

i. 硫酸盐

在高 Eh 时，硫的稳定形态是硫酸盐（SO_4^{2-}），而在低 Eh 时，硫化物（H_2S 或 HS^-）是稳定形态，HS^- 在 pH>7 时占主导地位（Powell，1998）：

$$HS^- + 4H_2O \leftrightarrow SO_4^{2-} + 9H^+ + 8e^-$$

考虑到 ZVI-PRB 中铁的腐蚀性、高 pH 和低 Eh，以及 FeS 的低溶解度，HS^- 可能从溶液中析出 FeS 沉淀：

$$Fe^{2+} + HS^- \rightarrow FeS_{(s)} + H^+$$

随着时间的推移，硫化铁转变为硫铁矿（FeS_2）和褐铁矿（硫铁矿的一种多形态）。硫酸盐还原反应主要是由微生物的参与导致的，因此通常不进行短期的柱试验。但是，当地下水通过反应墙时，可以观察到硫酸盐浓度下降。其中，地下水中硫酸盐消失的小部分原因是铁-硫酸盐-氢氧化物复合物（硫酸盐绿锈）的形成，但大部分硫酸盐是以硫化铁的形式析出。最近的研究表明，进入 ZVI 或生物降解反应墙的硫酸盐大部分形成 FeS 沉淀，这种现象存在于反应墙的进水口附近。特别是中度还原条件下，该现象尤为普遍，而且许多硫化铁沉淀在反应性 ZVI 介质上形成钝化层。

在对 ZVI 反应墙的研究中，硫化物的存在已经被证明对顺式-1,2-二氯乙烯（cDCE）的降解速率有负面影响（Naidu and Birke，2014），而 TCE 的降解速率则没有受到影响。从现场多年运行的大量证据表明，每升几百毫克硫酸盐的存在对 PRB 性能没有显著影响。然而，在硫酸盐浓度大于 1000 mg/L 的污染场地，特别是当 cDCE 为需要处理的主要污染物时，需要考虑硫酸盐对 PRB 性能的影响。

ii. 硝酸盐

在粒状零价铁上，硝酸盐被还原可以得到氨/铵，氮的含量一般大于 80%，如下所示：

$$NO_3^- + 9H^+ + 4Fe^0 \rightarrow NH_3 + 3H_2O + 4Fe^{2+}$$

硝酸盐会影响铁的反应活性，因此会降低 ZVI-PRB 的使用寿命。ZVI-PRB 反应活性降低是由于 ZVI 遇水被氧化，氧化后的粒状铁由 ZVI（Fe）组成，其表面由外向内分别为赤铁矿（α-Fe_2O_3）、磁赤铁矿（γ-Fe_2O_3）和磁铁矿（Fe_3O_4）。当水中不含硝酸盐时，粒状铁遇水后表层主要是磁铁矿（Fe_3O_4），它是一种良好的电子导体，不会阻止 ZVI-PRB 对 VOC 的去除。考虑到颗粒铁处理区的氧化还原电位和 pH 条件，磁铁矿是铁氧化物的热力学稳定形式。但是，当硝酸盐存在时，就会形成不导电的磁赤铁矿和针铁矿，导致铁被钝化而不能降解 VOC。硝酸盐钝化 ZVI 的程度取决于硝酸盐通量。

由硝酸盐引起的铁钝化是可逆的。这些发现对于在硝酸盐浓度随季节变化的场所潜在的 ZVI-PRB 应用具有重要意义。此外，在硝酸盐含量高的地方，采用不含硝酸盐的水定期冲洗 ZVI-PRB 铁带，在理论上可以延长 PRB 的寿命。然而，这在实地环境还没有得到证实。通过使用梯度反硝化 PRB 作为预处理，在地下水进入零价铁处理区之前去除硝酸盐，也可以减轻硝酸盐升高的影响。这一技术已经于 2010 年在澳大利亚珀斯投入使用，证实了可以降低硝酸盐对 PRB 寿命的影响（西澳大利亚环境保护部，2009 年）。

iii. 氧气

在实验室的柱试验中，溶解氧（DO）的升高会导致 PRB 的渗透性显著降低，甚至会引起堵塞现象。但在实际工程结果中几乎没有出现因 DO 的消耗而导致堵塞的迹象。在工程中，通常使用铁砂混合物来克服水力导电性的损失。一般建议使用含 5%～20%铁的混合铁砂，使之能够提供长期的 DO，这样就能够有效地避免渗透系数的显著降低。在地下系统中地下水可能与空气接触的情况下，溶解氧的减少导致的渗透性损失是一个更大的问题。如果原位 DO 的浓度和地下水流速都很高，则应使用铁砂混合物以最大程度地减少渗透率的降低，但还没有实际工程表明这种具有"牺牲性"铁砂混合物的必要性。

iv. 碳酸盐

碳酸盐会与铁反应，生成碳酸盐沉淀，可能导致铁表面钝化并失去反应性。因此，在设计过程中，具有较高碳酸盐含量的地下水中需要考虑 PRB 的使用寿命。

v. 二氧化硅和磷酸盐

利用色谱柱研究可以发现，二氧化硅对 ZVI-PRB 降解三氯乙烯（TCE）的效率具有不利影响。二氧化硅可能是以钝化 ZVI 的水合硅胶/氢氧化铁的形式沉淀在 PRB 中。硅酸盐还会对设计用于去除痕量金属的 PRB 产生负面影响。在柱测试中，同时存在二氧化硅和磷酸盐时，五价砷的还原受到严重影响。测试表明，磷酸盐浓度为 0.5～1 mg/L，以及二氧化硅浓度为 10～20 mg/L 会大大减少砷的去除量。砷的主要去除过程是通过吸附到腐蚀产物上。一般认为，去除能力的降低是由于五价砷/三价砷与磷酸盐/硅酸盐之间的吸附位竞争。该理论表明，在磷酸盐和二氧化硅的存在下，可能需要过量的 PRB 材料才能去除砷。

vi. 铬酸盐

在六价铬存在的情况下，氯乙烯的降解将受到严重阻碍。这种降解的减少有两个方面。首先，强氧化剂六价铬抑制了 TCE 的脱氯。其次，新形成的三价铬的沉淀会生成 Fe^{2+}-Cr^{3+}氧化物，从而使 ZVI 钝化。而且 TCE 脱氯的程度取决于六价铬的含量。PRB 去除六价铬的效率还可能取决于地下水成分。影响六价铬去除的最大因素是钙和碳酸盐的结合。

vii. 微生物活动

迄今为止，大多数 ZVI-PRB 的现场测试都发现了微生物的活动，但是并没有发生生物堵塞现象。在许多反应墙中的总生物量并不明显高于含水层中的总生物量。但是，磷脂脂肪酸（phospholipid fatty acid，PLFA）分析表明，铁中厌氧金属还原菌和硫酸盐还原菌的比例更高。由于微生物的积累，孔隙度损失矿物的沉淀范围仅为原始体积的1%～5%。通常不同点位的特性会导致微生物量不同。例如，在丹佛联邦中心 PRB 的 2号口，微生物的增殖异常地高于同一地点的其他点位，并且比在其他地点观察到的生物量更高。微生物的产生归因于 2 号闸门端面的污迹区引起的低流量条件，以及地下水中的高浓度硫酸盐。同时，2 号口的硫化铁沉淀物浓度也较其他区域高。

另外，铁反应带中的微生物种群主要为厌氧微生物。在涉及使用瓜尔胶浆的 PRB 建造技术中，瓜尔胶可以作为厌氧微生物生长的电子供体来源，厌氧微生物一般位于反应墙反应介质内或附近。在 TCE 去除的过程中测量 PRB 中污染物的浓度变化，可以发现 cDCE 浓度下降，这可能是由于连续的生物还原性脱氯作用，而非 TCE 的非生物（铁驱动）降解作用。因此，微生物活动降低了 PRB 的整体效率。PRB 另一侧的 cDCE 浓度开始升高，随时间降低，表明发生的生物脱氯较少。除了瓜尔胶的影响，尚不清楚 ZVI 如何影响相邻含水层中的微生物活性。例如，在伊丽莎白城和莫菲特油田现场，发现 PRB 下游边缘附近的含水层材料中的总生物量和指示金属和硫酸盐变化的微生物相对减少。造成这种影响的原因可能是 PRB 上游边缘的微生物活性增强和/或当 PRB 地下水中 pH 较高时产生了更多的抑制条件并导致微生物所需的有机基质枯竭。

某些类型的复合污染物，对于 ZVI 的 PRB 的微生物生长可能是有益的。例如，ZVI-PRB 中可以建立 1,2-二氯乙烷的微生物降解，而这种污染物通常不受 ZVI 的影响，某些 PRB 依靠微生物活性通过沉淀法形成硫化物矿物，通过沉淀去除溶解的金属。

2）生物降解反应墙的地球化学影响因素

i. 地下水

地下水地球化学是生物降解反应墙设计中不可或缺的一部分，因为地下水地球化学变化会影响反应墙的性能。对于生物降解反应墙，向含水层中添加有机底物的目的是消耗天然电子受体，并维持最佳的氧化还原条件，以实现高厌氧降解速率。过量的天然电子受体（如 DO、硝酸盐、可生物利用的铁和硫酸盐）可能会限制实现有效和完全厌氧降解所需的还原条件。一些地下水条件有利于生物降解反应墙。例如，地下水中溶解硫酸盐和溶解氧或硝酸盐的浓度很高，再加上含水层或生物降解反应墙的三价铁，可通过与还原的硫化铁反应，引发氯代溶剂的生物地球化学转化。

ii. 溶解铁

溶解的铁可以两种氧化态存在：+2 价（亚铁）和+3 价（三价铁）。在 pH 大于约 3.5时，铁具有非常低的水溶性，而亚铁更易溶。与固相或吸附在矿物表面上的铁相比，溶解的亚铁与溶解态物质的电子密度非常低，因此溶解的亚铁直接还原氯乙烯的作用不大。亚铁可能会与硫化物沉淀形成 FeS，并以非生物方式还原氯乙烯。在地下水中存在溶解的亚铁或在渗透性反应墙中还原铁产生的亚铁可能有利于 FeS 的形成。溶解铁的浓度升高表明含水层中的铁含量降低，并且硝酸盐和氧气等氧化剂的浓度很低。但是，地下水中没有可检测到的溶解铁并不意味着生物降解反应墙不适合该污染场地。可以将铁矿物质改良剂添加到反应墙中的混合物中，以提供持续的铁源，用于从地下水中去除硫化物和生产活性硫化亚铁矿物质。

iii. 溶解硫

可以将溶解的硫物质（硫酸盐、过硫酸盐、硫代硫酸盐等）在生物降解反应墙中还原为硫化物。当硫化物与可溶性亚铁沉淀或直接还原反应墙回填材料中的三价铁反应时，可能形成 FeS。硫酸盐是地下水中最丰富的硫种类，并且是硫酸盐还原菌的电子受体。对于形成还原的硫化亚铁矿物质，理想的方法是将地下水中的硫酸盐浓度提高到 500~600 mg/L。硫酸盐改良剂也可以添加到 PRB 混合物中。在这一过程中，小于 10 mg/L 的硫酸盐浓度太低，而大于 100 mg/L 的浓度可满足要求。这项研究最有效的生物墙系统位于俄克拉何马州的奥特斯空军基地，进水硫酸盐浓度为 1200 mg/L 或更高。特拉华州在含硫酸盐修饰的生物反应墙（4.5 mmol/年）和不含硫酸盐修饰的生物墙（0.67 mmol/年）之间显示出较大的硫化亚铁生产差异，因而产生不同的污染物降解效果。

iv. 溶解有机碳

地下水中的溶解有机碳（DOC）可以为硫酸盐和铁还原细菌提供有机碳来源，而硫酸盐和铁还原细菌产生还原性的铁和硫化物相，形成还原性的硫化铁矿物。DOC 还可以作为电子供体用于还原硝酸盐，以及其他可以抑制硫酸盐还原菌生长和活性的氧化剂。

v. 溶解氧和硝酸盐

降解地下水中浓度较高的 DO 或硝酸盐也可以使用生物降解反应墙。但是，在这种情况下，地下水进入反应墙后其中的 DO 和硝酸盐会首先和反应墙中的活性组分反应，不利于氯代挥发性有机化合物的处理。因此，生物降解反应墙应该足够厚，以保持足够的停留时间，实现对氯代挥发性有机化合物的完全处理，尤其是在地下水流量较高的地点。

vi. pH

TCE 的非生物脱氯反应速率常数取决于 pH。当 pH<6 时，pH 的影响较小，但在 pH>6 时，TCE 还原性脱氯的速率常数急剧增加。因此，较高 pH 的地下水有利于三氯乙烯与反应性硫化铁矿物之间的快速反应。对生物降解反应墙的优化有可能控制地下水的 pH 并提高反应速率。

vii. 含水层基质

含水层基质对 PRB 系统很重要，因为可能存在一些矿物质，这些矿物质提供的硫酸盐或铁基本上是无限量的。在含有 DOC，且氧化还原条件得到充分降低的条件下，可以将铁矿物质（赤铁矿、针铁矿、锂锰矿等）还原为可溶性亚铁。

地下水的 pH 在很大程度上也取决于含水层基质，该含水层基质可能包含方解石或白云石等碳酸盐矿物，可以将 pH 缓冲到大于 7。砂砾石含水层通常没有缓冲能力，pH 通常为 6~7。另外，有机物可以贡献有机酸，在没有碳酸盐矿物的情况下，pH 为 5~6。

3）生物降解反应墙的微生物影响因素

生物降解潜力的评估主要基于对电子供体、电子受体、代谢副产物、地球化学指标、污染物趋势和水文地质学等相关特定现场的数据。生物降解反应墙的成功与否很大程度上取决于促进必要降解反应的微生物的存在。通常，可以假定能够进行有氧呼吸，能使硝酸盐、锰、铁和硫酸盐还原的微生物及产甲烷菌在环境中无处不在。用于降解高氯酸盐等化合物的微生物在环境中似乎也无处不在，所以通常不对微生物进行鉴定。

微生物对挥发性有机化合物的降解作用一直是人们广泛研究的课题，cVOC 的降解作用是通过相对较少类型的细菌代谢来实现的，在某些情况下，缓冲剂可能有助于将 pH 保持在最佳范围内，以保持脱氯活性。特别是对含有脱硫杆菌和脱卤杆菌的体系尤为重要。已知多角体的脱卤螺环菌和脱卤球菌能够将 PCE 和 TCE 脱氯生成 cDCE。在实践中，可以将 PCE 和 TCE 降解为 cDCE 的微生物在地下环境中普遍存在。然而，在实验室中只证明了一种微生物能将 PCE 完全脱氯成乙烯。尽管它们看起来很常见，但不能认为它们在环境中普遍存在。

不仅要存在适当的脱氯细菌，而且也要刺激它们充分活动和生长，以降解场地中的污染物，使其达到预期的氧化还原反应的程度和速率。不完全脱氯可能导致中间产物如 cDCE 或 VC 的积累，这是还原条件不足或缺乏适当的脱氯菌所致。因此，对脱氯细菌进行微生物评估有助于评估本地微生物活性，并确认所需的微生物种群存在。如果本土微生物不能完全脱氯 cVOC，则在 PRB 设计中可以考虑进行适当的生物强化。

三、应用案例介绍

PRB 技术是地下水污染修复技术的重要组成部分。自从 1994～1995 年在加利福尼亚的森尼韦尔建立第一个 PRB 系统以来，全世界已经安装了 200 多个 PRB 系统（Naidu and Birke，2014）。但是与北美和欧洲等地的 PRB 大量工程研究和商务应用相比，PRB 技术在我国正处于可行性研究阶段，鲜有工程应用案例报道。故本节将介绍欧美国家较典型的一个 PRB 成功应用案例和一个失败案例。

1. 奥地利山麓布伦某废弃工厂场地

1）污染场地情况

该废弃工厂位于奥地利维也纳附近的山麓布伦（Brunn am Gebirge），在这之前，该工厂曾生产和加工焦油和油毡。地下环境中主要的污染物为多环芳烃、酚类、BTEX、VOC（主要是 TCE 和 cDCE）。在前期的场地调查中发现，地下渗流区域和饱和区域的多环芳烃浓度为 8.6 mg/L，酚类化合物为 0.34 mg/L，苯为 29 μg/L，甲苯为 50 μg/L，cDCE 为 27 μg/L。污染涉及的总面积超过 34 000 m²。该废弃工厂的地质剖面特征是：0～2 m 为人为填土，地表以下 3～6 m 为冲积沉积物（砂质粉质砾石）。地下水位在地表以下 2～4 m，天然地下水自西向东，东南向弯曲，呈侵蚀凹陷状。

2）修复工程设计

1999 年，在该工厂安装建设了一个完整的 PRB 系统，该系统由 4 个充满 23 t 活性炭的吸附反应墙和一个 0.6~1.5 m 厚的液压屏障组成。在地下水的下游设置一个容纳干净的地下水供水的池塘（在实际地下水位以下 5 ft 处），使其不受污染。PRB 系统总长为 220 m，采用喷射灌浆工艺，是一个类似于 I 型的屏障，有效地隔离了污染地下水与池塘。吸附反应器单元的位置靠近地下水隔板。每个反应墙被放置在直径 2.7 m、8~9 m 深的钻孔竖井中。反应墙主体由圆柱形玻璃纤维增强的合成材料制成，并配有过滤网。每个反应墙装载了大约 9922 m^3 的颗粒活性炭。被污染的水通过滤网进入反应器，经过柱式反应器后，在底部被收集。经过净化的地下水通过一根穿过屏障的管道从每个反应堆中释放出来，并被引导至屏障下游的另一个竖井，从所有 4 个反应堆中收集并混合。在竖井内定期进行采样检测以验证系统的修复效率。

3）修复结果与成本

山麓布伦废弃工厂修复工程的 PRB 系统的设计费用为 10 万美元，安装和建造费用为 65 万美元。作为欧盟的 PEREBAR 项目的一部分，对该 PRB 系统的土壤与地下水修复情况进行了调查与监测。对于那些可能接触到地下水和反应堆材料的部件，必须仔细选择材料。将颗粒活性炭作为 PRB 的反应介质，能够不受氧气的影响，有助于避免需氧微生物活动。在大约 15 年的操作过程中，常规的监控该场地的所有的污染物都没有超过检测标准。例如，2007~2019 年在 4 个反应墙的监测点的总污染物浓度的平均值分别为 53 μg/L、5594 μg/L、1175 μg/L 和 5 μg/L，修复效果良好。

2. 德国埃登科本工业场地

1）污染场地情况

埃登科本（Edenkoben）的场地污染的含氯挥发性有机化合物（cVOC）污染严重，发现了一个超过 400 m 宽的不均匀的 cVOC 污染羽流，由至少 3 个独立的、部分重叠的污染羽流组成。造成污染的原因是该场地在之前的生产过程中使用了含氯有机溶剂。这些独立的羽状物含有不同浓度的污染物。例如，①南部污染羽主要由三氯乙烯（TCE）和 cDCE 组成，浓度为 8000 μg/L cVOC；②中部污染羽由 1,1,1-三氯乙酸、TCE 和 cDCE 组成（最高可达 20 000 μg/L cVOC）；③北部污染羽主要为四氯乙烯（PCE）（浓度为 2000 μg/L cVOC）。该场地污染土壤的总体渗透系数（k）较差，为 5×10^{-5} m/s。在 PRB 工程之前，该场地曾将气相抽提作为试验治理技术，但未能达到合理的治理目标。

2）修复工程设计

可行性研究结果表明，仅靠传统方法无法完全完成修复工作。经过现场地下水进行的柱试验和地下水模型模拟，表明利用 ZVI 的漏斗-闸门式 PRB 是可行的。1998 年，在污染羽中心建成了一个中试规模的漏斗-闸门式 PRB，并进行了 6 个月的测试，结果为

99%的污染物被去除。

2000 年底，进行了正式修复工程的设备安装，并于 2001 年 2 月投入使用。这是德国第一个由私人融资的完整的 PRB 系统，与传统技术相比，存在一定的风险。埃登科本的 PRB 系统有 6 个闸门，每个长 10 m，宽 1.25 m。反应墙中的填充颗粒状 ZVI 总共825 t，延伸到地下约 8 m。设置长 400 m、深 14 m 以上的连续板桩墙。

3）修复结果

自埃登科本 PRB 系统安装以来，并没有公布进一步的信息，特别是没有发布有关清理效能的数据。这可能是 PRB 的工作并没有达到预期的效果。刚开始的时候 PRB 系统的运行效果很好，但是由于在 ZVI PRB 的几个门处氢气的不断积累，从而堵塞了反应墙的孔隙，使污染羽无法通过。

第四节　原位反应带修复技术

一、修复技术基本原理

1. 修复技术基本概念

原位反应带（*in-situ* remediation zone，IRZ）技术是基于 PRB 技术发展起来的一种新型技术，不同于 PRB 技术的是，IRZ 技术是一种对地下水的主动修复技术，主动处理不同于被动处理，强调的是将化学试剂、微生物试剂不断地注入到地下环境中，或通过增加能量的方法来改善地下水质量。所增加的能量可以通过曝气、混合或加热的形式来提高反应速率，在地下水环境中建造一个或多个原位反应带。地下水中的污染物可以被原位反应带拦截而永久地固定，也可以在注入试剂的作用下，最终转化/降解成无害稳定的化合物（Suthersan and Payne，2004）。

IRZ 修复技术的示意图如图 5-9 所示，污染物在地下水环境中形成污染羽，通过一个注入井，将反应试剂注入到污染羽周围，或者注入到污染羽的下游地带，形成一个拦截污染物的帷幕。也可以通过多个注入井并排的方式，形成多个反应帷幕，即原位反应带。在原位反应带中，注入的试剂会和污染羽发生反应，从而将污染物从地下水中去除。

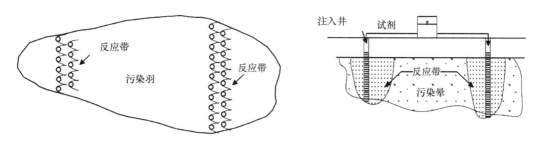

图 5-9　原位反应带修复技术示意图

2. 原位反应带修复技术类型

IRZ 技术有多种反应机制可以进行地下修复，这些修复技术包括：①物理学转换机制，如高压喷射；②生物化学机制，如微生物氧化与还原；③化学机制，如化学氧化、还原、亲核取代反应；④被动机制，如监测自然衰减（monitored natural attenuation，MNA）。由于地下水系统中所遇到的各种污染物和生化状况，以及对修复污染所必需的物理和（生物）化学过程的状况，因此在各区域监测系统内可以采用各种各样的传统和创新技术。对于给定的污染地下水系统，需要选择最合适的技术/反应并基于地下水质量、其生物地球化学状况和期望的修复目标来进行调整。

在一个 IRZ 系统中，如果没有技术上的限制，就可以实现使用多种技术类型协同治理污染。然而，对于某些类型的技术来说，实施的复杂性要大得多。而且根据某些反应机制的性质，成本可能是天文数字。而且大多数的修复工程会在时间上有一定的限制。各种技术类型的修复复杂性和投入成本的分析如图 5-10 所示（孙威，2012）。

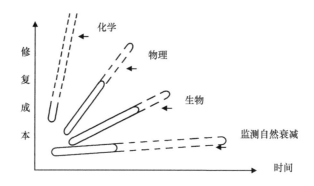

图 5-10 应用于 IRZ 的各种反应机制的成本和复杂性的组合描述

原位化学反应带需要针对污染物的特性来选择适宜的反应氧化剂或还原剂，并要求污染物的化学反应活性高、去除效率好。原位反应带中常用的强氧化试剂有高锰酸盐、过硫酸盐、芬顿试剂和次氯酸盐等，常用的还原试剂有 ZVI、硫化物、硼氢化钠等。同样还需要考虑氧化还原反应生成的中间产物是否会对环境造成一定程度的危害。所以原位化学反应在图 5-10 中常用的 4 种作用机制中是最复杂的。而且如果需要长期维持工程，则需要不断添加化学试剂，消耗更高成本。

原位微生物反应带并不是直接向地下水中施加微生物，而是去投入相关的如氧气、亚硝酸盐、铁锰催化剂、淀粉、甲醛等物质促进地下水中的污染物在原位微生物的作用下发生氧化或还原过程。所以微生物 IRZ 又可以分为两类：微生物氧化 IRZ 和微生物还原 IRZ。①微生物氧化 IRZ 技术是以目标污染物作为电子供体，适合处理地下水中的石油烃、酚、羧酸、醛、二氯甲烷等；②微生物还原 IRZ 技术是以目标污染物为电子受体，适用于处理地下水中脂肪类和芳香烃类有机化合物的脱氯，以及硝基芳香化合物、含氮磷化合物等的还原。原位微生物反应带虽然修复成本较低，但因为微生物降解需要一定的时间，所以污染物处理时间并不如原位化学反应带和原位物理反应带快速。

3. 原位反应带与可渗透反应墙的对比分析

IRZ 工程在操作技术上与 PRB 工程很相似,都是通过化学反应或微生物降解去除污染物。不同点是 PRB 技术通过开挖土体、填充介质的方式,在地下环境中建造拦截污染物的反应墙。而 IRZ 技术的施工则较为简单,对环境的扰动较小,主要是通过注入井等技术在地表注入化学/生物试剂到地下的不同位置和深度,形成类似于可渗透反应墙的污染物处理带,从而达到去除污染物的目的。因此对环境的扰动小,具有处理效果好,避免污染物暴露等优势。

两种技术的去除原理也比较相似。通过适当的设计,能够处理地下环境中的重金属、有机污染物、无机污染物及无机复合污染物等。对于重金属和放射性物质难以降解,在 PRB 技术中,一般采用吸附去除。但存在着吸附饱和后的再生问题,以及 PRB 的物理、化学和生物堵塞问题,有可能导致 PRB 技术处理效率降低。而在 IRZ 技术中一般通过注入碱性物质、磷酸盐、铁锰氧化物、有机质等,与土壤或地下水中的铬、镉、汞、砷、铅、铜等重金属反应生成沉淀,将重金属固定化。如果试剂在反应过程中用完,可以通过注入井继续注入。

由于 IRZ 是通过井注入的,要求反应介质是流体,能够注入地下。对于强氧化剂的运输,PRB 能够将氧化剂直接填充入反应墙中,而 IRZ 则需要运用不同于液体运输的方法去注入氧化剂(如利用真空装置等)。在使用 IRZ 时,需要进一步对试剂在含水层中的迁移和分布规律进行研究。在成本方面,两种修复技术在运行费用和维护费用方面都较低,不需要消耗能源,是一种绿色修复技术。但是在施工期,IRZ 与 PRB 相比,只需要在污染场地打井,而不需要地面抽取、处理设施,以及昂贵的施工设备,节约了这方面的费用。IRZ 的另一优势是可以应用于含水层埋藏较深的地下水,而 PRB 技术只能应用于浅层地下水。具体的 IRZ 与 PRB 异同点对比见表 5-8。

表 5-8 原位反应带与可渗透反应墙的异同点对比

	原位反应带(IRZ)	可渗透反应墙(PRB)
相同点	(1)操作技术类似,都是利用化学反应或微生物降解去除污染物 (2)可去除污染物的类型相似 (3)运行费用和维护费用低,不需要消耗能源,绿色环保	
不同点	通过化学试剂与重金属形成沉淀去除	重金属吸附去除,可能会存在反应墙堵塞问题
	臭氧需要通过区别于液体的其他方式注入	臭氧能够直接填充到墙内
	建设期环境扰动小	建设期环境扰动大
	能够长期进行修复	长期效能,可能出现钝化问题
	需要对试剂的迁移规律进行研究	不需要对试剂的迁移规律进行研究

4. 原位反应带的场地可行性分析

1)场地分析

一个成功的 IRZ 系统主要依赖于溶解试剂的输送供应,并且在试剂选定的浓度和体积下与污染物发生反应。依据污染羽流的垂直和水平范围来控制这些试剂的输送，但这需要详细的工程设计和丰富的有关影响地下水流动和运输的地质参数。为了适应小羽流和大羽流、浅羽流和深羽流等不同要求，必须在工程构造上有所体现。IRZ 系统的最终目标应该是尽可能快地注入试剂，创建均匀混合反应区，并保持最佳的生物地球化学条件以促使反应的发生。特定的场地条件将明显影响修复所需的总时间。

污染物类型、污染物的浓度及污染物在整个污染羽中的分布是评估 IRZ 可行性的第一步。在评估增强还原性脱氯的可能性时，中间产物的存在、浓度变化和分布尤为重要。共存污染物的影响在某些情况下可能是有益的，也可能是有害的，因此体现了选择工艺之前进行评估的重要性。评价化学 IRZ 可行性的场地筛选标准见表 5-9。

表 5-9 对化学 IRZ 实施的现场筛选特性的适宜性分析

场地特性	适合建设 IRZ 的工程	不适合建设 IRZ 的工程
水电导率	$10^{-5} \sim 10^{-1}$ cm/s	$< 10^{-6}$ cm/s
地下水流速	大于 3 ft/年，且小于 30 ft/年	小于 20 ft/年
pH	取决于试剂选择的极端不适合的 pH	小于 3 或大于 11
生物地球化学条件	中性氧化还原值不太低，体系中天然有机碳含量低	非常低的氧化还原条件；非常高的有机碳含量
污染物水平	$10 \sim 100$ ppm	地下水和土壤中的金属含量较高
DNAPL 的存在	溶解，吸附状态	流动的 NAPL

由于 IRZ 应用的成功主要依赖于试剂在污染场地下的有效传递和分配，因此能够完全进入地表和地下位置对于 IRZ 系统的正确设计和实施至关重要。控制和选择注入的频率和剂量，以及注入井的位置和性能、监测井的能力是优化设计的一个重要因素。

2）安全性分析

每一个修复项目，无论是在现场还是地面系统，都应该有一个全面的安全计划，包括污染物迁移、暴露、试剂储存和处理及系统实施的各个方面。在设计 IRZ 时需要考虑安全性，其中试剂的安全性问题是关键因素。在项目设计阶段，应根据对所使用的注射试剂进行评估。①试剂对人体和环境的毒性和安全性是最重要的评估因素之一。一般来说，首选的试剂将是对人类和环境毒性最低的材料，同时能够实现项目的修复目标。②需要设置一个合理的时间框架运输、储存、混合和使用的方法。③所有储存试剂的容器都应该配置减压阀，相关气体的释放应该符合空气质量要求，而且需要评估在封闭的储存罐中的 CO_2、CH_4 和 H_2S 的安全潜力。④重力注入系统应考虑现场水文地质条件对注入压力的要求。

3）成本分析

IRZ 工程能否建成的一个关键是成本问题，包括建设资金和运行维护成本。预算成本的限制常常会直接或间接地影响设计决策，如减少试剂的输入量和对整个污染羽的处理或遏制等。根据作者的经验和分析，实施 IRZ 系统的两个最大的成本因素是注入井的安装和试剂的输送。影响 IRZ 系统实施成本的 3 个特定因素如下。

（1）污染羽的大小：这是决定该系统成本的主要因素，因为处理的羽流面积越大，需要的井就越多（钻井成本），每次注入试剂所需的时间也就越长，药剂使用得也越多。

（2）修复目标区域的深度：钻井成本是影响整个系统成本的另一个主要因素。深部污染环境或需要特殊钻探技术的环境（基岩钻探、多导体套管等）会显著增加系统成本。

（3）地下水流经处理区的流量：试剂注射也在总成本中扮演重要角色。在地下水流量大的场址，将需要注入更多的试剂，同时注入量大，间隔时间缩短，从而增加费用。

所以，在设计过程中需要特别考虑这些因素，以制定最具成本效益的场地修复方法。

二、原位反应带的工程设计

要成功地设计和实现一个 IRZ 系统，需要了解许多设计方面的注意事项。其目标是在地下建立一个最佳的水文生物地球化学环境，为生物化学反应提供最佳条件，加速目标污染物的修复。IRZ 系统的设计要点包括：地质学、地下水化学、标准确定、微生物学、IRZ 布局和试剂的选择。

1. 水文地质条件

为了设计出一个能够输送反应试剂和其他添加剂到地下的 IRZ 系统，需要获取污染场地特定的水文地质数据。对于大多数修复技术来说，复杂的水文地质情况是人们关注的主要问题。虽然复杂的地质情况可能在一定程度上限制特定地点使用 IRZ 技术，但在大多数情况下还可以采取补救办法。在设计工程中，设计者可以针对特定的受影响的地下水含水层，通过正确地设置注入井位置或使用其他输送机制来建立 IRZ 工程，使该技术可以有效地应用于大多数环境。

表 5-10 中的参数对理解水文地质条件的复杂性和岩性变化有一定的帮助，是设计的第一步。在评价一个污染场地是否适合进行 IRZ 技术时，可以先进行含水层试验，如抽水试验。这可以作为一种重要的手段去细化水文地质学知识，从而预测全面的 IRZ 系统的性能。它可以帮助降低成本、分析出最佳的监测方式，包括明确注入井的位置和监测井的位置。

表 5-10　水文地质参数对 IRZ 设计的影响

水文地质参数	对设计的影响
地下水的深度	注水井的深度和注入管的位置
污染羽的宽度	注水井数量
污染羽的深度	注水井内注入点的数量；压力注入或重力注入
地下水流速	药剂注入量、频率、停留时间；稀释作用
渗透系数	试剂混合区、反应带的垂直范围
地质变化，沉积物的分层	注入点位置
土壤孔隙度和粒度分布	固定作用产生的最终产物的去除（如重金属沉淀）

1）渗透系数

土壤含水层的渗透系数对 IRZ 系统的设计至关重要。地层的渗透系数和水力梯度可以用来确定地下水的流速、流量和注入修复材料的量。此外，这些信息还有助于确定注入井间距和注入井阵列之间的距离。含水层的渗透系数越大，就越容易将修复材料输送到地下，单个输送点的效率也就越高。当其他因素保持不变时，随着水电导率的增大，单个注入点的修复材料沿平流方向的分布增大，但垂直于流动方向的影响半径减小。此外，较低的渗透率通常采取较低的地下水流速和材料的平流输送。因此，在评估全面的处理系统设计时，必须基于渗透系数，在地下水流动方向和横向上设置注入点。且在符合修复目标的时间范围内，确定注入点之间的间距。对于试验性或示范性的系统来说，关于观测点/井的布置尤其如此，以便在短的研究时间内看到理想的结果。

2）地下水流动特征

地下水流动特征是反应带设计的另一个重要因素。地下水流速、流向、水平和垂直梯度影响试剂注入的有效性，以及试剂与地下水的扩散和混合速度。当所有其他条件相同时，如果地下水流速较低，那么地下水流量也会随之降低，所以通常需要较低的材料投入量。虽然地下水的组成是水相中污染物与注入材料之间反应类型和程度的最敏感指标，但地下水的流动方向和梯度也很重要。了解地下水的动态变化对确保注入的试剂在靶区形成反应区至关重要。水平和垂直梯度用于确定注入点和监测点的横向位置（井点或注入装置）和纵向位置（筛管或输送区）。地下水通量是促使试剂向输送系统下移的载体。这种平流运输是 IRZ 系统的主要运输机制。需要注意的是，在实施微生物 IRZ 修复过程中，被注入的试剂也会被微生物消耗。

平流是将试剂沿输送系统梯度向下移动的主要过程，扩散作用是将试剂沿垂直于地下水流动的方向移动的主要过程（称为横向扩散）。在大多数情况下。地下水在不断地移动，虽然这种移动通常是缓慢的。地下水流速可以用达西定律来计算，而计算地下水流速的初始估计值是设计任意位置的 IRZ 系统的基本步骤。如果在 IRZ 系统内有地下水移动非常缓慢的部分，那么试剂将难以到达这些地区，环境在短期内也不会有明显的改变。除非通过缓慢的扩散过程，否则不可能在低流量区域创造出最优的 IRZ。

3）地下水的深度

地下水的深度将决定井的设计，并对 IRZ 系统的成本产生巨大的影响。饱和含水层的厚度也会对成本产生影响，因为在单口注入井中有效区间的最大有效区间的厚度是有实际限制的。根据一般经验，注入井的实际极限有效深度为 8 m 左右。但是，这种限制会受到地下土壤非均质性、渗透系数，及其对渗透性和地下水流动特性的影响。当地下水在目标饱和层段内的流动特性发生变化时，即使在地下水流动系统注入段小于 8 m 的情况下，也应考虑使用多个有效反应区间或多注入段的形式（图 5-11），即在一口注入井中设置多个注入点，并在不同的位置进行注入。

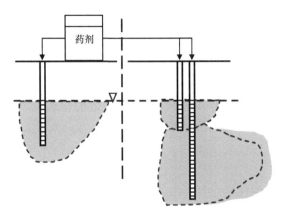

图 5-11　多注入点/段设计示意图

当地下水的流速很大时，单个注入井产生的反应区的横向扩散作用范围有限。在这种情况下，与直接注入井相比，使用现场循环井可以节省相当多的成本。原地循环井主要是以成本效益高的方式提供试剂，同时在地下水流速相对较高的地点对较大较深的污染羽进行修复。

4）水文地球化学条件

土壤有机碳（SOC）组分和缓冲能力是 IRZ 系统设计中必须考虑的两个重要地球化学特征。SOC 的存在有可能将影响 IRZ 系统的还原性平衡，以及土壤基质对污染物的吸附能力。在 SOC 含量高的污染场地具有高的污染物吸附能力。因此，这些地点将有相当高的污染物固相吸附质量。所以，在微生物 IRZ 中，由于微生物表面活性剂和助溶剂的形成，有可能通过解吸释放出更大质量的污染物。因此，注水井的布置和计划的处理时间应该考虑这些解吸效应。

原位化学氧化技术的优化在很大程度上取决于对污染物氧化过程中氧化剂需求的了解及对介质的了解。基质氧化剂需求量是指土壤和地下水条件下的氧化剂消耗量。基质的需氧量可来源于天然有机物、还原性金属、碳酸盐、硫化物和其他还原性平衡物质的氧化。基质需求量变化大，并受背景地球化学的影响。非目标化合物引起的氧化剂需求量是目标污染物引起的氧化剂需求量的 10～100 倍（甚至更高）。因此，研究整个（生物）地球化学系统的氧化需求是非常重要的。

需要注意的是，对天然有机物的破坏也会将吸附的污染物释放到溶解相中。尽管污染物的解吸机制在微生物和化学 IRZ 中是不同的，但最终结果相似，即溶解相污染物的浓度更高。地球化学的另一个重要评价应包括自然衰减的金属污染物如铬的浓度。还原后的 Cr^{3+} 吸附在土壤基质上，在化学氧化过程中 Cr^{6+} 增加。

为了保持高反应率，在实施 IRZ 期间需要尽量避免低 pH 地下水区域的产生。含水层系统的 pH 是含水层缓冲能力的函数，这一特性主要是由含水层固体赋予的。缓冲能力较低的含水层更容易受到 pH 下降的影响。测定地下水的碱度可以对含水层系统的缓冲能力进行一般性评价。但是，由于含水层固体在建立缓冲能力方面的重要性，地下水的碱度只能部分反映真正的缓冲能力，而且很可能低估它。地下水碱度样品是相当稳定的，因此可以在现场以外进行分析，尽管在现场也可以很容易地测量碱度。

含水层固体中的重碳酸盐、碳酸盐和氢氧化物通常主导碱度。尽管硼酸盐、硅酸盐和磷酸盐也可能起作用，但碳酸盐在建立地下水系统缓冲能力方面的重要性更大。含有石灰石矿物碳酸盐的地下水系统，如方解石（$CaCO_3$）和白云石（$CaMgCO_3$），倾向于产生较高的碱性，因此缓冲能力高。在缓冲能力较低的含水层，缓冲试剂可能需要纳入试剂溶液的设计中。

2. 地下水化学条件

地下水化学信息主要包括对目标污染物、中间产物及生物地球化学参数的了解。理解这些条件，会使反应区的选择和应用更有成功的可能。如果缺乏这种理解，可能最终会破坏自然环境，并有可能花费更多的时间和成本才能得到想要的修复结果。在收集污染场地的地下水情况时，不能依赖单一的测量或结果来确定在地下水中进行的主要生化过程。同时，自然系统中的氧化还原过程很少处于平衡状态。此外，所利用的主要电子受体常常在整个位点的不同区域发生变化。因此，应该在每个注入井和全站点的基础上对分析的全部参数列表进行检查，以确定哪个为主要利用电子受体。

对于许多场地而言，可获得相关历史数据，这些历史数据可以追溯到过去，并且可以用来确定降解产物的存在及评估污染物和中间产物随时间变化的趋势。这些数据还可以提供有关可能用作电子供体的有机物的历史信息。反应区的设计取决于电子供体的充足来源，以建立和维持细菌种群，该种群可以维持最佳的生物地球化学环境，直到污染物被破坏/转化完成为止。

以化学 IRZ 为例，地下水中存在的某些阴离子会影响氧化效率。常见的地下水阴离子有 NO_3^-、SO_4^{2-}、Cl^-、HCO_3^-等。CO_3^{2-}能清除羟基自由基，可能是导致修复效果不好的原因之一。污染物的氧化化学性质必须清楚，氧化剂一般攻击这些分子中的 C—C 键。氯代乙烯的双键比氯代乙醇的单键反应性强得多。在评价含有复合污染物的羽流时，相同浓度的氯代乙醇和氯代乙烯降解效果不同，因此，会使人对化学氧化的可行性产生疑问。

1）pH 的影响

虽然微生物种群可以承受大范围的 pH，但接近中性的 pH（5～9）最有利于健康、多样的微生物种群的增殖，这是实施微生物 IRZ 系统所必需的。特别是，低的地下水 pH 可能不利于微生物 IRZ 系统发酵反应的发生。在这种情况下，可能需要对 pH 进行缓冲，通常使用普通盐类缓冲液，在实施过程中常常需要提高 pH 和/或中和 pH 以防止进一步降低。pH 在 5～9 之外的区域需要进一步筛选微生物，以评估 pH 操作对现有微生物种群的有效性的影响。所以除非能够进行大规模的酸碱度控制，否则实施微生物 IRZ 可能会造成大面积酸碱污染。场地的自然缓冲能力可以在一定程度上缓解 pH 的变化，可以通过地下水碱度测量和矿物学评价来进行 pH 的一般性评价。另外，对于化学 IRZ 来说，高锰酸盐是一种更稳定、更有效的化学氧化剂，pH 范围广，但价格昂贵。高锰酸盐氧化的最佳 pH 范围为 7～8。而在以芬顿试剂为主的化学 IRZ 体系中，H_2O_2 的稳定性随 pH 的降低而增加，在酸性条件下氧化效率最佳。

2）硫在强化还原性脱氯体系中的作用

硫在还原脱氯反应机制中的作用是复杂和多方面的。现有的文献报道倾向于认为，在产甲烷条件下，氯代烃（CAH）的厌氧生物修复效果最好。尽管证实了在硫酸盐还原条件下 CAH 降解是可行的，但根据实际情况，硫酸盐对还原性脱氯是有抑制作用的。浓度大于 20 mg/L 的硫酸盐可能导致竞争性排斥脱氯。然而，在许多含有高浓度硫酸盐的污染羽中，仍然存在还原性脱氯作用。硫酸盐无论是来源于添加还是已经存在于地下水中，都具有重要的优点，包括用于金属沉淀的硫化物的产生和潜在的辅助 CAH 的生物降解。硫和含硫化合物可以通过多种机制增强 CAH 的降解。

3. IRZ 布局设计

1）拦截帷幕的设置方式

污染羽的拦截帷幕一般有 3 种设置方式，具体如图 5-12 所示。第一种边界布局式（cutoff barrier），主要将注入井垂直于地下水流向布置成一排，设置在污染源的下游地区的边缘位置，防止污染羽对其他敏感水域的生态环境造成破坏。从修复成本的角度来看，边界布局式的部署成本较低。然而，由于注入井较少，整个污染羽没有得到及时的修复，所导致的工程生命周期成本可能会更高。第二种是全区域覆盖式（plume-wide reaction），在第一种的基础上，在污染羽范围内设置了多个拦截帷幕，注入点大范围分布。这种布设方式一般针对需要在短时间处理场地大面积受污染的情况，资金成本较高，修复时间较短。第三种布设方式是热点反应式（hot spot reaction），这种布局通常用于自然修复过程或屏障方法成功控制污染羽流运动的情况，但需要监管或其他措施来加快整体修复。在污染源区的中心位置建立一个 IRZ，使污染源区的污染物浓度下降，污染不再扩散。同时在下游边缘区域建立一个 IRZ。由于土壤基质的解吸作用，还是有可能导致污染源组分的释放。就热点反应式而言，其资金成本主要由注入井的数量和预期处理费用决定，可根据具体情况加以调整。

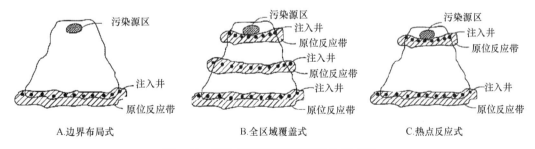

图 5-12　原位反应带拦截帷幕设计方式图

2）监测井位布置

IRZ 应用中，监测井或观测井的选择将取决于监管机构和客户对监测结果的要求。在监测井位布置和/或监测井的利用方面，建议首先利用一个或多个以前存在的监测井进行性能评价。这是因为现有的井通常有关于污染物浓度趋势的有用的历史数据，而且往往可以提供有关监测数据季节性变化的线索。这点非常重要，因为它往往能让人清楚地辨别出有关污染成分降解率的变化。

过程监测井通常设置在反应区，以保守示踪剂预测每月地下水运移情况。从注入井的位置开始，可以在距离注入 1 个月、2 个月和 3 个月的时间内进行钻井，以确保监测井系统能够观察试剂使用的各个阶段。这也使监测方案的成功不易受反应速率或地下水流速变化的影响。但是，在地下水流量较低的情况下，距离注入 1 个月甚至 2 个月的时间可能变化较小，需要更长间隔时间。另外，除非有其他限制，测量井与注入井之间的最小间距为 3 m 左右。

由于大多数实际运行系统在地下水流动方向上显示出优先的流动路径和时间变化，因此还建议使用垂直于该方向的多个监测井的横断面和/或在从注入区下方错开进行井的横向布置。当反应区内污染物有明显的垂直迁移时，必须将监测井设置为组井以监测该方向的变化情况。

4. 传输系统设计

在 IRZ 的应用中，有很多种注入或输送系统，包括注入井、直接推入井、再循环井系统、渗透井等。传输井的建设材料是由污染场地的地质条件、地下治理和输入的试剂共同决定的。若在未固结的土壤中，注入井一般采用不锈钢或聚氯乙烯（PVC）材料建设。当地下水深度较浅时，可以采用渗透井，利用试剂自身的重力使其扩散到土壤中。当地下水深度较深时，可以采取井中循环系统。

直推技术进行实际布设仅限于浅层地下水，深度通常限制在 50 ft 以内的松散地层。这种技术也受到土壤特性的限制，尤其是颗粒大小。在某些情况下，当使用直推井时，使用诸如锥形钻压仪（CPT）等直推钻机来设置永久或临时井点。一般这种类型的井是一个直径较小的井眼，通常应用在井眼数量有限、维护需求很少的地方。这种设计只推荐在地下水流相对较慢的情况下，因此可以在经济合理的时间间隔（6~12 个月）进行试剂的直接推送部署。

当含水层厚度超过 25~30 ft 时，可以采取多井传输的方式。另外一种方式是可以使用单井，但是在此井中，需要提供多个隔段，并在井眼作业期间将封隔器分隔开，即分段注入。注入点的数量和注入点的空间分布与污染物的分布、受影响区域的水文地质和类型有关。

所用试剂的类型也会影响输送系统的设计。如果使用一种溶于水的试剂，如糖蜜或蔗糖，这种试剂的流动特性与水的流动特性几乎相同，因此很容易随地下水流动。当试剂变得黏稠时，注入和实现良好横向分布的能力将下降。因此，对于后一种情况，需要更紧密的注入点设计，目前最常见的是使用批量注入系统。

5. 试剂选择

对于一个 IRZ 系统，试剂选择是设计过程中至关重要的一环。对于微生物 IRZ 系统，试剂材料本身的成本相对不高，主要是将材料注入到井的成本。然而，对于化学 IRZ 的实施来说，试剂本身的成本将占整个系统实施成本的很大一部分。

1）化学 IRZ 系统中的常用试剂

常用的化学氧化试剂有高锰酸盐、过硫酸盐、次氯酸盐、芬顿试剂和类芬顿试剂等。以高锰酸钾（$KMnO_4$）举例，$KMnO_4$ 是一种干燥的晶体物质，溶解在水中会变成亮紫色，紫色是未反应的化学物质的内在指示剂。在与污染物反应后，大多数条件下会生成难溶性沉淀 MnO_2。反应后的 $KMnO_4$ 为黑色或褐色，表明存在 MnO_2 沉淀。高锰酸钾适用于处理三氯乙烯、四氯乙烯等有机溶剂及烯烃和酚类等污染物。但是 $KMnO_4$ 也有一定的局限性，如 $KMnO_4$ 溶解度低，不能有效应用于氧化石油化合物。在常用的几种氧化剂中，过硫酸盐价格比较昂贵，且需要热活化；臭氧是氧化性极高的氧化剂，但由于臭氧是一种气体，因此必须以不同于液体试剂的方式使用。

常用的化学还原剂主要有零价铁、二价铁离子、硫化物、硫代硫酸钠、硼氢化钠等，主要适用于处理三氯乙烯、硝基芳香化合物、重金属等。

2）微生物 IRZ 系统中的常用试剂

微生物 IRZ 系统中的试剂主要是促进地下水中的原位微生物活性，为其提供适宜的生存环境或营养物质。常用的试剂有甲醇、乙醇、蔗糖、纤维素、乙酸、乙酸盐、纯氢，以及这些物质和其他来源的可溶性有机碳的混合物。主要适用于处理脂肪类和芳香类有机化合物、硝基芳香化合物、醚、含氮磷化合物等。

在选用这些试剂时，必须考虑试剂的单位成本、试剂的可用性、微生物带生成速率的变化、基质的利用率及含水层水质目标。许多试剂是从多种可用的食品级有机碳源（如糖蜜、蔗糖和植物油）中选择的。

微生物 IRZ 系统中所用的试剂都有一些相似的特性，包括一定程度的可降解性和溶解度。它们在可利用性和降解速度、组成的复杂性和成本方面存在差异。组成的复杂性被认为是一个理想的底物特征，因为这可以刺激更多样化的微生物群落。最理想的情况是，微生物以足够高的速率消耗这些碳源，从而迅速降低氧化还原条件。试剂的释放和消耗速率将影响每个注入点处理的含水层的体积，应根据现场的具体情况加以考虑。过量使用可导致更多不必要的副产品产生，如甲烷或有机酸。

三、应用案例介绍

IRZ 技术是一个 2002 年才被美国 Suthersan 教授提出的新型修复技术，目前在世界各地都有应用（Suthersan，2002）。IRZ 的实际工程应用主要是在美国、德国、奥地利、比利时等国展开，仅有 1%的项目是在亚洲开展。我国对 IRZ 修复技术的研究与工程应用越来越重视，已从实验室研发阶段逐渐过渡到场地中试研究阶段。而且已有部分试剂场地修复的案例。长远来看，IRZ 技术在我国有着广阔的应用前景。

1. 德国博恩海姆工业污染场地

博恩海姆（Bornheim）是欧洲第一个使用 nZVI 进行全面修复的污染场地。该地点最初被一家工业洗衣店/干洗店排放的几吨 PCE 污染，污染物已经扩散到几平方公里范围深 20 m 的地方。14 年来，该场地地下水一直采用 P&T 技术与土壤气相抽提相结合的方法处理。这些措施清除了大约 5 t 的 PCE，耗资 100 多万美元。由于处理成本耗费巨大，且处理周期长，很难彻底清除 PCE 等污染物。据估计，用这些方法进行的修复还需要 50 年才能完全清除所有污染物（Naidu and Birke, 2014）。

承担修复工作的阿伦科环境咨询有限公司（Alenco Environmental Consult GmbH）决定转换治理方案。通过使用纳米级的 ZVI（70 nm 粒径，聚羧酸稳定）处理土壤中剩余的 1～2 t PCE（砂砾）。在 2007 年 8 月，一个月内 1 t 纳米级 ZVI 和 2 t 微米级 ZVI 被泵入地下。通过不同位置开小孔的塑料管，Fe 悬浮液（约 90 g/L，包含 30 g/L 纳米 ZVI 和 60 g/L 微米铁）由套管注入 16～22 m 深度。在污染区域共布置了 10 口注入井，每口井的影响半径为 2 m。

该工程所花费用约为 29 万欧元，包括监测费用（约为每一立方米 PCE 污染土壤花费 366 欧元）。该项目的处理结果是，氯代烃的浓度降低了约 90%。TCE 和 DCE 的中间产物无明显增加。而且，在地下形成 IRZ 后，两周没有出现污染物浓度反弹现象，污染物浓度仍有下降趋势。

2. 中国上海某汽车配件厂场地

该污染场地位于上海某汽车配件厂内，由于配件加工生产的过程中，会使用大量的含氯有机溶剂，该污染场地的地下水中有大量的有机氯污染。主要的污染物有 1,1,1-三氯乙烷、1,1-二氯乙烷、氯乙烷和氯乙烯等。该工厂地下水水位在 0.4 m 以下，1.8 m 以上，水力梯度平均为 1.4%。污染羽扩散到地下 6 m 的深度，地质多为粉质黏土层。中试研究中布设两个注入井，利用压力为 1.24 MPa 的高压钻机将零价铁-缓释碳药剂注射到地下环境中。每隔 0.5 m 注射一次药剂，注射深度至 6 m。在两个注入点的周围设置三个监测井，观测污染物的变化情况。这是一个化学反应与生物降解相结合的原位反应带，零价铁可以与氯代烃发生氧化还原反应。而缓慢释放的碳可以为地下的土著微生物提供营养物质，促进微生物对有机污染物的降解作用。

通过监测井的数据记录，发现含氯有机物浓度在第 5 天的时候，出现了浓度骤降的现象，说明该药剂具有瞬时强化的作用。此外药剂最佳的作用时间为 90 天以内，超过 3 个月后需要考虑对药剂进行适当的补充。修复结果中，1,1,1-三氯乙烷与 1,1-二氯乙烷基本被完全去除（去除率≥99%），其他含氯有机污染物的去除效率在 60% 以上，只有氯乙烷的平均去除效率为 56.2%。从总体上来看，该中试研究的场地修复效果较好，选取的注入井位点等参数能够为污染场地全范围的 IRZ 工程建设提供一些参考价值。

3. 中国北方某有机化工污染场地

在"零价铁-缓释碳修复氯代烃污染地下水的中试研究"中，对北方某有机化工污染场地地下含水层中的二氯乙烷和氯仿进行修复处理（李书鹏等，2013）。中试区域位于该污染场地区域内，修复区域面积为 100 m²，目标含水层位于地下 9～18 m。该污染场地的地下地质为细沙、中砂。地下水流速为 0.02 m/d，水力梯度为 2‰。中试研究在目标修复区域内设置三口地下水监测井，之后再用钻机等设备将零价铁-缓释碳药剂高压注入到修复区域的含水层中。再通过监测井记录下地下二氯乙烷、氯仿的浓度变化趋势，发现 IRZ 技术对 1,2-二氯乙烷、1,1-二氯乙烷和氯仿的最低去除率分别为 99.9%、86.7%、98.8%。在还原条件下，氯代烃容易接触到电子，还原脱氯降解速度都较快，能够有效地去除污染场地的氯代烃类污染物。因此，在中国污染场地的修复中，IRZ 技术具有良好的应用前景。

第五节 土壤与地下水污染一体化修复技术

目前，针对场地污染土壤与地下水的修复基本是单独进行的，但是污染土壤与地下水一体化处理技术相对较少。目前主要是通过联合修复的方式，将污染土壤修复技术与污染地下水修复技术相结合。或在原有的技术上进行调整、优化，以求达到一体化修复的目的。当将污染土壤和地下水在一个工程中进行设计修复时，能够简化处理工艺，节约成本。因为修复技术种类众多，在条件允许的情况下，有多种可能性的组合，能够相辅相成，实现 1+1＞2 的效果。

一、土壤与地下水联合修复技术

1. 基于可渗透反应墙的联合修复技术

PRB 技术是一种原位修复土壤及地下水的技术。为了实现对污染场地与地下水的协同修复，通常将其他修复技术与 PRB 技术联用，达到同时去除土壤和地下水中污染物的目的。

1）可渗透反应墙-生物处理组合技术

可渗透反应墙与生物处理组合技术适用于土壤与地下水中的重金属或有机物污染（周永峰和周明，2014）。根据土壤的污染程度，投放一定数量的蚯蚓到土壤中。蚯蚓能够不断地吞食含有机污染物的土壤，并在体内通过体内蛋白酶、氧化酶等酶的作用将有机物降解和转化为无毒无害的无机物。通过粪便排出体内后，既降低了土壤有机物污染，又增加了土壤肥力。蚯蚓在与重金属接触后，会将重金属富集在体内，而且在体内形成金属硫蛋白，提炼蚯蚓体内的金属硫蛋白能够带来一定的经济效益。

但是土壤生物修复技术无法去除地下水中的有机物和重金属污染，此时结合 PRB 技术，拦截地下水污染羽，处理地下水中的重金属与有机污染。由于蚯蚓是一种环节生物，在土壤中来回蠕动，能够增大土壤的孔隙率，促进地下水的流动，提高了 PRB 系统的处理效率。另外，根据土壤不同的污染程度，需要设置合理的蚯蚓回收时间或投放不同的蚯蚓数量。PRB 能够将蚯蚓的养殖区域分割成几个适宜的小区域，有利于投放和回收。而且经过设计，反应墙能够限定蚯蚓的活动范围，防止蚯蚓活动超出养殖区域，造成土壤生物二次污染。所以该联合修复技术可实现对土壤与地下水中污染物的修复，既提高了两种技术的修复效率，同时也回收了一定的成本。

2）可渗透反应墙-蒸汽气提组合技术

可渗透反应墙-蒸汽气提组合技术适用于修复土壤与地下水中的易挥发性的有机/无机污染物。首先在污染场地中设置注入井和气提井，通过注入井向地下环境中注入温度为 100～200℃的蒸汽。利用蒸汽使吸附在土壤中的污染物进行脱附，脱附后的污染物气体通过气提井被抽提到地面进行进一步的处理。换言之，蒸汽气提将土壤吸附的污染物进行了去除。不仅如此，当蒸汽注入地下环境后，会使地下水的温度得到一定的提升。当地下水流动到 PRB 时，较高的温度会提升 PRB 中反应介质的活性，从而提升处理地下水中污染物的效率。在整个联合修复技术工程中，蒸汽气提用于治理污染的源头，着重修复了土壤中的污染。而 PRB 则控制了污染羽的迁移，着重修复了地下水中的易挥发性污染物（孙尧等，2012）。

2. 原位反应带-电动力组合技术

原位反应带与电动力学的组合技术，适用于土壤与含水层渗透性较弱和非均质性土壤中有机污染物和无机污染物的处理。将电极井设置在污染场地地下水的下游方向，电极井的底部位于土壤的含水层中，电极井中具有电解液。通过在污染土壤和含水层两侧施加的直流电压，地下水中的带电污染离子和极性有机污染物会向原位反应带处迁移，再通过原位反应带中施加的化学试剂，将污染物沉淀、吸附、降解处理为无害化的化学物质（吕正勇等，2017a）。

由于电极和电场的作用，在一定程度上提高了土壤的温度，有利于土壤微生物对有机污染物的降解。另外，原位反应带的影响范围有限，通常只能处理影响范围内的土壤与地下水，或是随着土壤孔隙迁移过来的影响范围以外的地下水。但是如果在电极前端施加能够形成原位反应带的化学试剂，则有利于试剂的扩散，增大原位反应带的影响范围。

3. 原位土壤地下水电动-微生物组合技术

原位土壤地下水电动-微生物组合技术适用于处理土壤与地下水中的有机污染物，特别是土壤中的一些疏水性强的持久性有机污染物，如多环芳烃等。首先污染场地采用交替脉冲电压，在电场的作用下，阴阳离子发生来回运移，污染被带离原位。这种作用虽然会使污染范围扩大，但是整体的污染物浓度会更低。土壤颗粒表面电解生成自由基，失去电子，导致土壤表面的双电场阳离子增多，双电层被压缩，土壤体积减小，增大了土壤孔隙，而土壤间隙带负电。阳离子携带着与土壤分离的有机污染物向土壤间隙的水体系中迁移。这一系列的电渗析、电迁移及电解过程特别适用于地质以黏土或粉质土为主的污染场地（王加华，2019）。

在污染物经过电动处理技术后，一部分有机污染物会和土壤表面活泼的氧化自由基发生苯环开环、长链变短等氧化反应，一部分黏附在土壤上的难溶性有机污染物会进入到土壤孔隙间的地下水中，变成生物易降解的可溶性有机物。通过给微生物营养物质或增加微生物活性等方式实现微生物修复技术，将进入到地下水中的有机污染物和地下水中原有的有机污染物一并去除。

该联合技术成本较低，且不会对环境产生二次污染，属于一种土壤-地下水协同清洁技术。利用电场带来的电极反应和热效应，给微生物提供了适宜的降解条件，提高了降解效率，增强了土壤中土著微生物对污染物的生物可利用性。

4. 化学稳定-地下水抽出处理组合技术

化学稳定-地下水抽出处理组合技术主要修复被种类不同的重金属（如 Pb、Cu、Zn 等）复合污染的土壤。主要的工程步骤是：①将修复材料施入污染场地的土壤中，与重金属发生互相反应或吸附作用，进行稳定化修复。②施入的复合材料选用含磷材料（重过磷酸钙）和生物炭（牛粪生物炭），混合修复材料通过吸附和离子交换，显著地提高土壤中重金属污染物的稳定性，使重金属钝化，对土壤的重金属污染进行了一定的修复。③针对污染场地的地下水修复，采用 P&T 技术，将污染的地下水抽出后，喷洒在进行稳定化后的污染土壤中。在地下下渗的过程中，土壤颗粒及修复材料的双重稳定、截留作用，实现了地下水中重金属的去除。④从地下水中被截留的重金属和污染土壤固有的重金属，与土壤颗粒和修复材料发生一系列作用，改变重金属形态，降低重金属的移动性和生物可利用性，减少重金属危害。如果需要更进一步处理地下环境中的重金属污染，可以考虑采用植物修复技术，利用植物根部的吸收作用，将土壤中的重金属提取到植物体内，再将植物进行统一处理。

5. 气相抽提-地下水注气组合技术

气相抽提-地下水注气组合技术主要适用于地下环境中挥发性有机化合物和半挥发性有机化合物的去除，是土壤气相抽提技术和地下水抽提技术的组合。首先利用地面真空抽提装置和注入装置对位于地下横井部分进行注气和抽气，加快污染场地中有机污染物的挥发，增加空气流通效率。一方面通过向地下水中注入空气（氧气），提高地下水和不饱和层的氧气量，促进地下微生物活性，加快挥发性有机化合物的分解速率和挥发速率。另一方面将挥发出来的气体污染物进行抽提，防止地下水中的污染物对土壤不饱和层的二次污染。能够实现全面修复不饱和层土壤和地下水的目标（谢胜等，2015）。

为验证这项联合技术的实用性，已将其应用于上海市北部某石油烃污染场地的修复工程中。在污染区域中选取面积为 450 m²，深度为 1～3.3 m 的区域作为修复对象。设置抽提流量为 200 m³/h，每天运行 10 h，一共运行 6 个月。监测结果表明单月最高回收 VOC 量为 322 m³，在运行期内总共回收 586 m³。所以该组合技术修复效果明显，能够对地下水和土壤进行一体化修复，且投资成本低，不会对场地进行大面积扰动，有着一定的应用前景。

二、土壤与地下水协同修复技术及其优化技术

1. 污染场地原位淋洗-地下水抽提技术

1）技术原理

污染场地原位淋洗-地下水抽提技术是根据不同的污染物类型，选择适宜的淋洗试

剂，将其注入污染区域（图 5-13）。污染物可能会在水流的作用下溶解于淋洗试剂中或直接与试剂发生化学反应。随着淋洗试剂从固体介质（如土壤）迁移到地下水中，从而达到去除污染区域固体介质中污染物的目的（赵勇胜，2015）。这将处理污染场地和地下水污染两个问题，转化为修复地下水这一个问题。当污染物随着淋洗试剂进入地下水后，应在污染区域的周围设置隔水屏障，防止污染羽向外扩散，阻止淋洗试剂进入其他场地外区域。在污染区域的下游处，设置抽取井或抽取装置将地下水抽取出来，并对污染地下水和淋洗溶剂进行分离，被污染的地下水进入相应的污水处理装置，以达到修复地下水的目的。淋洗溶剂可进入回收装置处理后再循环利用继续淋洗污染区域固体物质。

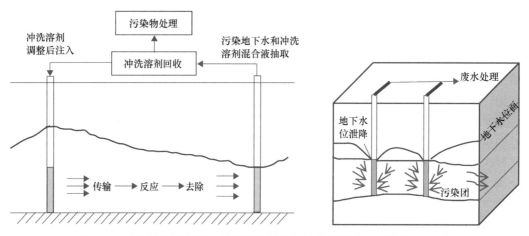

图 5-13 污染场地原位淋洗-地下水抽提修复技术示意图（赵勇胜，2015）

对于被污染的地下水来说，主要采取的是抽取-处理技术，又称为抽提技术。P&T 技术的原理是：在污染场地周围设立一口或多口抽水井，利用水泵将受污染的地下水抽取出来，并运用物理化学方法、微生物方法等在地表进行处理。最后将达到水质标准的地下水通过管道回灌至地下（蒲敏，2017）。

2）技术特点和适用条件

P&T 技术可应用于大范围的污染场地，或是污染地下水埋藏较深的污染源（戴佩彬，2017）。其技术原理简单，操作和维护较为容易。而且对含水层的影响较小，能够将地下环境中的受污染的地下水整体移除，并进行处理，有效地控制了污染物的扩散。但是P&T 技术也有一些缺点，由于它属于异位地下水处理技术，不具有原位地下水处理技术对场地干扰小、污染物修复彻底等特点。设置抽水井，将地下水从地下抽取出来，需要前期的大量资金投入和运行期的设备监测维护费用。此外，当淋洗药剂和污染地下水从上游到下游的过程中，污染物迁移至下游，也很难保证不会有吸附性较高的污染物残留在流经的土壤中。所以，在运用 P&T 技术时，场地土壤特性和地层条件对污染物去除效率的影响较大（蒲敏，2017）。

当污染物浓度较低时，由于成本太高，不会优先考虑 P&T 技术。当污染物浓度较高时，且场地污染土壤情况和地层条件都不会对抽取过程造成影响时，可以考虑采取P&T 技术。从污染场地中淋洗下来的污染物和地下水中本来就有的污染物，累加起来的污染物浓度较高，所以 P&T 技术可以灵活地与污染场地原位淋洗技术结合。

P&T 技术有两个需要考虑的重要问题：①在运用 P&T 技术之前，应先控制污染源，确保污染源已去除，避免抽取污染物效率极低的情况。否则在利用水井抽取溶解相时，污染物会从污染源加速迁移至地下水环境中。而且当处理达标后的地下水重新回灌后，依旧会被二次污染。②P&T 技术主要适用于无须短时间内完成修复的地下水，且需要较均匀的地层条件。因为当抽水井开始抽水时，井周围的地下水水位会下降。如果地层条件不均匀，抽取效率会降低，可能会导致抽取井无法抽取到污染区域范围内的地下水。从国内外的地下水修复经验来看，P&T 技术主要适用于中、高渗透性含水层，一般要求渗透系数 $K > 10^{-5}$ cm/s，可以是粉砾至卵砾石等不同介质类型（Kuo，2014）。

同时，应提前避免或减少拖尾或反弹效应的发生。拖尾或反弹效应是在实际修复过程中 P&T 技术常出现的问题，也是影响此方法去除效率的重要原因。拖尾是当地下水中污染物的浓度降低至一定浓度时，继续处理污染物，却难以使污染物的相对浓度继续下降或者降低至达标浓度以下。反弹效应是指，当停止修复操作之后，地下水中污染物的浓度没有保持稳定，反而上升。造成这两种现象的原因主要有：非溶解相污染物或是非水相液体（non-aqueous phase liquid，NAPL）的存在，污染物的脱附作用和扩散作用（表 5-11）。

表 5-11 造成拖尾和反弹效应的主要原因

原因	分析
非溶解相污染物	当地下水中污染物浓度降低时，由于浓度梯度的作用，非溶解相污染物或 NAPL 逐渐溶解到地下水中。当流速快时，此现象不明显。当流速慢时，非溶解相污染物与地下水接触时间变长，溶解现象变得明显
污染物的脱附作用	有机质含量高的土壤更容易吸附污染物，当地下水中污染物的浓度降低时，土壤中很可能出现污染物脱附作用，导致土壤中的污染物进入地下水
污染物的扩散作用	地下环境并不是完全平坦的，所以会导致污染物在抽取过程中从上游到下游的流速不同。因此流速慢的区域，污染物被滞留的可能性很大，很可能出现扩散作用

所以，在利用 P&T 技术时，应注意选择的污染物类型，尽量避免利用该技术来处理石油类产品、含卤素的有机溶剂和农药等，防止出现拖尾或反弹效应。但是，使用污染场地原位淋洗技术-地下水抽提协同技术却解决了这一问题。在淋洗试剂的作用下，土壤所吸附的污染物的脱附作用较小。因为在进行 P&T 技术之前，土壤中易吸附的污染物已被冲洗进入地下水中。

最后，污染场地原位淋洗技术和地下水抽提技术适用的污染物范围较广，包括多种有机和重金属等污染物。需要根据污染物类型采取相应的环境工程污水处理方法。根据美国环境保护署归纳总结，最常用的技术有空气吹脱、活性炭吸附、微生物降解、活性污泥处理系统、好氧流化床、化学沉淀、化学氧化、过滤等（赵勇胜，2015）。

3）针对低渗土壤修复技术的优化

从上述污染场地原位冲洗-地下水抽提修复技术、原位化学氧化/还原修复技术可以看出，这些技术都无法针对低渗透性土壤进行高效率的修复。在低渗场地使用 P&T 技术或是 ISCO、原位化学还原修复（in-situ chemical reduction remediation，ISCR）技术进行修复，能够确保在工程成本低且无二次污染的情况下，对低渗土壤中硝基苯、硝基氯苯等剧毒污染物进行土壤和地下水的协同治理（崔永高等，2017）。

在低渗透性的污染场地上，该技术主要是通过设置增渗井、与氧化反应器、还原反应器直接相连的增渗墙，加大污染物与污染地下水的迁移速度，实现原位修复土壤和地下水。渗透井采用水冲法施工，渗透墙由高压射水工艺完成，抽水池在基坑围护桩保护下开挖形成。氧化反应器和氧化还原器中的试剂由污染物决定。如果污染物为硝基苯、硝基氯苯时，在还原池中添加铁粉，可将污染物还原为苯胺或氯苯胺；在氧化池内添加低浓度的过氧化钙和针铁矿，可将苯胺或氯苯胺氧化为二氧化碳和水。

首先在渗透井中加入非离子表面活性剂，在水流的作用下，驱使场地污染土壤固相表面的污染物迁移至地下水循环系统。其次，需要在有可能受到扩散作用影响的区域设置隔水屏障，防止污染物和表面活性剂向场地外扩散。针对低渗性土壤，在污染场地中设置连续的增渗墙，增加土壤的渗透性。对于高渗透土壤，可以不设置增渗墙，直接使受污染的地下水流入反应器即可。进入反应器内，进行还原、氧化反应；把净化的地下水回灌至井中，进一步强化渗流，加大对土壤的淋洗力度。

2. 原位化学氧化/还原修复技术

1）原理

i. 原位化学氧化修复技术

修复地下水污染的原位化学氧化（in-situ chemical oxidation，ISCO）技术主要是将化学氧化药剂注入到污染物所在的区域中，利用氧化剂与还原性污染物之间的氧化反应，将污染物转化成毒性较低的、稳定性强的、迁移能力弱的化合物或是无毒无害化合物。为了能够处理大范围的污染场地，可以将氧化剂和地下水抽出-回灌，以实现在井之间的循环（郑伟和周睿，2018）。

常用的氧化剂有高锰酸钾、过氧化氢、芬顿试剂、臭氧和过硫酸盐等。在我国过硫酸盐和双氧水应用得最为广泛。在氧化剂到地下的输送方法中，以液态形式（氧化剂的水溶液）的传送最为多，固态其次，气态最少。其中只有臭氧是通过气态的形式传送到地下的（郑伟等，2018）。由于氧化剂在地下水中的有效作用时间很关键，过氧化氢、芬顿试剂和臭氧最多只能维持几小时。持续性越弱，氧化剂在地下的扩散分布范围越小。所以，如何选择氧化剂的输送方法变得很重要。因为不管选择哪种氧化剂，通常都需要多次进行氧化剂输送。根据 Krembs（2022）对美国的原位化学氧化修复技术案例的统计发现，最常用的方法是固定井法和直接推送法。

ii. 原位化学还原修复技术

原位化学还原修复（in-situ chemical reduction remediation，ISCR）技术主要是将还原性药剂注入地下环境，与地下水中污染物发生反应，从而将有毒有害污染物转化为无毒无害化合物或低毒性的惰性化合物。由于地下水环境处于还原状态，采用还原技术既不会破坏地下水环境的稳定性，又能利用还原反应处理有机污染物。主要能对氯代溶剂类污染物进行还原脱氯，常用的还原剂有铁粉、二氧化硫、硫化氢等。其处理过程一般如图 5-14 所示。

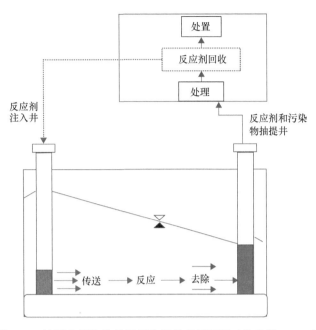

图 5-14 地下水原位化学还原修复技术示意图（仵彦卿，2018）

2）适用范围

针对不同的污染物需要选择氧化剂或还原剂。两种修复方法在高渗透性的污染场地都具有较高的修复效果，因为低渗透土壤或含水层可能会导致氧化剂/还原剂流动缓慢，难以到达污染区域。同样地，对于强非均质含水层地下水污染物修复来说，这两种方法也不适用，因为注入的还原剂或氧化剂难以均匀到达污染区域。所以向地下注入氧化剂或还原剂之前应对污染场地的地质环境进行考察。由于氧化剂和还原剂都属于化学试剂，在使用该方法前也应对污染场地的水文地质环境开展相关分析，防止氧化剂/还原剂注入后对水文地质环境过程造成变化，如引起 pH 和 Eh 的变化。

原位化学氧化修复技术主要用以修复地下水中的苯系物、甲基叔丁基醚等轻质非水相液体（light non-aqueous phase liquid，LNAPL）污染物。例如，臭氧能够以气体的形式通过注入井进入污染区域（土壤和地下水），氧化大分子及多环芳烃类有机污染物，分解柴油、汽油等，从而直接实现土壤和地下水的协同治理。

原位化学还原修复技术主要是还原降解地下水中的重质非水相液体（dense non-aqueous phase liquid，DNAPL），如用零价铁还原脱氯去除三氯乙烯、四氯乙烯等含氯溶剂，但该技术并不适用于去除轻质非水相液体（LNAPL）污染物。

3. 原位注入-高压旋喷注射修复技术

原位注入-高压旋喷注射修复技术是在原位化学氧化（ISCO）和原位化学还原（ISCR）基础上发展起来的新型修复技术，既能够单独作用于土壤或地下水，也能够对污染场地的水土复合污染进行同步修复。该技术主要是通过改变氧化剂和还原剂的输送方式，来达到协同修复的目的。系统的结构示意图见图 5-15。

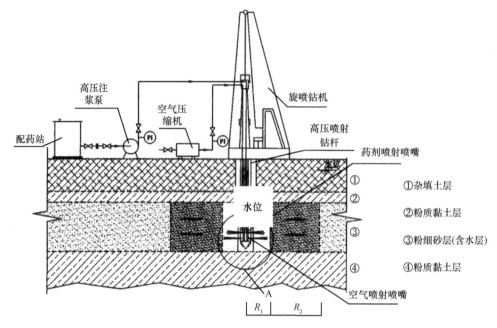

图 5-15 原位注入-高压旋喷注射修复系统结构示意图（杨乐巍等，2018）

R_1. 运行时的搅拌半径；R_2. 停止运行后的渗透半径；A. 气液二重管原位注射系统

原位注入-高压旋喷注射修复技术主要是通过钻孔，将带有特殊的药剂喷射喷嘴的高压喷射钻杆送入污染场地的地下。当到达事先预估的土层深度后，通过高压注浆泵和空气压缩机等设备放出高压药剂液流，使之喷射到污染土壤和地下水中。在药剂喷射的同时，要将高压喷射钻杆以恒定的速度提升，使喷射出来的药品能覆盖到全部的污染区域。因为高压带来的强动力，高压液流会对土壤进行切割搅拌。会比普通的注射/注入更易使还原、氧化药剂与土壤/地下水充分混合，将污染物氧化还原为无毒无害的化合物。运行中的修复半径主要基于劈裂理论，主要由气压的大小决定。在最后注入完成后，氧化/还原药剂还会在粉细砂层中进一步扩散，其最终的修复半径基于扩散理论，与药剂浓度、药剂含量、土壤的渗透率、孔隙大小等因素有关。所以实际的药剂作用半径应等于运行时的搅拌半径与停止运行后的渗透半径之和。其实际作用半径远大于传统的旋喷柱喷射技术，因为本技术采用了空气和还原/氧化药剂的双重管高压注射工艺。

1）原位注入-高压旋喷注射修复技术的优点

（1）适用土层范围广：不仅适用于高渗透性的土壤（如砂土），而且适用于低渗透的土壤中（如粉土）。采用高压，将试剂进行扩散，能够修复地下水-土壤的复合污染。

（2）效果显著：由于使用了 Geoprobe 水力压裂技术，反应试剂扩散半径增大，扩散半径是现有技术的 1.5～8.3 倍。对含水层的污染修复效果有极大的提升，尤其对于饱和砂层修复具有扩散半径大的经济优势。

（3）机械成本较低：仅需要一次性钻井后即可连续作业，成本较低。相比美国钻机设备成本较低，且无须间歇施工，机械费用较低，施工效率较高，机械施工效率是现有技术的 2～6 倍。

（4）修复深度大：本技术修复深度最大可达 20~25 m，注射流量是现有技术的 6~12 倍，能够解决污染场地深层地下环境难以注入的难题。单套设备土壤修复处理能力为 500~900 m^3/d，地下水修复为 500~700 m^3/d。

（5）准确性强和可控性高：该技术能够解决注入井的深层污染参数（井深、药剂量等）难以精准设置的问题。采用自动提升机构来设置相关参数，以实现单孔动态化连续深层次注入。另外由于使用小口径自下而上的注射方式，避免了夹心层难修复的问题。

2）原位注入-高压旋喷注射修复技术的缺点

针对松散的土质或者大孔隙，在实际的运用中可能会存在药剂浪费的问题。同时，高压旋喷注射的相关注射适用性问题需要经过现场的验证，可能会出现一些不利于化学/生物反应的包气带条件。

4. 设备优化：微孔扩散装置

微孔扩散装置是一种用于现场清除土壤和相关地下含水层中的污染物的喷射系统。该喷射系统不仅能向地下环境中喷射化学试剂，也能够在气/气/水反应中从地下水中提取气态污染物。该系统包括具有与土壤孔隙度匹配的至少一个微孔扩散器。微孔扩散器在注入井中以气泡形式注入臭氧或其他氧化气体到现场，并提取挥发性溶解污染物进行现场分解。泵和气动封隔器交替泵送和注入气泡，最大限度地分散井筒内外的气泡，并在气泡通过现场地层时使其均匀分散（Kerfoot，1995）。

该装置主要应用于去除溶解氯代烃和溶解石油烃等污染物，不仅能够对地下水进行修复，还能够实现对饱和土壤进行修复。该装置通过一个或多个垂直布置的注入井，通过调节气泡大小的气泡室，使微米大小的双气泡产生在含水层区域。换言之，是将微细气泡发生器放入注入井中，与选定含水层区域的衬底相匹配，用于通过所述含水层注入和分配含有氧化气体的气泡。将氧气和臭氧气体注入地下环境中，促进地下土著微生物的降解，同时臭氧也会与污染物发生氧化还原反应。这项技术将微生物修复技术与原位氧化技术联合修复地下水和土壤中的污染物。

这个装置的优势之一是它有着独特的气泡尺寸范围与地下储层孔隙度相匹配，实现了流体的双重特性，如输送和快速提取选定的挥发性气体。控制选择小气泡尺寸的优点是通过结合特别高的表面比与气体体积比，促进快速提取选定的挥发性有机化合物，如四氯乙烯（PCE）、三氯乙烯（TCE）或二氯乙烯（DCE）。小体积和上升时间快使反应试剂能够迅速弥散到水饱和的地质构造中，并提取和快速分解挥发性有机化合物。该技术的独特装置通过选择性快速萃取使污染物最大限度地与氧化剂接触，提供了最佳的流动性，允许气泡像流体一样在可监测的介质中移动，从而实现了操作的经济性。

第六章　场地污染土壤风险管控技术

第一节　场地污染风险管控概述

20 世纪 80 年代以来，欧美等地的水、大气污染问题得到了较好的控制，土壤污染防治逐步成为环境管理的重点之一。美国、加拿大、英国、荷兰、澳大利亚等国家在大量实践基础上，最终选择将风险管控作为土壤环境管理主导思维，并全面贯穿于立法、标准制订、治理方案设计、技术路线选取等土壤环境管理全过程，建立了系统的土壤环境风险评估方法和风险管控技术标准体系。在实践中，土壤环境风险管控经历了由突发污染事故应急向全过程风险管控的转变，并十分重视区域尺度土壤环境风险管控。

风险管控思路在我国起步较晚，2016 年 5 月 28 日，国务院印发《土壤污染防治行动计划》，明确提出中国土壤污染防治的基本思路是"坚持预防为主、保护优先、风险管控"。这个思路充分借鉴了国内外特别是国外 30 多年的场地污染风险管控的经验教训，提出了土壤风险管控，为中国土壤治理指明了方向。风险管控，即采取移除或清理重污染源、污染隔离阻断、环境介质长期监测、污染扩散及时修复等工程和张贴告示牌等非工程措施防止污染扩散和暴露。

场地污染风险管控是一种适应性较强的"基于风险的治理方法"，在管控场地污染风险的同时也能注重保护人体健康。相对于传统的场地污染治理与修复方案，能够显著地减少场地污染修复与治理中的环境足迹。大量实践结果表明，在优先保护好清洁土壤的同时，对已经污染的场地采用风险管控技术措施，是充分发挥土壤资源属性、为人类经济社会发展服务，同时节约大量资金投入的行之有效的主要举措。

一、场地污染概念模型

场地污染风险管控首先要建立场地污染概念模型，场地污染概念模型主要是指用文字、图、表等方式来综合描述污染源、污染物迁移途径、污染受体接触过程和方式。其主要遵循"污染源-污染途径-污染受体"的研究路径，研究污染物从源到达受体的全过程。场地概念模型包含了场地的基本信息，水文地质条件，污染物的来源、历史、分布、迁移途径，可能的污染暴露介质和潜在的污染受体。

在不同阶段建立的不同程度的概念模型既可充分明确下一阶段的调查工作，又可作为不同阶段的调查成果。场地污染模型一般可分为 3 个阶段。

（1）第一阶段，污染识别概念模型（为采样调查提供指导）。

（2）第二阶段，现场调查概念模型（反映场地水文地质条件，污染分布、程度、范围，为风险评估提供基础）。

（3）第三阶段，风险评估概念模型（反映受体风险和为风险管控策略提供基础）。

这三个阶段都遵循"污染源-污染途径-污染受体"的研究路径，并在此基础上提出场地污染风险管控方案。

1. 污染源

污染源调查是场地污染研究的基础，要明确风险管控目标，识别周围敏感源。污染源调查首先要了解污染源的泄漏情况，包括污染物的类型、泄漏量、泄漏方式。通过污染源调查，确定污染源的准确位置非常重要。

其中污染源的控制是污染场地研究的关键，在可能的条件下应先使泄漏停止或最大化地减少，如设施破损修复、更换等。对污染源处含高浓度污染物的土壤和地下水也可以采用开挖或抽取的形式去除并处理。污染源的控制还可以采取不同的措施，使污染物迁移性能和毒性降低。

2. 污染途径

污染途径是指污染物从污染源进入土壤、地下水中的途径。污染途径调查首先要开展土壤与地下水污染状况调查和岩土地质水文地质勘查。一是确定污染扩散迁移途径，包括土壤是否被污染、污染扩散深度和扩散范围；地下水是否被污染和污染迁移扩散情况。二是掌握岩土构造和水文地质特征，为下一步开展污染风险管控工程设计与施工提供参数和依据。其中地下水污染途径研究对于地下水概念模型的建立，污染的模拟预测，以及污染场地风险管控都具有非常重要的意义。地下水污染途径大致可分为4类：间隙入渗型、连续入渗型、越流型和径流型（黄海英，2014）。

1）间隙入渗型

污染途径主要来自三方面：降雨对固体废物的淋滤；矿区疏干地带的易溶矿物被淋滤和溶解进入地下水；农田表层土壤残留的农药、化肥及易溶盐类被灌溉水及降水淋滤进入地下水。间隙入渗型导致的地下水污染主要集中于浅水层。

2）连续入渗型

连续入渗型的污染途径包括三个方面：渠、坑等污水和化学液体渗漏；受污染的地表污水渗漏；各类污水通过地下排污管道入渗。连续入渗型导致的地下水污染也主要集中于浅水层。

3）越流型

越流型污染途径主要是指受污染的含水层或天然咸水在地下水开采引起的层间越流、水文地质天窗的越流和经井管的越流作用下污染浅水层或承压水层的地下水。

4）径流型

径流型污染途径包含三个方面：各种污水或被污染的地表水通过岩溶发育通道的径

流，主要污染浅水层；各种污水通过废水处理井的径流，主要污染浅水或承压水层；海水或地下咸水以盐水入侵的形式污染地下水，主要污染浅水或承压水层。

3. 污染受体分析

污染受体是指被污染或影响的对象。污染受体包括敏感人群、敏感建筑群、地下及地表水等。在确定了污染源和掌握了污染途径后，需要结合环境地质条件、土地利用、地下水资源的使用等情况，分析判断污染场地中污染物对受体的影响，对污染场地环境风险进行评价，然后根据评价结果，确定污染场地治理行动计划。

环境事件涉及对象参照《场地环境调查技术导则》（HJ 25.1—2014）中资料收集、人员访谈和现场勘查的工作方式，调查地块周围是否发生过目标污染物的污染事件，如地表水监测超标、地下水监测超标、周边牲畜中毒事件、周边建筑物出现异常状况等，将事件的关注点作为风险保护对象。

1）敏感用地

目标场地周边 2 km 范围内若存在饮水源保护区、自然保护区、居民生活区、公园、珍稀动物栖息地、耕地及其他敏感用地，需将敏感用地作为风险保护对象。

2）地表水、地下水

除非有证据证明地块降雨量小和蒸发量大，不会形成明显的地表径流，否则需将厂界地表水污染扩散径流路线作为污染风险保护对象。

（1）地块地下水埋深小于 20 m：须对地下水进行风险保护，除非有证据证明地下水不存在污染或周边 2 km 范围内地下水不存在使用情况。风险保护对象可选择：地块下游边界、周边 2 km 范围内的居民生活区、地下水使用区和其他敏感区处的地下水。

（2）地块地下水埋深处于 20～50 m：须对地下水进行风险保护。除非当地年降雨量＜300 mm，土壤渗透系数小于 10^{-6} cm/s 的壤土或黏土且厚度大于 2 m，或有证据证明地下水不存在污染或周边 2 km 范围内地下水不存在使用情况。风险保护对象可选择：地块下游边界、周边 2 km 范围内的居民生活区、地下水使用区和其他敏感区处的地下水。

（3）地块地下水埋深处于 50～100 m：地块地下水存在污染风险可能性较小，风险保护对象可选择：地块下游边界、周边 2 km 范围内的居民生活区、地下水使用区和其他敏感区处的地下水。

（4）地块地下水埋深处于 100 m 以上：地块地下水存在污染风险可能性非常小，可不将地下水作为风险管控对象，但须要求周边 2 km 范围内禁止使用地下水。如果有证据证明地下水存在污染，则需要将周边 2 km 范围内的居民生活区、地下水使用区和其他敏感区选为风险保护对象。

如果地块位于丘陵、山地、高原，有证据证明地块不存在地下水，则不需要将地下水作为保护对象，但需要对上游来水进行阻隔控制。

二、场地污染风险管控策略

场地污染风险管控通过建立污染场地概念模型，然后进行污染风险评价，再根据相应的风险评价选择不同的风险管控方案，如主动修复、工程控制、制度控制等。

1. 场地污染风险管控工作流程

一般情况下污染场地风险管控流程包括以下 8 个过程（图 6-1）。

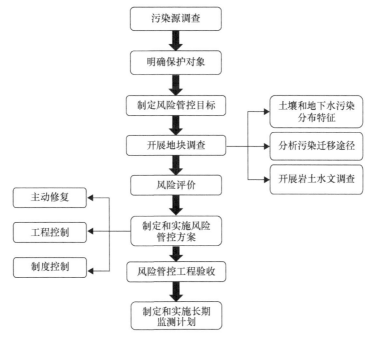

图 6-1　场地污染风险管控流程

1）污染源调查

场地污染风险管控首先需要对污染源进行调查，识别风险源。

2）明确保护对象

识别周围敏感对象，包括环境事件涉及对象、敏感用地、敏感人群、地表水、地下水等。

3）制定风险管控目标

当污染地块位于集中式地下水型饮用水源（包括已建成的在用、备用、应急水源，在建和规划的水源）保护区及补给区（补给区优先采用已划定的准保护区）时，应同步制定风险管控目标，阻断地下水污染物暴露途径，阻止污染扩散。

4）开展地块调查

对土壤和地下水污染状况进行调查，了解污染迁移转化机制、污染阻滞和拦截系统、污染物运移模型、掌握岩土构造和水文地质特征，建立相关概念模型，为下一步污染风险管控工程设计和施工提供数据参考。

5）风险评价

场地风险评估，主要是指健康风险评估，是估算地块污染对人体健康影响的方法体系，从而合理确定修复目标。

6）制定和实施风险管控方案

在上述研究基础上，制定相关风险管控方案，包括主动修复、工程控制、制度控制等。

7）风险管控工程验收

针对风险管控目标，制定有针对性的风险管控工程验收措施。如果以地下水污染控制为目标，可验收地下水阻隔墙内部和外部的地下水水位与水质变化效果。

8）制定和实施长期监测计划

风险管控是一种被动控制措施，需要明确管控的时间期限，并制定长期监测和应急方案。长期的监测和维护对实现修复行动的目标至关重要。

上述场地污染风险管控过程中每一个过程都十分重要，特别是在开展地质调查和风险评价对风险管控方案的选择上尤为重要。正确的风险管控方案能够使场地污染控制与修复的费用降低。

在场地污染风险管控技术中，主动修复可以极大降低目标污染物的浓度，最小化或消除不可接触的暴露，费用相对工程控制和制度控制较高。工程控制和制度控制都属于控制污染物暴露的措施，可避免修复过度造成的浪费，并且有利于后续场地发展，控制暴露可以控制风险，达到风险管控要求。

地下水污染控制工程措施是将污染物封存在原地，限制污染物的迁移（表层迁移和地下迁移），切断污染源与受体之间的暴露途径，降低污染物的暴露风险，以保护受体安全。目前常用的工程控制技术主要有表层覆盖技术、水平阻隔技术、垂直阻隔技术、水力控制技术、围挡、底部阻隔技术、气体暴露控制技术等。其主要类型可以分为水平阻隔和垂直阻隔，其主要目的是：①避免污染物与人和动植物直接接触；②通过抬高地面以提高适当坡度，提高地表径流的能力，从而降低污染物过多地进入地下，引起污染物的迁移。还可以采用物理、化学、生物等手段，使污染源中的污染物稳定化或降低污染物的毒性等。

场地污染制度控制是指通过管理和法律法规等控制手段对污染场地进行风险管控，使得污染物暴露的可能性达到最小，实施土地、水和其他资源使用的限制要求，建立阻止受体暴露于污染物的法规。①在严重的污染场地，设置隔离围墙，限制人员进入，避免挥发性污染物与人体接触；②对污染严重的土地，禁止粮食作物的栽种和动物的进入；③对于污染严重的地下水，禁止地下水开采，并减小水力梯度，控制污染范围的进一步扩散。

场地污染风险管控方案应根据风险评估结果选择，有时可采用主动修复、工程控制、制度控制等单一控制手段，有时也采用多种混合手段，如"制度控制-工程控制""工程控制-主动修复""制度控制-主动修复"等。

2. 风险管控基本原则

（1）尽可能减少有毒有害物质的使用，以防止产生二次污染。

（2）未修复治理前，不宜对地块进行厂房拆除等较大扰动，避免污染扩散。或者制定厂房拆除过程的污染防治方案。

（3）污染地块风险管控的实施必须与地块将来修复治理工艺相结合，避免重复投资和影响地块将来的修复治理。

（4）确保污染地块污染风险管控的长期性。

（5）切断污染源进入环境的途径。

（6）对污染源进行控制，避免污染面积进一步扩大。

三、场地污染风险管控标准

场地污染达到什么程度需要进行风险管控，以及要管控到什么程度和管控标准是什么，这些问题对于场地污染风险管控和修复尤为重要。

污染场地风险管控什么情况下需要管控，在许多国家是不同的，在许多发达国家是依据场地污染环境风险评价的结果来判定的。不同的污染场地、不同的地理环境、不同的环境背景值，风险评价的结果都可以不同，因而对场地污染风险管控的标准也不同。

我国目前也制定了相关用地的管控标准，表 6-1 是我国建设用地土壤污染风险筛选值和管制值（基本项目），表 6-2 是我国建设用地土壤污染风险筛选值和管制值（其他项目）。筛选值是指在特定土地利用方式下，建设用地土壤中污染物含量等于或低于该值的，对人体健康的风险可以忽略的；超过该值的，对人体健康可能存在风险，应当进一步的详细调查和风险评估，确定污染范围和风险水平。管制值是指在特定的土地利用方式下，建设用地土壤中污染物含量超过该值的，对人体健康通常存在不可接受的风险，应当采取风险管控或修复措施。

表 6-1　我国建设用地土壤污染风险筛选值和管制值（基本项目）（单位：mg/kg）

序号	污染物项目	CAS 编号	筛选值		管制值	
			第一类用地	第二类用地	第一类用地	第二类用地
重金属和无机物						
1	砷	7440-38-2	20[a]	60[a]	120	140
2	镉	7440-43-9	20	65	47	172
3	铬（六价）	18540-29-9	3.0	5.7	30	78
4	铜	7440-50-8	2 000	18 000	8 000	36 000
5	铅	7439-92-1	400	800	800	2 500
6	汞	7439-97-6	8	38	33	82
7	镍	7440-02-0	150	900	600	2 000
挥发性有机化合物						
8	四氯化碳	56-23-5	0.9	2.8	9	36
9	氯仿	67-66-3	0.3	0.9	5	10
10	氯甲烷	74-87-3	12	37	21	120

续表

序号	污染物项目	CAS 编号	筛选值		管制值	
			第一类用地	第二类用地	第一类用地	第二类用地
11	1,1-二氯乙烷	75-34-3	3	9	20	100
12	1,2-二氯乙烷	107-06-2	0.52	5	6	21
13	1,1-二氯乙烯	75-35-4	12	66	40	200
14	顺-1,2-二氯乙烯	156-59-2	66	596	200	2 000
15	反-1,2-二氯乙烯	156-60-5	10	54	31	163
16	二氯甲烷	75092	94	616	300	2 000
17	1,2-二氯丙烷	78-87-5	1	5	5	47
18	1,1,1,2-四氯乙烷	630-20-6	2.6	10	26	100
19	1,1,2,2-四氯乙烷	79-34-5	1.6	6.8	14	50
20	四氯乙烯	127-18-4	11	53	34	183
21	1,1,1-三氯乙烷	71-55-6	701	840	840	840
22	1,1,2-三氯乙烷	79-00-5	0.6	2.8	5	15
23	三氯乙烯	7916	0.7	2.8	7	20
24	1,2,3-三氯丙烷	96-18-4	0.05	0.5	0.5	5
25	氯乙烯	75014	0.12	0.43	1.2	4.3
26	苯	71-43-2	1	4	10	40
27	氯苯	108-90-7	68	270	200	1 000
28	1,2-二氯苯	95-50-1	560	560	560	560
29	1,4-二氯苯	106-46-7	5.6	20	56	200
30	乙苯	100-41-4	7.2	28	72	280
31	苯乙烯	100-42-5	1 290	1 290	1 290	1 290
32	甲苯	108-88-3	1 200	1 200	1 200	1 200
33	间-二甲苯+对-二甲苯	108-38-3，106-42-3	163	570	500	570
34	邻-二甲苯	95-47-6	222	640	640	640
半挥发性有机化合物						
35	硝基苯	98-95-3	34	76	190	760
36	苯胺	62-53-3	92	260	211	663
37	2-氯酚	95-57-8	250	2 256	500	4 500
38	苯并[a]蒽	56-55-3	5.5	15	55	151
39	苯并[a]芘	50-32-8	0.55	1.5	5.5	15
40	苯并[b]荧蒽	205-99-2	5.5	15	55	151
41	苯并[k]荧蒽	207-08-9	55	151	550	1 500
42	䓛	218-01-9	490	1 293	4 900	12 900
43	二苯并[a,h]蒽	53-70-3	0.55	1.5	5.5	15
44	茚并[1,2,3-cd]芘	193-39-5	5.5	15	55	151
45	萘	91-20-3	25	70	255	700

a 具体地块中污染物检测含量超过筛选值，但低于或等于土壤环境背景值水平的，不纳入污染地块管理

表 6-2 我国建设用地土壤污染风险筛选值和管制值（其他项目）（单位：mg/kg）

序号	污染物项目	CAS 编号	筛选值		管制值	
			第一类用地	第二类用地	第一类用地	第二类用地
重金属和无机物						
1	锑	7440-36-0	20	180	40	360
2	铍	7440-41-7	15	29	98	290
3	钴	7440-48-4	20ᵃ	70ᵃ	190	350
4	甲基汞	22967-92-6	5	45	10	120
5	钒	7440-62-2	165ᵃ	752	330	1500
6	氰化物	57-12-5	22	135	44	270
挥发性有机化合物						
7	一溴二氯甲烷	75-27-4	0.29	1.02	2.9	12
8	溴仿	75-25-2	32	103	320	1.3
9	二溴氯甲烷	128-48-1	9.3	33	93	330
10	1,2-二溴乙烷	106-93-4	0.07	0.24	0.7	2.4
半挥发性有机化合物						
11	六氯环戊二烯	77-47-4	1.1	5.2	2.3	10
12	2,4-二硝基甲苯	121-14-2	1.8	5.2	18	52
13	2,4-二氯酚	120-83-2	117	843	234	1690
14	2,4,6-三氯酚	88-06-2	39	137	78	560
15	2,4-二硝基酚	51-28-5	78	562	156	1130
16	五氯酚	87-86-5	1.1	2.7	12	27
17	邻苯二甲酸二（2-乙基己基）酯	117-81-7	42	121	420	1210
18	邻苯二甲酸丁基苄基酯	85-68-7	312	900	3120	9000
19	邻苯二甲酸二正辛酯	117-84-0	390	2812	800	5700
20	3,3'-二氯联苯胺	91-94-1	1.3	3.6	13	36
有机农药类						
21	阿特拉津	1912-24-9	2.6	7.4	26	74
22	氯丹ᵇ	12789-03-6	2.0	6.2	20	62
23	p,p'-滴滴滴	72-54-8	2.5	7.1	25	71
24	p,p'-滴滴伊	72-55-9	2.0	7.0	20	70
25	滴滴涕ᶜ	50-29-3	2.0	6.7	21	67
26	敌敌畏	62-73-7	1.8	5.0	18	50
27	乐果	60-51-5	86	619	170	1240
28	硫丹ᵈ	115-29-7	234	1687	470	3400
29	七氯	76-44-8	0.13	0.37	1.3	3.7
30	α-六六六	319-84-6	0.09	0.3	0.9	3
31	β-六六六	319-85-7	0.32	0.92	3.2	9.2
32	γ-六六六	58-89-9	0.62	1.9	6.2	19
33	六氯苯	118-74-1	0.33	1	3.3	10
34	灭蚁灵	2385-85-5	0.03	0.09	0.3	0.9

续表

序号	污染物项目	CAS 编号	筛选值		管制值	
			第一类用地	第二类用地	第一类用地	第二类用地
多氯联苯、多溴联苯和二噁英						
35	多氯联苯（总量）^{e}	—	0.14	0.38	1.4	3.8
36	3,3',4,4',5-五氯联苯（PCB126）	57465-28-8	4×10^{-5}	1×10^{-4}	4×10^{-4}	1×10^{-3}
37	3,3',4,4',5,5'-六氯联苯（PCB169）	32774-16-6	1×10^{-4}	4×10^{-4}	1×10^{-3}	4×10^{-3}
38	二噁英类（总毒性当量）	—	1×10^{-5}	4×10^{-5}	1×10^{-4}	4×10^{-4}
39	多溴联苯（总量）	—	0.02	0.06	0.2	0.6
石油烃类						
40	石油烃（C10-C40）	—	826	4500	5000	9000

注："—"表示暂无 CAS 编号

a 具体地块土壤中污染物监测含量超过筛选值，但低于土壤环境背景值水平的，不纳入污染地块管理

b 氯丹为 α-氯丹、γ-氯丹两种物质含量总和

c 滴滴涕为 o,p'-滴滴涕、p,p'-滴滴涕两种物质含量总和

d 硫丹为 α-硫丹、β-硫丹两种物质含量总和

e 多氯联苯（总量）为 PCB77、PCB81、PCB105、PCB114、PCB118、PCB123、PCB126、PCB156、PCB157、PCB167、PCB169、PCB189 十二种物质含量总和

我国对建设用地进行了分类，在建设用地中，城市建设用地根据保护对象暴露情况的不同可划分为以下两类。

第一类用地：包括《城市用地分类与规划建设用地标准》（GB 50137—2011）规定的城市建设用地中的居住用地（R）、公共管理与公共服务用地中的中小学（A33）、医疗卫生用地（A5）和社会福利设施用地（A6），以及公园绿地（G1）中的社区公园或儿童公园用地等。

第二类用地：包括《城市用地分类与规划建设用地标准》（GB 50137—2011）规定的城市建设用地中的工业用地（M）、物流仓储用地（W）、商业服务设施用地（B）、道路与交通设施用地（S）、公共设施用地（U）、公共管理与公共服务用地（A）（A33、A5、A6 除外），以及绿地与广场用地（G）（G1 中的社区公园或儿童公园用地除外）等。

建设用地中其他用地也可根据以上分类划分。

表 6-1 中所列项目为初步调查阶段建设用地土壤污染风险筛选的必测项目，初步调查阶段建设用地土壤污染风险筛选的选测项目依据《建设用地土壤污染状况调查技术导则》（HJ 25.1—2019）、《建设用地土壤污染风险管控和修复监测技术导则》（HJ 25.2—2019）及相关技术规定确定，可以包括但不限于表 6-2 中所列项目。

建设用地规划用途为第一类用地的，适用于表 6-1 和表 6-2 中第一类用地的筛选值和管制值；规划用途适用于第二类用地的，适用于表 6-1 和表 6-2 中第二类用地的筛选值和管制值；规划用途不明的，适用于表 6-1 和表 6-2 中第一类用地的筛选值和管制值。建设用地土壤中的污染物含量等于或低于风险筛选值的，建设用地土壤污染风险一般可以忽略。

通过初步调查确定建设用地土壤中的污染物含量高于风险筛选值的，应当依据《建设

用地土壤污染状况调查技术导则》（HJ 25.1—2019）、《建设用地土壤污染风险管控和修复监测技术导则》（HJ 25.2—2019）等标准和相关技术要求，开展详细调查；当等于或低于风险管制值时，应当依据《污染场地风险评估技术导则》（HJ 25.3—2014）等标准和相关技术要求，开展风险评估，确定风险水平，判断是否需要采取风险管控或修复措施；当高于风险管制值时，对人体健康通常存在不可接受风险，应当采取风险管控或修复措施。

建设用地若采取修复措施，其修复目标应当依据《建设用地土壤污染风险评估技术导则》（HJ 25.3—2019）、《建设用地土壤修复技术导则》（HJ 25.4—2019）等相关技术要求确定，且应当低于风险管制值。表 6-1 和表 6-2 中未列入筛选的项目，可依据《建设用地土壤污染风险评估技术导则》（HJ 25.3—2019）等标准及相关技术要求开展风险评估，推导特定污染物的土壤风险筛选值。

目前我国有关污染场地污染控制修复方面的研究属于刚刚起步阶段，有关污染场地修复的各类标准需要在借鉴发达国家经验的基础上逐步形成符合中国实际情况、行之有效的标准法规。

四、场地污染的风险管控技术

近年来，我国越发重视场地污染风险管控，继而场地污染风险管控技术发展很快，方法很多，大体可以分为物理/化学/生物修复技术、工程控制技术、自然衰减技术、制度控制技术等（表 6-3）。

表 6-3　场地污染风险管控技术

管控技术	具体方法
物理/化学/生物修复技术	物理/化学修复技术
	地下水抽提
	两项抽提
	化学萃取
	化学淋洗
	热脱附
	氧化还原
	填埋
	土壤气相抽提
	固化稳定化
	水力压裂
	……
	生物修复技术
	生物反应堆/生物堆
	人工湿地
	生物空气扰动、生物通风
	强化生物降解
	植物修复
	……

管控技术		具体方法
工程控制技术	垂直阻隔技术	泥浆阻截墙
		渗透性反应墙
		灌浆墙
		板桩墙
		搅拌桩墙
		土工膜墙
		……
	水平覆盖技术	挥发性有毒有害气体阻隔技术
		堆场污染阻隔覆盖技术
		……
	水动力控制技术	地下水的抽取或注入
	气体暴露控制技术	曝气处理
自然衰减技术		监测自然衰减
制度控制技术		建立调查评估制度
		建立疑似污染地块名单
		建立污染地块名录
		严格污染地块流转及再开发利用环节的管理
		加强污染地块治理修复过程的风险管控
		落实暂不开发利用污染地块风险管控
		……

污染场地风险管控技术的研究起始于 20 世纪 70 年代后期，中国污染场地风险管控技术起步更晚，到 21 世纪才得到重视，"十一五"期间列入高技术研究发展计划（863 计划），2006 年起相关研究报道开始大量增加，多集中于污染场地风险控制技术中修复技术的研究。本书前面章节已着重介绍了相关风险管控修复技术，本章便不再进行介绍，下面将对污染场地风险管控工程控制技术和自然衰减技术依次进行概述。

第二节　工程控制技术

一、工程控制技术概述

1. 工程控制技术定义

美国场地污染修复技术历史最久，场地污染修复信息比较完善，从美国超级基金场地应用来看，在 20 世纪 90 年代初期，污染场地修复技术的应用比例逐渐提高，但自 20 世纪 90 年代后期，工程控制技术的应用比例逐渐上升，这表明美国选择修复技术的思路是在不断改变和完善的，场地污染的修复技术策略逐渐从污染源的消除过渡到以控制风险为主。尤其是在 20 世纪 90 年代后期，相对于修复技术，工程控制技术能以较低的成本达到污染场地风险控制的目的，因而工程控制技术的应用频率越来越高。

工程控制技术主要通过工程措施将污染物封存在原地，限制污染物的迁移（表层迁移和地下迁移），切断污染源与受体之间的暴露途径，降低污染物的暴露风险，以保护受体安全。目前常用的工程控制技术主要有表层覆盖技术、水平阻隔技术、垂直阻隔技术、水动力控制技术、围挡、底部阻隔技术、气体暴露控制技术等。

2. 工程控制技术与修复技术区别

工程控制技术与场地污染修复技术的区别有以下几方面。

1）风险控制原理

工程控制技术主要是通过限制污染物的迁移，以达到降低污染物的暴露风险，从而达到风险控制的目的，土壤中污染物的总量并没有发生变化。而修复技术主要是通过各种手段来降低环境中污染物的含量，从而达到风险控制的目的。

2）污染物类型

工程控制技术适用性很强，可同时对多种污染物实行阻隔，而对于场地污染修复技术，通常一种修复技术只适用于一种类型的污染物，当污染物类型众多时，修复难度大且成本高。工程控制技术与场地污染修复技术的主要不同点列于表 6-4 中。

表 6-4　工程控制技术与修复技术的比较

项目	工程控制	修复技术
风险控制原理	切断污染源与受体之间的暴露途径，降低污染物的暴露风险（不降低污染物浓度）	降低污染物浓度
污染物类型	能同时对一种或多种污染物进行隔离	一种修复技术一般仅适用于一种类型的污染物
场地条件	地质水文条件影响工程措施的类型	异位修复影响较小，原位修复影响较大
修复时间	工程建设实施所需时间短	受污染物浓度、修复目标和场地条件影响大，通常修复时间长，尤其是复杂场地
修复成本	主要与场地水文地质有关，但是受污染物类型影响较小，相对成本低	与污染物类型、场地条件、修复技术类型有关，修复成本较高
效果评价标准	工程实施后，受体的潜在风险水平是否达到规定标准	场地残留污染物浓度是否达到相关标准
后期维护	长期跟踪监测	无须后期维护
场地活动	场地活动不能扰动土壤，破坏现有工程措施	修复完成后，可根据相关修复目标进行开发

由表 6-4 可知，工程控制技术主要适用于污染源的控制。对于污染源的污染程度高、种类复杂等的复合污染场地而言，若采用修复技术，成本将会非常高，且很难将污染物彻底去除。但是工程控制技术若施工成熟，工程建设实施时间短，能够在较短时间限制污染源的迁移，达到风险控制的目的。

污染场地最终选择工程控制技术还是修复技术，要综合考虑污染物类型、修复目标、修复时间、修复成本、未来土地利用及技术可行性等。总的来看，工程控制技术适用于以下类别的污染场地。

（1）污染物易迁移、风险高，未来土地利用不紧迫的污染场地。

（2）污染情况复杂，采用修复技术成本高或缺乏适合的污染场地修复技术。

（3）污染范围很大，进行污染源处理修复周期长，经济成本高，工程控制技术可在污染场地容易扩散地区作为主要的风险控制手段。

（4）工程控制技术可作为实施主动修复前的辅助风险控制策略。

3. 污染控制方法

污染场地的类型多种多样，污染源也各不相同。污染源的去除就是消除污染物的泄漏，如修复或更换泄漏的储存罐、管道等；开挖污染的土体或抽取污染源处高浓度的污染地下水，然后进行相关的处理等。源去除处理包括对污染源进行原位和异位处理，如化学处理、焚烧、固化、分离等。

1）污染源的控制

有些污染源是很难去除的，如城市垃圾填埋场渗滤液泄漏的污染源，如果填埋规模很大，很难通过开挖或抽取等方式彻底去除城市垃圾或渗滤液，因此，需要对污染源的泄漏进行控制。可以采用源包容方法，即对污染源进行防护系统设置、阻隔、封闭等。常用的方法是设置水平或垂直的防渗透屏障，如可以对垃圾填埋场的地坪防渗层进行强化修复，增强其防渗性能，防止渗滤液的下渗；也可以强化场地的顶部盖层，避免外部水的渗入，把污染源隔离开来，避免污染源对周围环境的影响。

对于农业活动的污染场地，可以通过控制和调节农药、化肥的施加，避免污染源的加重。

2）污染羽的控制

i. 水动力控制

水动力控制主要是利用地下水流场控制污染羽的扩展，需要对污染场地附近地下水水位进行监测，绘制地下水等水位线，进行地下水流场分析，确定污染场地下水流向，计算地下水的水力梯度；还可以利用含水层的有关参数，如渗透系数（K）、有效孔隙度（n），以及地下水的水力梯度（I）初步估算地下水的流速（V），进而估计污染羽的迁移速度。

$$V = \frac{K}{n}I$$

从上式可知，可以通过减小地下水的水力梯度的方法来减缓地下水污染羽的迁移速度。具体办法是减少或停止污染场地地下水流向下游地下水的开采。也可以利用地下水的抽取或注入，达到控制地下水污染的目的。

ii. 阻隔系统

阻隔技术是指通过铺设阻隔层阻断土壤介质中污染物迁移扩散的途径，使污染介质与周围环境隔离，避免污染物与人体接触和随降水或地下水迁移进而对人体和周围环境造成危害的技术。可处理的污染物类型包括重金属、有机物及重金属有机物复合污染土壤。不宜用于污染物水溶性强或渗透率高的污染土壤，也不适用于地质活动频繁和地下水水位较高的地区。

二、工程控制技术：阻隔技术

1. 阻隔技术概述

在利用场地阻隔技术前，应进行可行性研究分析以评估污染场地是否适用该技术。场地阻隔覆盖技术测试参数包括：土壤含水率、土壤重金属含量、土壤有机物含量、土壤重金属浸出浓度、土壤渗透系数、场地水文地质等、土壤污染物类型及程度、土壤污染深度、土壤渗透系数等，可根据需要在现场进行工程中试。对于高风险污染土壤可以联合固化稳定化技术使用，再对污染土壤进行填埋；对于低风险污染土壤可直接填埋在阻隔防渗的填埋场内或原位阻隔覆盖。该技术一方面可以隔绝土壤中污染物向周边环境迁移，另一方面可使其污染物在阻隔区域内自然降解。

场地阻隔技术的优缺点见表 6-5，阻隔仅能切断暴露路径，限制污染羽迁移，但不能彻底去除污染物或降低污染地块上的污染物浓度，不是真正的修复技术，所以有潜在的污染物渗漏及移动风险。因此，阻隔技术尽管可以单独用于污染地块的风险管控，也经常需要与其他修复技术结合使用才能达到修复目标。

表 6-5 阻隔技术的优缺点

优点	缺点
（1）可防止污染物横向或侧向移动扩散	（1）非处理方式
（2）可改变局部的地下水流模式	（2）设置费用高
（3）阻止及避免污染土壤与地下水相互接触	（3）适用于小地块
（4）可阻隔污染并保护邻近区域	（4）有潜在渗漏及移动风险
（5）常用于出水量大或污染来源复杂的地区	
（6）降低水力传导系数	
（7）可有效缩短治理修复周期	

2. 阻隔系统分类

阻隔技术包括覆盖阻隔、水平阻隔和垂直阻隔三大类，具体可以分为以下几类，见图 6-2。对于阻隔技术的应用，应基于污染地块风险三要素的分析，以及设定的风险管控目标，判断其适用性，同时还要考虑其与其他技术经济成本的比较情况。阻隔技术实施的工作程序包括设计、施工和监测维护等内容。设计阶段需考虑工程建设、阻隔材料选择、主要暴露途径和使用寿命等因素；施工阶段的质量非常重要，直接关系到阻隔措施的效果，因此应做好质量控制与质量保证，确保阻隔措施完全按照设计说明进行；同时，阻隔措施需要开展常规监测，证明阻隔系统达到设计目标的最初性能，并确保在地块开发后阻隔效果得以持续；此外，阻隔措施需要进行长期维护，如果定期监测结果表明阻隔措施未能达到预期效果，应及时进行修理或更换。

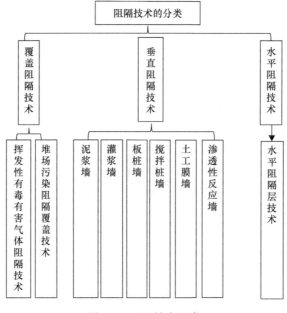

图 6-2 阻隔技术分类

1）覆盖阻隔技术

为了防止污染物及其介质以固态或气态形式与周围环境接触、控制环境风险，在地面、污染土壤或固体废物层上构筑的地面设置阻隔系统。覆盖阻隔层系统一般有水平隔离阻隔层、生态土层、生态支持层、气体收集与导排系统、生态植被绿化层等。

2）水平阻隔技术

在污染源下部一定深度范围内具备一个天然且连续的低透水层（或弱透水层）作为防止污染物向地下迁移扩散的底部阻隔控制系统，这个低透水层可以是一定厚度的天然黏土层或弱风化岩层。若不存在低透水层或弱透水层，可以采用铺设防渗材料的方式建设人工阻隔层。人工阻隔层主要包括铺设 HDPE 土工膜、铺设黏土、铺设/喷射防渗混凝土材料等。

3）垂直阻隔技术

垂直阻隔技术主要是为了防止污染物及其渗滤液的水平迁移或防止污染源外的地表水或地下水的流入。阻隔层采用垂直布置的形式，可以阻断污染介质向周边环境的迁移运输。垂直阻隔墙技术在水利工程的防渗中应用很广泛，在用于场地污染风险控制时，主要是利用地下阻隔墙体封存污染物或改变地下水流向以达到控制污染的目的。

根据场地水文地质条件和污染物的分布特征，垂直阻隔墙需建设成不同的形状。阻隔墙的垂直形状可以延伸到地表或嵌入到低渗透性岩层。当污染物主要随地下水流迁移时，适宜采用悬挂型阻隔墙。悬挂型阻隔墙可以延伸到地下水位以下将污染物环绕起来，必要时在内部抽取地下水以降低水力梯度。垂直阻隔墙的水平形状可以是环绕型、上坡型或下坡型。当地下水的流动情况不清楚或地下水在各方向都有流动时使用环绕型垂直阻隔墙。上坡型是指阻隔墙建在污染区上游，阻止地下水流过污染物而导致扩散；下坡型是指阻隔墙建在污染区下游，用于让地下水流过污染区域并冲刷污染物，通常需要与地下水抽提相结合（图6-3）。

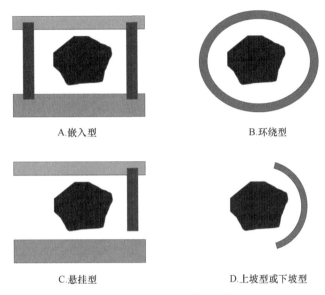

A.嵌入型　　　　　　　　　　　B.环绕型

C.悬挂型　　　　　　　　　D.上坡型或下坡型

图 6-3　垂直阻隔墙建设示意图

垂直阻隔技术可分为注射法、挖掘法、取代法等基本类型。各类型特点及适用性见表6-6。

表 6-6　不同类型垂直阻隔技术特点及适用性

类型	举例	适用性	特征
注射法	水泥或化学灌浆 喷射混合灌浆 喷射灌浆	最好是粒状土壤或破碎的岩石，而黏土或废物效果较差	应用较为广泛；对于阻隔系统的损坏及拐角处需要进行修补
挖掘法	交叉桩法 浅层截水墙 泥浆沟渠 混凝土横隔墙	大多数土壤和岩石类型	应用广泛；需要对阻隔系统的损坏进行处置
取代法	钢板桩 震动波墙 膜墙	大多数土壤类型，但大石头、岩石或大量废物存在或许会影响施工	低pH土壤一般对苯和甲苯等污染物具有抗性；钢板桩的地方也需要结构上或机械上的支持
其他方法	生物阻隔 地面冰冻 化学阻隔 电动力学阻隔	地面冰冻只在一定颗粒大小的土壤（主要是砂土）上有过成功的实例	在国外广泛受到重视

（1）注射法：向土壤中注入一定的材料，填充土壤的空隙、孔隙和裂隙，以降低土壤渗透性的方法。注射法形成的垂直阻隔系统包括化学灌浆阻隔、深层土壤混合（通常是皂土和水泥混合）技术、喷射灌浆和喷射混合灌浆等。

（2）挖掘法：将土壤挖出，然后用阻隔材料代替原有土壤，即配置一低渗透性的垂直阻隔系统，将其插入土壤甚至更深的不透水层。例如，交叉桩法（secant piling）是由一系列连锁相邻的桩构成完整的墙；浅层截水墙（shallow cut-off wall）的建造过程是先用切割机挖出一个足够深的狭槽，然后插入地膜，再用压实的黏土填充；泥浆沟渠（slurry trench）的建造过程是先挖一条沟渠，然后用不同材质混合的泥浆（如皂土-水泥混合，有时还加入挖出的土壤进行混合）进行填充，形成不同形式的泥浆沟渠，如黏土阻隔系统、皂土-水泥阻隔系统、膜阻隔系统和混凝土横隔墙等。

（3）取代法：把阻隔系统施工于地下而使地面不受大的干扰。其中，钢板桩（steel sheet pile）是最常用的一种方法。

（4）其他方法：包括电动力学阻隔、地面冰冻、化学阻隔和生物阻隔等技术。其中，电动力学阻隔技术是指通过控制电荷形成阻隔污染物迁移的技术。地面冰冻也可以形成垂直阻隔系统，用于控制土壤中污染物的迁移。目前，生物阻隔技术也处于发展阶段。

现有阻隔技术存在的问题有以下几方面。

（1）现有阻隔技术种类繁多，缺乏相应阻隔技术体系：现有阻隔技术种类繁杂，尚未进行全面梳理，并对此进行规范化标准化，给环境保护部门在土壤污染修复工程施工管理和验收管理带来不便。

（2）现有的修复技术标准缺乏针对阻隔技术的具体操作规范：现有的场地修复技术规范及导则缺乏针对阻隔技术在设计、施工、验收全过程的良好实践要求，因此需要更具体的工程技术指南指导阻隔技术的设计与施工，进而规范污染场地修复行业的发展。

（3）较好的工艺及阻隔技术未得到推广：经过多年探索，我国在污染阻隔技术方面取得了一定的技术成果，形成了一批专利技术和优秀工程，但未得到广泛推广。

第三节　自然衰减技术

一、自然衰减概述

由于缺乏有效、经济、能够处理大量污染物的修复手段，监测自然衰减技术逐步进入人们的视野。例如，抽提技术，在 20 世纪 80 年代末期，USEPA 对使用抽提技术的 19 个场地进行了研究，结果发现，抽提技术在刚开始投入使用时，对污染物降解速度最快，但是，在最初的快速降解过程之后，降解速率逐渐下降并趋于平稳甚至停止，从而很大程度上降低了修复完成时间，有时当停止使用抽提技术后，污染程度反弹变高。其主要是以下一些因素阻碍了抽提技术达到处理目标。

（1）水文地质学因素，如存在大量低渗透性的土层或其他水文地质复杂的情况。

（2）系统设计因素，错误系统设计或者抽提地区不恰当布置。

（3）污染物性质，如长期污染源泄漏或地下水中存在非水相液体。

USEPA 认为 NAPL 是含水层修复中花费时间超过预期时间的主要因素。NAPL 被认为是地下水污染的污染持续源，是仅使用抽提技术花费长时间处理的主要原因。后续研究也表明，抽提系统不能将含有 NAPL 的污染场地地下水处理达到饮用水标准。

其他修复技术也存在一些限制，如强化生物降解、空气通风、生物扰动等。例如，强化生物降解受污染的地下水限制，需要含水层中的充氧量分布均匀才能提高生物降解有机污染物的进程。尽管抽提系统也有生物降解部分，但是含氧量相对于潜在污染物的量来说很少。

由于以上一些因素，科学和管理部门着力于在一些地区加强管理污染物的技术和管控方法的研究，而监测自然衰减就是这样的一种方法。自然衰减技术，也被称为本能修复或被动修复技术，最初出现在处理含有多种污染物的地下水修复中。污染物浓度或质量的自然衰减或减少取决于地下水系统的同化能力，这是一种不需要外界干涉，且实施起来经济、花费较少，最重要的是污染物不需要从一种介质转移到另一种介质的修复技术。这种技术被广泛且成功地用于对河流、湖泊、河口等流域中水质的控制。例如，市政污水和工业废水的排放标准是基于水体同化某种污染物的耗氧负荷能力水平来决定的。许多模仿水流水动力、物理、化学、生物进程的水质模型被用来预测表层水的同化能力，这种模型发展成熟，且被广泛用于科学和制度管控方面。相似的技术也在空气管控技术方面有所应用。

近年来，研究者发现地下水自然衰减与表层水自然衰减相似，并且对地下水自然衰减有了不少了解。相比于地表水的自然衰减过程，地下水的特性和污染物分布要更加复杂。地下污染物分布在不同的介质中（土壤、水、土壤蒸汽相）且能存在于不同的介质中（如水相、非水相、气相）。此外，许多过程（如吸附、生物降解）都控制着污染物的迁移，但是还有许多难以理解的过程。尽管如此，这些重要的污染物在地下水自然衰减的进程已被研究了数十年。随着分析模型、数值模型等领域不断成熟，该研究领域诞生了许多数据库，这些成果促使自然衰减技术成为地下水修复的方法之一。

1. 自然衰减的定义

自然衰减是指在环境介质中，污染源处因污染物迁移而导致污染物浓度衰减的技术。地下水中污染物浓度衰减主要是因为污染物经过一系列迁移转化过程，如简单稀释、扩散、吸附、挥发、生物或非生物转化等。自然衰减的污染羽流能够形成许多形式，它们的污染范围随时间的变化而扩大，也可能稳定不变或是缩小，这取决于污染物浓度随时间及其空间分布的变化而变化。通常情况下，随着时间的变化，溶解性污染物衰减羽流会逐渐变小，污染源处的污染物浓度会逐渐降低。一般情况下，在污染羽流接触到潜在受体之前，自然衰减技术将降低溶解性污染物浓度到管控标准之下，如最大允许污染物浓度或一些其他修复目标。

实际上，自然衰减是指本能修复、自然生物修复、内在修复或被动修复等。美国环境保护署将自然衰减看作一种修复手段，而做法是监测自然衰减（MNA），即对污染羽流的管理和长期监测。美国环境保护署将监测自然衰减定义如下：依靠自然衰减进程，采用相应的控制监测技术（包括对污染源的控制和对污染场地的监测）使修复场地在一定时间框架下通过比其他主动修复方法更加合理的方法达到修复目标。监测自然衰减在合理条件下,不涉及人为干扰,通过一系列修复方法(物理、化学、生物等)减少土壤或地下水中污染物浓度、毒性、范围等。这些原位修复过程中包括生物降解、扩散、稀释、吸附、挥发、化学、生物稳定化、转化和破坏等。

1)自然衰减:优势与缺陷

相比于传统的修复技术,自然衰减有许多优势,尤其是其自身的生物降解性。

(1)在自然修复期间,污染物不仅能被转化为其他相或被固定,还能被最大化地转化为中间副产物(如含氯溶剂在一定条件下被转化为 CO_2、乙烯、氯化物和水;石油烃在一定条件下被转化为 CO_2 和水)。

(2)自然衰减不需要人为干涉,可以在建筑物下面进行。

(3)自然衰减不会产生污染物和修复废物。

(4)相比于其他现有的有效修复手段,自然衰减更经济。

(5)自然衰减可以和其他修复手段联用,也可以用于后续监测。

(6)自然衰减不受工程修复设备限制。

2)自然衰减:限制

(1)耗费时间长。

(2)需要长时间监测和相应的费用,且需要相应制度控制。

(3)自然衰减受制于自然和人为改变的水文地质条件,包括地下水流向和流速、污染物电子受体和供体、潜在污染物释放等。

(4)随着时间变化,水文地质的变化导致前期稳定型污染物(如锰和砷)变化,从而使监测自然衰减改变,反向影响修复效果。

(5)含水层的不均匀性也会影响修复方法。

(6)中间产物(如氯乙烯)的生物降解性可能比原产物(如 TCE)更难并更具有毒性。

(7)当污染场地中污染物含量很高或者存在自由 NAPL 相时不适用。

2. 自然衰减主要进程和机制

地下环境中有机物在环境中迁移转化取决于污染物的物理化学性质和污染物迁移介质的物理化学和生物性质。自然衰减过程包括了不同的物理、化学和生物学过程,在一定合适的条件下,能够减少土壤和地下水中污染物含量、毒性、迁移性、浓度和体积等。

对于有机物而言,微生物降解是最重要的自然衰减过程,因为它是能够真正减少或去除有机污染物的过程。好氧降解消耗氧气导致了污染源带的厌氧条件,形成了围绕污染羽边缘"移动"着的氧气消耗带。实际上,根据电子受体的不同,当污染物泄漏后,从污染源带向地下水流向的下游,在地下环境中依次存在着微生物地球化学作用的顺序分带。微生物利用电子受体的顺序为 O_2、NO_3^-、Mn^{4+}、Fe^{3+}、SO_4^{2-} 和 CO_2。微生物在地下环境中依次利用这些电子受体,形成了从污染源带向污染羽下游逐渐过渡的 6 个顺序氧化还原带：产甲烷带、硫酸盐还原带、Fe^{3+}还原带、Mn^{4+}还原带、反硝化带和氧还原带。前 5 个带为厌氧反应带，最后 1 个带为好氧反应带。由于氧气的快速耗尽和在地下环境中补充速率的限制，以及其他电子受体相对丰富的条件，在地下环境中厌氧的反应带远比好氧反应带分布要广。也就是说，厌氧作用是典型的地下主导作用过程。厌氧和好氧作用过程对污染物的降解速率受电子受体的供给速率限制。

自然衰减的机制可以被划分为两类：非破坏性衰减（那些只对污染物浓度产生影响的为非破坏性过程，非破坏性过程包括水力扩散、吸附、稀释和挥发）和破坏性衰减（那些导致污染物降解的过程称为破坏性过程，主要为生物降解和非生物降解）。其中以生物降解为主，其取决于微生物对污染物的有效性和有效电子受体或碳源。相对于生物降解，非生物降解（如水解）反应较慢。

对于石油类污染物，其破坏性衰减的主要机制是微生物降解。非破坏性自然衰减的作用主要是非生物过程、物理作用。微生物对有机污染物自然衰减的主要机制包括好氧和厌氧代谢。物理作用包括吸附和扩散。

1）微生物作用

微生物降解有机物的驱动力是电子从供体（有机污染物）向受体转移，通过电子供体的氧化和受体的还原，微生物获得能量进行生长和繁殖。地下环境中存在着不同的电子受体，其被微生物的利用具有一定顺序，当一种电子受体消耗殆尽，则会利用另一种电子受体。这也是为什么首先是好氧呼吸，然后是厌氧过程，依次为：硝酸盐还原、锰还原、铁还原、硫酸盐还原，最后是产甲烷反应。

土著微生物在电子受体和供体丰富的条件下，其对石油类有机污染物的好氧降解速率要大于厌氧降解速率。即使在低的溶解氧浓度下好氧微生物降解也能够发生，异养菌也能够在很低的溶解氧条件下（低于许多常规溶解氧分析检测限）发生好氧代谢作用。在地下环境中，微生物代谢对氧气的消耗速率要大于自然条件下氧气的补给速率，这导致在污染源的核心部位氧气耗尽形成厌氧环境。有研究认为当地下水中氧气浓度低于0.5 mg/L 时，微生物会利用其他电子受体进行有机物的降解，由于地下水中厌氧电子受体含量很高，天然条件下地下水中绝大多数的有机污染物的去除实际上都是由厌氧菌来完成的。

2）物理作用

物理作用（挥发、吸附、扩散等）也能够对自然衰减做出贡献。挥发作用是在地下水和土壤中使污染物转化为气相，从而去除污染物或使污染物含量降低。一般情况下，挥发作用可以去除场地 5%～10%的苯污染物，剩下的污染物由微生物降解去除。对于挥发性较差的有机污染物，其挥发去除率更低。扩散可以使土壤和地下水中污染物的浓度降低，但不能使污染物的总量减少。如果地下水流速较大，机械混合是主要的作用而分子扩散可以忽略。吸附作用可以把污染物"固定"在介质中的黏土矿物或有机质上，阻滞污染羽的扩展。

监测自然衰减包含了所有地表下的衰减机制（无论非生物还是生物降解），表 6-7 概括了一些氯代烃与石油烃在地下水中的生物与非生物降解机制。

表 6-7 选择性污染物降解机制

成分	降解机制
PCE	还原脱氯
TCE	还原脱氯，共代谢
DCE	还原脱氯，直接生物氧化
氯乙烯	还原脱氯，直接生物氧化
TCA	还原脱氯，水解，脱卤化氢
1,2-DCA	还原脱氯，直接生物氧化
氯乙烷	水解
四氯化碳	还原脱氯，共代谢，非生物降解
氯仿	还原脱氯，共代谢
二氯甲烷	直接生物氧化
氯苯类	还原脱氯，直接生物氧化，共代谢
苯	直接生物氧化
甲苯	直接生物氧化
乙苯	直接生物氧化
二甲苯	直接生物氧化
1,2-二溴乙烷	还原脱氯，水解，光催化，直接生物氧化

3. 监测自然衰减研究现状

MNA 主要应用于石油类污染场地的修复，发达国家对石油污染场地的 MNA 修复研究是从 20 世纪 70 年代开始的。其对石油污染地下环境监测的自然衰减的研究主要集中在以下几个方面：①通过分析污染物的降解规律和污染羽扩散速率，开展监测自然衰减作为污染场地修复方法的可行性研究；②在地下环境中石油污染动态的时空演化规律和机制的研究基础上，对监测自然衰减过程中的生物地球化学作用开展研究；③结合数学、生物和计算机等多学科交叉，建立石油污染物在地下环境中监测自然衰减模型。

二、自然衰减效果评估

1. 用于评估自然衰减的化学和地球化学分析数据

几种类型的化学和地球化学数据可用于评估和量化自然衰减。表 6-8～表 6-11 列出了可用于评估地下有机污染物自然衰减的化学和地球化学数据及数据质量目标。表中包括描述溶解污染物和记录自然衰减所必需的参数。

表 6-8　化学土壤沉积物分析参数

指标	用途	现场或实验室
芳香烃/氯代烃（BTEX；氯代烃）	数据用于确定土壤污染的程度，存在的污染物量及清除污染源的潜在需求	实验室
总有机碳（TOC）	石油污染物在地下水中的迁移速率取决于含水层基质中 TOC 的含量。含水层中高浓度的有机碳支持还原性脱氯	实验室
生物可利用三价铁	当地下水中存在石油碳氢化合物或氯乙烯时，应先通过测试方法确定铁还原微生物的存在。通过 HCl 提取，然后对释放的 Fe^{3+} 进行定量，分析去除石油烃化合物和氯乙烯的效率	实验室
NAPL 中芳香烃和氯代烃	用于确定污染物源的组成和强度	实验室

表 6-9　化学土壤沉积物分析数据目标

分析物	最低限量	精确度	有效性	影响测定结果因素
芳香烃/氯代烃（BTEX；氯代烃）	1 mg/kg	20%变动系数	常规实验室分析	运输到实验室过程中挥发；倾向于现场萃取
总有机碳（TOC）	0.1%	20%变动系数	常规实验室分析	样品在污染物迁移过程中收集
生物可利用三价铁	50 mg/kg	40%变动系数	常规实验室分析	防止被氧化
NAPL 中芳香烃和氯代烃	—	20%变动系数	常规实验室分析	检测限太高

注："—"表示暂无定量

表 6-10　地球化学土壤沉积物分析参数

分析物	用途	现场或实验室
芳香烃/氯代烃（BTEX；氯代烃）	BTEX 和氯代溶剂/降解产物的分析方法，它们是监测自然衰减的主要目标分析物；该方法可以扩展到较高分子量的烷基苯；如果降解主要是厌氧过程，则使用三甲基苯来监测羽流的降解	实验室
溶解氧	低于约 0.5 mg/L 的浓度通常指示厌氧途径。用电极进行测量；结果可显示在仪表上；保护样品在采样和分析过程中不暴露于氧气	现场
硝酸盐	在无氧条件下进行微生物呼吸的底物	实验室
Mn^{2+}	在没有溶解氧和硝酸盐的情况下，有机化合物在微生物降解过程中 Mn^{4+} 被还原	现场
Fe^{3+}	在没有溶解氧、硝酸盐和 Mn^{4+} 的情况下，有机化合物在微生物降解过程中 Fe^{3+} 被还原	现场
硫酸根	厌氧微生物呼吸的底物	现场
硫化氢	硫酸盐还原的代谢副产物。H_2S 的存在表明有机碳通过硫酸盐还原而被氧化	现场
甲烷、乙烷和乙烯	甲烷的存在表明有机碳会通过甲烷生成而降解。如果怀疑氯代烃已发生生物转化，则使用乙烷和乙烯数据	实验室
CO_2	在许多类型的有机碳生物降解过程中会产生二氧化碳	现场
碱	一般水质参数用于：①测量地下水的缓冲能力；②作为标记以验证所有场地样品均来自同一地下水系统	现场
氧化还原电位	地下水的 ORP 反映了地下水系统的相对氧化或还原性质。ORP 受生物介导的有机碳降解性质的影响；地下水的 ORP 可能在 800 mV 以上或 400 mV 以下。用电极进行测量；结果显示在仪表上；防止样品暴露于氧气	现场
pH	好氧和厌氧工艺对 pH 敏感	现场
温度	合适的温度	现场
导电性	一般水质参数用作标记，以验证现场样本是从同一地下水系统获得的	现场
主要阳离子	能用于修复	现场
氯化物	一般水质参数用作标记，以验证现场样本是从同一地下水系统获得的	实验室
总有机碳	用于对污染羽进行分类并确定在没有人为碳的情况下是否可能发生新陈代谢	实验室
H_2	在井口取样需要在 30 min 内产生 100 ml/min 的水。在野外用气体平衡。用还原性气体检测仪测定	现场

表 6-11　地球化学土壤沉积物分析数据目标

分析物	最低限量	精确度	有效性	影响测定结果因素
芳香烃/氯代烃（BTEX；氯代烃）	MCL	10%变化系数	常规实验室分析	运输到实验室过程中挥发；倾向于现场萃取
溶解氧	0.2 mg/L	0.2 mg/L 标准偏差	常规现场测量	不恰当校准电极等
硝酸盐	0.1 mg/L	0.1 mg/L 标准偏差	常规实验室分析	必须被好好保存
Mn^{2+}	0.5 mg/L	20%变化系数	常规现场分析	浊度干扰/避光，且在几分钟内测定
Fe^{3+}	0.5 mg/L	20%变化系数	常规现场分析	运输到实验室过程中挥发；倾向于现场萃取
硫酸根	5 mg/L	20%变化系数	常规实验室或现场分析	—
硫化氢	5 mg/L	20%变化系数	常规现场分析	浊度干扰/样品保持冷冻
甲烷、乙烷和乙烯	1 μg/L	20%变化系数	特定实验室分析	防止生物降解和挥发
CO_2	5 mg/L	20%变化系数	常规现场分析	—
碱	50 mg/L	20 mg/L 标准偏差	常规现场分析	收集后 1 h 内测定
氧化还原电位	±300 mV	±50 mV	常规现场测定	不恰当校准电极等
pH	0.1 标准单元	0.1 标准单元	常规现场测定	不恰当的刻度校准；注意时间
温度	0℃	1℃标准偏差	常规现场测定	不恰当的刻度校准；注意时间
导电性	50 μs/cm²	50 μs/cm² 标准偏差	常规现场测定	不恰当的刻度校准
主要阳离子	1 mg/L	20%变化系数	常规实验室分析	胶体影响
氯化物	1 mg/L	20%变化系数	常规实验室分析	浊度影响
总有机碳	0.1 mg/L	20%变化系数	常规实验室分析	—
H_2	0.1 nmol/L	0.1 nmol/L 标准偏差	特定实验室分析	很多可能

注："—"表示暂无影响因素；MCL. 最大污染物水平

表 6-8～表 6-11 中列出的指标及其用途可分为几大类，包括吸附参数、污染物、电子受体、代谢产物和一般水质参数。表中列出的项目可用于：①估计 NAPL 源的组成和强度；②表明正在发生自然衰减；③评估各种自然衰减机制的相对重要性。此外，不需要为所有位点收集所有指标，指标的最终选择应在现场的基础上，使用适当的规则来确定，并取决于历史污染物数据的可用性、现场的复杂性，以及存在的污染物类型。下文将讨论各个指标的使用。

1）污染源指标和吸附参数

流动的和残留的 NAPL 或吸附到含水层基质中的污染物可以作为持续的地下水污染源。为了计算污染物分配到地下水中的情况，有必要估算吸附到土壤中以移动或不移动 NAPL 形式存在的污染物的位置、分布、浓度和总质量。获取和分析移动 NAPL 的样本（如果存在）是场地表征的重要组成部分。地下的非水相液体，无论是以残余饱和度存在还是以足以引起流动性 NAPL 形成的量存在，都一直是地下水污染的源头。只要 NAPL 残留在地下的浓度足以影响地下水，水相污染就会持续存在。这对自然衰减存在影响，并且在开发模拟溶质运移的模型时是一个重要的考虑因素。NAPL 的风化程度及其组成和强度决定了现场的水相污染量。NAPL 的收集和分析可以更好地模拟污染源在溶质迁移模型中的影响。在某些情况下，有可能完成平衡分配计算，以显示化合物的有效溶解度不再高到足以影响监管准则的浓度。NAPL 分析的另一个用途是确定地下水中存在的氯代烃是来自 NAPL 还是其代谢产物。例如，在普拉茨堡空军基地，流动的 LNAPL 中仅检测到石油烃和三氯乙烯（TCE）。因此，地下水中发现的二氯乙烯（DCE）和氯乙烯（VC）可能是三氯乙烯（TCE）还原性脱氯的中间产物。低氯乙烯的存在可用于帮助确定还原脱氯的发生。

含水层中总有机碳（TOC）含量的信息对于吸附和溶质缓释计算很重要。TOC 样品应从预计会发生大部分污染物迁移的地层范围内的背景位置收集，因为这里通常是含水率最高的含水层的污染部分。

2）污染物和中间产物

本书中考虑的污染物和相关中间产物（也可以被视为污染物）的浓度通常使用实验室仪器分析进行定量。这些指标用于确定含水层中有机污染物的类型、浓度和分布。如果在现场发现了氯代溶剂或混合的石油烃和溶剂，则挥发性有机化合物（VOC）分析可用于评估污染物和中间产物。如果发现化合物的浓度较高，需要考虑是否发生了采样的误差，如地下水样品中 NAPL 的乳化。溶解于地下水中的氯代烃溶剂的最高浓度不应超过其在水中的溶解度。

3）电子受体

通常用于有机污染物的微生物代谢的天然电子受体包括溶解氧、硝酸盐、Mn^{4+}、Fe^{3+}、硫酸盐、二氧化碳（在产甲烷过程中）。这些参数的测量对于评估固有生物修复的发生，以及各种末端电子接收过程的相对重要性有很大帮助。尽管微生物在 Fe^{3+} 还原过程中将 Fe^{3+} 用作末端电子受体，但需要测量该反应的代谢副产物之一 Fe^{2+}，以确认 Fe^{3+} 还原的发生。这是因为难以测量含水层系统中可生物利用的 Fe^{3+} 的浓度。锰也有类似的问题，如 Mn^{4+} 用作电子受体，并被还原为 Mn^{2+}。

4）代谢产物

在被有机化合物污染的区域中，易于测量的微生物代谢产物包括二氧化碳、硫化氢、甲烷、乙烷、乙烯、碱度、降低的氧化还原电位、氯化物和氢气。虽然还有其他一些代谢产物可以分析，但已证明上述参数的测量对评估原位生物修复的发生，以及各种末端电子接收过程的相对重要性很有用。

5）一般水质参数

细菌通常更喜欢 pH 为中性或弱碱性的环境。大多数微生物的最佳 pH 范围是 6～8。然而，许多微生物可以耐受的 pH 超出此范围。例如，硫酸盐还原菌有很强的适应 pH 变化的能力，在 pH 达到 4 以下仍有 60% 的硫酸盐去除率（吴文菲等，2011）。此外，垃圾渗滤液通常含有较高浓度的有机酸，pH 可低至 3.0。而在水泥生产中被污染的地下水中，测得的 pH 可高达 11.0。地下水温度直接影响氧气和其他地球化学物质的溶解度。例如，相比热水，溶解氧更易溶于冷水中。地下水温度也影响细菌的代谢活性。在 5～

25℃的温度范围内，温度每升高10℃，生物活性就会大约增加1倍。

电导率是溶液导电能力的指标。地下水的电导率直接与溶液中离子的浓度有关。电导率随离子浓度的增加而增加。由于采集样品后的短时间内，地下水样品的pH、温度和电导率会发生显著变化，因此必须在野外现场测量未经过滤、未经保存的水样，这些参数的采集方法与分析溶解氧的样品采用相同的技术。氧化还原电位也按照相同技术进行分析。

2. 用于评估自然衰减的数据

近年来，已使用形式多样的不同但趋同的数据来评估自然衰减。用于评估溶解在地下水中的有机化合物的自然衰减，最常见的数据特性如下。

（1）污染物数据的历史趋势，随着时间的推移，羽流稳定和/或污染物质量的减少。

（2）分析数据表明，地球化学条件适合于生物降解，并且已经发生了积极的生物降解。例如，有电子受体的消耗和/或代谢产物的产生。这些化学和分析数据包括以下证据：①电子受体和供体的耗尽；②代谢产物浓度的增加；③污染化合物浓度的降低；④中间产物浓度的增加。

3. 支持发生生物降解的微生物数据

除了表6-12中总结的指标，还可以使用分析或溶质运移数值模型来研究影响地下水中有机污染物运移的过程，并估算自然衰减机制对溶质归宿和运移的影响。

表6-12 评估自然衰减指标概述

指标	数据要求	评价
污染羽流稳定或污染物质量的损失	历史污染物数据	可以使用视觉技术或统计技术进行评估。历史数据库必须是"具有统计意义的"
证实本地生物修复的分析物数据	表6-7~表6-9现有数据	一维、二维和三维图在时间和空间上绘制污染物、电子受体和代谢产物的图，电子受体和供体的消耗，增加代谢副产物的浓度，降低污染物的浓度
微生物实验数据	微生物研究，微生物细胞量	仅应用于评估发生或不发生生物降解过程的条件，或使用其他证据无法获得生物降解速率常数的条件
模型 [a]	特定的模型	对于检查影响有机污染物传输的过程相对重要性很有用

a 不是指标但有利于评估自然衰减

（1）第一类指标涉及历史污染物数据，可显示污染羽流正在不断地以比保守（缓慢）地下水渗流速度计算所预测的速度慢的速度收缩。在某些情况下，可以将生物难降解（保守）示踪剂与含水层水文地质参数（如渗流速度和稀释度）结合使用，以表明污染物的减少正在发生并估计生物降解速率常数。尽管第一指标可以用来表明污染羽流正在减弱，但并不一定表明污染源在被破坏。

（2）当微生物降解地下有机污染物时，会导致土壤和地下水化学性质发生可测量的变化。第二类指标涉及记录这些变化，可以用来表明污染物正在被降解，而不仅仅是被稀释或吸附到含水层基质中。地下水中的化学变化也可用于推断某个地点正在发生哪些污染物降解机制。

（3）第三类指标，即微生物实验室或现场数据，可用于表明本土生物群能够降解现场污染物。微宇宙研究是最常用的技术之一。只有在绝对必要时才能进行现场研究,以获取使用其他证据无法获得的生物降解率估算值。如果有足够的历史站点数据可用,则模型可用于评估自然衰减机制的相对重要性。对流、分散是影响许多地下系统中溶解有机污染物迁移的主要迁移机制。其次是吸附和降解(生物或非生物)。因此,从 NAPL 源区域向下观察到的污染物浓度变化的下降将代表这些过程所施加的影响之和。结合了这些机制的溶质运移模型是评估各种衰减机制相对重要性的有价值的工具。

4. 污染物质量或污染羽流损失评估

污染物浓度变化是评价自然衰减修复效果最常用的指标之一。视觉和统计方法均可用于评估污染羽流的稳定性,视觉观察结合统计技术可用于确认污染羽流的行为变化。下面介绍了两种评估污染羽流行为的方法。

1)污染羽流稳定性的评估

污染羽流稳定性的评估数据可显示污染物浓度和羽状结构随时间的变化。一种显示数据的方法是污染物浓度随时间变化的等值线图。需要注意的是,污染物数据是在同一季节收集,因为地下水补给量的季节性变化会引起污染物浓度和地下水地球化学性质的显著变化,并且羽流尺寸和污染物浓度的明显减少可能仅仅是季节性稀释的结果。使用包含对流、分散和仅吸附作用的分析模型进行预测时,要假定在这些模拟中不会发生生物降解。

另一种显示数据的方法是绘制各个监测井的污染物浓度与时间的关系图,或在多次采样中沿着地下水流路径绘制几口井的污染物浓度与距离下降量的关系图。在绘制数据时需要注意的是,至少一个数据点应位于地下水流路径中污染物的短距离下降梯度处。这样可确保整个含水层中的污染物浓度降低,并且确保污染物脉冲不会简单地迁移到观测井的下降梯度处。

2)污染羽稳定性的统计检验

首先,可以通过绘制浓度数据与时间的关系来分析趋势,通常在半对数纸上,用对数浓度与线性时间作图。在对数刻度上绘制浓度数据可抵消浓度数据的相对较大变化(例如,浓度从 1 mg/L 降低到 1 μg/L 代表降低了 3 个数量级)。虽然建议对大多数污染羽稳定性分析绘制浓度与时间的数据关系图,但对绘制的数据趋势进行辨别可能是一个主观过程,特别是数据的趋势不统一并且显示出随时间变化的情况。若出现这些情况,则需要用到统计检验。

5. 确认内部生物修复的分析数据

有机化合物(如石油碳氢化合物或氯代烃溶剂)的生物降解会使区域的地下水化学性质发生可测量的变化。通过测量这些变化,可以记录和评估生物修复的重要性。本节介绍了一些可用于识别有机污染物的原位生物修复作用的地下水分析参数。这些分析参数和相关的数据指标已在表 6-8~表 6-11 中列出。表 6-13 总结了生物降解过程中污染物、电子受体和代谢产物等的趋势。

表 6-13 代谢产物、电子受体、污染物在生物降解中的趋势

分析指标	生物降解中污染物浓度的趋势	末端电子接收过程的产生趋势
石油烃	减少	有氧呼吸作用，脱氮作用，Mn^{6+}、Fe^{3+}、硫酸盐还原，产甲烷作用
高分子氯代烃溶剂和中间产物	母体化合物减少，中间产物先增加后然后减少	还原脱氯和共代谢氧化
低分子氯代烃	减少	有氧呼吸作用，Fe^{3+}还原（直接氧化），共代谢（直接氧化）
溶解氧	减少	有氧呼吸作用
硝酸盐	减少	反硝化
Mn^{2+}	增多	Mn^{6+}还原
Fe^{2+}	增多	Fe^{3+}还原
硫酸盐	减少	硫酸盐还原
甲烷	增多	产甲烷作用
氯化物	增多	还原脱氯，直接氧化
氧化还原电位	降低	有氧呼吸作用，脱氮作用，Mn^{6+}、Fe^{3+}、硫酸盐还原，产甲烷作用，卤代作用
碱度	增大	有氧呼吸作用，脱氮作用，Mn^{6+}、Fe^{3+}、硫酸盐还原

用于评估原位生物修复的分析数据可分为三大类，包括电子受体、代谢产物和中间产物。这些指标的时间和空间分布使人们可以推断出地下水中末端电子接收过程的分布。

1）电子受体

含水层中可用的电子受体的测量对于确定样品采集时已经发生的主要微生物和地球化学过程至关重要。溶解氧是溶解于地下水的许多有机化合物生物降解过程中使用的第一电子受体。硝酸盐、Mn^{4+}、Fe^{3+}、硫酸盐和二氧化碳天然存在于许多地下水系统中，一旦系统变为厌氧状态，便被用作电子受体。这些天然电子受体的浓度可以使用探针或比色技术在现场进行测量。硝酸盐、硫酸盐和二氧化碳的浓度也可以在现场分析实验室中进行测定。由于可能会在样品采集后的较短时间内发生变化，因此应在现场测量溶解氧的浓度。

在许多情况下，二氧化碳是厌氧环境中最丰富的电子受体，尤其是那些可被氧化的有机化合物污染的场地。其原因有两个：①二氧化碳在大多数地下水系统中自然产生；②在有机化合物的生物降解过程中产生二氧化碳。尽管在甲烷生成过程中将二氧化碳用作电子受体，但在许多生物降解反应中也会产生二氧化碳。

2）代谢产物

代谢副产物［Mn^{2+}、Fe^{2+}、硫化氢、甲烷、乙烷、乙烯、氯化物、氢］、增加的碱度和降低的氧化还原电位在环境中易于测量。像电子受体一样，含水层中代谢产物的测量对于确定样品采集时已经发生的主要微生物和地球化学过程至关重要。在易于测量的代谢产物中，仅需现场测量氧化还原电位即可，其余指标在实验室中进行测量。

3）中间产物

氯代烃的浓度及其降解中间产物直接表明存在或不存在微生物降解（还原性和氧化性）过程。在许多情况下，沿着含水层径流产生顺式-DCE、VC 和氯离子是内在生物修复的直接证据。例如，如果 TCE 是污染场地唯一的污染物，则该现场存在的任何 DCE 或 VC 即为 TCE 降解的中间产物。NAPL 分析有助于确定在现场降解了哪些化合物。例如，可以证明地下水中哪些化合物没有被降解，这些化合物很可能是中间产物。在某些地下水系统中，VC 和某些 DCE 异构体可能是主要污染物。但是 VC 通常不作为主要污染物存在。造成这种情况的原因是：①VC 未用作溶剂；②VC 在温度低至 15℃时为气体。因此，与氯代乙烯泄漏有关的地下水中存在 VC 是还原脱氯的有力证据。同样，顺式-DCE（而不是反式-DCE）通常由 TCE 的还原脱氯产生。根据经验，如果顺式-1,2-DCE 与反式-1,2-DCE 加 1,1-DCE 的比率大于约 5∶1，则 DCE 可能是生物起源的。基于这些概念，VC 和顺式-DCE 通常是微生物还原性脱氯的可靠指标。另外，乙烯和乙烷的存在也可以指示还原性脱氯。

第七章 场地污染土壤修复技术典型案例分析

第一节 某危险化学品爆炸场地土壤修复项目

一、工程概况

某公司危险化学品储存仓库发生爆炸，导致129种化学物质泄漏扩散。其中，氢氧化钠、硝酸钾、硝酸铵、氰化钠、金属镁和硫化钠这6种物质的质量占到总质量的50%，剧毒化学品氰化钠存放量为700 t。经调查，氰化物是该污染场地首要特征污染物。氰化物被广泛应用于电镀、炼金、热处理、焦化、制革等行业，在上述行业企业退役场地土壤环境调查中，氰化物是主要污染物。常见的氰化物分为简单氰化物和络合氰化物。尽管在工业生产中使用的氰化物原料多为简单氰化物，但在其进入土壤环境后，易与土壤中的金属元素发生络合反应，因此土壤中氰化物形态以络合氰化物为主，如铁氰络合物等。络合氰化物与简单氰化物相比毒性更低，但由于其化学性质更加稳定，修复难度反而较大。

常用的氰化物污染土壤修复技术主要有水泥窑热解技术、化学氧化技术、淋洗技术、电动修复技术、固化稳定化技术及微生物修复技术等。然而，在国内土壤修复工程实施案例中，针对氰化物污染土壤的修复工艺均以水泥窑协同处置技术为主，例如，苏州机械仪表电镀厂原址污染土壤修复项目、重庆紫光化工公司永川分厂污染土壤修复项目、重庆兰科化工有限责任公司生产场址污染土壤修复项目等均采用水泥窑协同处置技术进行修复，其他类型修复技术仍处于试验验证阶段，尚未在实际的修复工程中应用。

二、污染物及环境介质分析

1. 污染物分析

根据场地调查结果，该场地主要目标污染为氰化物，因此，场地修复技术选择必须针对氰化物理化特性（以氰化钠作为例，见表7-1），选择适合的修复技术。

表7-1 氰化物基本理化性质

标识	分子式：NaCN；相对分子质量：49.02；CAS号：143-33-9；危规号：61001
理化性质	性状：白色或灰色粉末状结晶，有微弱的氰化氢气味
	熔点（℃）：563.7；溶解性：易溶于水（37 g/100 ml，20℃），微溶于液氨、乙醇、乙醚、苯
	沸点（℃）：1496；相对密度（水=1）：1.6
	饱和蒸汽压（kPa）：0.13（817℃）
	燃烧性：不燃；燃烧分解产物：氰化氢、氧化氮
	稳定性：稳定；禁忌物：酸类、强氧化剂、水

续表

化学性质	铁、锌、镍、铜、钴、银和镉等金属溶解于氰化钠溶液，产生的相应的氰化物遇酸会产生剧毒、易燃的氰化氢气体
危险性	不燃，与硝酸盐、亚硝酸盐、氯酸盐反应剧烈，有发生爆炸的危险 危险标记：剧毒品
毒性	毒性：剧毒 职业接触限值：中国 MAC（mg/m³）：0.3[HCN][皮]；TLVTN；OSHA 5 mg[CN]/m³ 急性毒性：口服氢氰酸致死量为 0.7～3.5 mg/kg；吸入的空气中氢氰酸浓度达 0.5 mg/L 即可致死；口服氰化钠、氰化钾的致死量为 1～2 mg/kg
对人体危害	抑制呼吸酶，造成细胞内窒息。吸入、口服或经皮吸收均可引起急性中毒。口服 50～100 mg 即可引起猝死。非骤死者临床分为 4 期：①前驱期有黏膜刺激、呼吸加快加深、乏力、头痛，口服有舌尖、口腔发麻等；②呼吸困难期有呼吸困难、血压升高、皮肤黏膜呈鲜红色等；③惊厥期出现抽搐、昏迷、呼吸衰竭；④麻痹期全身肌肉松弛，呼吸心跳停止而死亡 长期接触少量氰化物，出现神经衰弱综合征、眼及上呼吸道刺激、皮疹

注：[皮]表示劳动者接触这些物质仍有可能通过皮肤接触而引起过量的吸收。患有皮肤病或皮肤破损时可明显影响皮肤吸收

　　氰化物容易与金属离子形成络合物，导致土壤和地下水修复效率降低，此外，氰化物在土壤中可能存在多种形态（强酸盐络合态、游离态、弱酸盐结合态），因此，在选择修复技术时，需考虑其对不同形态氰化物的反应性和选择性等问题。

　　氰化物具有较大的溶解度，在地下水中多以 CN 形式存在，能够在土壤和水两相界面之间发生吸附-解吸。因此，在设定场地土壤和地下水修复目标值过程中，必须结合土壤和地下水之间的相互影响进行综合考虑。

　　此外，氰化物遇酸会产生剧毒、易燃的氰化氢气体，因此，应尽量选择能够在中性或弱碱性环境下发挥作用的修复技术。此外，氰化钠与硝酸盐、亚硝酸盐、氯酸盐反应剧烈，有发生爆炸的危险，因此，在修复药剂选择过程中，尽量避免使用上述药剂。

2. 土壤质地分析

　　采取 33 个土壤原状土柱进行质地分析，包括土壤粒径、土壤质地等，并对此进行分类。如图 7-1 所示，场地土壤样品中＜0.005mm 粒径和 0.005～0.075mm 粒径占比较大（约 40%）。基于土壤质地分类，黏土比例占据 50%、粉质黏土比例占据 30.36%、粉土占据 19.64%。因此，由土壤质地分析可知，该场地土壤修复具有较大难度，选择修复技术时需考虑土壤黏土成分较高的特性。

三、污染物修复目标

　　考虑修复后土壤的资源化利用（原地回填利用）所造成的环境风险及溶出的污染物对地下水环境的影响，土壤氰化物的修复目标值将根据土壤风险暴露和土壤浸出双重修复标准的限值设定（表 7-2）。其中，浸出方法参考《固体废物浸出毒性浸出方法硫酸硝酸法》（HJ/T 299—2007）。

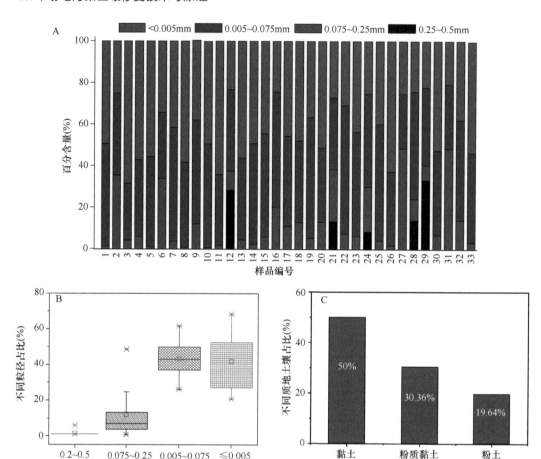

图 7-1　土壤质地和粒径分布统计（彩图请扫封底二维码）

A. 不同土柱土壤的粒径分布；B. 不同尺寸粒径所占土柱土壤的百分比；C. 不同质地土壤占总土壤土柱的百分比

表 7-2　土壤修复目标

项目	单位	修复目标值
土壤浸出液中总氰化物	mg/L	0.1
土壤中总氰化物	mg/kg	9.86

四、研究路线的确定

常用的氰化物污染土壤修复技术主要有化学氧化技术、热处理技术、淋洗技术、电动修复技术、固化稳定化技术和微生物修复技术等。

氰化物污染土壤的异地修复目标值的设定往往更为严格，这对修复技术提出了更高的要求。受化学反应平衡的限制，采用化学氧化法降解氰化物的去除率往往低于 90%。热处理技术利用氰化物在高温下分解的原理，将氰化物加热到分解温度以上，目标温度往往高于 600℃，因此能耗和处理成本较高。淋洗技术利用氰化物溶解度较高的特点，将其转移至水相中进行处理。若要实现氰化物的高效去除需要多次洗脱，成本也会成倍上升。电动修复技术可在电场的作用下利用氰化物的带电性质通过迁移将其富集，但土壤渗透性对该技术影响较大。固化稳定化技术通过改变氰化物的形态，将其转化为难以向环境中释放的形态，但该方法无法降低氰化物总量。微生物修复技术利用细菌、真菌等对氰化物进行降解，然而受温度、湿度、pH 和营养物等因素的影响，微生物修复周期往往较长。上述修复技术中，化学氧化技术、淋洗技术、热处理技术对土壤中氰化物的去除效果相对较好。然而，热处理技术受成本、设备可获得性、环评要求，以及大气污染物排放总量控制等因素影响，往往在实际应用中受限。

在国内的土壤修复工程实施案例中，针对氰化物污染土壤的修复工艺均以水泥窑协同处置技术为主，例如，苏州机械仪表电镀厂原址污染土壤修复项目、重庆紫光化工公司永川分厂污染土壤修复项目、重庆兰科化工有限责任公司生产场址污染土壤修复项目等均采用水泥窑协同处置技术进行修复，其他类型修复技术仅停留在试验阶段，尚未在实际的修复工程中应用。

本案例以某氰化物污染土壤为研究对象，针对重度污染和轻度污染土壤分别采用水泥窑热解工艺、氧化与淋洗组合工艺进行处理。技术路线如图 7-2 所示，通过热处理小试试验确定水泥窑热解的最佳温度和停留时间；通过化学氧化小试筛选最佳氧化剂的类型，并优化氧化剂的用量及氧化反应时间等工艺条件；同时通过土壤淋洗小试试验绘制氰化物在土壤和水相中的吸附解吸曲线，确定最佳水土比及淋洗条件。

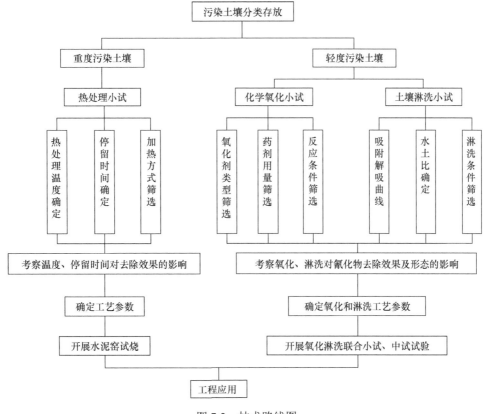

图 7-2　技术路线图

以土壤和土壤浸提液中氰化物浓度的修复目标作为考量依据，确定水泥窑热解、氧化淋洗耦合工艺的技术参数。开展氧化淋洗的中试试验，探索工程化实施的可行性研究。

五、氧化淋洗联合中试试验

1. 化学氧化中试试验

1）试验目的

为验证化学氧化在工程化实施过程中的效果，开展试验规模为 $2~m^3$ 污染土/批次的氧化技术中试试验，考察氧化作用在规模化实施过程中的稳定性。中试所用药剂投加量及反应时间如表 7-3 所示。

表 7-3 中试试验用药（反应时间 7 天）

中试药剂	K 药剂	氧化钙（工业级）
加药量	2%（质量比）	0.5%（质量比）

2）试验过程

污染土壤经过破碎、晾晒或混拌预处理后，达到土壤粒径小于 10 cm，含水率≤20%。

用机械筛分铲斗对污染土进行破碎处理，在筛落的过程中对污染土进行药剂喷洒；喷药完毕后将污染土进行封盖静置，达到反应时间后对土壤样品进行取样检测。采用移动多功能筛分铲斗设备对渣土混合物进行筛分处理，筛分斗主要技术规格如表 7-4 所示，外观及工作技术原理如图 7-3 和图 7-4 所示，现场中试试验照片见图 7-5。移动筛分铲斗设备可以和通用装载机和挖掘机连接使用，简单方便可移动，将过去工序复杂的固废筛分工作简化为一步，现场便捷实现固废的筛分等作业。

表 7-4 移动筛分破碎铲斗主要技术规格

序号	规格/类型	单位	数据	序号	规格/类型	单位	数据
1	型号		DH3-23 X75	8	辊轴数量	个	3
2	数量	台	2	9	辊轴转速	r/min	200
3	斗容	m^3	1.7/2.0	10	刀板尺寸	mm	35×65
4	处理能力	m^3/h	≥50	11	刀板数量	个	90
5	筛分面积	m^2	1.7	12	外形尺寸	mm	2690×1530×1450
6	液压马达数量	台	2	13	液压流量	L/min	235
7	最大液压动力	kW	110	14	设备总重	kg	2870

图 7-3　机械筛分铲斗

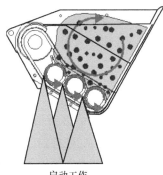

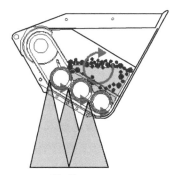

启动工作　　　　　　　　　　　10 s后

图 7-4　机械筛分斗工作原理示意图

图 7-5　中试试验照片

　　为验证试验效果的稳定性,选取两组氰化物污染土和两组氰化物/有机物复合污染土进行平行试验。

3）试验结果

　　从氧化中试结果可知,在氧化剂用量和反应时间分别为 2% 和 7 天的条件下,1#、2#、3#、4#氰化物污染土壤中总氰化物的平均去除率达到 83%,与实验室小试结果基本一致。中试氧化后试验结果如表 7-5 所示。

表 7-5　污染土污染物监测结果

土堆编号	检测指标	原浓度（mg/kg）	反应后浓度（mg/kg）	总量试验目标值（mg/kg）	浸出液浓度（μg/L）	浸出液浓度试验目标值（μg/L）
1#	总氰化物	72.1	12.1	/	0.63	0.1
2#	总氰化物	66.8	10.4	/	0.52	0.1
3#	总氰化物	60.2	11.2	/	0.56	0.1
4#	总氰化物	59.7	10.8	/	0.58	0.1

2. 淋洗技术中试试验

1）中试目的

（1）验证淋洗技术处理氧化后低浓度污染土的修复效果。

（2）调试工艺参数，测算淋洗技术修复成本。

2）规模及目标

中试试验土壤用量设计为 100 m³，处理能力设计为 6～9 t/h。

采用氧化和淋洗联合修复技术，土壤总氰化物浓度目标值设定为 9.86 mg/kg；根据《固体废物浸出毒性浸出方法硫酸硝酸法》（HJ/T 299—2007），处理后土壤浸出液中总氰化物浓度满足《地下水质量标准》（GB/T 14848—2017）中规定的IV类标准，即土壤中氰化物的浸出浓度低于 0.1 mg/L。

3）淋洗工艺流程

氧化后土壤淋洗工艺流程图如图 7-6 所示。

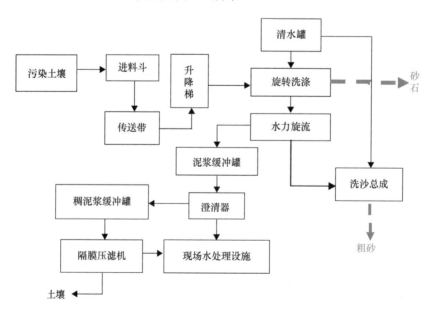

图 7-6　淋洗修复工艺路线

4）淋洗工艺说明

淋洗试验对象：氧化后的氰化物污染土（氰化物浓度为 10～15 mg/kg）。

中试试验采用的淋洗工艺流程见图 7-7，料斗内的污染土壤首先通过提取传送带输送至升降梯，再由升降梯提升至滚筒洗涤器，将污染土壤置于滚筒洗涤器中充分搅拌，同时采用净水储存罐的净水淋洗，粒径大于 2 mm 的砂石经滚筒洗涤器的端口排出，小于 2 mm 的泥浆落入收集槽，靠重力作用流入水力旋流单元的缓存罐。

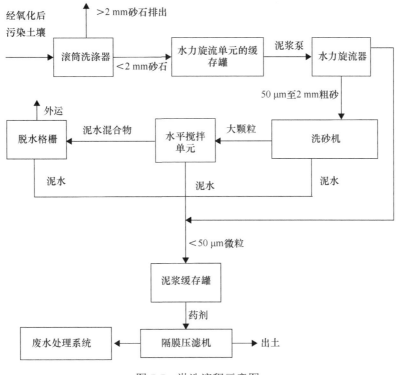

图 7-7　淋洗流程示意图

污水泵将泥浆从水力旋流单元底部的缓存罐泵至水力旋流器，经水力旋流后，含有 50 μm 至 2 mm 粗砂的泥浆从水力旋流器底部排出，流入洗砂机，含粒径小于 50 μm 的泥浆从水力旋流器上部排出，返回水力旋流单元缓存罐的清水区。清水区与污水区底部联通，当液位一致时，清水区泥浆从溢流口排出至泥浆缓冲罐。

向螺旋洗砂机加入清水，对含有粒径为 50 μm 至 2 mm 的泥浆进一步清洗，溢出的含较小颗粒的泥浆也流入泥浆缓冲罐，较大固体颗粒进入水平搅拌单元。向水平搅拌单元加入清水，通过水平搅拌，再次清洗。砂水混合物由水平搅拌单元流入脱水格栅，水由筛孔排出流入泥浆缓冲罐，脱水后的粗砂由出口排至传送带，并输送到指定地点。

泥浆缓冲罐内的泥浆由泵吸出，进入泥水分离系统（由加药系统和澄清器组成）。加药器释放的絮凝剂投加至澄清器，水中微小颗粒絮凝沉降在澄清器底部，由泥浆泵输送到稠泥浆缓冲罐，清水由澄清器上部排水口排入污水处理单元。经过处理后，出水进入净水储存罐重复使用。

稠泥浆缓冲罐中的泥浆通过泥浆泵进入隔膜压滤机，脱水后泥饼经破碎后由传送带运到指定地点，废水进入废水处理系统。

整个工艺出土分为＞2 mm 砂石、50 μm 至 2 mm 粗砂和＜50 μm 土壤微粒，后期将针对 3 种不同粒径的出土分别予以取样分析。

5）含氰淋洗液的处理及回用

现场污水主要来源为淋洗液，采用两级破氰的工艺进行处理，处理后的水作为淋洗剂循环使用。破氰高级氧化处理系统由污水提升系统、高级氧化破氰系统、沉淀池及自控加药系统组成。

淋洗液经收集后，泵送至一体化水处理装置。由于淋洗剥离的土壤中的污染物易于向水相转移的主要为氰化物，因此淋洗液处理工艺主要以"破氰+混凝沉淀"为主。工艺流程如图 7-8 所示。

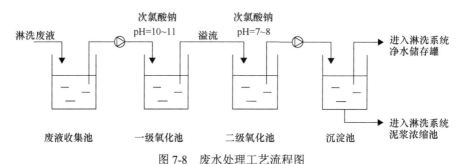

图 7-8　废水处理工艺流程图

6）设备组成及参数

中试用淋洗设备核心单元包括：进料单元、旋转洗涤单元、水力旋流单元、螺旋洗砂机、水平搅拌单元、澄清器、压滤机等，具体参数见表 7-6。污染土壤淋洗修复设备见图 7-9。

表 7-6　淋洗修复设备系统组成及参数

性能	参数
处理能力	单套 6~9 t/h
设备组件	①进料单元；②斗提机；③旋转洗涤单元；④水力旋流单元；⑤螺旋洗砂机；⑥水平搅拌单元；⑦澄清器；⑧压滤机；⑨中控系统
全年利用率	约 92%
占地面积	单套约 400 m²
可处理物料	重金属或水溶性无机污染土壤、半挥发性和非挥发性有机污染土壤
最大进料粒径	100 mm
最大进料含水率	无特殊要求
污染物是否回收	可以考虑回收
废水产生	据具体工程而定，在项目运行过程中全部水或部分水可循环使用
移动性	模块化设计，集装箱形式，带有吊升钩，方便运输

图 7-9　污染土壤淋洗修复设备

7）试验结果

中试时间为 2018 年 9 月 15～18 日，中试期间每日对滚筒末端出料、洗砂机末端出料、板框压滤机末端出料、污水罐、循环水罐进行采样并送至实验室分析，中试现场照片见图 7-10。

图 7-10　中试现场照片

经连续 4 天的淋洗试验，分别于淋洗设备的滚筒洗涤装置末端（＞2 mm 砂石）、洗砂机末端（50 μm 至 2 mm 粗砂）及板框压滤机末端（＜50 μm 土壤微粒）分三类进行出土。从中试结果来看，三类出土均达到试验目标值。其中，板框压滤机出土的氰化物去除效果最好，洗砂机末端出料的粗砂次之，滚筒洗涤装置末端出料的砂石相对较差。土壤中总氰化物的浸出浓度为 0.02～0.04 mg/L。3 个出料端的出料比例约为 2：2：6（砂石：粗砂：土壤细颗粒）。

中试淋洗液经破氰装置处理后进入循环水罐，处理后的淋洗液浓度低于 0.2 mg/L。具体数据如图 7-11 和图 7-12 所示。

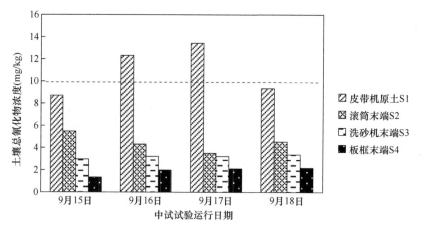

图 7-11   土壤淋洗后各类出土的氰化物总量情况

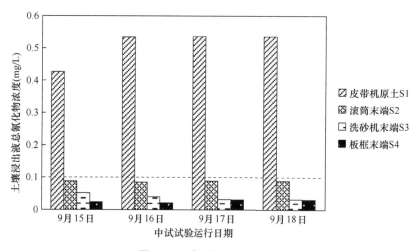

图 7-12   循环用水含氰浓度

3. 试验总结与分析

针对氰化物轻度污染土壤、氰化物/有机物复合污染土壤分别开展了化学氧化技术、土壤淋洗技术,以及两种技术联合使用的小试和中试试验。

化学氧化试验结果表明:小试试验中,在氧化剂投加量为 2%、氧化时间为 7 天的条件下,污染土壤中氰化物的去除效果接近最佳水平,可达到 80% 左右,但试验后土壤浸提液中总氰化物的浓度未达到 0.1 mg/L 的试验目标值,需进行进一步处理;在氧化剂投加量为 1%、氧化时间为 7 天的条件下,污染土壤中有机物的去除效果从经济可行性、效果达标性等角度分析最优,且均可以达到试验目标值。中试试验结果与小试试验结果基本一致,工程实施性较好。

土壤淋洗试验结果表明:采用淋洗针对氧化后污染土壤开展进一步的试验,氧化后的氰化物污染土壤经过 1 次淋洗后,土壤总氰化物浓度及土壤浸提液中的总氰化物浓度可有效降至试验目标值(分别为 9.86 mg/kg 和 0.1 mg/L)以下。中试试验结果与小试试验结果一致,具有较好的工程化应用前景。

六、技术成果工程应用实践

该场地使用以上修复技术方案，实现了 10 万 t 氰化物污染土壤的修复和验收工作。

2019 年 7 月至 2019 年 12 月期间，按照氧化淋洗联合修复技术工艺开展了港区堆场存量氰化物污染土壤的修复工作。现场施工照片如图 7-13 所示。

图 7-13　现场施工照片

　　根据《土壤环境监测技术规范》（HJ/T 166—2004）及《污染场地环境监测技术导则》（征求意见稿）中"根据污染物变化趋势决定特定项目监测频次"的原则，对氧化反应后出土和板框压滤机出土进行取样（每 500 m³ 取 1 个土壤样品）和分析检测。

　　根据验收检测数据（表 7-7），所有生产批的土壤均达到修复目标。

表 7-7　已处理土壤验收检测数据

序号	样品编号	土壤总氰化物（mg/kg）	土壤浸出液总氰化物浓度（mg/L）
1	QD-001	2.04	0.033
2	QD-002	1.74	0.029
3	QD-003	1.30	0.031
4	QD-004	3.27	0.058
5	QD-005	2.36	0.044
6	QD-006	2.68	0.052
7	QD-007	3.52	0.060
8	QD-008	2.41	0.055
9	QD-009	3.12	0.079
10	QD-010	4.03	0.068
11	QD-011	1.91	0.058
12	QD-012	3.67	0.083
13	QD-013	3.79	0.055
14	QD-014	2.06	0.035
15	QD-015	3.01	0.048
16	QD-016	1.57	0.098
17	QD-017	3.35	0.073
18	QD-018	2.97	0.140
19	QD-019	2.88	0.100
20	QD-020	4.16	0.146
21	QD-021	4.41	0.073
22	QD-022	4.06	0.097
23	QD-023	3.54	0.074
24	QD-024	5.32	0.089
25	QD-025	4.83	0.076
26	QD-026	4.50	0.079
27	QD-027	5.11	0.056
28	QD-028	5.16	0.027
29	QD-029	5.30	0.070
30	QD-030	4.93	0.045
31	QD-031	3.32	0.055
32	QD-032	4.91	0.090

　　注：土壤总氰化物修复目标为 9.86 mg/kg；土壤浸出液总氰化物浓度修复目标为 0.1 mg/L

七、结论

1）社会效益

本项目爆炸事故现场用时一个月完成地表废物清理，用时三个月完成调查评估及修复方案编制，用时一年完成爆炸事故场地的污染治理，用时两年事故场地建成绿地生态公园。污染治理工程的快速推进有效地降低了二次污染风险和邻避效应风险，为恢复事故周边区域正常的生产、生活提供了前提条件。

2）环境效益

本项目的技术应用消除了突发环境事件造成的土壤和地下水污染，避免了污染进一步向周边扩散。以人体健康风险计算确定的修复目标保障了周边居民的安全。修复后场地已建成绿地生态公园，有效地对受损环境采取了生态补偿，改善了周边的生态环境。

第二节　广州某钢铁厂地块污染土壤修复项目

一、工程概况

广州某钢铁厂于 1958 年建厂，占地约 168 万 m^2，是一家涉及黑色冶金、钢铁加工、物流、电子商务等多业务领域的地方钢企，具备年产 200 万 t 钢材的生产能力。2013 年，企业停产转型。经调查，场地土壤主要受重金属、多环芳烃污染，污染面积约占场区面积的 90%以上，需要进行修复。

该地块污染面积约 15.8 万 m^2；土壤修复土方量约 51 万 m^3。

二、主要污染物及污染程度

（1）重金属类：Pb、As、Cu、Zn 和 Ni，最大超标倍数为 5～74 倍。

（2）多环芳烃类：萘、苊、芴、蒽、荧蒽、芘、苯并[a]蒽、苯并[b]荧蒽、苯并[k]荧蒽、苯并[a]芘、茚并[1,2,3-cd]芘、二苯并[a,h]蒽、菲、苯并[g,h,i]芘和苊烯（二氢苊），最大超标倍数为 4～1084 倍。

（3）总石油烃类，最大超标倍数为 43 倍。

三、水文地质条件

地下水为海陆交替层孔隙水，水位埋深一般小于 1.5 m，具有弱承压性；含水层以中细砂为主，局部为粗砾砂，埋深 2～4 m，厚度 1～15 m。场区内地形平坦，地形绝对标高为 5.76～8.75 m，总体地势由西北向东南微倾。根据钻探和收集的钻孔资料，按地质成因类型、岩性、状态，将地块内地层由上至下划分为：人工填土层（Q^{ml}）、第四系全新统冲积层（Q_4^{al}）、残积土层（Q^{el}），其中人工填土包括素填土和杂填土、耕土；第四系全新统冲积层包括淤泥（淤泥质土）、黏性土、砂层；残积土层为黏性土；基岩层白垩系上统大塑山组碎屑岩（K_2^d）。

四、修复技术的确定

通过对污染场地概念模型进行构建和分析，并综合考虑技术可行性、经济性、工期、施工难易程度等诸多因素。针对该场地污染土壤，采取破碎筛分、土壤洗脱、异位热脱附和异位固化稳定化联合修复技术进行污染土壤的修复治理。其中，筛分破碎主要用于污染土壤的破碎筛分预处理，便于后续处理；土壤洗脱技术作为土壤修复的关键核心技术，主要有土壤洗净处理、减量化和污染浓缩等作用。针对 75 μm 以上较大粒径的土壤，经土壤洗脱后干净达标，污染物被富集浓缩于 75 μm 以下粒径较小的土壤黏粒中，减量化可达 70%~80%。洗脱后富集各类污染物的土壤再分别经异位热脱附和固化稳定化处理，合格达标后进行原场地回填处置。

五、工艺流程和关键设备

1. 工艺流程

（1）复合污染土壤修复：经筛分预处理将污染土壤全部处理为粒径小于 50 mm 的颗粒，通过土壤洗脱设备将污染土壤减量化，粒径大于 75 μm 的粗颗粒清洗干净达标后填埋处置，小于 75 μm 的细颗粒泥饼进热脱附设备去除多环芳烃污染，再通过固化稳定化处理控制土壤中重金属的环境风险至可接受水平，达到无害化的目的，该部分含重金属土壤验收合格后回填至指定区域。

（2）单一有机污染土壤修复：经筛分预处理将土壤全部处理为粒径小于 50 mm 的颗粒，通过土壤洗脱设备将污染土壤减量化，粒径大于 75 μm 的粗颗粒清洗干净达标后填埋处置，小于 75 μm 的细颗粒泥饼进热脱附设备去除多环芳烃污染，验收合格后回填。

2. 关键设备

本项目投入了两套淋洗设备和热脱附设备。如图 7-14 所示，1 号 TDU 设备处理能力为 25~30 t/h，2 号 TDU 设备处理能力为 15~65 t/h。

图 7-14　热脱附设备
左图和右图分别为 1 号、2 号

六、修复效果与结论

1. 修复周期和费用

项目总工期为 443 天。

修复费用主要由场地建设费、设备费、材料费、人工费、项目管理费及部分措施费用组成。综合处置单价约 850 元/m^3。

2. 修复效果

污染土壤经修复合格达标，施工过程各类环境监测数据均达到环保监管要求，场地经修复满足土壤再利用开发标准，实现预期目标。

3. 环境技术指标

工程质量达到了在广州市环保局备案的修复目标值，通过了第三方的检测和验收并取得环保主管部门的认可。本工程污染土壤修复技术指标除满足实施方案给出的修复目标值外，其他水质指标如第一类检测指标（总汞、总镉、总铬、总砷、总铅、总镍和苯并[a]芘）和第二类检测指标［pH、色度、悬浮物、BOD_5、COD、石油类、动植物油、挥发酚、总氰化物、硫化物、氨氮、氟化物、磷酸盐（以 P 计）、甲醛、苯胺类、硝基苯类、阴离子表面活性剂、总铜、总锌、总锰］均满足广州市《广东省地方标准 水污染物排放限值》（DB 44/26—2001）第二时段三级标准，尾气排放符合《广东省地方标准 大气污染物排放限值》（DB 44/27—2001）第二时段二级标准，噪声排放控制达到《建筑施工场界环境噪声排放标准》（GB 12523—2011）的限值要求，即昼间 70 dB，夜间55 dB。

4. 工程特点

（1）该项目是国内最大体量钢铁冶炼污染场地修复项目，是广州市首例大规模土壤修复工程，也是全国首例大规模多种修复技术联合应用项目。

（2）该项目综合采用破碎筛分、土壤洗脱、异位热脱附和固化稳定化技术联用工艺，在业内首次建立了"工厂化"的多技术协同处置系统，在技术创新应用基础上，建立了全过程标准化项目管理体系。

（3）选用的破碎筛分工艺，将污染土壤筛分成 0～30 mm 和 30～50 mm 两种不同粒径的物料，分别运输至 4 号洗脱设备和 5 号洗脱设备进行处理，分粒径分设备进行处理，大大提高了处理效率。

（4）选用的土壤洗脱技术，将污染土壤进行粒径分级，最终洗脱出 7 种不同粒径的物料，将污染物聚集在 0.075 mm 以下的泥饼中。通过土壤洗脱技术，将 51 万 m^3污染土壤进行减量化处理，减量化可达 70%～80%，最大限度地节省了修复成本和缩短了工期。

（5）选用的异位热脱附技术，对环境友好，相比同类产品减排 40%以上，且无有毒害气体排放，有效抑制了二噁英的产生。

第三节　天津某化学试剂厂氯代烃污染修复项目

一、工程概况

项目类型：化学品生产企业。

项目时间：2019 年 10 月至 2021 年 12 月。

项目经费：2300 万元。

项目进展：已完结。

地下水目标污染物：氯代烃。

水文地质：污染物主要存在于以粉土为主的潜水含水层，该含水层层底埋深 5～5.5 m，隔水底板为约 3 m 厚的淤泥质粉质黏土层。

工程量：修复面积约 10 000 m²，污染区域约 40 000 m³。

修复目标：地下水中各目标污染物浓度达到风险评估确定的修复目标值。

修复技术："原位热处理+原位化学氧化+多相抽提"修复技术。

二、水文地质条件

根据勘察资料及岩性分层、室内渗透试验结果、现场水位观测结果及区域水文地质资料，场地埋深 25.00 m 以内可划分为 2 个含水层，从上而下分别是潜水含水层、微承压含水层。具体分布如下。

潜水含水层：层底埋深约 5.20 m 以上，人工填土（地层编号①₁、①₂）、坑、沟底新近淤积层淤泥质粉质黏土（地层编号②）、全新统上组陆相冲积层粉质黏土（地层编号④₁）和粉土（地层编号④₂）为潜水含水层，其中的全新统上组陆相冲积层粉土（地层编号④₂）为主要含水层。

潜水相对隔水层：5.00～8.00 m 段全新统中组海相沉积层淤泥质粉质黏土（地层编号⑥₂），厚度 3.00 m 左右。分布连续，属极微透水层。

微承压含水层：可进一步分为 2 个含水层及 1 个相对隔水层。

第一微承压含水层：场地埋深 8.00～13.00 m 段全新统中组海相沉积层粉质黏土（地层编号⑥₄），其粉土薄层及粉土透镜体为主要含水层。从全范围场地来说，该层顶板、底板及厚度有一定变化。

第一微承压相对隔水层：场地埋深 13.00～17.50 m 段全新统下组沼泽相沉积层粉质黏土（地层编号⑦）和全新统下组陆相冲积层粉质黏土（地层编号⑧₁）。该层分布总体稳定，厚度及顶底板标高有变化，属极微透水层。

第二微承压含水层：场地埋深 17.50～28.80 m 段全新统下组陆相冲积层粉土（地层编号⑧₂）和上更新统五组陆相冲积层粉土（地层编号⑨₂）。该层顶板、底板及厚度有一定变化。

　　根据污染场地调查结果，场地仅潜水中部分污染物超过修复目标值，潜水含水层下部各层地下水污染物浓度均未超过修复目标值。因此本工程目标含水层仅涉及潜水含水层。场地典型地层剖面线平面位置及典型地层剖面见图7-15。

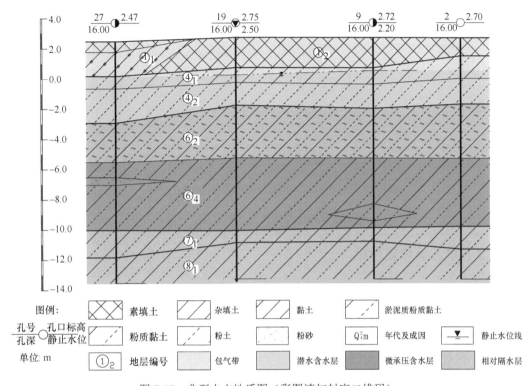

图 7-15　典型水文地质图（彩图请扫封底二维码）

　　勘察期间测得场地地下潜水水位如下：初见水位埋深 1.620～2.750 m，相当于标高 −0.190～1.330 m。潜水静止水位埋深 1.297～2.914 m，相当于标高−0.010～1.480 m。根据水位观测孔水位观测结果绘制潜水水位标高等值线图。由图7-16可见，场地潜水水位标高呈南高北低趋势，地下水渗流总体呈自南向北趋势。潜水主要由大气降水补给，以蒸发和向第一微承压水越流等形式排泄，水位随季节有所变化，一般年变幅为 0.50～1.00 m。

　　根据潜水含水层抽水试验水位恢复期间观测记录结果，绘制抽水井水位埋深随时间变化曲线及计算绘制潜水渗透系数随恢复时间变化曲线，潜水含水层渗透系数随时间推移逐渐收敛于 0.60 m/d，因此潜水渗透系数可取 0.60 m/d，估算潜水含水层影响半径可取 13.90 m。

三、地下水污染状况

　　根据污染场地调查结果，场地仅潜水层部分污染物超过修复目标值，潜水含水层下部各层地下水污染物浓度均未超过修复目标值。场地潜水中目标污染物以氯代烃类 VOC 为主。污染场地调查工作于2015年8月至2016年11月开展，结果显示，地下水中目标污染物超标较严重，其中顺-1,2-二氯乙烯、1,2-二氯乙烷和1,1,2,2-四氯乙烷均超过20倍。

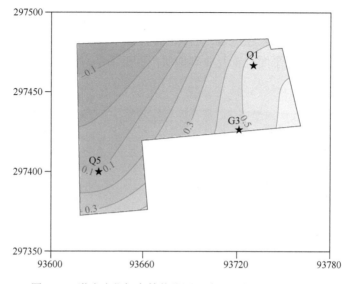

图 7-16 潜水水位标高等值线图（彩图请扫封底二维码）

四、地下水污染修复目标

根据场地环境详细调查及风险评估报告和补充调查及评估报告的调查结果，场地地下水中目标污染物以氯代烃类 VOC 为主，污染比较严重，包括氯乙烯、氯乙烷、1,1-二氯乙烯、1,1-二氯乙烷、顺-1,2-二氯乙烯、1,2-二氯乙烷、三氯乙烯、1,1,2,2-四氯乙烷等共计 8 种目标污染物。

按照健康风险评估结果确定地下水修复目标，具体修复目标详见表 7-8。

表 7-8 地下水污染物修复目标值一览表

序号	目标污染物	修复目标值（μg/L）
1	氯乙烯	90
2	氯乙烷	79.79
3	1,1-二氯乙烯	60
4	1,1-二氯乙烷	50
5	顺-1,2-二氯乙烯	70
6	1,2-二氯乙烷	40
7	三氯乙烯	210
8	1,1,2,2-四氯乙烷	2

五、地下水污染修复工程设计及施工

本工程根据工艺设计思路，地下水修复实施大致分三个阶段进行。

第一阶段：场地平整等施工前准备阶段、场地补充调查、中试实施。

第二阶段：主要为阻隔止水屏障施工。

第三阶段：主要包括原位修复施工与监测。

1. 多相抽提工艺

1）工艺参数

多相抽提工艺根据经验参数（渗透系数、地下水位降深、影响半径等）对多相抽提区进行布置设计，经参数测试后，可进行调整。技术参数见表7-9。

表 7-9　多相抽提技术设计参数

修复介质	2～6 m 范围内污染地下水
修复规模	1126 m²
目标污染物	氯代烃类 VOC
技术要求	处理周期：6个月
	真空风机数量：2台，单台抽气能力为 400 m³/h。抽水泵数量：24台，单台抽水量 2 m³/h
	配套设施：管路系统、地下水处理设施（1套，处理能力 5 m³/h），共用模块化水处理设备尾气处理系统（1套，处理能力 1000 m³/h），做好全过程的二次污染防治措施
	抽提井井距：4.5 m
	真空泵最佳真空度：−20 kPa
	化学氧化药剂选择：芬顿，根据地下水浓度配制芬顿试剂
	系统运行方式：连续抽出-化学氧化运行
	尾气排放：满足《大气污染物综合排放标准》（GB 16297—1996）
	尾水处理标准：满足《污水综合排放标准》（GB 8978—1996）

2）多相抽提井及注入井布设及井结构设计

多相抽提区域污染地下水范围内（深度 2～6 m）按照 4.5 m 的井间距布设 4 排多相抽提井，每排 6 口，共 24 口多相抽提井。同时布设 3 排共 7 口注入井。多相抽提区域铺设 10 cm 厚度混凝土硬化地面。

3）多相抽提井及注入井建设

多相抽提井及注入井均用 SH30 钻机和水文钻进行施工。其工作顺序为：首先用 SH30 钻机进行地层勘察，精确确定地层结构，以便设计各井滤水管位置，砾料层厚度等参数；其次用水文钻进行施工，建井深度约为 7 m，具体深度根据地层结构确定；最后开展相应的成井等工作。建井参数及工作量如表7-10所示。

表 7-10　建井参数及工作量

序号	井类型	规格型号	井数量（口）
1	多相抽提井	孔径 φ 600 mm、井径 φ 316 mm，管材为 316 mm 的 UPVC 和 φ 20 mm、φ 20 mm、φ 32 mm 不锈钢，深度约 7 m	7
2	注入井	孔径 φ 600 mm、井径 φ 200 mm，管材为 UPVC，深度约 7 m	24

多相抽提井及注入井施工流程：先用全球定位系统（global positioning system，GPS）确定钻孔位置，然后平整场地、稳定钻机后准备开钻，钻探进程中做好记录，终孔后成井，包括下井管、填砾、止水、洗井等，所有工作结束，恢复场地后撤离。

多相抽提系统施工、调试完成后即开始多相抽提连续运行，对中度污染区地下水进行修复。系统连续运行 139 天，每天运行 9～10 h。24 口抽出井总抽出水量 1057 m³，各抽出井根据井水位自动控制潜水泵启停。24 口抽出井总抽气流量为 183.26～251.01 Nm³/h，总真空表读数为–0.02～–0.013 MPa。总注入氧化药剂量 58 968 L。每次注入氧化药剂的总流量为 1200 L/h；每口井分为上午和下午两个时间注药，注入药剂总共 7 轮次，每轮次注入 1 min；注入井压力达到 275 kPa 时要暂停注入。

2. 原位热解吸工艺

原位热解吸工艺主要包括加热系统，尾水尾气处理系统，智能化、自动化控制系统。该工艺的工艺流程如图 7-17 所示。

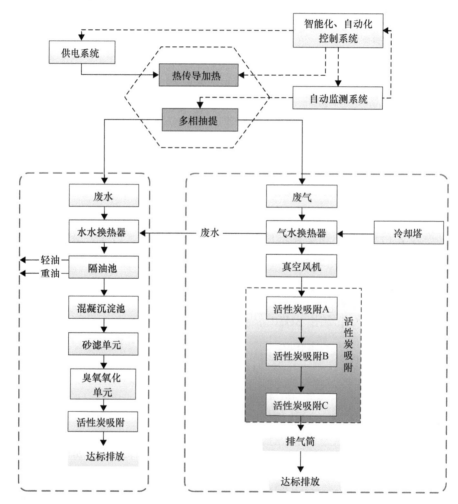

图 7-17　原位热解吸工艺流程

1）原位热解吸的关键工艺参数

i. 加热区目标温度

原位热解吸的加热温度应充分考虑加热区目标污染物的沸点、蒸汽压。沸点越低，越有利于污染物从土壤或地下水中解吸出来。饱和蒸汽压越高，越有利于污染物从土壤或地下水中解吸出来。根据场地污染情况，确定加热温度为 120℃，局部含高沸点污染物的区域加热到 200℃。

ii. 污染物浓度

污染物浓度高的时候，污染物较容易从土壤或地下水中解吸、挥发，随着原位热解吸的推进，土壤或地下水中污染物浓度逐渐降低，其解吸、挥发的程度随之降低，最后达到气相和固相平衡。

iii. 加热井深度及加热区间

采用热传导工艺，可以实现原位热解吸、定深加热。为了确保污染物被彻底清除，加热井深度一般深于目标污染区 1 m；同样的加热段上端一般高于目标加热区 1 m。

iv. 加热井距离、布设方式

加热井按照等边三角形布设，确保每个加热井传热区域均匀覆盖污染区。加热中试区的加热井距离根据中试结果进行后续设计。

v. 抽提井距离、布设方式

抽提井布设方式与加热井类似，抽提井均匀布设，确保覆盖一定的加热井，使地下污染物能快速抽提至地面尾水尾气处理设备、抽提井的距离也将根据中试结果进一步优化。抽提井均匀分布在加热井周围，并保证抽提井的有效抽提范围能覆盖全部中试区域并尽量减少重叠，边界进行适当的加密布点，原则上加热井与抽提井数量比约为 2∶1。

2）机械设备

本工程采用的通电热传导方式的原位热解吸装置包括供电装置、加热井与抽提井、多相抽提装置、温度监控装置、尾气处理单元和污水处理单元。

i. 加热井和抽提井

加热井的加热电偶最高温度可达到 600～800℃。每个电阻配备一个测温热电偶，目的在于高温保护和同时能控制温度和能量传递，加热井的功率由开关电源的变速器控制。

加热井用钢管制成，每根管下端设有开槽。在抽提井放置多相抽提装置，以便能实现污染水、汽的分离和采样，抽提井经由气提泵连接到抽提管道，所有抽提井、金属软管和主管道组成了整个抽提网系统。

ii. 尾水、尾气处理系统

针对原位解吸产生的含污染物的高温水汽，配套专门的尾气和尾水处理系统，达标后排放。

主要单元分别介绍如下。①尾水处理模块：尾水处理单元主要包括水水换热器、隔油池、混凝沉淀池、砂滤单元、臭氧氧化单元、活性炭吸附单元等。②尾气处理模块：

主要包括气水换热器、三级活性炭吸附单元。③全自动控制单元：配备国内最先进的废气处理全自动控制系统，主要单元器件采用国际知名品牌，具有稳定、高效、节能等优点。此外，系统在排放口设置在线检测仪，实时监测尾气排放浓度，并设置超标报警提示。

3）施工及运行

如图 7-18 所示，原位加热工艺区为污染土壤和地下水复合区域，面积 278.9 m²，污染深度 2～10 m，涉及修复土方量 2231.2 m³。采用电加热的方式，采用正三角形布点方法进行加热井布点，抽提井均匀分布在加热井周围。电热脱附后，地下水中污染物绝大部分已向液相和气相转化并被有效抽提。

图 7-18　原位加热施工现场照片

3. 原位化学氧化工艺

综合考虑工程施工的安全性、药剂自身氧化能力、使用方便性及国内设备的可获得性，本工程污染地下水的原位化学氧化修复拟采用活化过硫酸盐药剂，配成溶液状态后注入含水层，用于去除土壤及地下水中的氯代烃、苯系物等有机污染物。对轻度污染地下水区域进行修复，为保证土壤及地下水修复效果，采用高压旋喷注射工艺进行原位氧化药剂的注入；该工艺可使药剂快速扩散至土壤和地下水中，对本场地的粉质黏土类地层也有很好的修复效果。

工艺流程包括以下 5 个步骤：场地准备、测量放线布点、引孔、药剂注入及过程监测、采样自检及验收。高压注射修复采用二重管：利用气、液流体，自下而上切割土体的同时在地层中扩散，实现修复药剂与土壤及地下水的充分混合。喷射钻杆下钻至设计修复最大深度后，开启高压注浆泵，喷射高压液流的同时喷射压缩空气，通过旋喷钻机自带的自动提升机构自下而上边提升边旋转钻杆；药剂喷射至修复设计顶面标高后，停止高压注浆泵，压缩空气继续喷射至完全提钻后停止供气；所述药剂喷射过程空气压缩机的空气压力保持在 0.7～0.8 MPa，高压注浆泵注射压力为 25～30 MPa，注浆流量为 20～120 L/min，提升速度为 20～30 cm/min，药剂扩散半径为 0.8～3.5 m。本工程目标污染含水层为砂质粉土层，设计扩散半径为 1.8 m。

经过比选，本工程原位化学氧化选用过硫酸盐作为氧化剂，同时使用液碱作为活化剂，使过硫酸盐更充分地氧化、降解地下水中的有机污染物。根据项目经验，并结合本场地地下水中卤代烃、苯系物等 VOC 类污染物的浓度，合理确定药剂投加比。本工程原位化学氧化工艺采用三角形布点法，相邻注入点的扩散半径之间有 15% 左右的搭接，以保证注射药剂覆盖所有修复区域。根据已有工程经验，采用活化过硫酸盐复配药剂修复氯代烃类污染地下水的反应时间为 1～3 个月，在修复效果监测时可适当加密监测频率，以便及时判断修复终点。本项目采用高压旋喷工艺使用二重管法完成原位氧化区域修复施工，注入孔间距 3.5 m，正三角形布孔，总计布设 901 个注入孔（含补充注入孔）。

六、修复效果与结论

1. 工程运行及监测情况

在场地布设了 15 口地下水监测井，其中针对多相抽提工艺区约 1126 m² 范围布设 4 口地下水监测井，针对原位加热工艺区约 211 m² 范围布设 1 口地下水监测井，针对原位氧化工艺区约 8663 m² 布设 10 口监测井。监测井建设完成后开展了 12 个月的持续地下水监测工作。根据 2020 年 12 月的地下水检测结果，所有监测点位水质均达到考核指标，即本场地地下水特征污染物浓度减少不低于 50%，去除率不小于 88.14%。

2. 建设及运行成本介绍

包括修复设施建设、设备费、运行费用、措施费等，共计约 2300 万元。估算运行成本：200 元/m²，估算管理成本：92 元/m²。

3. 经验介绍

（1）原位化学氧化工艺可以有效降低地下水氯代烃污染物浓度，针对轻度污染地下水可以作为单独修复工艺应用，针对重度污染地下水需要与其他工艺联合使用，以保证修复效果。对于地下水氯代烃污染物，可能需要开展多次原位氧化修复。

（2）原位化学氧化工艺设计参数包括药剂投加比、布孔密度、反应时间等，建议通过开展中试确定。

（3）多相抽提适用于污染土壤气、地下水及 NAPL 的有效修复，可快速降低地下水污染物浓度。在渗透性较低的地层中应用多相抽提技术，需要设计较大的布井密度。

（4）多相抽提抽出的污染土壤气、地下水及 NAPL，需处理达标后排放。由于不同污染场地污染特征不同，抽出物种类、数量差异也很大，因此对地面尾水、尾气处理设备提出较高的要求。

（5）在同一场地针对不同程度地下水污染区域开展修复，可针对性地使用多种修复技术，以保证修复效果。

（6）多相抽提技术可应用于较低渗透性的粉土含水层，为保证修复效果，应提高布井密度。为缩短多相抽提修复周期，可考虑辅以原位氧化修复技术。

第四节 北京某化工企业氯代烃污染修复项目

一、工程概况

项目类型:化学品生产企业。

项目时间:2018 年 8～12 月。

项目经费:约 3000 万元。

项目进展:已完结。

目标污染物:1,2-二氯乙烷、氯仿、氯乙烯。

水文地质:污染物所在含水层包括 2 层,砂和卵砾石类潜水含水层,平均埋深 11.74 m;细砂、粗砂和卵石类承压含水层,静止水位埋深为 14.20 m。

工程量:地下水修复面积为 14 900 m²,含水层工程量为 59 600 m³。

修复目标:地下水中 1,2-二氯乙烷浓度低于 3500 μg/L,氯仿浓度低于 1500 μg/L,氯乙烯浓度低于 750 μg/L。

修复技术:原位化学还原技术。

二、水文地质条件

本场地位于永定河冲洪积扇中下部,第四系沉积厚度一般大于 100 m,为黏性土、粉土与砂类土、卵石层交互沉积。按土层岩性及赋水特征,场地所在区域埋深 50 m 内的地层主要分布特征为:

• 埋深 7 m 以内主要为粉土或砂类土;

• 7～10 m 主要为黏性土;

• 10～20 m 主要为细、中砂层,从颗粒组成及其赋水特征来看,该地层为相对含水层;

• 20～25 m 主要为黏性土层;

• 25～40 m 主要为砂卵石层,从颗粒组成及其赋水特征来看,该地层为相对含水层;

• 40～50 m 主要为黏性土层。

场地所在区域位于永定河冲洪积扇中下部,第四纪沉积旋回较多,存在多个含水层。依据场地所在区域地层资料及地下水分布资料进行分析,近年来,地面以下 40 m 深度范围内主要分布两层地下水。第一层地下水主要赋存于埋深 10～20 m 的砂、卵砾石层中,地下水类型属潜水,局部为承压水,自西向东,水位标高明显呈现降低趋势,其地下水类型由潜水逐渐过渡为承压水。第二层地下水主要赋存于埋深约 25 m 以下的砂、卵砾石层中,其地下水类型属承压水,水位标高自西向东明显呈现出由高到低的变化规律。从区域范围看,本地区第一层地下水的天然动态类型属渗入-径流型,以越流、地下水侧向径流和"天窗"渗漏补给为主,排泄方式主要为侧向径流、越流和人工开采;第二层地下水的天然动态类型属渗入-径流型,补给方式为地下水侧向径流和越流,并以侧向径流、人工开采为主要排泄方式，受人为因素影响，该层地下水水位变化较大。

根据场地勘探期间揭露的地层及地下水分布情况，场地地面以下 35.50 m 深度（最大勘探深度）范围内主要分布有两层地下水。

1）第一层地下水（潜水）

根据场地勘察期间揭露的地层及地下水分布情况来看，该层地下水在场内普遍分布，主要赋存于第四大层砂和卵砾石中，地下水类型为潜水。潜水静止地下水水位埋深为 11.51～13.02 m，平均埋深 11.74 m，相应水位标高为 21.20～23.38 m。

2）第二层地下水（承压水）

该层地下水主要赋存于标高 9.77 m（埋深为 24.80 m）以下的细砂⑥层、粗砂⑥$_1$ 层和卵石⑥$_2$ 层中，2009 年 7 月 16 日于地下水监测井中量测的该层地下水静止水位埋深为 14.20 m，静止水位标高为 20.37 m。

三、地下水污染状况

1. 第一阶段调查结论

场地潜水污染物主要为 1,2-二氯乙烷和氯乙烯，均超荷兰地下水修复干预值 1000 倍以上，其次为氯仿、1,1-二氯乙烯、顺-1,2-二氯乙烷和 1,1-二氯乙烷等污染物，一般超荷兰地下水修复干预值几十至上百倍。场地潜水重金属污染物为砷，超过荷兰地下水修复干预值 8 倍，超标比例为 20%，主要污染区域为原氯碱车间区域。场地承压水除受到 1,1-二氯乙烯和四氯乙烯轻微污染外（超标倍数仅为 0.23 倍和 0.82 倍），未受到其他污染物污染。

与荷兰地下水修复干预值相比较，本场地地下水 1,2-二氯乙烷的污染范围主要位于厂区东半部，为地下水流向的下游，污染面积约 21.5 万 m^2；氯仿对地下水的污染主要位于厂区的东北角，污染区域全部落在 1,2-二氯乙烷的污染范围内，因此对 1,2-二氯乙烷污染地下水进行修复可同时实现对氯仿污染地下水的修复。氯乙烯对地下水的污染范围较大，污染羽覆盖了厂区西半部的一半及东半部的全部，其污染面积达到 50.6 万 m^2。将 3 种污染物的地下水污染范围进行叠加合并，可以看出氯乙烯的污染范围基本上也覆盖了其他 2 种污染物的污染范围。

2. 第二阶段调查结论

本次地下水补充调查共采集和分析 83 口监测井的三层地下水样品 629 个，获得分析数据两万余个。数据分析表明，本场地局部区域各层地下水中均存在高浓度的 1,2-二氯乙烷、氯仿和氯乙烯。其中，各水层 1,2-二氯乙烷的浓度中位值为 202～351 μg/L、浓度为 $5.17×10^6$～$8.33×10^6$ μg/L；各水层氯乙烯浓度中位值为 281.5～454.2 μg/L，浓度为 $7.25×10^4$～$1.19×10^5$ μg/L；氯仿的浓度、超标倍数、超标范围均相对较低，各水层氯仿浓度中位值为 5.0～16.7 μg/L，浓度为 $5.12×10^4$～$7.30×10^4$ μg/L。同一污染物在不同水层之间的浓度分布存在较大的差异。1,2-二氯乙烷浓度的垂直分布是：底层（中位值为351 μg/L）＞中层（中位值为325 μg/L）＞上层（中位值为202 μg/L）。氯乙烯浓度的垂直分布是：中层（中位值为454.2 μg/L）＞底层（中位值为360 μg/L）＞上层（中位值为281.5 μg/L）。氯仿浓度的垂直分布是：上层（中位值为16.7 μg/L）＞底层（中位值为6.0 μg/L）＞中层（中位值为5.0 μg/L）。

本场地各水层地下水中1,2-二氯乙烷、氯仿和氯乙烯的污染范围分布基本一致，主要在场区东部的北氧氯化分厂和南氧氯化分厂区域。其中，1,2-二氯乙烷和氯仿的分布范围主要在场区的北氧氯化分厂和南氧氯化分厂周边。除此之外，1,2-二氯乙烷还有小范围分布在场地西部的苯酐车间和聚氯乙烯车间；氯乙烯的分布较广，除重点分布在场区东部的北氧氯化分厂和南氧氯化分厂周边外，场区场地的氯碱车间、乙炔车间、聚氯乙烯车间、苯酐车间及场地西北侧也有较大范围的分布。

四、地下水污染修复目标

由于场地所在区域不属于地下水饮用水源保护区及其补给径流区，同时该区域无适用或符合要求的目标污染物及其含量的技术标准，因此本项目基于风险评估计算修复（防控）目标进行。根据场地地下水污染的实际情况，结合场地地下水修复技术线路和场地土地利用规划及国际发展趋势，从环境风险管理角度，以控制室内空气污染风险在可接受健康水平、居民安全入住为标准，确定场地污染地下水的修复目标如表 7-11所示。

表 7-11　场地地下水修复目标值

序号	污染物种类	修复目标值（μg/L）
1	1,2-二氯乙烷	3500
2	氯仿	1500
3	氯乙烯	750

五、地下水污染修复工程设计及施工

1. 工程设计

本项目污染地下水范围内设置的 5 口监测井，分别代表 5 块污染区域，其中，因原 2 号监测井、原 3 号监测井位于两侧，区域绿化带面积较大，代表面积较大（3700 m²），补 1 号监测井、补 2 号监测井、补 3 号监测井位于道路中央，代表面积较小（2500 m²）。依据本项目场地现状，结合污染地下水的分布，将地下水修复区域分为 5 个区块，10 个分区。

1）高压旋喷注射修复工艺流程

A 区和 B 区均采用高压旋喷注射修复工艺，高压旋喷施工技术是在静压注浆的理论与实践基础上引入高压水流技术而发展起来的新技术，已形成了成熟的注浆劈裂理论。高压旋喷注浆的实质是将带有特殊喷嘴的注浆管（钻杆），通过钻孔进入土层的预定深度，然后从喷嘴喷出配制好的药剂，带喷嘴的注浆管在喷射的同时向上提升，高压液流对土体进行切割搅拌，达到药剂与土壤/地下水的充分混合，由于注射压力高，药剂溶液进一步在含水层中扩散，其扩散半径较大。

本项目原位注入-高压旋喷工艺使用二重管法。配制好的 EHC® 药剂通过高压注浆泵注入高喷管，注射修复段为 14.5～18.5 m 的含水层。同时，空压机向高喷管注入空气流，可以扩大药剂扩散速率与扩散范围。EHC® 药剂注入地下水中，持续反应时间为 3～6 个月，药剂反应一个月后每隔 1 个月监测 1 次。

2）高压旋喷注射药剂配制参数

EHC® 投加参数为地下水质量 0.2%～0.5%（m/m），参考中试研究报告，根据污染地下水监测数据，将地下水污染程度分级，确定梯度投加比。综合药剂投加比判定表（表 7-12），确定不同地下水修复区域药剂投加参数。施工时，药剂配制浓度为 25%。

表 7-12 药剂投加比判定表

地下水污染程度	浓度范围（mg/kg）	药剂投加比（%）
轻度污染地下水	$X \leqslant 1000$	0.5
中度污染地下水	$1000 < X \leqslant 3000$	0.6
重度污染地下水	$X > 3000$	0.7

3）主要机械设备/设施配置

本项目注入工艺包括 1 套引孔钻机，2 套步履式高压旋喷设备，现场准备及药剂注入施工预计需要约 40 天。

2. 施工

场地污染修复项目修复地下水污染面积为 14 900 m^2，含水层工程量为 59 600 m^3，结合场地现状进行施工。

六、修复效果与结论

工程运行过程中，定期分别从监测井中采集地下水样，利用现场实验室或委托经过计量资质认证合格的检测单位进行氯代烃的分析检测，以评估修复效率，预测修复周期。除此之外，还对中间产物及相关指标进行了监测，包括温度、pH、氧化还原电位、溶解氧、硫酸盐、有机碳、亚铁、二氯乙烯、乙烯等。该项目于 2018 年底完成修复治理。共对 6 个监测点开展了 27 个月的监测工作，监测频率为每季度一次。根据已有检测数据分析，地下水修复区域全部达标。

1. 建设及运行成本分析

本项目地下水修复面积 149 00 m^2，修复投资约 3000 万元，修复成本约 2013 元/m^2。

2. 经验介绍

（1）原位化学还原技术可有效修复氯代烃污染地下水。

（2）原位化学还原药剂类型、成分组成直接影响原位化学还原修复效果。

（3）建井注入、高压注射等方式均可以满足原位化学还原施工需求，具体注入方式需根据场地地层情况选择。

（4）原位注入的设计参数需通过中试确定。

第八章　结论与展望

作为大气、水体等污染的源和汇，土壤污染具有隐蔽性、持久性、复杂性的特点。土壤修复在我国的发展起步较晚，比发达国家落后约 20 年的时间，如美国在 20 世纪 80 年代就建立了超级基金，为其修复行业的发展奠定了坚实基础。与国外相比，我国的修复行业还面临以下问题：①我国的修复行业开始阶段主要是向国外学习，近年来通过对主要的土壤修复技术进行自主研发，逐渐形成了一套较为完整的土壤修复技术体系，但由于时间较短，国内土壤修复技术多数还停留在理论研究阶段，真正能够实际应用于场地的技术还相对较少。②作为一个法治国家，我们国家目前缺乏一套包括防治土壤污染、对农药使用规定等在内的完整的法律体系。随着国家管理制度和标准的出台，各地政府对土壤污染问题重视程度不断加强，但相关法律法规有待进一步完善，特别是不同修复技术的规范缺失问题制约着行业的进一步发展。③土壤修复行业属于资金密集型的行业，土壤修复的费用比污水处理要高很多，一些场地的投资规模较大，一般企业无法承受。

近年来，随着各种修复方法和技术日益成熟，绿色可持续修复（GSR）的概念应运而生。现在，这一概念已成为一个主流。通过不断的实践，一些发达国家已经对绿色可持续修复的概念有了较好的理解，并获得了极好的经验，我们国家可以对其进行借鉴。目前，土壤修复的模式多与房地产开发相结合，将房地产开发中的部分资金用于土壤修复。但这种模式不具可持续性，因此探索适合我国特点的土壤修复的商业模式，以及资金投入模式是今后的一项重要工作。另外，对土壤修复中的新问题如蒸汽入侵及异味问题应当加强关注。

第一节　绿色可持续修复技术体系

一、绿色可持续修复技术的起源

当早期的工业浪潮消退时，许多棕地问题逐渐暴露。这些棕地由于污染严重，对居民的身心健康和周围生态环境造成了威胁，不适合投入使用，需要进行修复。与中国相比，由于工业发展相对较早，一些发达国家较早开始了污染场地修复的探索。在经历了如何更好地修复土壤污染的一些思考阶段后，提出并发展了"绿色可持续修复"（GSR）的概念。近年来，"绿色可持续修复"的理论逐渐成为现场修复工作的主流原则，遵守这一原则的修复工作被视为未来发展的一个方向。

从最初的土壤修复工作到 GSR 概念的出现，修复行业的主导思想经历了几次变化。在土壤修复的早期，主要的土壤修复目标是完全清除存在于土壤和地下水中的污染物。许多欧洲国家采取了类似的政策，这可以被视为变革的第一阶段。然而，很容易看出，由于技术和资金的限制，这种目标特别难以实现。随着受污染土地数量的增加，有限的资金无法修复所有污染物，而从技术角度也无法清理所有污染物。第二阶段，即 20 世纪 90 年代中期，在全球范围内采用更具风险和成本效益的修复政策成为可能。在这一阶段，人们意识到地下水受到污染的风险越来越大，因此，相关政策和立法都围绕基于风险的土地管理，同时考虑土地再利用。这意味着，场地修复要求只需要减少土壤污染的风险，而不是清除土壤和地下水中的所有污染物。这一阶段人们认识到，如果污染物浓度未达到危害值，受污染的土壤并不具备风险，也不会对人类造成健康危害。这一阶段允许土壤和地下水中存在污染物，与第一阶段相比，这是一个很大的进步。之后，在第三阶段，"绿色可持续修复"理论应运而生。受污染土地的可持续管理提供了"风险告知修复"的第一个明确框架，以及一些最早的可持续性修复的讨论。绿色可持续修复认为我们不仅应该关注污染土地的"疾病"，还应该关注如何治愈，并最大限度地恢复患者的健康。当不同的方法都能达到修复目标时，选择最合适的修复方法成为问题的关键。而最合适的方法可能代表的是最简单、省时的操作和最低的成本等。毫无疑问，与前一阶段相比，这一阶段已经达到了更高的水平，土壤修复工作也日益完善。

在一些发达国家中，美国是第一个提出绿色可持续修复概念的国家。由于大量的修复工程及实践，该理论被逐渐完善，并得到了重视。而绿色可持续修复概念雏形的起因是一项案例研究。通过对挖掘和处理受铅、砷、镉和多环芳烃污染的土壤分析，专家得出结论，污染场地的一次性修复可能会从生命周期的角度导致更大的负担。同时修复所有污染元素将给土地本身的生态系统带来难以承受的压力。从那时起，许多专家试图定义可持续和绿色修复概念，并根据这些概念来制定和衡量项目生命周期影响的方法。这可作为美国乃至全球绿色可持续修复的开端。故可以得出结论，项目生命周期影响是评估修复方法的基本标准。换句话说，最合适的修复方法对项目生命周期的影响最小。

二、绿色可持续修复技术原则及指标体系的选择

国外很早提出了可持续修复技术的原则。比如美国的可持续修复论坛（Sustainable Remediation Forum，SURF）规定了：①减少或不用能源及其他资源；②减少或禁止污染物的排放；③修复过程尽量利用或模拟自然过程；④循环利用土地和其他废物；⑤提倡采用破坏或降解污染物的修复技术等五项原则。英国的可持续修复论坛（SURF-UK）则对绿色可持续修复原则提出了健康、安全、科学性等方面的要求。而一些学者，如巴多斯（Bardos）和哈博特尔（Harbottle）等提出了修复工程本身及公众参与相关的原则（表 8-1）。

表 8-1　绿色可持续修复的原则（谷庆宝等，2015）

机构或研究者	绿色可持续修复的原则
SURF	（1）减少或不用能源及其他资源 （2）减少或禁止污染物的排放 （3）修复过程尽量利用或模拟自然过程 （4）循环利用土地和其他废物 （5）提倡采用破坏或降解污染物的修复技术

机构或研究者	绿色可持续修复的原则
SURF-UK	(1) 保护人体健康和环境安全 (2) 安全规范的操作 (3) 一贯的、清晰的和可重复的基于证据的决策 (4) 详细的记录和透明的报告 (5) 良好的管理和利益相关者的参与 (6) 体现科学性
巴多斯和哈博特尔等	(1) 修复工程带来的长期利益远大于修复工程本身付出的代价 (2) 修复工程对环境产生的不良影响小于不采取修复工程对环境的影响 (3) 修复工程的实施对环境影响减至最小，并且可以用具体的环境指标衡量 (4) 采用修复方法时考虑修复工程对环境产生的影响给后代带来的风险 (5) 决策过程注重各利益相关方的参与性

根据绿色可持续修复的基本要求，在整个修复过程中应同时考虑环境、社会和经济三个方面。这三个要素的范围过于宽泛和抽象，难以操作。此外，美国提出的五个核心要素与环境方面有关，但不能涵盖所有三个基本方面。为了弥补这些不足，可以将美国指标和英国指标相结合来制定中国的绿色可持续修复指标。为了便于操作，在社会指标和经济指标下选择最重要的指标来替代这两个指标。最重要的指标是经济方面的修复成本和对社区或地区的社会影响。因此，这一新的指标体系包括七个要素：修复成本、对社区或地区的影响、材料消耗、能源消耗、废物排放、水的消耗、土地和生态系统影响。

七个指标体系可以涵盖环境、社会和经济方面，因为这是绿色可持续修复的最低要求。同时，设计我国指标体系的初衷是制定一个易于衡量、足以影响修复工作趋势的指标体系。有大量指标可以影响修复，但并非所有指标都可以纳入指标体系。需要选择足够重要和具有代表性的指标。在某些情况下，不应考虑那些影响修复措施的指标。例如，工人的效率能够影响修复工作，但这在不同的情况下是完全不同的，很难衡量，因此工作效率不能纳入指标体系。这七项指标易于衡量，在修复工作中非常重要，因此在中国的修复技术评估中可以发挥重要作用。

三、我国绿色可持续修复技术指标体系的建立

可以通过定性和定量分析，来确定如何实施中国的绿色可持续修复技术指标体系。定性分析不需要修复过程的详细信息，因此这种方法的应用范围很广。相比之下，定量方法通常结合实际案例使用，需要大量详细的数据支持。

1. 定性分析

对于定性分析，建议进行指数评分。具体来说，每个候选场地应根据这七个指标对技术进行评分。为每个指标设置 1~3 分，在每个指标中，表现最好的项目得 3 分，表现最差的项目得 1 分。对于一种技术，逐一对照索引进行评分并获得加权平均值。加权平均值高的技术被认为是最环保和可持续的。作为案例，对目前经常使用的五项技术进行了比较，并在七项指标下进行了评分。这五种技术是化学氧化还原、微生物修复、热

脱附、植物修复和淋洗技术。除淋洗方法外，其他四种技术均指现场操作。由于原位法不需要开挖土壤，因此与异位作业相比，对受污染场地的生态影响较小。

化学氧化还原法是使用氧化剂或还原剂将土壤和地下水中的污染物降解、蒸发和沉淀或与污染物发生反应，从而将污染物分解为无害物质或降低污染物的毒性。通常，选择的氧化剂应氧化性强，对人体无害，包括芬顿试剂、锰酸盐、过硫酸盐、臭氧等，还原剂包括硫化氢、亚硫酸氢钠、硫酸亚铁、多硫化钙和零价铁等。修复过程可分为两个子过程：材料注入过程和监测过程。在注入过程中，氧化剂或还原剂通过注入点或井被泵入受污染的土壤并开始反应；监测过程主要由监测井进行。因此，主要材料包括化学氧化剂和油井施工材料。修复过程中使用的重型设备包括挖掘机、泵和钻机。主要材料和重型设备的选择取决于注入方法。在不同的注入方法中，如直接压力注入法、注入井方法、土壤置换法和高压旋喷法、直接压力喷射法在国内外经常使用。大多数氧化剂计量方法具有高度的灵活性和效率。在绿色可持续修复技术评估中，化学氧化还原修复技术主要关注修复材料的使用，包括材料的生命周期评价及对生态环境影响的评价。

生物修复在土壤修复行业中也得到了广泛的应用。一般而言，生物修复包括动物修复、微生物修复、植物修复和联合修复。生物修复主要是通过动物、植物或微生物的代谢活动来去除土壤和地下水中的污染物。微生物修复是通过微生物的代谢过程将土壤和地下水中的污染物转化为无毒物质，如二氧化碳、水和脂肪酸的过程。在土壤自我修复过程中，受污染的土壤本身会产生相应的微生物来修复污染物。这些微生物利用污染物作为营养物质来维持生命。在实际修复过程中，有必要为微生物提供营养添加剂和适当的条件，以放大这种生物反应，从而达到修复受污染土地的目标。所以微生物修复是一种优良的技术，易于实施且无二次污染。然而，缺点是修复效率低、所需时间长，以及微生物特异性的各种限制因素。原位微生物修复中，营养添加剂可以适当稀释，然后注入土壤或地下水。对于移动的水体，为了防止细菌随水流失，它们可以吸附在各种类型的填料和载体上，并将填料或载体放入水中。因此，在实际的修复过程中，所需的重型设备主要是耕作工具，主要材料是营养添加剂。植物修复是一种利用植物转移、控制或转化土壤和地下水中有毒有害污染物的技术。植物修复的对象通常是土壤中的重金属、有机物或放射性元素。在实施植物修复期间，几乎不需要使用重型设备。在修复过程中，无须添加额外材料。总的来说，植物修复是一项绿色技术，几乎不会对环境造成干扰。该技术的缺点是周期长，仅适用于中低污染水平的重金属修复。

原位热脱附技术是将污染土壤加热到目标污染物的沸点以上，从而促进污染物的蒸发，从而使目标污染物与土壤分离。热脱附过程会导致土壤中有机化合物的挥发和开裂等物理和化学变化。该技术一般需要设置净化收集装置和处理废物排放塔等设备。在加热土壤之前，有必要对土壤颗粒进行分类。因为不均匀的颗粒尺寸会导致不均匀的加热。对于原位热脱附技术，应在现场建造加热设备。不同加热方式对原位热脱附的能耗可以产生较大影响，比如电加热技术与燃气加热技术相比会产生较大的能耗。

淋洗技术是少数能够完全去除土壤中污染物的修复方法之一。一般认为，污染物主要被较小粒径（<0.063 mm）的土壤所吸附。受污染的土壤与洗脱液混合后，这些较小的土壤颗粒没有很强的渗透性，将保持悬浮状态。然后固液分离操作可以从清洁的土壤中分离出带有污染物的较小的土壤颗粒。该技术分为现场淋洗和非现场土壤淋洗。通常，淋洗技术在处理过的土壤质量超过 5000 t 时采用原位操作，以获得更好的经济效益。此外，淋洗技术可能会导致二次污染及对环境的不利影响。

表 8-2 显示了各指标下五种技术的比较结果。其中列出了不同技术的修复成本，该成本来自美国联邦修复技术圆桌会议（FRTR），反映了土壤修复行业的平均成本水平。在这五种技术中，植物修复成本最低，因此是一种经济的技术。对周围生态系统的影响程度也可从表 8-2 中看出。通常，如果操作正确，修复技术不会对局部区域造成太大干扰。影响主要来自重型设备的噪声和频繁的运输工作。材料使用包括添加剂和建筑材料（管道、水泥、沙子或其他东西）。能源消耗来自汽油、电力和暖气的消耗。这些能源为重型设备提供动力。尽管会产生多种废物，但二氧化碳排放是主要考虑因素，因为它对气候变化产生主要贡献。由于水在土壤修复中起着非常重要的作用，而且水是一种不可再生的资源，因此水的使用应该是衡量技术是否绿色的重要指标。例如，就用水而言，淋洗不是一项绿色技术，因为这项技术需要使用大量的水资源。最后，对土地和生态系统影响是衡量土壤功能恢复的重要指标。绿色可持续技术有助于更好地恢复土壤功能。此外，通过修复后土地上的植物生长，可以观察到土壤功能恢复的情况。

表 8-2　各指标下五种技术的比较（王嘉雯，2018）

指标	化学氧化还原	微生物修复	热脱附	植物修复	淋洗技术
修复费用	285～357 USD/m³	130～260 USD/m³	81～252 USD/m³	0.02～1.00 USD/m³	71～100 USD/m³
对周边及区域影响	风险小，存在重型设备的噪声。如果不能正确使用化学材料，会对健康造成一些威胁	影响很小	存在挖掘机和推土机的噪声	影响非常小（重型设备的噪声）	可能导致二次污染
材料消耗	化学氧化剂；注入井的建筑材料	营养添加剂	热解器的结构材料	植物；栅栏（避免野生动物啃食）	冲洗液体
能源消耗	重型设备（挖掘机、破碎机）所消耗的汽油；电力（泵）	重型设备（挖掘机、耕作设备）消耗的汽油	热能，重型设备消耗的汽油（加热设备，分拣装置）	重型设备消耗的汽油，如挖掘机和耕作设备	重型设备（破碎机、皮带输送机、清洗和搅拌槽、脱水筛）所消耗的汽油
废物排放	CO_2	CO_2	蒸汽；CO_2	化学蒸汽；CO_2	废弃沉积物；CO_2
水的使用	用水量大	用水量小	用水量小	维持植物存活即可	用水量大
对土地及生态影响	正确的操作不会对生态系统造成太大影响	对生态系统几乎没有影响	正确的操作不会对生态系统造成太大影响	优秀的景观和生态系统	由于是异地处理，对当地生态系统几乎没有影响

针对以上集中修复技术，对七项技术指标进行评分，结果见表 8-3。最后，通过公式计算加权平均值：加权平均值=$(x_1f_1+x_2f_2+\cdots+x_kf_k)/(f_1+f_2+\cdots+f_k)$。从表 8-3 的结果可以看出，淋洗技术具有最小的加权平均值，因此，淋洗技术是五种技术中最绿色的修复技术，然后是化学氧化还原技术。相比之下，植物修复具有最大的加权平均值，因此它在很大程度上违反了绿色修复原则。

表 8-3   五项修复技术的得分及加权平均（王嘉雯，2018）

指标	化学氧化还原	微生物修复	热脱附	植物修复	淋洗技术
修复费用	2	2	2	3	2
对周边及区域影响	2	3	2	3	1
材料消耗	2	3	2	3	1
能源消耗	2	1	2	3	1
废物排放	2	3	2	3	2
水的使用	1	3	2	2	1
对土地及生态影响	2	3	2	3	2
总分	13	18	14	20	10
算数平均	15	15	15	15	15
加权平均	1.857	2.571	2	2.857	1.429

2. 定量分析

在定量分析方面，本书试图通过使用 SitewWise™ 工具量化不同修复行为的碳足迹，来量化候选的七个指标。SitewWise™ 是美国环境保护署提供的一个免费工具，易于使用和计算碳足迹。该工具将修复工作分为四个部分，如运输、设备和废物回收等。每个部分的碳足迹可以单独计算，不会相互影响。在输入选项卡上，根据使用说明，输入修复工作期间所需的材料量、钻井所需的砾石量可以计算结果，例如，二氧化碳排放量、水消耗量及补救行为期间各部分的贡献。可使用 SitewWise™ 对污染场地中选择的候选技术进行比较，目标是比较同一污染场地中不同技术消耗的材料、能源和 CO_2 排放。使用更少材料和产生更少废物的技术可以被认为是绿色可持续的修复技术。

四、我国绿色可持续修复的问题及建议

在中国，土壤修复仍处于起步阶段，绿色可持续修复也处于起步阶段。所以，我国土壤修复行业存在一些问题。首先，由于尚未建立受污染土地登记制度，对全国受污染土壤的状况缺乏了解，无法对实际情况进行宏观指导。迄今为止，关于土壤修复的指导意见有限；目前还没有关于土壤污染治理的具体法律，也没有关于绿色可持续修复的官方指南。其次，就土壤修复行业而言，快速修复是一种普遍现象，主要因为对土地开发的迫切需求。快速的修复方案可能不合适实际场地，比如会导致二次污染。最后，在中国，政府是土壤修复工作的主导力量，而不是市场。而那些在绿色可持续修复方面拥有丰富经验的发达国家则善于动员各种利益相关方参与土壤修复。绿色可持续修复所追求的环境、社会和经济方面的平衡也意味着所有利益相关者的利益之间的平衡。

此外，针对修复市场存在的问题，提出一些建议。首先，棕地信息不足，因此在国家层面建立棕地信息系统至关重要，这有利于棕色土地的管理。在修复工作之前，最基本的步骤是全面调查污染场地，包括地质条件、地下水条件、污染场地的历史及当地的

气候条件等。充分了解污染场地有助于做出适当的决策。只要有相关的综合信息，就可以考虑相关的环境、社会和经济因素。否则，即使修复规划者有绿色可持续修复的意识，也不可能将其应用到实际项目中。

国内开发商倾向于在短期内修复土地，以满足土地市场的要求。虽然短期的修复工作可以在短期内带来好处，但从长远来看是不可持续的。过去的经验告诉我们，这种修复在大多数情况下都会带来过度的能源和资源消耗及二次污染。因此，认为快速修复工作会带来好处的想法是错误的。一旦产生二次污染，将要投入更多资金，这违反了可持续原则。要解决这一问题，必须加强绿色修复意识。具体而言，这种意识可以从以下几个方面加强：①尽快建立绿色可持续修复的法律法规，这些法律法规对确保实施具有强制性作用；②制定中国绿色可持续修复技术评估指标体系；③政府应在不定期的时间内设立一些机构来监督修复工作，特别是地方政府的监督是一种有效的方式；④应设立相关组织，其职能是制定相关战略，研究可持续技术，鼓励实施绿色可持续修复；⑤提高规划者和工人的绿色修复意识；⑥在修复过程中加入一些可持续的行为，例如，对于现场的输入产品，一些传统资源可以被可再生资源替代，一些重型设备可以安装噪声消除器或仅在特定时间内运行。这些措施可以防止一些土地开发商在很短的时间内实施一些项目，并避免过度修复和不完全修复。

第二节　场地污染修复的商业模式

土壤修复所需资金量巨大，因此，土壤修复工作不应只依靠政府。需要政府、各利益相关者和市场合作。就资金问题而言，政府不应支付所有的修复资金。特别是一些造成土壤污染的工业企业，应对土壤修复负责。规范土壤修复有两种思路和方法。一个是经济激励，因为企业总是由利润驱动；另一个是严厉的惩罚，因为强制手段对于保证计划的实施至关重要。结合绿色可持续修复的理念，相应的商业可以包括以下几个方面。

一、环境债券

建立环境债券可能是向社会筹集资金的有效途径。债券是一种金融合同，是政府、金融机构、企业和其他融资机构直接从社区筹集资金，向投资者发行，并承诺按一定利率支付利息并按约定条件偿还本金的债权债务凭证。根据债券的运作机制，首先，在土地上建设项目之前，专家小组应评估项目可能产生的最坏影响。然后将最坏的影响转化为债券的形式（环境成本），并将这些债券存入环境保护机构。在项目结束时，债券将全部或部分返还，这取决于对环境的破坏程度。对于土壤修复，可以采用多种形式。例如，债券可以代表企业修复土壤的能力。此外，这些债券可以出售给公众，一旦企业达到目标，公众就可以获得利率。当然，在这个过程中，所有的决定都是基于专家的评估和公众对企业的认可。尽管发行环境债券可能是一种很好的方法，但在这一过程中还存在许多问题。例如，如何评估最坏的环境影响是一个难点，许多不确定因素会影响评估结果。

二、信托基金

为了解决土壤污染，美国建立了超级基金。超级基金的资金来源包括税收、恢复成本、利息收入、罚款和国家补助金。中国和美国的政府基金不同。在中国，目前的政府基金缺乏强有力的法律基础和执行力，而美国的超级基金有法律基础，必须用于特定方面。从这个角度来看，建立土壤修复信托基金是必要的，同时法律制度和管理制度的支持也是必要的。

三、PPP 模式

PPP 模式是公私伙伴关系，PPP 模式是公共基础设施项目建设的商业模式。这种模式的一个重要作用是通过加强政府与私营企业之间的合作来缓解政府的资金压力。在这种情况下，如果将这种模式引入土壤修复，可能是缓解资金问题的有效途径。

四、信用体系

为企业建立土壤信用体系，就像银行的信用参考体系一样。无法在截止日期前还清信用卡的客户将被记录在银行的不良信用名单上。同样，造成污染的企业可以记录在土壤信用系统中，不良信用应根据污染程度分为不同等级。最糟糕的信用记录会影响土地使用权。信用记录最差的企业不能享有与其他企业相同的土地使用权。例如，通常情况下，在中国，企业的土地使用年限一般为 50 年，政府可以削减污染严重的企业的土地。这是一种惩罚和监督的手段，建立土地信用制度可以与全国土地调查同时进行。

五、低息贷款

当企业开始承包一个项目时，他们首先要考虑的是从银行贷款。一般来说，申请贷款的程序很复杂，需要很多时间，这可能会增加项目的成本。在这种情况下，企业会承受巨大的压力，修复热情会受到打击。如果银行为这些企业推出快速、低利率的贷款，可能会带来不同的结果。

第三节　蒸汽入侵及异味的修复治理技术

蒸汽入侵是指形成蒸汽的化学物质从任何地下来源迁移到建筑结构中（例如，家庭、企业、学校）。受污染的地下水或土壤是最常见的地下蒸汽源，尽管下水道、排水管和其他管道中的污染也可能在某些环境中造成蒸汽入侵威胁。蒸汽形成化学物质可能包括挥发性有机化合物、部分半挥发性有机化合物、一些杀虫剂、一些多氯联苯和一些无机污染物，如元素汞。室内空气中形成蒸汽的化学物质的浓度可能会对建筑物使用者造成不可接受的健康风险。美国环境保护署曾发布了两份评估和缓解蒸汽入侵的技术指南

（USEPA，2015）。OSWER《评估和缓解地下蒸汽源到室内空气的蒸汽入侵途径技术指南》（USEPA，2015）指出，对蒸汽入侵建筑物的首选长期反应是消除或大幅降低地下蒸汽源（如地下水、地下土壤、下水道）的污染水平。通过蒸汽形成化学品达到可接受的风险水平，从而实现永久补救。可选择水源或地下水修复措施来解决地下污染问题，或者可以计划此类修复措施。选定的修复措施包括水源和地下水部分。蒸汽入侵的建筑缓解措施应被视为一项可以提供有效人体健康保护的临时措施，这可能成为最终污染清理计划的一部分。

清除表层土壤可能会暴露出多年来的异味积累。土壤异味有三个主要来源：①泄漏的化学污染物——在许多行业中，早在 19 世纪的工艺就将有害化学品隐藏在土壤中，需要进行补救。废弃炼油厂、化工生产厂、工业动物加工厂、采矿材料加工厂等场所可能会留下恶臭沉积物。②分解的生物固体或受污染的地下水的暴露——在某些情况下，动物废物、采矿尾矿、未经许可的垃圾填埋场、化学物质渗入地下水位，以及之前洪水遗留的受污染土壤的蓄水可能需要土壤修复。③气态沉积物——除了甲烷是爆炸性的，天然产生的或以前工业活动留下的大量有气味的气态沉积物可能对工作场所和周围社区造成滋扰和潜在危害。有效控制气味的三个因素：在排放点迅速解决；使用正确的化学物质抑制异味；主动方法比被动方法更有效。被动方法不会移动，且不会对变化的条件做出反应。虽然主动方法需要更多的劳动力和投资，但通常是可移动的、反应性的，并且能更有效地应对风力、炎热天气或排放强度增加等条件的变化。通过喷洒经过处理的可生物降解化学物质，可以封闭气味，但不能彻底清除异味。场地修复过程中结合原修复目标污染物的治理，还应考虑造成土壤异味的污染物的治理，比如采用热脱附技术或化学氧化技术可以消除土壤中造成异味的污染源，这对于农药等污染场地的修复效果评估及修复后的安全利用至关重要。

第四节　结　语

我国土壤污染治理起步晚，污染原因复杂，修复技术要求严格，工程量浩大，资金要求高，这些因素对场地污染修复的实施产生了较大的影响，因此我国实现污染土壤的完全治理任重道远。特别是我国有很多老的工业企业，由于历史原因，存在严重的土壤和地下水问题，污染物浓度高、成分复杂，存在复合污染。另外，我国不同区域的污染场地在水文地质、气候等方面存在较大差异，对修复技术的应用产生了较大的影响。如何针对不同区域、不同场地的特点合理设计修复工艺和修复技术路线是场地修复工作中的一个难点，特别是针对复合污染场地，常常需要将不同的修复技术结合使用，才能达到经济、高效的修复效果。

《中共中央关于制定国民经济和社会发展第十四个五年规划和二〇三五年远景目标的建议》对土壤污染治理做出了新的规划，要求积极探索土壤调查评估和修复全过程咨询服务模式：通过试点加快"治理修复+开发利用"制度创新，通过加强承诺制、加大监督管理力度，破解政策障碍；对于大型复杂污染地块，在充分保证风险可控的前提下，探索场内+场外分步验收方法，合理加快建设用地土壤污染风险管控及修复名录的退出机制。这标志着我国土壤修复工程进入了一个新阶段。在此基础上结合"谁污染,谁治理;谁使用,谁治理;政府出资"的模式与 RT(remedy-transfer,垫资修复模式)、ROT(remedy-operate-transfer,"修复-开发-移交"模式)、ROO(remedy-operate-own,"修复-开发-拥有"模式)、TRT(transfer-remedy-transfer,"受让-修复-转让"模式)等商业模式,基于风险评估和优先排序的污染土地管理原则,加快推进污染土壤修复技术、设备、药剂材料的国产化,推动土壤修复与互联网的融合,促进我国土壤修复高质量发展。

参 考 文 献

曹际玲, 冯有智, 林先贵. 2016. 人工纳米材料对植物-微生物影响的研究进展. 土壤学报, 53(1): 1-11.

陈晨. 2009. 过量表达 HRPC 拟南芥对苯酚和三氯苯酚的植物修复. 扬州大学硕士学位论文.

陈海红, 骆永明, 滕应, 等. 2013. 重度滴滴涕污染土壤低温等离子体修复条件优化研究. 环境科学, 34(1): 302-307.

陈宏文. 2013. 南方红壤区某重金属污染场地调查、风险评估及修复效果评估研究. 南昌大学硕士学位论文.

陈美凤, 李新丽, 杨沛林, 等. 2020. 改性纳米 TiO_2 对砷污染土壤的稳定化试验. 环境工程, 38(10): 222-227.

陈梦舫. 2014. 我国工业污染场地土壤与地下水重金属修复技术综述. 中国科学院院刊, (3): 327-335.

陈升勇, 王成端, 付馨烈, 等. 2015. 可渗透反应墙在土壤和地下水修复中的应用. 资源节约与环保, (3): 253-254.

陈小军. 2020. 污染场地健康与环境风险评估模型(HERA)在土壤污染调查修复中的应用研究. 节能, 39(5): 129-131.

陈雪芹. 2019. 纳米二氧化钛在环境治理方面的应用. 海峡科技与产业, (2): 77-78.

陈寻峰, 李小明, 陈灿, 等. 2016. 砷污染土壤复合淋洗修复技术研究. 环境科学, 37(3): 1147-1155.

陈亚琴. 2016. 生物炭负载纳米铁材料与厌氧微生物去除地下水中三氯乙烯. 华东理工大学硕士学位论文.

陈瑶, 许景婷. 2017. 国外污染场地修复政策及对我国的启示. 环境影响评价, 39(3): 38-42.

陈则宇. 2021. 一种新型纳米复合材料的合成及其电催化性能的研究. 化学与生物工程, 38(11): 39-42.

程强. 2015. 光催化氧化还原降解染料废水的研究. 武汉纺织大学硕士学位论文.

程帅龙. 2020. 复配淋洗剂对污染场地土壤重金属的去除及残余淋洗液的处理研究. 广东工业大学硕士学位论文.

串丽敏, 赵同科, 郑怀国, 等. 2014. 土壤重金属污染修复技术研究进展. 环境科学与技术, 37(S2): 213-222.

崔龙哲, 李社锋. 2016. 污染土壤修复技术与应用. 北京: 化学工业出版社.

崔倩倩, 刘朝阳. 2020. 石油烃类污染物的微生物修复研究进展. 江西科学, 38(3): 326-330, 384.

崔永高, 缪俊发, 乔华山, 等. 2017. 污染土壤和地下水的原位修复系统: CN201710137678.8.

戴佩彬. 2017. 原位修复技术在地下水污染中的应用研究. 农业科技与装备, (8): 45-46, 48.

翟秀清. 2018. 化学淋洗和钝化技术联合修复重金属污染土壤. 湖南大学硕士学位论文.

邸莎, 张超艳, 颜增光, 等. 2018. 过硫酸钠对我国典型土壤中多环芳烃氧化降解效果的影响. 环境科学研究, 31(1): 95-101.

丁亮, 王水, 曲常胜, 等. 2016. 污染场地修复工程二次污染防治研究. 生态经济, 32(10): 189-192.

丁咸庆, 柏菁, 项文化, 等. 2020. 不同浸提剂处理森林土壤溶解性有机碳含量比较. 土壤, 52(3): 518-524.

董晋明. 2019. 污染场地土壤修复技术与修复效果评价. 山西化工, 39(3): 195-199.

董娟. 2019. 污染土壤修复技术研究. 石化技术, 26(4): 273, 271.

董姗燕. 2003. 表面活性剂与螯合剂强化植物修复镉污染土壤的研究. 西南农业大学硕士学位论文.

窦文龙, 毛丽乐, 梁丽萍. 2020. 可渗透反应墙的研究与发展现状. 四川环境, 39(1): 207-214.

杜蕾. 2018. 化学淋洗与生物技术联合修复重金属污染土壤. 西北大学硕士学位论文.

杜晓濛, 苗旭峰, 张少彬. 2018. 土壤污染异位修复技术应用及研究进展. 环境与发展, 30(11): 82, 84.

杜玉吉, 刘文杰, 王海刚, 等. 2018. 污染土壤原位热修复应用进展及综合评价. 环境保护与循环经济, 38(12): 26-31.

樊霆, 叶文玲, 陈海燕, 等. 2013. 农田土壤重金属污染状况及修复技术研究. 生态环境学报, 22(10): 1727-1736.

范德华, 崔双超, 时公玉, 等. 2019. 有机污染土壤化学氧化修复技术综述. 资源节约与环保, (3): 104-105.

范王涛. 2020. 土壤盐碱化危害及改良方法研究. 农业与技术, 40(23): 114-116.

封功能, 陈爱辉, 刘汉文, 等. 2008. 土壤中重金属污染的植物修复研究进展. 江西农业学报, 20(12): 70-73, 84.

冯全芬. 2020. 污染场地土壤修复技术与修复效果评价. 环境与发展, 32(3): 94, 96.

冯亚娟, 崔宁, 王丹. 2015. 矿井突水水源 Logistic 识别及混合模型. 辽宁工程技术大学学报(自然科学版), 34(11): 1228-1233.

付文怡. 2018. 多环芳烃污染土壤的化学氧化修复及微生物群落多样性研究. 华东师范大学硕士学位论文.

傅海辉. 2012. 多溴联苯醚(PBDEs)污染土壤热脱附实验研究. 西北农林科技大学硕士学位论文.

傅海辉, 黄启飞, 朱晓华, 等. 2012. 温度和停留时间对十溴联苯醚在污染土壤中热脱附的影响. 环境科学研究, 25(9): 981-986.

高国龙, 蒋建国, 李梦露. 2012. 有机物污染土壤热脱附技术研究与应用. 环境工程, 30(1): 128-131.

高焕方, 龙飞, 曹园城, 等. 2015. 新型过硫酸盐活化技术降解有机污染物的研究进展. 环境工程学报, 9(12): 5659-5664.

高建, 李鑫钢, 曹宏斌. 2000. 土壤治理中的胶态气泡悬浮液清洗技术. 环境污染治理技术与设备, (1): 16-19.

高艳菲. 2011. 六六六和滴滴涕污染场地土壤的修复. 南京农业大学硕士学位论文.

谷庆宝, 侯德义, 伍斌, 等. 2015. 污染场地绿色可持续修复理念、工程实践及对我国的启示. 环境工程学报, 9(8): 4061-4068.

谷雪景. 2007. 植物修复过程中阿特拉津在根际的降解及土壤生物学指标的响应. 中国林业科学研究院硕士学位论文.

关峰. 2018. 化学淋洗法修复工业场地铬污染土壤的过程控制及效果研究. 青岛科技大学硕士学位论文.

郭惠莹. 2016. 双酚 S 在工程碳基材料和天然土壤上的吸附机理研究. 昆明理工大学硕士学位论文.

郭伟, 张焕祯, 王明超, 等. 2018. 淋洗法修复重金属污染土壤研究进展. 北京: 《环境工程》2018 年全国学术年会论文集: 4.

何车轮, 郭兰. 2021. 土壤污染修复技术及土壤生态保护策略. 资源节约与环保, (5): 25-26.

何娟. 2016. 四川省某铬污染场地风险评估及修复方案研究. 成都理工大学硕士学位论文.

何茂金, 方基垒, 张树立, 等. 2018. 热脱附设备国产化研制分析. 石油化工安全环保技术, 34(4): 26-27.

何品晶, 张昊昊, 仇俊杰, 等. 2019. 不同浸提剂条件下生物炭溶解性有机物的浸出规律. 环境科学, 40(8): 3833-3839.

贺俏毅, 陈松. 2009. 加拿大安大略省的棕地再开发及对我国的启示. 国际城市规划, 24(5): 96-99.

胡明华. 2021. 土壤污染现状调查与环境保护. 现代农业研究, 27(5): 36-37.

胡志鑫, 刘茗, 蒋攀, 等. 2018. 可渗透反应墙在地下水污染修复中的研究进展. 工程技术研究, (4): 135-136.

花思雨. 2022. 土壤污染风险分层评估方法在氯代烃深层污染场地中的应用. 广东化工, 49(14): 122-127.

环境保护部. 2010. 污染场地环境监测技术导则(征求意见稿). https://www.docin.com/p-3200500544.html [2022-1-18].

环境保护部. 2014a. 污染场地术语(HJ 682—2014).

环境保护部. 2014b. 污染场地修复技术应用指南. https://max.book118.com/html/2017/1221/145237343. shtm [2022-12-18].

环境保护部. 2015. 污染场地修复技术目录(第一批). https://www.mee.gov.cn/gkml/hbb/bgg/201411/ W020141105521366882643.pdf [2022-5-18].

环境保护部. 2016. 2016 中国环境状况公报. http://cn.chinagate.cn/reports/2017-08/02/content_41332391_4. htm [2022-11-15].

环境保护部, 国土资源部. 2014. 全国土壤污染状况调查公报. https://www.gov.cn/foot/site1/20140417/ 782bcb88840814ba158d01.pdf [2021-11-15].

黄海英. 2014. 地下水有机污染来源分析及防治对策. 河南科技, (22): 148-149.

黄会一, 蒋德明. 1989. 木本植物对土壤中镉的吸收, 积累和耐性. 中国环境科学, 9(5): 323-330.

黄开友, 申英杰, 王晓岩, 等. 2020. 生物炭负载纳米零价铁制备及修复六价铬污染土壤技术研究进展. 环境工程, 38(11): 203-210, 195.

黄翔. 2017.《土壤污染防治法》背景下土壤与地下水协同治理研究. 保定: 中国法学会环境资源法学研究会第二次会员代表大会暨 2017 年年会.

黄智辉, 纪志永, 陈希, 等. 2019. 过硫酸盐高级氧化降解水体中有机污染物研究进展. 化工进展, 38(5): 2461-2470.

吉昌铃. 2019. 生物炭基复合材料协同微生物处理氯代烃污染地下水的机制. 华东理工大学硕士学位论文.

冀拯宇, 周吉祥, 张贺, 等. 2019. 不同土壤改良剂对盐碱土壤化学性质和有机碳库的影响. 农业环境科学学报, 38(8): 1759-1767.

蓟颖. 2015. 土壤与地下水协同治理法律路径研究. 上海: 2015 年全国环境资源法学研讨会.

姜林, 樊艳玲, 钟茂生, 等. 2017. 我国污染场地管理技术标准体系探讨. 环境保护, 45(9): 38-43.

蒋村, 孟宪荣, 施维林, 等. 2019. 氯苯污染土壤低温原位热脱附修复. 环境工程学报, 13(7): 1720-1726.

蒋建国, 高国龙. 2011. 一种有机物污染土壤真空强化远红外热脱附系统: CN102172615A.

蒋小红, 喻文熙, 江家华, 等. 2006. 污染土壤的物理/化学修复. 环境污染与防治, (3): 210-214.

蒋越, 李广辉, 王东辉, 等. 2020. 天然有机酸和 DTPA 组合工艺对 Cr(Ⅵ)污染土壤的淋洗修复. 环境工程学报, 14(7): 1903-1914.

金晶, 高国龙, 王庆, 等. 2018. 螯合剂 GLDA 淋洗修复土壤重金属污染研究. 绿色科技, (18): 104-108, 112.

金一凡, 周连杰, 杰克, 等. 2012. 污染土壤修复技术的探讨. 环境科技, 25(5): 68-72.

晋日亚, 刘欣欣, 乔怡娜, 等. 2018. 二氧化氯消毒研究进展. 中国消毒学杂志, 35(2): 138-142.

康绍果, 李书鹏, 范云. 2017. 污染地块原位加热处理技术研究现状与发展趋势. 化工进展, 36(7): 2621-2631.

康苏花, 左文涛, 袁张燊, 等. 2012. 植物修复技术在有机污染物修复中的应用研究. 南宁: 2012 中国环境科学学会学术年会: 7.

蓝楠, 陈燕, 彭泥泥. 2010. 地下水资源保护立法问题研究. 武汉: 中国地质大学出版社.

李法云, 曲向荣, 吴龙华. 2006. 污染土壤生物修复理论基础与技术. 北京: 化学工业出版社.

李广贺, 李发生, 张旭, 等. 2010. 污染场地环境风险评价与修复技术体系. 北京: 中国环境科学出版社.

李建国, 濮励杰, 朱明, 等. 2012. 土壤盐渍化研究现状及未来研究热点. 地理学报, 67(9): 1233-1245.

李婕, 羌宁. 2007. 挥发性有机物(VOCs)活性炭吸附回收技术综述. 四川环境, 26(6): 101-106, 111.

李静华. 2017. 固定化微生物强化修复石油污染土壤的研究. 华南理工大学博士学位论文.

李静云. 2013. 土壤污染防治立法国际经验与中国探索. 北京: 中国环境出版社.

李巨峰, 张坤峰, 王明勇, 等. 2014. 轻质油污染土壤的原位修复技术现场试验. 油气田环境保护, 24(4): 15-18, 82.

李丽, 刘占孟, 聂发挥. 2014. 过硫酸盐活化高级氧化技术在污水处理中的应用. 华东交通大学学报,

31(6): 114-118.

李林, 陈进斌, 周裕涵. 2019. 我国有机污染土壤用异位热脱附技术现状与发展趋势. 广州化工, 47(12): 29-30, 38.

李鹏, 廖晓勇, 阎秀兰, 等. 2014. 热强化气相抽提对不同质地土壤中苯去除的影响. 环境科学, (10): 3888-3895.

李森林, 王焕校, 吴玉树. 1990. 凤眼莲中锌对镉的拮抗作用. 环境科学学报, 10(2): 249-254.

李书鹏, 刘鹏, 杜晓明, 等. 2013. 采用零价铁-缓释碳修复氯代烃污染地下水的中试研究. 环境工程, 31(4): 53-58.

李太魁, 郭战玲, 寇长林, 等. 2017. 提取方法对土壤可溶性有机碳测定结果的影响. 生态环境学报, 26(11): 1878-1883.

李涛, 丁百全, 朱炳辰, 等. 1998. 三相流化床反应器流体力学研究. 化肥设计, 36(6): 16-20.

李玮, 陈家军, 郑冰, 等. 2004. 轻质油污染土壤及地下水的生物修复强化技术. 安全与环境学报, 4(5): 47-51.

李晓东, 伍斌, 许端平, 等. 2017. 热脱附尾气中 DDTs 在模拟水泥窑中的去除效果. 安全与环境学报, 17(6): 2393-2397.

李雪倩, 李晓东, 严密, 等. 2012. 多氯联苯污染土壤热脱附预处理过程干化及排放特性研究. 环境科学学报, 32(2): 394-401.

李亚飞. 2021. 异位土壤淋洗技术解析. 皮革制作与环保科技, 2(15): 94-95.

李亚娇, 温猛, 李家科, 等. 2018. 土壤污染修复技术研究进展. 环境监测管理与技术, 30(5): 8-14.

李翼然. 2016. 热脱附及植物处理罗丹明 B 污染土壤的试验研究. 郑州大学硕士学位论文.

李智东. 2019. nZVI/nHAP 复合材料固定铀尾矿库区土壤中铀(VI)的机理研究. 南华大学硕士学位论文.

廖志强. 2013. 土壤中挥发性有机物的气相抽提处理热强化技术研究. 华东理工大学硕士学位论文.

林达红, 徐文炘, 张静, 等. 2016. 不同介质材料组合可渗透反应墙渗透性能试验研究. 矿产与地质, 30(2): 255-257, 293.

林雅洁, 胡婧琳. 2016. 有机污染场地化学氧化处置方法综述. 环境工程, 34(S1): 1003-1007.

林增森, 杨欣欣, 桑鹏鹏, 等. 2014. 电动力学修复污染土壤的改进技术. 大学物理实验, 27(4): 10-15.

刘春, 郭亚楠, 杨景亮, 等. 2011. 基因工程菌生物强化处理系统微生物群落分析. 环境科学与技术, 34(12): 34-38.

刘昊, 张峰, 马烈. 2017. 有机污染场地原位热修复: 技术与应用. 工程建设与设计, (16): 93-98.

刘惠. 2019. 污染土壤热脱附技术的应用与发展趋势. 环境与可持续发展, 44(4): 144-148.

刘凯, 张瑞环, 王世杰. 2017. 污染地块修复原位热脱附技术的研究及应用进展. 中国氯碱, (12): 31-37.

刘丽. 2011. 土壤污染场地调查与评估信息系统研究. 山东科技大学硕士学位论文.

刘丽, 李宝林. 2011. 污染场地调查与评估信息系统设计. 环境监测管理与技术, 23(2): 56-60.

刘敏. 2021. 土壤污染治理研究进展. 资源节约与环保, (4): 42-43.

刘培桐. 1985. 环境学概论. 北京: 高等教育出版社.

刘瑞熙. 2018. 我国污染场地修复法律制度研究. 安徽财经大学硕士学位论文.

刘沙沙, 董家华, 陈志良, 等. 2012. 生物通风技术修复挥发性有机污染土壤研究进展. 环境科学与管理, 37(7): 100-105.

刘少卿, 姜林, 黄喆, 等. 2011. 挥发及半挥发有机物污染场地蒸汽抽提修复技术原理与影响因素. 环境科学, 32(3): 825-833.

刘世亮, 骆永明, 丁克强, 等. 2007. 苯并[a]芘污染土壤的植物根际修复研究初探. 生态环境, 16(2): 425-431.

刘伟, 汪华安, 尚浩冉, 等. 2018. 有机污染场地原位电法热脱附修复技术综述. 北京: 环境工程 2018 年全国学术年会论文集: 5.

刘文庆, 祝方, 马少云. 2015. 重金属污染土壤电动力学修复技术研究进展. 安全与环境工程, 22(2):

55-60.

刘霞, 王建涛, 张萌, 等. 2013. 螯合剂和生物表面活性剂对 Cu、Pb 污染壤土的淋洗修复. 环境科学, 34(4): 1590-1597.

刘小梅. 2003. 超富集植物治理重金属污染土壤研究进展. 农业环境科学学报, 22(5): 636-640.

刘小琼. 2014. 我国污染场地修复的法律制度研究. 中国矿业大学硕士学位论文.

刘新培. 2017. 热脱附技术在有机磷农药污染土壤修复过程中的应用研究. 天津化工, 31(1): 53-56.

刘亦博. 2018. 电刺激/H₂O₂氧化-淋洗修复铬污染场地技术研发. 山东师范大学硕士学位论文.

刘又畅. 2014. 电动力学新技术及其在重金属污染土壤修复中的应用研究. 重庆大学硕士学位论文.

刘越. 2019. 铬污染土壤的综合治理方法研究. 河北科技大学博士学位论文.

刘志阳. 2016. 地下水污染修复技术综述. 环境与发展, 28(2): 4.

卢再亮, 席海苏. 2021. 污染场地的土壤修复工作与修复技术探究. 大众标准化, (12): 151-153.

罗成成, 张焕祯, 毕璐莎, 等. 2015. 气相抽提技术修复石油类污染土壤的研究进展. 环境工程, 33(10): 158-162.

罗启仕, 朱杰, 廖志强, 等. 2013. 污染土壤气相抽提热传导强化高级氧化原位修复设施: CN201220273796.4

罗启仕, 朱杰, 喻恺, 等. 2014. 适用于高粘性污染土壤的射频加热气相抽提高级氧化原位修复装置及其修复方法: CN201310200077.9.

罗育池. 2017. 地下水污染防控技术: 防渗、修复与监控. 北京: 科学出版社.

骆永明. 2009a. 污染土壤修复技术研究现状与趋势. 化学进展, 21(S1): 558-565.

骆永明. 2009b. 中国土壤环境污染态势及预防、控制和修复策略. 环境污染与防治, 31(12): 27-31.

吕正勇, 李淑彩, 魏丽, 等. 2017a. 一种污染土壤、地下水原位反应带修复系统: CN201720608688.0.

吕正勇, 魏丽, 刘泽权, 等. 2017b. 用于 VOCs 污染场地的电阻加热原位热脱附修复系统: CN201720028807.5.

马福俊, 丛鑫, 张倩, 等. 2015. 模拟水泥窑工艺对污染土壤热解吸尾气中六氯苯的去除效果. 环境科学研究, 28(8): 1311-1316.

马海斌, 夏新, 李金惠, 等. 2002. 油污染土壤气体抽排去污影响因素分析及机理模型. 环境保护, 30(10): 43-45.

马少云, 祝方, 商执峰. 2016. 纳米零价铁铜双金属对铬污染土壤中 Cr(VI)的还原动力学. 环境科学, 37(5): 1953-1959.

毛海涛, 黄庆豪, 龙顺江, 等. 2015. 土壤盐渍化治理防护毯的研发及试验. 农业工程学报, 31(17): 121-127.

梅婷. 2019. 可渗透反应墙(PRB)技术综述. 环境与发展, 31(8): 89-90.

梅志华, 刘志阳, 王从利, 等. 2015. 燃气热脱附技术在某有机污染场地的中试应用. 资源节约与环保, (1): 34-35.

梅竹松, 胡相华, 吴伟. 2018. 化学淋洗—H₂O₂-O₃-UV 复合催化氧化技术修复硝基甲苯一氯、二氯代物污染土壤工程实例. 化工环保, 38(5): 599-604.

莫慧敏, 秦兴姿, 毛珺, 等. 2020. 海藻酸钠改性纳米零价铁还原土壤中 Cr(VI). 环境科学学报, 40(5): 1821-1827.

莫蓁蓁, 黄道建. 2015. 生活垃圾填埋场的场地调查方案要点探讨与研究. 广州化工, 43(11): 161-162.

彭胜巍, 周启星. 2008. 持久性有机污染土壤的植物修复及其机理研究进展. 生态学杂志, 27(3): 469-475.

蒲敏. 2017. 污染场地地下水抽出处理技术研究. 环境工程, 35(4): 6-10.

祁志福. 2014. 多氯联苯污染土壤热脱附过程关键影响因素的实验研究及应用. 浙江大学博士学位论文.

乔志香, 金春姬, 贾永刚, 等. 2004. 重金属污染土壤电动力学修复技术. 环境污染治理技术与设备, (6): 80-83.

阙家平, 张澄博, 黎嘉熙, 等. 2018. 零价铁可渗透反应墙材料的利用情况研究进展. 环境科学与技术,

41(S1): 109-115.

冉宗信. 2019. 土壤多环芳烃及其化学氧化修复技术研究进展. 云南化工, 46(2): 33-35.

任兴兵, 冯燕, 韩世宝, 等. 2008. 芬顿法处理双氧水生产废水的研究与应用. 中国江苏镇江: 苏、鲁、皖、赣、冀五省金属学会第十四届焦化学术年会: 3.

沈宗泽, 陈有鑑, 李书鹏, 等. 2019. 异位热脱附技术与设备在我国污染场地修复工程中的应用. 环境工程学报, 13(9): 2060-2073.

生态环境部. 2018. 土壤环境质量 建设用地土壤污染风险管控标准(试行)(GB 36600—2018).

生态环境部. 2019. 建设用地风险评估技术导则(HJ 25. 3—2019).

盛益之, 张旭, 翟晓波, 等. 2019. 化学氧化技术异位处理地下水非水相有机污染物中试研究. 现代地质, 33(2): 422-430.

施秋伶. 2015. 有机螯合剂和生物表面活性剂联合淋洗污染土壤中的 Pb、Cd. 西南大学硕士学位论文.

苏德纯, 黄焕忠, 张福锁. 2002. 印度芥菜对土壤中难溶态镉、铅的吸收差异. 土壤与环境, 11(2): 125-128.

苏志学. 2006. 土壤盐碱化及其防治措施. 吉林水利, (3): 10-12.

隋红, 李洪, 李鑫刚, 等. 2013. 场地环境修复工程师与场地环境评价工程师. 北京: 科学出版社.

孙飞翔, 李丽平, 原庆丹, 等. 2015. 台湾地区土壤及地下水污染整治基金管理经验及其启示. 中国人口·资源与环境, 25(4): 155-162.

孙俭, 郭永成, 肖雅婷, 等. 2021. 光催化氧化催化剂载体的研究进展. 石油化工, 50(1): 88-93.

孙瑞. 2019. 土壤及地下水有机污染生物修复技术. 化工设计通讯, 45(5): 84-85.

孙树汉. 2001. 基因工程原理和方法. 北京: 人民军医出版社.

孙铁珩, 李培军, 周启星. 2005. 土壤污染形成机理与修复技术. 北京: 科学出版社.

孙威. 2012. 地下水中苯类有机污染的原位反应带修复技术研究. 吉林大学博士学位论文.

孙尧, 王文峰, 汪福旺, 等. 2012. 一种用于修复土壤和地下水的方法及系统: CN201610487582.X.

唐嘉阳, 董余, 周健. 2019. 热脱附技术在化工污染场地中的应用前景与趋势分析. 节能与环保, (9): 88-89.

唐景春. 2014. 石油污染土壤生态修复技术与原理. 北京: 科学出版社.

唐小龙, 吴俊锋, 王文超, 等. 2015. 有机污染土壤原位化学氧化药剂投加方式的综述. 化工环保, 35(4): 376-380.

屠明明, 王秋玉. 2009. 石油污染土壤的生物刺激和生物强化修复. 中国生物工程杂志, 29(8): 129-134.

汪波. 2019. 重金属污染土壤淋洗修复及工程应用研究. 上海应用技术大学硕士学位论文.

王爱姣, 李群, 马晓红. 2017. 芬顿试剂的应用及发展前景. 天津造纸, 39(4): 8-13.

王盾. 2020. 污染场地调查现状问题及对策研究. 中国资源综合利用, 38(4): 145-147.

王红旗, 杨艳, 花菲. 2015. 污染土壤植物-微生物联合修复技术及应用. 北京: 中国环境出版社.

王泓泉. 2020. 污染地下水可渗透反应墙(PRB)技术研究进展. 环境工程技术学报, 10(2): 251-259.

王慧玲, 王峰, 张学平, 等. 2015. 气相抽提法去除土壤中挥发性有机污染物现场试验研究. 科学技术与工程, 15(10): 238-242, 246.

王加华. 2019. 原位土壤地下水电动-微生物协同修复技术及其应用. 中国资源综合利用, 37(4): 8-12.

王嘉雯. 2018. 基于土壤修复的绿色可持续修复技术的评估及案例分析. 南开大学硕士学位论文.

王锦淮. 2018. 原位热脱附技术在某有机污染场地修复中试应用. 化学世界, 59(3): 182-186.

王静. 2019. 铁氧化物复合材料的制备及其修复多环芳烃污染土壤的研究. 江苏大学硕士学位论文.

王磊, 龙涛, 张峰, 等. 2014. 用于土壤及地下水修复的多相抽提技术研究进展. 生态与农村环境学报, 30(2): 137-145.

王湘徽, 祝欣, 龙涛, 等. 2016. 氯苯类易挥发有机污染土壤异位低温热脱附实例研究. 生态与农村环境学报, 32(4): 670-674.

王奕文, 马福俊, 张倩, 等. 2017a. 热脱附尾气处理技术研究进展. 环境工程技术学报, 7(1): 52-58.

王奕文, 张倩, 伍斌, 等. 2017b. 脉冲电晕放电等离子体去除污染土壤热脱附尾气中的 DDTs. 环境科学研究, 30(6): 974-980.

王瑛, 李扬, 黄启飞, 等. 2012. 温度和停留时间对 DDT 污染土壤热脱附效果的影响. 环境工程, 30(1): 116-120.

王育来. 2008. 辽河污染断面沉积物微生物分布特征及基因强化修复方法初探. 北京师范大学硕士学位论文.

魏萌, 夏天翔, 姜林, 等. 2013. 焦化厂不同粒径土壤中 PAHs 的赋存特征. 生态环境学报, 22(5): 863-869.

魏树和, 周启星, Koval P V, 等. 2006. 有机污染环境植物修复技术. 生态学杂志, 25(6): 716-721.

魏树和, 周启星, 王新, 等. 2004. 某铅锌矿坑口周围具有重金属超积累特征植物的研究. 环境污染治理技术与设备, (3): 33-39.

吴康跃, 陈根良, 陈杰, 等. 2009. 农药厂废气污染综合治理系统设计与应用. 环境污染与防治, 31(10): 97-99, 104.

吴庆余. 2002. 基础生命科学. 北京: 高等教育出版社.

吴涛, 依艳丽, 谢文军, 等. 2013. 产生物表面活性剂耐盐菌的筛选鉴定及其对石油污染盐渍化土壤的修复作用. 环境科学学报, 33(12): 3359-3367.

吴文菲, 刘波, 李红军, 等. 2011. pH、盐度对微生物还原硫酸盐的影响研究. 环境工程学报, 5(11): 2527-2531.

仵彦卿. 2018. 土壤-地下水污染与修复. 北京: 科学出版社.

谢胜, 张辰, 朱煜, 等. 2015. 土壤气相抽提和地下水注气的一体化修复系统: CN201420494778.8.

徐佰青, 李平平, 李仲龙, 等. 2020. 纳米材料在污染土壤修复中的应用研究进展. 当代化工, 49(5): 983-987, 992.

徐磊辉, 黄巧云, 陈雯莉. 2004. 环境重金属污染的细菌修复与检测. 应用与环境生物学报, 应用与环境生物学报, 10(2): 256-262.

许维通, 张紫薇, 苑文仪, 等. 2018. 基于硫酸亚铁的机械化学还原法处理六价铬污染土壤. 环境工程学报, 12(6): 1759-1765.

薛艳华. 2014. 我国污染场地土壤治理法律制度研究. 西南政法大学硕士学位论文.

杨金凤. 2009. 生物通风修复柴油污染土壤实验及柴油降解菌的降解性能研究. 中国地质大学博士学位论文.

杨静, 宗超, 张园, 等. 2020. 影响高锰酸盐指数测定的关键因素. 检验检疫学刊, 30(3): 59-61.

杨乐巍, 张晓斌, 李书鹏, 等. 2018. 土壤及地下水原位注入-高压旋喷注射修复技术工程应用案例分析. 环境工程, 36(12): 48-53, 118.

杨立成. 2020. 浅谈工业企业污染场地调查及风险评估. 清洗世界, 36(9): 48-49.

杨伟, 宋震宇, 李野, 等. 2015. 射频加热强化土壤气相抽提技术的应用. 环境工程学报, 9(3): 1483-1488.

杨旭. 2019. 浅谈重金属污染土壤修复技术研究进展. 西安: 2019 中国环境科学学会科学技术年会论文集(第三卷): 5.

杨洋, 赵传军, 李娟, 等. 2017. 低温条件下基于 TMVOC 的土壤气相抽提技术数值模拟. 环境科学研究, 30(10): 1587-1596.

杨勇, 何艳明, 栾景丽, 等. 2012. 国际污染场地土壤修复技术综合分析. 环境科学与技术, 35(10): 92-98.

杨勇, 黄海, 陈美平, 等. 2016. 异位热解吸技术在有机污染土壤修复中的应用和发展. 环境工程技术学报, (6): 559-570.

杨再福. 2017. 污染场地调查评价与修复. 北京: 化学工业出版社.

杨振, 靳青青, 衣桂米, 等. 2019. 原地异位建堆热脱附技术和设备在石油污染土壤修复中的应用. 环境工程学报, 13(9): 2083-2091.

叶菲. 2007. 镉的超富集植物油菜对小白菜生长环境净化效果及其机理的研究. 湖南大学硕士学位论文.

殷甫祥, 张胜田, 赵欣, 等. 2011. 气相抽提法(SVE)去除土壤中挥发性有机污染物的实验研究. 环境科学, 32(5): 1454-1461.

于天一, 孙秀山, 石程仁, 等. 2014. 土壤酸化危害及防治技术研究进展. 生态学杂志, 33(11): 3137-3143.

于颖, 周启星. 2005. 污染土壤化学修复技术研究与进展. 环境污染治理技术与设备, (7): 1-7.

余量. 2011. 滑动弧放电等离子体降解芳香烃类有机污染物的基础研究. 浙江大学博士学位论文.

喻敏英, 岑燕峰, 任飞龙, 等. 2010. 异位修复 VOCs 污染土壤工程实例. 宁波工程学院学报, 22(3): 45-48.

袁峰. 2021. 铁基材料对砷铅镉复合污染农田土壤修复效果研究. 浙江农林大学硕士学位论文.

岳聪, 汪群慧, 袁丽, 等. 2015. TCLP法评价铅锌尾矿库土壤重金属污染: 浸提剂的选择及其与重金属形态的关系. 北京大学学报(自然科学版), 51(1): 109-115.

岳宗恺, 周启星. 2017. 纳米材料在有机污染土壤修复中的应用与展望. 农业环境科学学报, 36(10): 1929-1937.

张宝杰, 闫立龙, 迟晓德. 2014. 典型土壤污染的生物修复理论与技术. 北京: 电子工业出版社.

张峰, 马烈, 张芝兰, 等. 2012. 化学还原法在 Cr 污染土壤修复中的应用. 化工环保, 32(5): 419-423.

张华, 蒋鹏, 滕加泉, 等. 2012. 美国污染场地的制度控制分析及对我国的启示. 环境保护科学, 38(4): 49-52.

张辉. 2015. 污染场地环境管理法律制度研究. 安徽大学博士学位论文.

张辉. 2018. 环境土壤学. 2 版. 北京: 化学工业出版社.

张蒋维. 2017. 纳米零价铁在土壤修复中的应用. 工程建设与设计, (22): 134-135.

张玲玉, 赵学强, 沈仁芳. 2019. 土壤酸化及其生态效应. 生态学杂志, 38(6): 1900-1908.

张娜娜, 何又青, 严尹涛, 等. 2018. 纳米二氧化钛在能源和环境治理方面的应用. 广州化工, 46(12): 19-20.

张乃明. 2013. 环境土壤学. 北京: 中国农业大学出版社.

张攀, 高彦征, 孔火良. 2012. 污染土壤中硝基苯热脱附研究. 土壤, 44(5): 801-806.

张培宝. 2020. 污染土壤修复技术研究. 清洗世界, 36(7): 70-71.

张蓉蓉. 2019. 土壤盐碱化的危害及改良方法. 现代农业科技, (21): 178-179.

张学良, 廖朋辉, 李群, 等. 2018. 复杂有机物污染地块原位热脱附修复技术的研究. 土壤通报, 49(4): 993-1000.

张瑶, 邓小华, 杨丽丽, 等. 2018. 不同改良剂对酸性土壤的修复效应. 水土保持学报, 32(5): 330-334.

张颖, 伍钧. 2012. 土壤污染与防治. 北京: 中国林业出版社.

张云达, 顾春杰, 何健, 等. 2018. 多相抽提技术在有机复合污染场地治理中的应用. 上海建设科技, (1): 71-74.

张振. 2021. 重金属污染土壤修复技术研究. 科技风, (15): 136-138.

章蕾. 2014. 污染场地调查及健康风险评估的研究. 南京师范大学硕士学位论文.

赵爱芬, 赵雪, 常学礼. 2000. 植物对污染土壤修复作用的研究进展. 土壤通报, 31(1): 44-47, 50.

赵凤. 2018. 回转窑技术在土壤修复领域的应用. 中国环保产业, (9): 66-69.

赵景联. 2006. 环境修复原理与技术. 北京: 化学工业出版社.

赵连仁. 2013. 污染土壤整治与管理的研究. 大连海事大学硕士学位论文.

赵勇胜. 2015. 地下水污染场地的控制与修复. 北京: 科学出版社.

郑桂林, 谢湉, 薛天利, 等. 2017. 热脱附技术在化工场地六六六污染土壤中的工程应用研究. 广东化工, 44(11): 222-223, 205.

郑建中, 石美, 李娟, 等. 2015. 化学还原固定化土壤地下水中六价铬的研究进展. 环境工程学报, 9(7): 3077-3085.

郑伟, 梅浩, 陈敬仁. 2018. 原位化学氧化技术在地下水修复工程中的应用. 资源节约与环保, (10): 23-25.

郑伟, 周睿. 2018. 氧化剂在地下水原位化学氧化修复工程中的应用. 污染防治技术, 31(6): 42-44, 71.

郑晓英, 王俭龙, 李鑫玮, 等. 2014. 臭氧氧化深度处理二级处理出水的研究. 中国环境科学, 34(5):

1159-1165.

周建军, 周桔, 冯仁国. 2014. 我国土壤重金属污染现状及治理战略. 中国科学院院刊, 29(3): 315-320, 350, 272.

周旭敏, 郑宗凯, 王旭亮, 等. 2018. 电子垃圾污染土壤淋洗处理技术综述. 广东化工, 45(3): 92-93, 86.

周洋, 邓亚梅, 朱凤晓, 等. 2020. 过氧化氢及类芬顿试剂对土壤碳、氮和微生物的影响. 土壤, 52(5): 969-977.

周永峰, 周明. 2014. 一种利用土壤生物与可渗透反应墙协同处理土壤与地下水污染的方法: CN2014-10101914.7.

周友亚, 姜林, 张超艳, 等. 2019. 我国污染场地风险评估发展历程概述. 环境保护, 47(8): 34-38.

周智全, 张玉歌, 徐欢欢, 等. 2016. 化学淋洗修复重金属污染土壤研究进展. 绿色科技, (24): 12-15.

朱杰, 罗启仕, 李心倩. 2013. 热传导强化气相抽提处理苯系物污染土壤实验. 环境化学, 32(8): 1546-1553.

朱强, 马丽, 马强, 等. 2012. 不同浸提剂以及保存方法对土壤矿质氮测定的影响. 中国生态农业学报, 20(2): 138-143.

朱韵. 2021. 重金属污染土壤修复中纳米材料的应用研究进展. 四川建材, 47(5): 43-45.

诸毅, 徐博阳, 张帆, 等. 2021. 土壤淋洗修复技术及其影响因素概述. 广东化工, 48(17): 147-148.

庄相宁, 许端平, 谷东宝. 2014. 土壤中HCHs热解吸动力学研究. 安全与环境学报, 14(3): 251-255.

Abioye O P, Agamuthu P, Abdul-Aziz A R. 2012. Biodegradation of used motor oil in soil using organic waste amendments. Biotechnology Research International. DOI: 10.1155/2012/587041.

Adams G O, Tawari-Fufeyin P, Igelenyah E. 2014. Bioremediation of spent oil contaminated soils using poultry litter. Research Journal in Engineering and Applied Sciences, 3(2): 124-130.

Ahrenholtz I, Lorenz M G, Wackernagel W. 1994. A conditional suicide system in *Escherichia coli* based on the intracellular degradation of DNA. Applied and Environmental Microbiology, 60(10): 3746-3751.

Allah Z A, Whitehead J C, Martin P. 2014. Remediation of dichloromethane (CH_2Cl_2) using non-thermal, atmospheric pressure plasma generated in a packed-bed reactor. Environmental Science & Technology, 48(1): 558-565.

Araruna J T, Portes V L O, Soares A P L, et al. 2004. Oil spills debris clean up by thermal desorption. Journal of Hazardous Materials, 110(1-3): 161-171.

Aresta M, Dibenedetto A, Fragale C, et al. 2008. Thermal desorption of polychlorobiphenyls from contaminated soils and their hydrodechlorination using Pd- and Rh-supported catalysts. Chemosphere, 70(6): 1052-1058.

Assink J W, Brink, W. 1986. Contaminated Soil. First International TNO Conference on Contaminated Soil 11-15 November, 1985, Utrecht, The Netherlands.

Atagana H I. 2003. Bioremediation of creosote-contaminated soil: a pilot-scale landfarming evaluation. World Journal of Microbiology & Biotechnology, 19(6): 571-581.

Atlas R M. 1992. Molecular methods for environmental monitoring and containment of genetically engineered microorganisms. Biodegradation, 3(2): 137-146.

Ayotamuno M J, Kogbara R B, Ogaji S O T, et al. 2006. Bioremediation of a crude-oil polluted agricultural-soil at Port Harcourt, Nigeria. Applied Energy, 83(11): 1249-1257.

Baker R S, Lachance J, Heron G. 2006. In-pile thermal desorption of PAHs, PCBs and dioxins/furans in soil and sediment. Land Contamination & Reclamation, 14(2): 620-624.

Baker R, Heron G. 2004. *In situ* delivery of heat by thermal conduction and steam injection for improved DNAPL remediation. Proceedings of the 4th International. https://www.researchgate.net/publication/237354536_IN-SITU_DELIVERY_OF_HEAT_BY_THERMAL_CONDUCTION_AND_STEAM_INJECTION_FOR_IMPROVED_DNAPL_REMEDIATION[2022-4-9].

Barbeau C, Deschênes L, Karamanev D, et al. 1997. Bioremediation of pentachlorophenol-contaminated soil by bioaugmentation using activated soil. Applied Microbiology and Biotechnology, 48(6): 745-752.

Barkley U F. 1995. Remediation of low permeability subsurface formations by fracturing enhancement of soil vapor extraction. Journal of Hazardous Materials, 40(2): 191-201.

Battelle Corporation. 2008. Demonstration of steam injection/extraction treatment of a DNAPL source zone at launch complex 34 in cape canaveral air force station, final innovative technology evaluation report. U. S. Environmental Protection Agency, Washington, DC, EPA/540/R-08/005 (NTIS PB2009-100851).

Bayat Z, Hassanshahian M, Cappello S. 2015. Immobilization of microbes for bioremediation of crude oil polluted environments: a mini review. The Open Microbiology Journal, 9: 48-54.

Ben R, Tyagi R D, Prevost D. 2002. Wastewater sludge as a substrate for growth and carrier for rhizobia: the effect of storage conditions on survival of *Sinorhizobium meliloti*. Bioresource Technology, 83(2): 145-151.

Bennett J W. 1998. Mycotechnology: the role of fungi in biotechnology. Journal of Biotechnology, 66(2/3): 101-107.

Bent E, Tuzun S, Chanway C P, et al. 2001. Alterations in plant growth and in root hormone levels of lodgepole pines inoculated with rhizobacteria. Canadian Journal of Microbiology, 47(9): 793-800.

Beyke G, Fleming D. 2005. *In-situ* thermal remediation of DNAPL and LNAPL using electrical resistance Heating. Remediation Journal, 15(3): 5-22.

Biache C, Mansuy-Huault L, Faure P, et al. 2008. Effects of thermal desorption on the composition of two coking plant soils: impact on solvent extractable organic compounds and metal bioavailability. Environmental Pollution, 156(3): 671-677.

Blowes D W, Ptacek C, Cherry J, et al. 1995. Passive remediation of groundwater using *in situ* treatment curtains, 1588-1607, ASCE. Passive remediation of groundwater using *in situ* treatment curtains/by: D. Blowes [and four others].: En13-5/95-176E-PDF-Government of Canada Publications-Canada.ca.

Bolick J J, Wilson D J. 1994. Soil clean up by *in-situ* aeration. XIV. Effects of random permeability variations on soil vapor extraction clean-up times. Separation Science and Technology, 29(6): 701-725.

Bonnard M, Devin S, Leyval C, et al. 2010. The influence of thermal desorption on genotoxicity of multipolluted soil. Ecotoxicology and Environmental Safety, 73(5): 955-960.

Borden R C. 2007. Concurrent bioremediation of perchlorate and 1, 1, 1-trichloroethane in an emulsified oil barrier. Journal of Contaminant Hydrology, 94(1): 13-33.

Bouchard D P, Musterait T M, Sobieraj J A. 2010. A practical approach to steam‐enhanced dual‐phase extraction: a case study. Remediation Journal, 13(3): 39-57.

Bowders J J, Daniel D E. 1997. Enhanced soil vapor extraction with radio frequency heating. American Society of Civil Engineers, Reston, VA (United States), United States.

Brenner R C, Magar V S, Ickes J A, et al. 2002. Characterization and FATE of PAH-contaminated sediments at the Wyckoff/Eagle Harbor superfund site. Environmental Science & Technology, 36(12): 2605-2613.

Brooks R R, Shaw S, Asensi Marfil A. 2010. The chemical form and physiological function of nickel in some Iberian *Alyssum* species. Physiologia Plantarum, 51(2): 167-170.

Brown D G, Jaffé P R. 2001. Effects of nonionic surfactants on bacterial transport through porous media. Environmental Science & Technology, 35(19): 3877-3883.

Bruhlmann F, Chen W. 1999. Tuning biphenyl dioxygenase for extended substrate specificity. Biotechnology and Bioengineering, 63(5): 544-551.

Brutinel E D, Gralnick J A. 2012. Shuttling happens: soluble flavin mediators of extracellular electron transfer in *Shewanella*. Applied Microbiology and Biotechnology, 93(1): 41-48.

Bulmău C, Mărculescu C, Lu S, et al., 2014. Analysis of thermal processing applied to contaminated soil for organic pollutants removal. Journal of Geochemical Exploration, 147: 298-305.

Bulmău C, Neamtu S, Cocarta D, et al. 2013. Efficiency of PAHs removal from soils contaminated with petroleum products using *ex-situ* thermal treatments. Revista de Chimie-Bucharest-Original Edition, 64(12): 1430-1435.

Burchhardt G, Schmidt I, Cuypers H, et al. 1997. Studies on spontanous promoter-up mutations in the transcriptional activator-encoding gene *phlR* and their effects on the degradation of phenol in *Escherichia coli* and *Pseudomonas putida*. Molecular and General Genetics MGG, 254(5): 539-547.

Caccavo F Jr, Ramsing N B, Costerton J W. 1996. Morphological and metabolic responses to starvation by the dissimilatory metal-reducing bacterium *Shewanella alga* BrY. Applied and Environmental Microbiology, 62(12): 4678-4682.

Caspi R, Pacek M, Consiglieri G, et al. 2001. A broad host range replicon with different requirements for replication initiation in three bacterial species. The EMBO Journal, 20(12): 3262-3271.

Cebolla A, Sousa C, de Lorenzo V. 2001. Rational design of a bacterial transcriptional cascade for amplifying gene expression capacity. Nucleic Acids Research, 29(3): 759-766.

Ceccanti B, Masciandaro G, Garcia C, et al. 2006. Soil bioremediation: combination of earthworms and compost for the ecological remediation of a hydrocarbon polluted soil. Water Air and Soil Pollution, 177(1): 383-397.

Chaîneau C H, Yepremian C, Vidalie J F, et al. 2003. Bioremediation of a crude oil-polluted soil: biodegradation, leaching and toxicity assessments. Water Air and Soil Pollution, 144(1): 419-440.

Chen G, Kara Murdoch F, Xie Y, et al. 2022. Dehalogenation of chlorinated ethenes to ethene by a novel isolate, "Candidatus *Dehalogenimonas etheniformans*". Applied and Environmental Microbiology, 88(12): e00443-e00422.

Chern S H, Bozzelli J W. 1996. Thermal desorption of petroleum contaminants from soils and sand using a continuous feed lab scale rotary kiln. New Orleans, LA (United States): Spring National Meeting of the American Chemical Society (ACS).

Chong L. 2001. Molecular Cloning-A Laboratory Manual. 3rd edition. New York: Cold Spring Harbor.

Chorom, M, Sharif H S, Mutamedi H. 2010. Bioremediation of a crude oil-polluted soil by application of fertilizers. Iran J Environ Health Sci Eng, 7: 319-326.

Christensen B B, Sternberg C, Andersen J B, et al. 1998. Establishment of new genetic traits in a microbial biofilm community. Applied and Environmental Microbiology, 64(6): 2247-2255.

Comments J. 2014. Groundwater remediation with a permeable reactive barrier. Canadian Consulting Engineer, 55(6): 57-58.

Contreras A, Molin S, Ramos J L. 1991. Conditional-suicide containment system for bacteria which mineralize aromatics. Applied and Environmental Microbiology, 57(5): 1504-1508.

Coulon F, Jones K, Li H, et al. 2016. China's soil and groundwater management challenges: lessons from the UK's experience and opportunities for China. Environment International, 91: 196-200.

Dang H, Kanitkar Y H, Stedtfeld R D, et al. 2018. Abundance of chlorinated solvent and 1,4-dioxane degrading microorganisms at five chlorinated solvent contaminated sites determined via shotgun sequencing. Environ Sci Technol, 52(23): 13914-13924.

Dazy M, Férard J F, Masfaraud J F. 2009. Use of a plant multiple-species experiment for assessing the habitat function of a coke factory soil before and after thermal desorption treatment. Ecological Engineering, 35(10): 1493-1500.

de Lorenzo V, Herrero M, Jakubzik U, et al. 1990. Mini-Tn5 transposon derivatives for insertion mutagenesis, promoter probing, and chromosomal insertion of cloned DNA in gram-negative eubacteria. Journal of Bacteriology, 172(11): 6568-6572.

de Vos P, Bučko M, Gemeiner P, et al. 2009. Multiscale requirements for bioencapsulation in medicine and biotechnology. Biomaterials, 30(13): 2559-2570.

Dean S M, Jin Y, Cha D K, et al. 2001. Phenanthrene degradation in soils co-inoculated with phenanthrene-degrading and biosurfactant-producing bacteria. Journal of Environmental Quality, 30(4): 1126-1133.

Dejonghe W, Boon N, Seghers D, et al. 2001. Bioaugmentation of soils by increasing microbial richness: missing links. Environmental Microbiology, 3(10): 649-657.

Dejonghe W, Goris J, El Fantroussi S, et al. 2000. Effect of dissemination of 2, 4-dichlorophenoxyacetic acid (2, 4-D) degradation plasmids on 2, 4-D degradation and on bacterial community structure in two different soil horizons. Applied and Environmental Microbiology, 66(8): 3297-3304.

Delgado A G, Fajardo-Williams D, Popat S C, et al. 2014. Successful operation of continuous reactors at short retention times results in high-density, fast-rate *Dehalococcoides* dechlorinating cultures. Applied Microbiology and Biotechnology, 98(6): 2729-2737.

Diaz E, Munthali M, de Lorenzo V, et al. 1994. Universal barrier to lateral spread of specific genes among microorganisms. Molecular Microbiology, 13(5): 855-861.

Dibble J T, Bartha R. 1979. Effect of environmental parameters on the biodegradation of oil sludge. Applied and Environmental Microbiology, 37(4): 729-739.

Dong H L, Onstott T C, Deflaun M F, et al. 2002. Relative dominance of physical versus chemical effects on the transport of adhesion-deficient bacteria in intact cores from South Oyster, Virginia. Environmental Science & Technology, 36(5): 891-900.

Dong Q H, Springeal D, Schoeters J, et al. 1998. Horizontal transfer of bacterial heavy metal resistance genes and its applications in activated sludge systems. Water Science and Technology, 37(4/5): 465-468.

Dzionek A, Wojcieszyńska D, Guzik U. 2016. Natural carriers in bioremediation: a review. Electronic Journal of Biotechnology, 23: 28-36.

El Fantroussi S, Agathos S N. 2005. Is bioaugmentation a feasible strategy for pollutant removal and site remediation? Current Opinion in Microbiology, 8(3): 268-275.

Ellis D E. 2010. Sustainable Remediation White Paper—Integrating Sustainable Principles, Practices, and Metrics Into Remediation Projects. http://www.interscience.wiley.com[2019-8-6].

Embar K, Forgacs C, Sivan A. 2006. The role of indigenous bacterial and fungal soil populations in the biodegradation of crude oil in a desert soil. Biodegradation, 17(4): 369-377.

Emerson D, Fleming E J, McBeth J M. 2010. Iron-oxidizing bacteria: an environmental and genomic perspective. Annu Rev Microbiol, 64: 561-583.

Es I, Goncalves Vieira J D, Amaral A C. 2015. Principles, techniques, and applications of biocatalyst immobilization for industrial application. Applied Microbiology and Biotechnology, 99(5): 2065-2082.

Falciglia P P, Giustra M G, Vagliasindi, F G A. 2011. Low-temperature thermal desorption of diesel polluted soil: influence of temperature and soil texture on contaminant removal kinetics. Journal of Hazardous Materials, 185(1): 392-400.

Filali B K, Taoufik J, Zeroual Y, et al. 2000. Waste water bacterial isolates resistant to heavy metals and antibiotics. Current Microbiology, 41(3): 151-156.

Flanders C, Randhawa D S, Lachance J, et al. 2016. Thermal in situ sustainable remediation system and method for groundwater and soil restoration: US15519547.

Ford C Z, Sayler G S, Burlage R S. 1999. Containment of a genetically engineered microorganism during a field bioremediation application. Applied Microbiology and Biotechnology, 51(3): 397-400.

Frank U, Barkley N. 1995. Remediation of low permeability subsurface formations by fracturing enhancement of soil vapor extraction. Journal of Hazardous Materials, 40(2): 191-201.

Garon D, Sage L, Seigle-Murandi F. 2004. Effects of fungal bioaugmentation and cyclodextrin amendment on fluorene degradation in soil slurry. Biodegradation, 15(1): 1-8.

Gavaskar A, Condit W, Harre K. 2008. Cost and Performance Report for a Persulfate Treatability Study at Naval Air Station North Island, 28. https://www.researchgate.net/publication/235152967_Cost_and_Performance_Report_for_a_Persulfate_Treatability_Study_at_Naval_Air_Station_North_Island[2021-11-5].

Gentry T J, Josephson K L, Pepper I L. 2004a. Functional establishment of introduced chlorobenzoate degraders following bioaugmentation with newly activated soil. Biodegradation, 15(1): 67-75.

Gentry T J, Rensing C, Pepper I L. 2004b. New approaches for bioaugmentation as a remediation technology. Critical Reviews in Environmental Science and Technology, 34(5): 447-494.

Gharibzadeh F, Kalantary R R, Esrafili A, et al. 2019. Desorption kinetics and isotherms of phenanthrene from contaminated soil. Journal of Environmental Health Science and Engineering, 17(1): 171-181.

Gilot P, Howard J B, Peters W A. 1997. Evaporation phenomena during thermal decontamination of soils. Environmental Science and Technology, 31(2): 461-466.

Glick B R, Pasternak J J, Glick B R, et al. 2003. Molecular Biotechnology: Principles and Applications of Recombinant DNA. 3rd edition. Wiley: Washington DC.

Gotfredsen M, Gerdes K. 1998. The *Escherichia coli relBE* genes belong to a new toxin-antitoxin gene family. Molecular Microbiology, 29(4): 1065-1076.

Gougazeh M. 2018. Removal of iron and titanium contaminants from Jordanian Kaolins by using chemical leaching. Journal of Taibah University for Science, 12(3): 247-254

Graupner S, Wackernagel W. 2000. A broad-host-range expression vector series including a Ptac test plasmid and its application in the expression of the dod gene of Serratia marcescens (coding for ribulose-5-phosphate 3-epimerase) in *Pseudomonas stutzeri*. Biomolecular Engineering, 17(1): 11-16.

Gu Q, Xu D, Zhang X, et al. 2012. HCH removal efficiency related to temperature and particle size of soil in an *ex-situ* thermal desorption process. Fresenius Environmental Bulletin, 21(12): 3636-3642.

Hamdi H, Benzarti S, Manusadžianas L, et al. 2007. Bioaugmentation and biostimulation effects on PAH dissipation and soil ecotoxicity under controlled conditions. Soil Biology & Biochemistry, 39(8): 1926-1935.

Hamid M, Siddiqui I A, Shaukat S S. 2003. Improvement of *Pseudomonas fluorescens* CHA0 biocontrol activity against root-knot nematode by the addition of ammonium molybdate. Letters in Applied Microbiology, 36(4): 239-244.

Hanesian D, Perna A J, Schuring J R, et al. 1999. Apparatus and method for in situ removal of contaminants using sonic energy: US08/832726.

He J Z, Holmes V F, Lee P K H, et al. 2007. Influence of vitamin B12 and cocultures on the growth of *Dehalococcoides* isolates in defined medium. Appl Environ Microbiol, 73(9): 2847-2853.

Hernández M, Villalobos P, Morgante V, et al. 2008. Isolation and characterization of a novel simazine‐degrading bacterium from agricultural soil of central Chile, *Pseudomonas* sp. MHP41. FEMS Microbiology Letters, 286(2): 184-190.

Heron G, Baker R S, Bierschenk J M, et al. 2008. Use of Thermal Conduction Heating for the Remediation of DNAPL in Fractured Bedrock. Remediation of Chlorinated and Recalcitrant Compounds: Proceedings of the Sixth International Conference (May 19-22, 2008). Battelle Press, Columbus, OH.

Heron G, Carroll S, Nielsen S G. 2010a. Full-scale removal of DNAPL constituents using steam-enhanced extraction and electrical resistance heating. Groundwater Monitoring & Remediation, 25(4): 92-107.

Heron G, Parker K, Galligan J, et al. 2010b. Thermal treatment of eight CVOC source zones to near nondetect concentrations. Ground Water Monitoring & Remediation, 29(3): 56-65.

Heron G, Zutphen M V, Christensen T H, et al. 1998. Soil heating for enhanced remediation of chlorinated solvents: a laboratory study on resistive heating and vapor extraction in a silty, low-permeable soil contaminated with trichloroethylene. Environmental Science & Technology, 32(10): 1474-1481.

Herrero M, de Lorenzo V, Timmis K N. 1990. Transposon vectors containing non-antibiotic resistance selection markers for cloning and stable chromosomal insertion of foreign genes in gram-negative bacteria. Journal of Bacteriology, 172(11): 6557-6567.

Hinchee R E, Smith L A. 1992. *In situ* thermal technologies for site remediation. Journal of Hazardous Materials, 42(1): 107.

Ho C K, Liu S W, Udell K S. 1994. Propagation of evaporation and condensation fronts during multicomponent soil vapor extraction. Journal of Contaminant Hydrology, 16(4): 381-401.

Hoang T T, Kutchma A J, Becher A, et al. 2000. Integration-proficient plasmids for *Pseudomonas aeruginosa*: site-specific integration and use for engineering of reporter and expression strains. Plasmid, 43(1): 59-72.

Høier C K, Sonnenborg T O, Jensen K H, et al. 2007. Experimental investigation of pneumatic soil vapor extraction. Journal of Contaminant Hydrology, 89(1/2): 29-47.

Hu X T, Zhu J X, Ding Q. 2011. Environmental life-cycle comparisons of two polychlorinated biphenyl remediation technologies: incineration and base catalyzed decomposition. Journal of Hazardous Materials, 191(1-3): 258-268.

Huling S, Pivetz B. 2007. Engineering Issue Paper: *In-Situ* Chemical Oxidation. EPA/600/R-06/072. https://cfpub.epa.gov/si/si_public_record_report.cfm?Lab=NRMRL&dirEntryId=156513[2020-10-5].

Huon G, Simpson T, Holzer F, et al. 2012. *In situ* radio-frequency heating for soil remediation at a former service station: case study and general aspects. Chemical Engineering & Technology, 35(8): 1534-1544.

Iben I E T, Edelstein W A, Sheldon R B, et al. 1996. Thermal blanket for *in-situ* remediation of surficial contamination: a pilot test. Environmental Science and Technology, 30(11): 3144-3154.

Im J, Mack E E, Seger E S, et al. 2019. Biotic and Abiotic Dehalogenation of 1, 1, 2-Trichloro-1, 2,

2-trifluoroethane (CFC-113): implications for bacterial detoxification of chlorinated ethenes. Environmental Science & Technology, 53(20): 11941-11948.

Jabłońska M, Król A, Kukulska-Zając E, et al. 2015. Zeolites Y modified with palladium as effective catalysts for low-temperature methanol incineration. Applied Catalysis B: Environmental, 166-167: 353-365.

Jensen L B, Ramos J L, Kaneva Z, et al. 1993. A substrate-dependent biological containment system for *Pseudomonas putida* based on the *Escherichia coli gef* gene. Applied and Environmental Microbiology, 59(11): 3713-3717.

Jiang Y G, Shi M M, Shi L. 2019. Molecular underpinnings for microbial extracellular electron transfer during biogeochemical cycling of earth elements. Sci China Life Sci, 62: 1275e1286.

Jie L, Zheng C M. 2016. Integrated Groundwater Management: Concepts, Approaches and Challenges//Jakeman A J, Barreteau O, Hunt R J, et al. Cham: Springer International Publishing: 455-475.

Johnson P, Dahlen P, Kingston J T, et al. 2009. Critical evaluation of state-of-the-art *in situ* thermal treatment technologies for DNAPL source zone treatment. State-of-the-Practice Overview. 1-84. https://www.zhangqiaokeyan.com/ntis-science-report_other_thesis/02071287265.html[2021-8-5].

Junter G A, Jouenne T. 2004. Immobilized viable microbial cells: from the process to the proteome. or the cart before the horse. Biotechnology Advances, 22(8): 633-658.

Kaplan D L, Mello C, Sano T, et al. 1999. Streptavidin-based containment systems for genetically engineered microorganisms. Biomolecular Engineering, 16(1/2/3/4): 135-140.

Kaya D, Kjellerup B V, Chourey K, et al. 2019. Impact of fixed nitrogen availability on *Dehalococcoides mccartyi* reductive dechlorination activity. Environmental Science & Technology, 53(24): 14548-14558.

Kerfoot W B. 1995. Gas-gas-water treatment for groundwater and soil remediation: US08921763.

Kingston J, Dahten P R, Johnson P C. 2010. State-of-the-practice review of *in situ* thermal technologies. Groundwater Monitoring & Remediation, 30(4): 64-72.

Kingston J, Johnson P, Kueper B, et al. 2014. *In situ* thermal treatment of chlorinated solvent source zones// Kueper B, Stroo H, Vogel C, et al. Chlorinated Solvent Source Zone Remediation. New York: Springer: 509-557.

Kirtland B C, Aelion C M. 2000. Petroleum mass removal from low permeability sediment using air sparging/ soil vapor extraction: impact of continuous or pulsed operation. Journal of Contaminant Hydrology, 41(3-4): 367-383.

Kloos D U, Strätz M, Güttler A, et al. 1994. Inducible cell lysis system for the study of natural transformation and environmental fate of DNA released by cell death. Journal of bacteriology, 176(23): 7352-7361.

Knudsen S, Saadbye P, Hansen L H, et al. 1995. Development and testing of improved suicide functions for biological containment of bacteria. Applied and Environmental Microbiology, 61(3): 985-991.

Koch B, Jensen L E, Nybroe O. 2001. A panel of Tn7-based vectors for insertion of the *gfp* marker gene or for delivery of cloned DNA into Gram-negative bacteria at a neutral chromosomal site. Journal of Microbiological Methods, 45(3): 187-195.

Kok C J, Hageman P E J, Maas P W T, et al. 1996. Processed manure as carrier to introduce *Trichoderma harzianum*: population dynamics and biocontrol effect on Rhizoctonia solani. Biocontrol Science and Technology, 6: 147-162.

Kourkoutas Y, Bekatorou A, Banat I M, et al. 2004. Immobilization technologies and support materials suitable in alcohol beverages production: a review. Food Microbiology, 21(4): 377-397.

Krembs F J. 2022. Critical analysis of the field scale application of in situ chemical oxidation for the remediation of contaminated groundwater, Colorado School of Mines. https://www.researchgate.net/publication/228982467_Critical_analysis_of_the_field_scale_application_of_in_situ_chemical_oxidation_for_the_remediation_of_contaminated_groundwater[2021-7-5].

Kueper B H, Stroo H F, Vogel C M, et al. 2004. Chlorinated Solvent Source Zone Remediation. Serdp Estcp Environmental Remediation Technology 7. https://link.springer.com/book/10.1007/978-1-4614-6922-3 [2021-5-5].

Kuo J. 2014. Practical Design Calculations for Groundwater and Soil Remediation. 2nd Edition. New York, USA: CRC Press.

Lassner M W, Mcelroy D. 2002. Directed molecular evolution: bridging the gap between genomics leads and commercial products. OMICS A Journal of Integrative Biology, 6(2): 153-162.

Lau P C K, de Lorenzo V. 1999. Genetic engineering: the frontier of bioremediation. Environmental Science & Technology, 33(5): 124A-128A.

Lawford H G, Rousseau J D. 2003. Cellulosic fuel ethanol-alternative fermentation process designs with wild-type and recombinant zymomonas mobilis. Applied Biochemistry and Biotechnology, 106(1/2/3): 457-470.

Lee J K, Park D, Kim B U, et al. 1998. Remediation of petroleum-contaminated soils by fluidized thermal desorption. Waste Management, 18(6-8): 503-507.

Lee M, Kim M K, Singleton I, et al. 2006. Enhanced biodegradation of diesel oil by a newly identified *Rhodococcus baikonurensis* EN3 in the presence of mycolic acid. Journal of Applied Microbiology, 100(2): 325-333.

Lee W J, Shih S I, Chang C Y, et al. 2008. Thermal treatment of polychlorinated dibenzo-*p*-dioxins and dibenzofurans from contaminated soils. Journal of Hazardous Materials, 160(1): 220-227.

Lehrbach P R, Zeyer J, Reineke W, et al. 1984. Enzyme recruitment *in vitro*: use of cloned genes to extend the range of haloaromatics degraded by *Pseudomonas* sp. strain B13. Journal of Bacteriology, 158(3): 1025- 1032.

Lendvay J M, Löffler F E, Dollhopf M, et al. 2003. Bioreactive barriers: a comparison of bioaugmentation and biostimulation for chlorinated solvent remediation. Environmental Science & Technology, 37(7): 1422- 1431.

Li J, Pang S Y, Wang Z, et al. 2021a. Oxidative transformation of emerging organic contaminants by aqueous permanganate: kinetics, products, toxicity changes, and effects of manganese products. Water Research, 203: 117513.

Li Q, Chen Z, Wang H, et al. 2021b. Removal of organic compounds by nanoscale zero-valent iron and its composites. Science of The Total Environment, 792: 148546.

Li Q, Logan B E. 1999. Enhancing bacterial transport for bioaugmentation of aquifers using low ionic strength solutions and surfactants. Water Research, 33(4): 1090-1100.

Li Y, Wen L L, Zhao H P, et al. 2019. Addition of *Shewanella oneidensis* MR-1 to the *Dehalococcoides*-containing culture enhances the trichloroethene dechlorination. Environment International, 133(Pt B): 105245.

Lin D, Fu Y, Li X, et al. 2022. Application of persulfate-based oxidation processes to address diverse sustainability challenges: a critical review. Journal of Hazardous Materials, 440: 129722.

Liu J, Chen T, Qi Z F, et al. 2014. Thermal desorption of PCBs from contaminated soil using nano zerovalent iron. Environmental Science & Pollution Research, 21(22): 12739-12746.

Lonie C, Reed J, Brown G, et al. 1998. A demonstration of *in-situ* thermal desorption-destruction of PCB's in contaminated soils at Mare Island Shipyard 1-5. https://www.zhangqiaokeyan.com/ntis-science-report_other_thesis/02071864085.html[2021-4-2].

Lu Q H, Liu J T, He H Z, et al. 2021. Waste activated sludge stimulates in situ microbial reductive dehalogenation of organohalide-contaminated soil. Journal of Hazardous Materials, 411: 125189.

Lyu H H, Tang J C, Shen B X, et al. 2018. Development of a novel chem-bio hybrid process using biochar supported nanoscale iron sulfide composite and *Corynebacterium* variabile HRJ4 for enhanced trichloroethylene dechlorination. Water Research, 147: 132-141.

Malina G, Grotenhuis J T C, Rulkens W H, et al. 1998. Soil vapour extraction versus bioventing of toluene and decane in bench-scale soil columns. Environmental Technology, 19(10): 977-991.

Mallick N. 2002. Biotechnological potential of immobilized algae for wastewater N, P and metal removal: a review. Biometals, 15(4): 377-390.

Mariano A P, de Arruda Geraldes Kataoka A P, de Franceschi de Angelis D, et al. 2007. Laboratory study on the bioremediation of diesel oil contaminated soil from a petrol station. Brazilian Journal of Microbiology, 38(2): 346-353.

Mcbride M B. 1996. Environmental chemistry of soils. Soil Science, 161(1): 70-71.

Mclean J, Beveridge T J. 2001. Chromate reduction by a pseudomonad isolated from a site contaminated with chromated copper arsenate. Applied & Environmental Microbiology, 67(3): 1076-1084.

Mechati F, Roth E, Renault V, et al. 2004. Pilot scale and theoretical study of thermal remediation of soils. Environmental Engineering Science, 21(3): 361-370.

Mejdoub N E, Souizi A, Delfosse L. 1998. Experimental and numerical study of the thermal destruction of hexachlorobenzene. Journal of Analytical & Applied Pyrolysis, 47(1): 77-94.

Merino J, Bucalá V. 2007. Effect of temperature on the release of hexadecane from soil by thermal treatment. Journal of Hazardous Materials, 143(1-2): 455-461.

Merino J, Piña J, Errazu A F, et al. 2003. Fundamental study of thermal treatment of soil. Soil and Sediment Contamination: an International Journal, 12(3): 417-441.

Molin S. 1993. Environmental potential of suicide genes. Current Opinion in Biotechnology, 4(3): 299-305.

Monib M, Abd-el-Malek Y, Hosny I, et al. 1979. Effect of *Azotobacter* inoculation on plant growth and soil nitrogen. Zentralblatt für Bakteriologie, Parasitenkunde, Infektionskrankheiten und Hygiene. Zweite naturwissenschaftliche Abteilung: Mikrobiologie der Landwirtschaft der Technologie und des Umwelt-schutzes, 134(2): 140-148.

Morgan P, Watkinson R J. 1989. Microbiological methods for the cleanup of soil and ground water contaminated with halogenated organic compounds. FEMSMicrobiology Letters, 63(4): 277-300.

Moslemy P, Neufeld R J, Guiot S R. 2002. Biodegradation of gasoline by gellan gum-encapsulated bacterial cells. Biotechnology and Bioengineering, 80(2): 175-184.

Naidu R, Birke V. 2014. Permeable reactive barrier: sustainable groundwater remediation. New York, USA: CRC Press.

Navarro A, Cañadas I, Martinez D, et al. 2009. Application of solar thermal desorption to remediation of mercury-contaminated soils. Solar Energy, 83(8): 1405-1414.

Nealson K H, Belz A, McKee B. 2002. Breathing metals as a way of life: geobiology in action. Antonie Leeuwenhoek, 81(1): 215-222.

Němeček J, Steinová J, Špánek R, et al. 2018. Thermally enhanced *in situ* bioremediation of groundwater contaminated with chlorinated solvents: a field test. Sci Total Environ, 622-623: 743-755.

Newby D T, Gentry T J, Pepper I L. 2000a. Comparison of 2, 4-dichlorophenoxyacetic acid degradation and plasmid transfer in soil resulting from bioaugmentation with two different pJP4 donors. Applied and Environmental Microbiology, 66(8): 3399-3407.

Newby D T, Josephson K L, Pepper I L. 2000b. Detection and characterization of plasmid pJP4 transfer to indigenous soil bacteria. Applied and Environmental Microbiology, 66(1): 290-296.

Niemi K, Vuorinen T, Ernstsen A. 2002. Ectomycorrhizal fungi and exogenous auxins influence root and mycorrhiza formation of Scots pine hypocotyl cuttings *in vitro*. Tree Physiology, 22(17): 1231-1239.

Niessen W R. 2002. Combustion and Incineration Processes. New York: Marcel Dekker, Inc.

Nijenhuis I, Kuntze K. 2016. Anaerobic microbial dehalogenation of organohalides—state of the art and remediation strategies. Current Opinion in Biotechnology, 38: 33-38.

Nobre M M M, Nobre R C M. 2004. Soil vapor extraction of chlorinated solvents at an industrial site in Brazil. Journal of Hazardous Materials, 110(1-3): 119-127.

Norris G, Aldhahir Z, Birnstingl J, et al. 1999. A case study of the management and remediation of soil contaminated with polychlorinated biphenyls. Engineering Geology, 53(2): 177-185.

Ochman H, Lawrence J G, Groisman E A. 2000. Lateral gene transfer and the nature of bacterial innovation. Nature, 405(6784): 299-304.

Ohtsubo Y, Shimura M, Delaware M, et al. 2003. Novel approach to the improvement of biphenyl and polychlorinated biphenyl degradation activity: promoter implantation by homologous recombination. Applied and Environmental Microbiology, 69(1): 146-153.

Olsen P E, Rice W A, Bordeleau L M, et al. 1996. Levels and identities of nonrhizobial microorganisms found in commercial legume inoculant made with nonsterile peat carrier. Canadian Journal of Micro-biology, 42(1): 72-75.

Orji F F A, Ibiene A A A, Dike E E N. 2012. Laboratory scale bioremediation of petroleum hydrocarbon -

polluted mangrove swamps in the Niger Delta using cow dung. Malaysian Journal of Microbiology, 8(4): 219- 228.

Park G, Shin H S, Ko S O. 2005. A laboratory and pilot study of thermally enhanced soil vapor extraction method for the removal of semi-volatile organic contaminants. J Environ Sci Health A Tox Hazard Subst Environ Eng, 40(4): 881-897.

Parker J C, Lenhard R J, Kuppusamy T. 1987. Correction to "A parametric model for constitutive properties governing multiphase flow in porous media". Water Resources Research, 23(4): 618-624.

Pedersen T A, Curtis J T. 1991. Soil vapor-extraction technology: reference handbook. Final report, Jun 89-Mar 90.

Pedersen, Tom A. 1992. Soil vapor extraction technology. https://xueshu.baidu.com/usercenter/paper/show? paperid=2c4928125cea84a9e01aa7e57b6e47d9&site=xueshu_se[2021-9-8].

Poppendieck D G, Loehr R C, Webster M T. 1999. Predicting hydrocarbon removal from thermally enhanced soil vapor extraction systems. 1. Laboratory studies. Journal of Hazardous Materials, 69(1): 81-93.

Poulsen T G, Moldrup P, Yamaguchi T, et al. 1998. VOC vapor sorption in soil: soil type dependent model and implications for vapor extraction. Journal of Environmental Engineering, 124(2): 146-155.

Powell R, Puls R, Blowes D, et al. 1998. Permeable reactive barrier technologies for contaminant remediation, EPA/600/R-98/125: 1-110. https://www.zhangqiaokeyan.com/ntis-science-report_other_thesis/02071715188. html[2021-9-18].

Price S L, Kasevich R S, Johnson M A, et al. 1999. Radio frequency heating for soil remediation. Journal of the Air & Waste Management Association, 49(2): 136-145.

Priya A K, Gnanasekaran L, Dutta K, et al. 2022. Biosorption of heavy metals by microorganisms: evaluation of different underlying mechanisms. Chemosphere, 307: 135957.

Ramos H J O, Roncato-Maccari L D B, Souza E M, et al. 2002. Monitoring *Azospirillum*-wheat interactions using the *gfp* and *gusA* genes constitutively expressed from a new broad-host range vector. Journal of Biotechnology, 97(3): 243-252.

Ramos J L, Stolz A, Reineke W, et al. 1986. Altered effector specificities in regulators of gene expression: TOL plasmid xylS mutants and their use to engineer expansion of the range of aromatics degraded by bacteria. Proceedings of the National Academy of Sciences of the United States of America, 83(22): 8467-8471.

Rensing C, Newby D T, Pepper I L. 2002. The role of selective pressure and selfish DNA in horizontal gene transfer and soil microbial community adaptation. Soil Biology & Biochemistry, 34(3): 285-296.

Richardson R E. 2013. Genomic insights into organohalide respiration. Current Opinion in Biotechnology, 24(3): 498-505.

Roane T M, Josephson K L, Pepper I L. 2001. Dual-bioaugmentation strategy to enhance remediation of cocontaminated soil. Applied and Environmental Microbiology, 67(7): 3208-3215.

Rodrigues J L M, Aiello M R, Urbance J W, et al. 2002. Use of both 16S rRNA and engineered functional genes with real-time PCR to quantify an engineered, PCB-degrading *Rhodococcus* in soil. Journal of Microbiological Methods, 51(2): 181-189.

Roland U, Bergmann S, Holzer F, et al. 2010. Influence of *in situ* steam formation by radio frequency heating on thermodesorption of hydrocarbons from contaminated soil. Environmental Science & Technology, 44(24): 9502-9508.

Ronchel M C, Molina L, Witte A, et al. 1998. Characterization of cell lysis in *Pseudomonas putida* induced upon expression of heterologous killing genes. Applied and Environmental Microbiology, 64(12): 4904-4911.

Ronchel M C, Ramos J L. 2001. Dual system to reinforce biological containment of recombinant bacteria designed for rhizoremediation. Applied and Environmental Microbiology, 67(6): 2649-2656.

Ross N, Villemur R, Marcandella E, et al. 2001. Assessment of changes in biodiversity when a community of ultramicrobacteria isolated from groundwater is stimulated to form a biofilm. Microbial Ecology, 42(1): 56-68.

Runes H B, Jenkins J J, Bottomley P J. 2001. Atrazine degradation by bioaugmented sediment from constructed wetlands. Applied Microbiology and Biotechnology, 57(3): 427-432.

Sakr M, El Agamawi H, Klammler H, et al. 2023. A review on the use of permeable reactive barriers as an effective technique for groundwater remediation. Groundwater for Sustainable Development, 21: 100914.

Salanitro J P, Johnson P C, Spinnler G E, et al. 2000. Field scale demonstration of enhanced MTBE bioremediation through aquifer bioaugmentation and oxygenation. Environmental Science & Technology, 34(19): 4152-4162.

Samonin V V, Elikova E E. 2004. A study of the adsorption of bacterial cells on porous materials. Microbiology, 73(6): 696-701.

Sandrin T R, Chech A M, Maier R M. 2000. A rhamnolipid biosurfactant reduces cadmium toxicity during naphthalene biodegradation. Applied and Environmental Microbiology, 66(10): 4585-4588.

Sayler G S, Ripp S. 2000. Field applications of genetically engineered microorganisms for bioremediation processes. Current Opinion in Biotechnology, 11(3): 286-289.

Schaefer M, Filser J. 2007. The influence of earthworms and organic additives on the biodegradation of oil contaminated soil. Applied Soil Ecology, 36(1): 53-62.

Schippers C, Geßner K, Müller T, et al. 2000. Microbial degradation of phenanthrene by addition of a sophorolipid mixture. Journal of Biotechnology, 83(3): 189-198.

Schweizer H P. 2001. Vectors to express foreign genes and techniques to monitor gene expression in *Pseudomonads*. Current Opinion in Biotechnology, 12(5): 439-445.

Semerád J, Ševců A, Nguyen N H A, et al. 2021. Discovering the potential of an nZVI-biochar composite as a material for the nanobioremediation of chlorinated solvents in groundwater: degradation efficiency and effect on resident microorganisms. Chemosphere, 281: 130915.

Sharma H D, Reddy K R. 2004. Geoenvironmental Engineering: Site Remediation, Waste Containment and Emerging Waste Management Technologies. New York, USA: John Wiley & Sons.

Shi L, Dong H, Reguera G, et al. 2016. Extracellular electron transfer mechanisms between microorganisms and minerals. Nat Rev Microbiol, 14(10): 651-662.

Sidhu S, Kasti N, Edwards P, et al. 2001. Hazardous air pollutants formation from reactions of raw meal organics in cement kilns. Chemosphere, 42(5-7): 499-506.

Sierra C, Martínez-Blanco D, Blanco J A, et al. 2014. Optimisation of magnetic separation: a case study for soil washing at a heavy metals polluted site. Chemosphere, 107: 290-296.

Silcox G D, Larsen F S, Owens W D, et al. 1995. Kinetics of hydrocarbon and pesticide removal from clay soils during thermal treatment in a pilot-scale rotary kiln. Waste Management, 15(5-6): 339-349.

Silva E, Fialho A M, Sá-Correia I, et al. 2004. Combined bioaugmentation and biostimulation to cleanup soil contaminated with high concentrations of atrazine. Environmental Science & Technology, 38(2): 632-637.

Simon M, Saddington B, Zahiraleslamzadeh Z, et al. 1999. Multi-Phase Extraction: State-of-the-Practice. Tetra Tech Environmental Management Vienna Va. https://www.epa.gov/remedytech/multi-phase-extraction-state-practice[2021-9-28].

Singh R, Chakma S, Birke V. 2023. Performance of field-scale permeable reactive barriers: an overview on potentials and possible implications for in-situ groundwater remediation applications. Science of The Total Environment, 858: 158838.

Smit E, Wolters A C, Lee H, et al. 1996. Interactions between a genetically marked *Pseudomonas fluorescens* strain and bacteriophage ΦR2f in soil: effects of nutrients, alginate encapsulation, and the wheat rhizosphere. Microbial Ecology, 31(2): 125-140.

Soares A A, Albergaria J T, Domingues V F, et al. 2010. Remediation of soils combining soil vapor extraction and bioremediation: benzene. Chemosphere, 80(8): 823-828.

Springael D, Diels L, Hooyberghs L, et al. 1993. Construction and characterization of heavy metal-resistant haloaromatic-degrading *Alcaligenes eutrophus* strains. Applied and Environmental Microbiology, 59(1): 334-339.

Steffan R J, Sperry K L, Walsh M T, et al. 1999. Field-scale evaluation of *in situ* bioaugmentation for remediation of chlorinated solvents in groundwater. Environmental Science and Technology, 33(16): 2771-2781.

Stegemeier G L, Vinegar H J. 2002. Heater element for use in an *in situ* thermal desorption soil remediation system. Board of Regents the University of Texas System: US20020018697.

Streger S H, Vainberg S, Dong H L, et al. 2002. Enhancing transport of *Hydrogenophaga flava* ENV735 for bioaugmentation of aquifers contaminated with methyl tert-butyl ether. Applied and Environmental Microbiology, 68(11): 5571-5579.

Stutzman-Engwall K, Conlon S, Fedechko R, et al. 2003. Engineering the *aveC* gene to enhance the ratio of doramectin to its CHC-B2 analogue produced in *Streptomyces avermitilis*. Biotechnology and Bioengineering, 82(3): 359-369.

Su H J, Fang Z Q, Tsang P E, et al. 2016. Stabilisation of nanoscale zero-valent iron with biochar for enhanced transport and *in-situ* remediation of hexavalent chromium in soil. Environmental Pollution, 214: 94-100.

Subhashini R. 2008. Suitability of amended vermiculite as a carrier for bacterial inoculants. Research on Crops, 9(3): 707-723.

Suenaga H, Goto M, Furukawa K. 2001. Emergence of multifunctional oxygenase activities by random priming recombination. Journal of Biological Chemistry, 276(25): 22500-22506.

Sung Y, Fletcher K E, Ritalahti K M, et al. 2006. *Geobacter lovleyi* sp. nov. strain SZ, a novel metal-reducing and tetrachloroethene-dechlorinating bacterium. Appl Environ Microbiol, 72(4): 2775-2782.

Suthersan S S, Horst J, Schnobrich M, et al. 2016. Remediation Engineering: Design Concepts. New York, USA: CRC Press.

Suthersan S S, Payne F C. 2004. *In Situ* Remediation Engineering. New York, USA: CRC Press.

Suthersan, S.S., 2002, Natural and Enhanced Remediation Systems / S.S. Suthersan; pról. de Steve Blake. Crc Press.

Szafranski P, Mello C M, Sano T, et al. 1997. A new approach for containment of microorganisms: dual control of streptavidin expression by antisense RNA and the T7 transcription system. Proc Natl Acad Sci USA, 94(4): 1059-1063.

Tan X F, Liu Y G, Gu Y L, et al. 2016. Biochar-based nano-composites for the decontamination of wastewater: a review. Bioresource Technology, 212: 318-333.

Taylor C C, Ranjit N J, Mills J A, et al. 2002. The effect of treating whole-plant barley with *Lactobacillus buchneri* 40788 on silage fermentation, aerobic stability, and nutritive value for dairy cows. Journal of Dairy Science, 85(7): 1793-1800.

Temprano F J, Albareda M, Camacho M, et al. 2002. Survival of several *Rhizobium*/*Bradyrhizobium* strains on different inoculant formulations and inoculated seeds. International Microbiology, 5(2): 81-86.

Top E M, Maila M P, Clerinx M, et al. 1999. Methane oxidation as a method to evaluate the removal of 2,4-dichlorophenoxyactic acid (2,4-D) from soil by plasmid-mediated bioaugmentation. FEMS Microbiology Ecology, 28(3): 203-213.

Top E M, Springael D, Boon N. 2002. Catabolic mobile genetic elements and their potential use in bioaugmentation of polluted soils and waters. FEMS Microbiology Ecology, 42(2): 199-208.

Totsche Kai U, Kögel-Knabner I, Haas B, et al. 2003. Preferential flow and aging of NAPL in the unsaturated soil zone of a hazardous waste site: implications for contaminant transport. Journal of Plant Nutrition & Soil Science, 166(1): 102-110.

Troxler W L, Goh S K, Dicks L W R. 1993. Treatment of pesticide-contaminated soils with thermal desorption technologies. Air & Waste, 43(12): 1610-1617.

Tse K K C, Lo S L, Wang J W H. 2001. Pilot study of *in-situ* thermal treatment for the remediation of pentachlorophenol-contaminated aquifers. Environmental Science & Technology, 35 (24): 4910-4915.

US Department of Defense. 2008. Design: *in situ* thermal remediation. http://www.clu-in.org/download/contaminantfocus/dnapl/Treatment_Technologies/USACE-In_Situ_Thermal_Design.pdf[2021-8-8].

USEPA. 1999. Multi-phase extraction: state-of-the-practice. https://www.epa.gov/remedytech/multi-phase-extraction-state-practice[2021-10-5].

USEPA. 2007. Treatment Technologies for Site Cleanup: Annual Status Report. https://www.epa.gov/remedytech/treatment-technologies-site-cleanup-annual-status-report-twelfth-edition[2021-10-15].

USEPA. 2015. Fiscal Year 2015 Superfund Accomplishments Report. https://www.epa.gov/superfund/previous-superfund-remedial-annual-accomplishments[2021-10-16].

van der Gast C, Whiteley A, Starkey M, et al. 2004. Bioaugmentation strategies for remediating mixed chemical effluents. International Biodeterioration & Biodegradation, 53: 201-202.

van Dyke M I, Prosser J I. 2000. Enhanced survival of *Pseudomonas fluorescens* in soil following establishment of inoculum in a sterile soil carrier. Soil Biology & Biochemistry, 32(10): 1377-1382.

van Veen J A, van Overbeek L S, van Elsas J D. 1997. Fate and activity of microorganisms introduced into soil. Microbiology and Molecular Biology Reviews: MMBR, 61(2): 121-135.

Vogel T M, Criddle C S, McCarty P L. 1987. ES&T critical reviews: transformations of halogenated aliphatic compounds. Environmental Science & Technology, 21(8): 722-736.

Vreysen S, Maes A. 2005. Remediation of a diesel contaminated, sandy-loam soil using low concentrated surfactant solutions. Journal of Soils and Sediments, 5(4): 240-244.

Wackett L P, Sadowsky M J, Martinez B, et al. 2002. Biodegradation of atrazine and related s-triazine compounds: from enzymes to field studies. Applied Microbiology and Biotechnology, 58(1): 39-45.

Wang J, Chen H. 2020. Catalytic ozonation for water and wastewater treatment: Recent advances and perspective. Sci Total Environ, 704: 135249.

Wang J L, Wang S Z. 2019. Preparation, modification and environmental application of biochar: a review. Journal of Cleaner Production, 227: 1002-1022.

Watanabe K, Hino S, Takahashi N. 1996. Effects of exogenous phenol-degrading bacteria on performance and ecosystem of activated sludge. Journal of Fermentation and Bioengineering, 82(3): 291-298.

Watanabe K, Teramoto M, Harayama S. 2002. Stable augmentation of activated sludge with foreign catabolic genes harboured by an indigenous dominant bacterium. Environmental Microbiology, 4(10): 577-583.

Weir S C, Providenti M A, Lee H, et al. 1996. Effect of alginate encapsulation and selected disinfectants on survival of and phenanthrene mineralization by *Pseudomonas* sp. UG14Lr in creosote-contaminated soil. Journal of Industrial Microbiology, 16(1): 62-67.

Wen L L, Li Y R, Zhu L Z, et al. 2020. Influence of non-dechlorinating microbes on trichloroethene reduction based on vitamin B12 synthesis in anaerobic cultures. Environmental Pollution, 259: 113947.

Wen L L, Zhang Y, Chen J X, et al. 2017. The dechlorination of TCE by a perchlorate reducing consortium. Chemical Engineering Journal, 313: 1215-1221.

Wickramanayake B G, Hinchee E R. 1998. Physical and thermal technologies: remediation of chlorinated and recalcitrant compounds. New York, USA: Battelle Press.

Wilkins M D, Abriola L M, Pennell K D. 1995. An experimental investigation of rate-limited nonaqueous phase liquid volatilization in unsaturated porous media: steady state mass transfer. Water Resources Research, 31(9): 2159-2172.

Winther-Larsen H C, Josefsen K D, Brautaset T, et al. 2000. Parameters affecting gene expression from the Pm promoter in Gram-negative bacteria. Metabolic Engineering, 2(2): 79-91.

Workman D J, Woods S L, Gorby Y A, et al. 1997. Microbial reduction of vitamin B12 by *Shewanella alga* strain BrY with subsequent transformation of carbon tetrachloride. Environ Sci Technol, 31(8): 2292-2297.

Wu Y C, Luo Y M, Zou D X, et al. 2008. Bioremediation of polycyclic aromatic hydrocarbons contaminated soil with *Monilinia* sp.: degradation and microbial community analysis. Biodegradation, 19(2): 247-257.

Xu R, Obbard J P. 2003. Effect of nutrient amendments on indigenous hydrocarbon biodegradation in oil-contaminated beach sediments. Journal of Environmental Quality, 32(4): 1234.

Xu X H, Liu X M, Zhang L, et al. 2018. Bioaugmentation of chlorothalonil-contaminated soil with hydrolytically or reductively dehalogenating strain and its effect on soil microbial community. J Hazard Mater, 351: 240-249.

Yan J C, Han L, Gao W G, et al. 2015. Biochar supported nanoscale zerovalent iron composite used as persulfate activator for removing trichloroethylene. Bioresource Technology, 175: 269-274.

Yan J, Wang J J, Villalobos Solis M I, et al. 2021. Respiratory vinyl chloride reductive dechlorination to ethene in *TceA*-expressing *Dehalococcoides mccartyi*. Environmental Science & Technology, 55(8):

4831-4841.

Yang Y, Cápiro N L, Marcet T F, et al. 2017. Organohalide Respiration with chlorinated ethenes under low pH conditions. Environmental Science & Technology, 51(15): 8579-8588.

Yoon H, Kim J H, Liljestrand H M, et al. 2002. Effect of water content on transient nonequilibrium NAPL-Gas mass transfer during soil vapor extraction. Journal of Contaminant Hydrology, 54(1/2): 1-18.

Zajkoska P, Rebroš M, Rosenberg M. 2013. Biocatalysis with immobilized *Escherichia coli*. Applied Microbiology and Biotechnology, 97(4): 1441-1455.

Zhao T, Yu Z, Zhang J F, et al. 2018. Low-thermal remediation of mercury-contaminated soil and cultivation of treated soil. Environmental Science and Pollution Research, 25(24): 24135-24142.

Zhou Q X, Sun F H, Liu R. 2005. Joint chemical flushing of soils contaminated with petroleum hydrocarbons. Environment International, 31(6): 835-839.